信仰与人生

单振文／著

中央编译出版社
Central Compilation & Translation Press

# 摘 要

《信仰与人生》是作者在《空间的层面－关于能量与空间的哲学思考》和《人本、人性、人心》两部著作基础上,针对"人生"、"信仰"、"信仰与人生"所写的一本论著,本书共由三篇组成。

第一篇"论人生",主要是以作者在《人本、人性、人心》一书中所建立起的"人本"、"人心"、"人类心理"为基础对"人生"进行了新的界定,并从人生的内涵出发,对人生生命体的存在、生存、活动和人生的过程以及"人本、人性、人心与人生的关系"进行论述和说明。在此基础上还对"人生的目的"、"人生的意义和价值"以及"人生的命运"等方面进行了论述和说明,并认为:"人生就是人生生命体从质变性产生到质变性死亡的生存过程中,人生生命体的存在、生存和活动的统一"。人生的属性是自然属性、社会属性和自我属性的统一。人生从属于自然,在人生过程中,无时不受到自然、社会和自我状况的作用和影响,并处于不停的运动、变化之中,就人生的目的而言,人生的目的虽然各有不同,但是他们都具有保持和延续自我人生生命体的存在、生存周期和提升人生生命体存在、生存质量和减少痛苦、追求幸福价值最大化的属性,而人生的命运则是指除了在受到自然、社会的作用和影响之外,还将受到自我人生状况的作用和影响。在影响人生命运的因素中,有的是主观形成的,有的是客观存在的。

第二篇"论信仰"是在第一篇的基础上,结合《人本、人性、人心》一书中的观点,对"人类的信仰"、"人类的科学"和"人类的宗教"等问题进行论述和说

明，并认为："信仰属于人类心理现象的范畴，信仰是人类生命体在生存过程中，在针对相应心理活动对象进行心理和行为活动过程中所形成的对活动者相关活动具有根本倾向性和指导性的观念存在"。它包括了对自然存在的信仰、对社会存在的信仰、对自我存在的信仰。在对科学进行的论述中认为："科学是科学知识及科学活动的统一"。在相关的论述中作者认为：现代科学的局限性主要是因为人们习惯性地认为只有"实证"的才是真实的存在，把不能被人类反复实证的视为"不是真实的存在"所导致的。在对"宗教"的论述中，作者认为：宗教是宗教信仰及宗教活动的统一，而宗教信仰则是以人生终极信仰为根本形成的信仰体系。在以上基础上，作者还对"信仰与真理"之间的关系进行了论述，并认为信仰不一定都能代表真理，能代表真理的观念也不一定能够成为信仰。

第三篇"信仰与人生"是作者在前两篇的基础上，对"信仰与人生之间的关系"、"信仰与人生目的之间的关系"、"信仰与人生命运之间的关系"进行相应的论述和说明，从中可以认识到：信仰对人生、对人生目的形成与实现、对人生的命运都有明显的主观与客观的作用和影响，与此同时，人生的情况、人生目的的形成和实现情况以及人生命运的顺利与否都会对人生的信仰形成相应的作用和影响。

Abstraction

Belief and Life was composed upon author's two previous books: *Layers of Space, Philosophic thoughts on Energy and Space* and *On Human Essence, Nature and Mind*. It consists of three parts:

First, *On Life*. With the new definition of "life" created upon the base of human's essence, mind and human psychology from *On Human Essence, Nature and Mind*, The author discussed and interpreted human body's existence, surviving, action and life process as well as the relation between human's essence, nature, mind and its life. And further more, "purpose of life", "meaning and value of life" and "fate of life" are also discussed. The author concludes that life is the integration of human body's existence, surviving and action during its process from fundamental change of producing to fundamental change of death. Life belongs to the nature, and its process is affected all the time by the nature, society and individual's own condition. Life is all the time moving and changing, its purposes may differ, but they all have characters of keeping and continuing human body's existence and surviving cycle, of promoting quality of human body's existence and surviving, of reducing pain and pursuing the maximum of happiness value. Meanwhile, the fate of life is affected by individual's condition as well as the nature and society. Of all elements that affect the fate of life, some are subjective, others are objective.

Second, *On Belief*. Based on the previous chapter, with viewpoints of *On Human Essence, Nature and Mind*, "human belief", "human science" and "human religion" are discussed, we conclude that belief belongs to human psychological phenomena, it is, during the human life, a conceptual existence with essential orientation and instruction to the psychological and behavioral movement which are conducted to corresponding objects. It consists of belief to the nature existence, to the society existence and to individual self existence. For science, we believe that science is the integration of its knowledge and activities, and the limits of modern science come from the consideration that only those can be "proved" would be real, while the others that cannot be proved repeatedly would not be real. For religion, we think religion is the integration of religious belief and activity. Religious belief is a belief system that comes from the base of essence of human life ultimate belief. Further more, we discussed the relation between belief and truth, and we think belief would not be necessarily a represent of truth, while those concepts representing truth would not necessarily become belief.

Third, *On Belief and Life*. We discuss here, upon the previous chapters, about "the relation between belief and life", "the relation between belief and purpose of life" and "the relation between belief and fate". We are convinced that belief has obvious, subjective and objective impacts on life, setting up and realization of its purpose as well as its fate. Meanwhile, the good and bad of life situation, of setting up and realization of its purpose and of its fate, would correspondingly affect belief of life.

前　言

"人生"和"信仰"的问题长期以来就是哲学界、宗教界和社会科学界重点讨论的两个重大问题。

在有关人生的讨论中,"人生是什么?人生目的是什么?人生有什么意义?人生的价值何在?是什么左右着我们人生的命运?"等都是人生的基本问题。鉴于长期以来人们对有关人生问题的关注度较高,所以对有关人生问题的争论也就比较多,在众多的争论中还形成了各种不同的学派。当我们静下心来对"人生"进行审视、思考时,我们会发现,正是长期以来先辈们留给我们有关人生的正确的或错误的人生观念引导我们在人生道路上前行,使我们在人生过程中受益或受害。现代的人生观正是传统人生观延续和演化的结果。

在现实生活中,人们常说人类社会的最大问题就是信仰问题。有的人认为:人生的意义和价值就是为了自身的信仰而献身;有的人为了自己的信仰不惜牺牲自己和家人乃至亲朋好友的生命;有的人为了信仰不敢伤害任何生命,而有的人为了信仰却不惜对人类大开杀戒,连无辜平民也不放过;有的人似乎就是为了某种信仰而生,也是为了某种信仰而死;有的信仰认为世界是物质的,并没有神、灵的存在;而有的信仰则认为世界上充满了各种各样的神、灵,连万物都是神、灵根据自身心意创造而成的;有的信仰给人类带来了心灵安慰和人生希望;有的信仰给人类带来的却是心灵恐惧和对人生的绝望;有的信仰带给人类的是宽容和慈爱;有的信仰给人类的却是仇恨和残杀。如今信仰的问题已经成为人类社会一个重大而严峻的问题。信仰是什么?为什么人类会为了信仰的不同而处于不停的争斗之中？信仰是如何形成的？人类该树立什么样的信仰？等一系列问题早已摆在我们的面前，并不断地敲打着我们的心灵，让我们不停地去探寻和思考其中的答案。

作者写作本书的目的就是，试图以作者所著的《空间的层面》（中央编译出版社2012年）和《人本、人性、人心》（中央编译出版社2014年）两部著作中所建立起的世界本体论和人本、人性、人心的理论体系为基础，对人生和信仰问题作一个本质性的探讨，并借此表达作者对"人生"、"信仰"和信仰与人生之间关系的观点。

在写作本书的过程中，一直得到张一方教授、刘枫先生、罗雁鸿先生及郭尧女士的大力支持，在此深表感谢！

单振文
2015年3月3日于昆明

目 录

导言 ………………………………………………………………… 1

第一篇　论人生 …………………………………………………… 5
　第一章　人生是什么 ……………………………………………… 7
　第二章　人生生命体的生存与死亡 …………………………… 21
　第三章　人生生命体的存在 …………………………………… 36
　第四章　人生生命体的活动 …………………………………… 50
　第五章　人生的过程 …………………………………………… 65
　第六章　自我与人生 …………………………………………… 80
　第七章　社会与人生 …………………………………………… 91
　第八章　自然与人生 …………………………………………… 108
　第九章　人本与人生 …………………………………………… 123
　第十章　人性与人生 …………………………………………… 135
　第十一章　人心与人生 ………………………………………… 148
　第十二章　人生的目的 ………………………………………… 160
　第十三章　人生的意义和价值 ………………………………… 175
　第十四章　人生的命运 ………………………………………… 188
　第十五章　命运与人生 ………………………………………… 200
　第十六章　观念与人生 ………………………………………… 210
　第十七章　智慧与人生 ………………………………………… 220

1

第二篇　论信仰 231
第一章　信仰是什么 233
第二章　信仰的形成 246
第三章　科学与信仰 261
第四章　知识、文化与信仰 272
第五章　关于人类对人生的信仰 283
第六章　人类的宗教与信仰 294
第七章　关于宗教的形成与发展 313
第八章　人类的科学与宗教 328
第九章　真理与信仰 338
第十章　人类对人生信仰的困惑与超越 351

第三篇　信仰与人生 365
第一章　人生对自然存在的信仰与人生 367
第二章　人生对社会存在的信仰与人生 374
第三章　人生对自我存在的信仰与人生 382
第四章　人生对自我、社会、自然之间关系存在的信仰与人生 390
第五章　信仰与人生的目的 398
第六章　信仰与人生的命运 410

参考资料 423

CONTENTS

Part 1 OnLife..5
  Chapter 1 What is Life..7
  Chapter 2 The Existence and Death of Human Body..................21
  Chapter 3 The Surviving of Human Body...........................36
  Chapter 4 The Activity of Human Body............................50
  Chapter 5 The Process of Life...................................65
  Chapter 6 Individual and Life...................................80
  Chapter 7 Society and Life......................................91
  Chapter 8 The Nature and Life..................................108
  Chapter 9 The Human Essence and Life...........................123
  Chapter 10 The Human Nature and Life...........................135
  Chapter 11 The Human Mind and Life.............................148
  Chapter 12 The Purpose of Life.................................160
  Chapter 13 The Meaning and Value of Life.......................175
  Chapter 14 The Fate of Life....................................188
  Chapter 15 The Fateand Life....................................200
  Chapter 16 TheView of Life and Life............................210
  Chapter 17 The Wisdom and Life.................................220

Part 2 On Belief..231
  Chapter 1 What is Belief.......................................233
  Chapter 2 Becoming of Belief...................................246

    Chapter 3 Science of Belief..................................261

    Chapter 4 Knowledge, Culture and Belief.........................272

    Chapter 5 Belief of Life, on Human's Point of View................283

    Chapter 6 Human's Religion and Belief..........................294

    Chapter 7 The Becoming and Developmg of Religion................313

    Chapter 8 Human's Science and Religion........................328

    Chapter 9 The Truth and Belief................................338

    Chapter 10 Wandehng and Exceeding of Various Life Believer.........351

Part 3 On Belief and Life..365

    Chapter 1 Life and the Human Belief on Nature Existence.............367

    Chapter 2 Life and the Human Belief on Soiety Existence.............374

    Chapter 3 Life and the Human Belief on Individual Existence..........382

    Chapter 4 Life and the Relation Existence among Individual,

        Society and Nature....................................390

    Chapter 5 Belief and the Purpose of Life.........................398

    Chapter 6 Belief and the Fate of Life............................410

对人本、人性和人心的研究,一直是哲学界、宗教界和心理学界所面临的几个重大问题。因为人类只有把人的本质、人的属性和人的心理的问题思考清楚了,人类才能对自身有一个正确的认识。人类只有基于对自己有一个正确的认识,才能有正确的导向来指导自身进行各种心理和行为活动,我们才能够正确地去思考我们的信仰和人生,才能明白活着是为了什么?该怎么活着?活着所要遵循的原则是什么?只有把这些问题弄清楚了,我们才会有正确的人生观、道德观、价值观和行为观,我们面对自然、面对自我、面对社会时,才会有一个正确的主导思想,而不至于茫然。

长期以来,关于人类生命的本质、人类生命的属性和人类的心理的讨论都比较多,但是大多数论述都是通过人类的生理行为现象和心理行为现象进行总结、归纳、分析来探讨我们人类自己。从方法上他们大多都是以唯物论或唯心论为基础,去研究和探讨我们人类自身。人类对现象的观察和理解是有局限性的,特别是面对比实体物质类能量体的基本粒子(原子)还小得多的暗物质类能量体、暗能量类能量体和能量基类能量体时。加之在许多关于人本、人性和人心的论著中,由于对本质认识的基础不够牢固,所以读者会觉得在逻辑上不够清晰,关系上也较为牵强,读后除了能够让读者勉为其难地引用其中精辟的论述片断外,很难从体系的高度去接受和理解,也很难经得起时间和科技进步的考验。而有的著作在论述到人本、人性和人心的问题时,为了掩盖其对人本、人性和人心的认识不足,往往试图用许多学科对"它物"的不完全的研究结论,牵强地来对他们所倡导的观点进行各种包装、解释，使其理论读起来显得玄而又玄，不知所云，读者根本不知道书中到底讲的是什么，除了有走思想迷宫的体验外，并无任何收获。更不幸的是，虽然情况如此，往往还会有许多具有思考能力的人会盲目地成为这些言论的追随者，并用更加玄妙的言论努力去解读和说明其中相应观点的正确性，结果使被误导的人越来越多。就本人看来，之所以造成这样的局面，是由于各种不同的哲学派别、宗教派别和心理学派都面临着一个根本性的问题，那就是他们所认为的人类生命本质的观点不一致，追其根源是对世界本质的观点并不一致，而世界本质观的不一致，又是源于没有一个统一的能够让不同派别共同认可的本体论所致。

但是无论如何，人本问题、人性问题、人心问题都是人类不可回避的，必须面对的问题。作者写本书的目的就是试图以作者在《空间的层面——关于能量与空间的哲学思考》中所建立的"宇宙空间本体论"（详见作者所著《空间的层面——关于能量与空间的哲学思考》，2012年，中央编译出版社，以下简称《空间的层面》）为基础，并以"通过本质看本质，通过本质看现象"的方法，对人本、人性和人心的相关问题作一个本质性的探讨。为了便于表达书中的观点和让读者方便对本书中的内容进行理解，下面我们就对《空间的层面》中的相关内容作如下介绍。

《空间的层面》一书中共分为三篇，其中：

"第一篇　宇宙空间要素论"主要是对传统的宇宙空间要素观进行了重新审视，把宇宙空间的要素统一在不包含时间的能量和空间之上，认为世界万物存在的本质都是能量与空间的结合，并从能量的存在、运动和转化的角度出发对能量进行了分类，把宇宙空间中的能量分成了能量基类能量体、暗能量类能量体、暗物质类能量体、能量场类能量体、实体物质类能量体。并认为不同类型的能量体之间具有共同存在、相互作用、相互转化的关系存在。书中还对不同类型能量的运动属性及其转化关系进行了相应的论述。

"第二篇　空间的层面"主要是在第一篇的理论基础上，对力的本质进行了探讨，认为力的本质就是能量，同时还针对宇宙空间中的不同类别的能量存在、运行状况进行了分析和探讨，并以此为依据对宇宙空间中的一些运行体系的形成及运动方式进行了论述和说明。其中着重讨论了太阳系和地球的形成及其相关现象，形成一套以空间为背景，以能量为中心的宇宙。并对空间的维度进行了论述，认为空间可以按 $(n+1) \times 3$ 的维度进行无限的划分。

"第三篇　人类的空间"主要是在第一篇和第二篇的基础上，从能量的角度出发对人类的本质及人类的生命活动进行了相应的本质性的探讨,认为人类生命的本质是不同能量体组成的能量聚合体。书中把人类的生命体分成了感知能量生命体和无感知有机生命体。认为人类的意识、潜意识等一系列心理活动都是人体中具有感知属性的能量生命体运动的结果,并认为传统中所说的灵魂是本质存在的,它就是人类的感知能量生命体,而且认为正是感知能量生命体与无感知有机生命体相互作用才形成了人类生命活动现象的发生。

第一篇

论人生

　　长期以来，关于人生的问题都是人类一直关注的重点问题。其中"人生是什么？人生目的是什么？人生有什么意义？人生的价值何在？是什么左右着我们人生的命运？我们该如何面对自己的人生？"等都是人生的基本问题。由于人生问题是每个人都必须面对的现实问题，所以有关人生的问题也就成为了哲学界、自然科学界、宗教界都关注的重点，鉴于长期以来人们对有关人生问题的关注度较高，所以对有关人生问题的争论也就比较多，在众多的争论中，形成了不同的人生观点，并形成了不同的学派。当我们静下心来对"人生"进行审视、体会时，我们就会发现，正是长期以来先辈们留给我们有关人生的正确的或错误的人生观念引导我们在人生道路上前行，使我们在人生过程中受益或受害。现代的人生观正是传统人生观延续和演化的结果。鉴于目前人生观的种类繁多、观点百态，并且在无休止的争论过程中形成了各种不同派别的人生信仰，不同派别的人生信仰在引导信仰者在人生道路上前行的同时，往往因为所走道路不同而使不同派别之间处于相互矛盾和争斗之中，并给人类社会带来了不少的困惑与烦恼。本书的目的就是对有关人生的信仰和人生的相关问题作一个较为深入的探讨。由于人是自然中的人，信仰是"人"的信仰，人生是"人"的人生，所以要对人生作一个深入的探讨，我们就必须从"世界本体论"、"人本论"和"人性论"等角度出发对人生进行探讨。为了便于我们对人生的相关问题进行讨论，下面我们就以作者在《空间的层面》和《人本、人性、人心》两部著作当中所建立起的"世界本体论"，以及相应的"人本"、"人性"、"人心"

的理论体系为基础对人生作一个本质性的论述。要对人生作一个本质性论述，首先我们应该从"人生是什么？"开始。

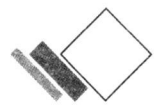 第一章 人生是什么

对人类来说,"人生是什么"是一个很实际的问题,因为我们每个人只要在生存状态下,无论做什么都是在人生之中进行,或者说"只要是活着的人,无论如何都在自己的人生之中度过"。虽然目前人们对人生定义和观点比较多,但大多都是通过对人在一生之中的活动现象进行归纳、总结的结果。"人生是什么?"又是探讨人生时必须面对的问题,下面我们就从人生的定义出发来对"人生是什么"作一个相应的论述和说明。

一、关于人生的定义

目前人们对人生的定义和观点都比较多,其中被人们使用得比较多的定义主要有以下几种:

《汉典》关于人生的定义主要有:[1]人生是一生中的活动;[2]人生是人从出生到死亡的整个过程;[3]人生是与人的关系生疏、不熟悉。如:人生地疏。

《百度》对人生的定义与《汉典》的相同。

《维基》对人生的定义为:人生是指生活、人的一生。

目前人们对人生的观点也比较多,其中,唯心主义认为:人生不一定具有某种特定的定义或形式,它是人在其生命中自然情感流露的集合,是在主观意识影响下,在一定时空条件下的自然反应,人生并不一定具有某种社会属性,即使在一个完全孤立的世界里,只有一个人也能体现出其人生的全部意义,我们不必为了人生去刻意完成或达到什么目的,我们只需要按我们心里所想的去做,而不必

顾虑周围的其他人或事物去经历我们所想经历的。

唯物主义认为：人生的形式早已设定完成，我们只能按照某种特定的形式去实现人的一生，就像我们现阶段不能随便到月球上去，我们的人生中也不会有我们到月球上去这个进程。我们生活在一个群体中，并受各种约束，我们在一生中所有的表现都受到各种其他因素的影响，并且所有人的人生都会相互干扰。

类似以上的观点还比较多，但大多都是从非系统的、非本质的角度着眼，而只是从不同的角度出发对人生进行论述和说明。从以上不同的定义和观点的叙述中，我们可以得知他们都是从人生活动的不同现象出发，通过对现象进行总结所得到的各种不同的定义和观点，但是，以上所述的观点和定义都不足以对人生进行一个全面的表达和说明。那么人生是什么呢？由于"人生"的前提必须具有相应人生生命体的存在，而人生生命体的存在又取决于人生生命体的本质存在，所以要对"人生"作一个较为本质的定义就必须从人生生命体的本质出发，对"人生是什么"进行相应的论述和说明。

作者在《人本、人性、人心》一书中，针对人类生命体的本质进行论述和说明，并认为人类生命体的本质是一个由人类感知能量生命体和无感知有机生命体结合而成的能量运行体系。从人类生命体存在的内涵来看，人类生命体的存在包括了人类生命体的本质存在、属性存在、现象存在和关系存在，在不同类别的存在中，人类生命体所具有的属性存在、现象存在和关系存在都是人类生命体本质存在的性质、状态和相互联系的体现和呈现。在相关论述中，作者还从人类生命体的组成出发，将人类生命体分成了人类生理层面的生命体、心理层面的生命体和完整层面的生命体。

从人类生命体的生存过程来看，人类生命体的生存过程包括了人类生命体从质变性开始直至质变性死亡的全过程。

从人类生命体的活动来看，人类的生命体的活动包括了人类生命体的生理活动、心理活动和行为活动。

根据以上论述，结合作者在《人本、人性、人心》一书中所建立起来的有关"人本"、"人性"、"人心"的思想体系，我们不妨对"人生"作如下定义：

人生是指人类生命体从质变性产生到质变性死亡过程中，相应人生生命体的存在、生存及其活动的总和。

根据以上定义，我们不妨对"人生"的定义作如下解读和说明：

从人生的组成来看，人生是相应人生生命体的存在、生存及其活动的统一。其中，人生生命体的存在是人生生命体生存、活动的前提，若没有人生生命体的存在就没有人生生命体的生存，也不可能有人生生命体的活动，更谈不上有人生的存在。人生生命体的存在又包括了生理层面生命体的存在、心理层面生命体的存在和完整层面生命体的存在，而且不同层面生命体的存在又包括了相应层面生命体的本质存在、属性存在、现象存在和关系存在。

关于定义中人类生命体的生存过程，一般是指人生整体层面生命体从无感知有机生命体与感知能量生命体结合开始，历经孕育阶段、诞生阶段、成长阶段、成熟阶段、衰退阶段直至死亡的全过程（也有早亡生命过程的情况），也就是人生生命体从质变性产生直至质变性死亡的全过程。从人生生命体生存过程的现象看，人生生命体的生存过程就是一个生老病死的过程。人生生命体的生存过程又是以相对独立的方式进行的。人生的过程是融入于人生生命体的存在和人生生命体的生存及其活动之中，而不能独立存在。也就是说，人生的生存过程是通过人生生命体的存在、人生生命体的生存及人生生命体的活动进行体现的。

定义中的"人生生命体的活动"包括了相应人生生命体的生理活动、心理活动和行为活动。其中，人生生命体的生理活动是人生生命体在生存过程中，生命体内部不同层面无感知有机生命体之间和人生无感知有机生命体与人体外部的各种能量体或能量运行体系之间相互作用形成的活动。它包括了人生有机生命体整体层面的生理活动、八大功能系统层面的生理活动、不同器官层面的生理活动、不同组织层面的生理活动、不同细胞层面的生理活动、不同实体物质类能量体层面的生理活动，无感知能量场类能量体层面的生理活动、不同层面无感知暗物质类能量体层面的生理活动、无感知暗能量类能量体层面的生理活动、无感知能量基类能量体层面的生理活动。

从功能属性看，人生的生理活动，一方面是通过人生有机生命体中不同层面的能量体和能量运行体系在遗传、变异的功能属性作用下，通过各种新陈代谢活动形成的；另一方面则是通过人体之外源于社会和自然界中不同能量运行体系的作用或相互作用下形成的。从现象上来看，生理活动所导致的是人生生理层面生命体生老病死现象的发生。

关于人生生命体的心理活动是指人生生命体中感知能量层面生命体（心理）受到人体内部和外部的感知能量体、无感知能量体或能量运行体系的作用或相互作用下所形成的活动。由于人类感知能量生命体本身除了具有运动属性外，还具有相应的感知功能属性，所以在不同的心理活动状态下往往会形成相应的感知体验。人生心理层面生命体从能量体的活动状态来看，包括了意识类心理活动状态、潜意识类心理活动状态和感知宁静类心理活动状态；从活动功能来看，包括了感知活动、认识活动和行为心理活动等不同类别的心理活动。

人生生命体的行为活动是人生生命体中生理层面生命体和心理层面生命体处于共同存在、相互作用、相互影响、协调统一而形成的。

从活动对象出发，我们可将人生生命体的活动分为针对自我的活动、针对社会的活动和针对自然的活动。其中，针对自我所进行的活动是指人生生命体针对自身生命体的不同存在所进行的各种生理、心理和行为活动的总和。它包括了针对自身心理层面生命体所进行的活动、针对自身生理层面生命体所进行的活动，以及针对自身完整层面生命体进行的活动。

针对社会所进行的活动是指人生生命体以相对独立的存在方式针对相应的社会存在所进行的生理、心理和行为活动的总和。由于社会主体是不同人生生命体的集合，它们具有广泛的共有属性，所以容易形成具有广泛共有属性的生命活动，所以我们可以从个人与社会之间形成相互活动的动因出发将人生生命体对社会的活动分为：主动型的社会活动、被动型的社会活动和互动型的社会活动等，也可以从人生生命体针对社会活动的目的、活动的动机等方面出发，将人生对社会活动进行分类。例如：从不同的行为活动目的及活动动机出发，将人生生命体对社会的活动分为：针对社会政治进行的社会活动、针对社会经济进行的经济活动、针对社会生产进行的生产活动、为了在社会中生活进行的生活活动和为了在社会中生存进行的生存活动等。

针对自然的人生活动同样可以从活动主体出发，将其分为针对自然所进行的生理活动、心理活动和行为活动等。

从以上的定义和说明中我们可以认识到：人生是一个用于表达人生生命体在生存过程中所具有的存在及其活动总和的概念，它具有广泛的内涵。若只从现象出发去对人生进行总结的话，从不同的角度就会有不同的结果。由于人生不同的现象存在只属于人生一部分，而不是全部，更何况人生生命体存在的运动、变化也会使人生的现象存在处于不停的运动、变化之中。例如：从时间角度看，人生就是一个过程；从感知体验的角度看，人生就是感知体验；从现象看，人生就是一个生老病死的变化过程。类似以上的例子还很多，但是这些观点都不足以对人生作一个全面、完整的表达。我们可以这样认为：对人生来说，人生生命体不同的存在、不同的生存、不同的活动都是人生的一部分，但是它们都不能代表人生，犹如对一幢大厦来说，一砖、一瓦都是大厦的一部分，但它们都不能代表大厦，而大厦若缺失了这些砖、瓦的存在，就不能成为大厦，所以说"人生"就是在生存状态下人类生命体所具有的存在及其活动的总和，而不是指特定的某个（种）存在、某个（种）特定的生存和某个（种）特定的活动本身，也不是某个特定时间内人生生命体的存在、生存及其活动的过程。

二、关于人生的组成

人生是一个具有广泛内涵的概念，为了便于我们在后续的文章中对人生的相关问题进行深入的探讨，我们有必要对人生的组成作一个概念性的分类和说明。由于人生是指人生生命体在生存过程中所具有的存在及其活动的总和，所以我们可以从人生生命体的存在、人生生命体的生存、人生生命体的活动，以及人生的过程出发对人生的组成作进一步的分类和说明。

1、关于人生生命体的存在

人生生命体的存在是指在人生过程中人生生命体所具有的不同层面存在的总和。作者在《人本、人性、人心》一书中对"人类生命体的存在"进行了论述和说明，作者从人生生命体的组成出发，将人生生命体的存在分为完整层面生命体的存在、生理层面生命体的存在和心理层面生命体的存在。其中，人生完整层面生命体的存在是指人生生命体在生存状态下，人生生命体中的生理层面和心理层面共同形成的完整的生命体所具有的存在，而且又将人生完整生命体的存在进一步分成了人生完整层面生命体的本质存在、属性存在、现象存在和关系存在。

人生生理层面生命体的存在是指在生存状态下生理层面生命体所具有的不同层面存在的总和。可将其进一步分为人生完整生理层面生命体的存在、八大功能系统层面生命体的存在、器官层面生命体的存在、组织层面生命体的存在、细胞层面生命体的存在、实体物质类能量体层面生命体的存在、能量场类能量体层面生命体的存在、无感知暗物质类能量体层面生命体的存在、无感知暗能量类能量体层面生命体的存在、无感知能量基类能量体层面生命体的存在，而且以上所述的不同生理层面生命体的存在都包含了相应层面生命体的本质存在、属性存在、现象存在和关系存在。

关于人生心理层面生命体的存在是指，人生生命体在生存状态下心理层面生命体所具有的不同存在的总和。人生心理层面生命体是由具有相同频率和感知功能属性的暗物质类能量体、暗能量类能量体和能量基类能量体，以相互吸引、共同存在方式形成的具有感知功能属性的能量运行体系。它包括了完整心理层面生命体的存在、感知暗物质类能量体层面生命体的存在、感知暗能量类能量体层面生命体的存在、感知能量基类能量体层面生命体的存在，以上所述的不同层面的人生心理层面生命体的存在还包括了相应层面生命体的本质存在、属性存在、现象存在和关系存在。关于人生生命体的存在，作者已在《人本、人性、人心》的第一篇 第四章"人类生命的存在及生命的本质"一文中作了详细的论述，在此就不重复了。

2、关于人生生命体的生存

人生生命体的生存过程是指人生生命体从质变性产生到质变性死亡过程中不同层面生命体的产生、保持、转化的体现，它包括了人生生命体中完整层面生命体的生存、生理层面生命体的生存和心理层面生命体的生存等。关于人生生命体的生存问题，我们将在后续的相关论述中加以论述和说明，在此就不展开讨论了。

3、关于人生生命体的活动

人生生命体的活动是指人生生命体在生存状态下，不同层面生命体所进行的各种生命活动的总和。从人生生命体活动的主体出发，我们可以将其分为人生生命体的生理活动、心理活动和行为活动。

从人生生命体的活动对象出发，我们可以将人生生命体的活动分为：针对自然所进行的人生生命体的活动、针对社会所进行的人生生命体的活动和针对自我所进行的人生生命体的活动。

其中针对自然所进行的人生生命体的活动是指人生生命体在生存过程中，针对自然中的不同存在所进行的各种生理活动、心理活动和行为活动的总和。它包括了人生生命体针对自然所进行的各种有感知体验和无感知体验的生命活动。

针对社会所进行的人生生命体的活动是指人生生命体在生存过程中针对社会中的不同存在所进行的各种生理活动、心理活动和行为活动的总和。社会是具有一定关系存在的不同人生生命体的共同存在及其活动的总和，人生生命体对社会的活动包括了针对社会的存在所进行的各种有感知和无感知的生命活动，我们还可以根据人生生命体针对社会活动的内容或行业出发，作进一步的分类，例如：从社会所具有的不同关系存在出发将其分为：对社会所进行的政治活动、对社会所进行的经济活动、对社会所进行的研究活动及教育活动等。也可从人生生命体针对社会所进行活动的方式出发将人生生命体对社会的活动分为主动型的社会活动、被动型的社会活动和互动型的社会活动等。

针对自我的活动是指在人生生存过程中，人生生命体针对自我的存在所进行的各种生理活动、心理活动和行为活动的总和。它包括了直接对自我的存在所进行的生命活动和借助自身生命体之外的存在间接对自我生命体所进行的生命活动，以及通过直接与间接结合对自我所进行的活动。例如：为了保持自我生命的生存、健康所进行的各种生理、心理和行为活动等。

我们还可以从人生生命体活动的目的出发，将人生生命体的活动分为：为了生存所进行的人生生命体的活动、为了生产所进行的人生生命体的活动、为了健康所进行的人生生命体的活动、为了政治所进行的人生生命体的活动、为了经济所进行的人生生命体的活动，以及为了达到某个短期或长期目标而进行的人生生命体的活动等。

以上我们对人生生命体的活动进行了分类和说明，从中可以得知：对人生来说，人生生命体的活动也是一个具有广泛内涵的概念，它是人生生命体在生存过程中所进行的一切生命活动的统称。

4、关于人生的过程

由于"过程"是人类用于对相应存在的存在及其运动变化的步骤和规律及其经历时间进行表达的一个概念。时间又是人类发明的用于衡量事物存在及事物运动变化快慢的一个概念，而步骤和规律又是对事物存在及运动变化的规律、属性的表达，所以，人生的过程是伴随着人生生命体中不同层面生命体的产生而产生、保持而保持、变化而变化、消亡而消亡的，它是相应人生生命体的存在过程、生存过程及其活动过程的统一。

以上我们从人生生命体的存在、人生生命体的生存、人生生命体的活动、人生的过程出发，对人生的组成进行了概括性的分类和说明。从相应的分类和说明之中我们认识到：对每个人来说，人生是由具有广泛内涵的人生生命体存在、生存及活动集成而成的。若我们把"人生"比作一座完整的大厦，每个人的人生都是一座具有自然属性、社会属性和自我属性的大厦，这座大厦中所具有的各种构件的组合形成了大厦的主体，大厦从修建到毁灭过程中的不同层面的运动、变化形成了人生生命体的活动,这座大厦从建造开始直至毁灭的过程就是人生的过程,人生生命体不同层面的存在又构成了人生大厦的主体,而大厦本身并不等同于构成大厦的某种(类)材料,但大厦却离不开这些相应的存在而存在。

由于人生生命体是由相应无感知有机生命体和感知能量生命体相互结合而形成的,运动是一切能量体所具有的根本属性,所以这就决定了人生生命体无论在什么情况下都处于不停的运动、变化之中。由于人生生命体具有共同的或相似的人类运动、变化的属性存在,这也就决定了每个人生生命体与其他人类生命体之间也会具有共同的或相似的人的运动、变化的属性存在,而且运动、变化属性也就成了人生的主旋律。由于人生生命体的存在、生存及活动都处于不停的运动、变化之中,所以无论是从宏观层面看,还是从微观层面看,人生都是不可能永恒不变的。

三、关于人生不同组成之间的关系

前面我们对人生进行了定义,并对人生的组成进行了分类和说明。那么人生的不同组成之间又有什么样的关系存在呢?为了便于我们对人生的不同组成之间所具有的关系进行表述,我们分别从不同的人生组成之间所具有的关系和同一组成中不同层面之间所具有的关系出发,分别作如下论述和说明:

1、无论是人生生命体的存在、人生生命体的生存、人生生命体的活动,还是人生的过程都是人生的重要组成部分,它们共同组成形成了人生的内涵。

2、从人生生命体的存在、人生生命体的生存、人生生命体的活动、人生的过程看,人生生命体的存在是人生存在的根本,人生生命体的生存是人生生命体生存的前提背景,人生生命体的活动是人生存在、生存方式的体现,人生生命体的存在和生存中必然会有人生生命体活动的存在,没有人生生命体的存在就没有人生生命体活动的存在和人生生命体的生存,也就没有人生生命体生存、人生生命体活动和人生过程的存在。人生的过程是对人生生命体存在、人生生命体生存、人生生命体活动的功能属性、活动程序、规律及其运动变化速度的衡量,它融入于人生生命体的存在、生存及其活动之中。也就是说,人生是人生生命体的存在、人生生命体的生存、人生生命体的活动、人生的过程共为一体、互为条件、协调统一而形成的。

3、人生生命体的存在、生存、活动及人生过程都具有相应的本质存在、属性存在、现象存在和关系存在。其中，相应的本质存在都是人生生命体中不同层面能量体和能量运行体系的存在，是相应人生的属性存在、现象存在、关系存在的根本，而且人生不同组成的本质存在、属性存在、现象存在和关系存在之间都具有相互作用、相互影响、协调统一的关系存在。

四、影响人生的主要因素

在《人本、人性、人心》一书中，作者论述了人生生命体同时具有自然属性、社会属性和自我属性的存在，这就决定了人生必然会受到源于自然、源于社会和源于自我因素的影响。其中，源于自我的影响因素是源于人生生命体内部的影响因素，源于自然和社会的影响因素属于源于人生生命体外部的影响因素，所以我们可以将影响人生的主要因素按源于人生生命体的内部的影响因素、源于人生命体外部的影响因素出发进行分别说明。

1、源于人生生命体外部的影响因素

源于人生生命体外部的影响因素是指在人生过程中所受到的源于人生生命体之外的对相应人生生命体的存在、人生生命体的生存、人生生命体的活动和人生过程产生直接和间接影响的因素。这类影响因素包括了源于自然的影响因素和源于社会的影响因素，以及源于自然和社会相结合的影响因素。其中源于自然的影响因素又可分为源于自然的直接影响因素和源于自然的间接影响因素。其中，源于自然的直接影响的因素是指那些能够对人生生命体的存在、人生生命体的生存、人生生命体的活动、人生的过程产生直接作用形成影响的自然的存在；而源于自然的对人生产生间接影响的因素是指那些虽然不能直接对人生生命体的存在、人生生命体的生存、人生生命体的活动和人生的过程产生直接作用，但能够通过间接作用形成作用和影响的自然的存在。

从本质上来讲，形成人生生命体的一切能量体都来自于自然，并回归于自然。从广义上讲，人生生命体本身就是自然的一部分；从属性来看，人生生命体所具有的一切存在、人生生命体的生存、人生生命体的活动和人生的过程都具有相应自然功能属性及运动、变化属性的存在；从现象来看，人生生命体的存在、生存、活动及过程所具有的现象也属于自然界的一类生命体现象，并具有相应的自然属性存在。从关系来看，一切人生生命体的存在、生存、活动和人生的过程无不存

在于自然之中，人生生命体无时不在相应遗传、变异功能属性和其他属性作用下与自然界进行着不同层面能量体的新陈代谢活动，这就决定了人生从属于自然，无时不受到自然界中不同层面能量体的性质和能量环境的作用和影响，并具有相应的自然属性存在。例如：我们所熟悉的自然界中的气候、物产等自然环境条件都会对人生生命体的存在、生存、活动及人生过程等产生直接和间接的作用和影响。在现实生活中，除了人生生命体的存在、生存、活动和人生的过程在受到自然影响的同时，人生生命体的存在、生存、活动及人生的过程也会对所处的自然环境产生相应的作用和影响，而且被人生影响的自然界环境反过来又会对人生形成相应的作用和影响。

社会对人生的影响主要体现在：由于社会是由具有一定关系存在的不同的人生生命体共同存在及活动的总和，对每个人生生命体来说，都具有社会的属性存在，人生生命体所具有的社会属性存在主要体现在：一方面每个人的生命体在具有自然属性的基础上，都具有人类生命体所共有的存在属性、生存属性、活动属性和过程属性的存在。例如：人生生命体都具有人类生命体共有的相同或相似形体、长相以及功能属性、运动属性、变化属性等。人生生命体的社会属性是人生生命体在人类所具有的遗传、变异功能属性作用下形成的，所以在社会中每个人的生命体都具有人类生命体共有属性的存在；另一方面，人类在共有属性作用下具有共同存在、共同生存、共同活动的倾向性存在，他们在共同存在、共同活动、共同生存的过程中，通过相互作用、相互影响、协调统一又会促使相应人生生命体所具有的共有属性得到提升和扩大。正是人类学会了利用社会的智慧和力量，并在相互作用和影响下，形成协调一致的活动倾向，才使人类与自然界中的其他类别的动物进行各种不同争斗中能够脱颖而出，并成为佼佼者。人类在共同的存在、生存、活动过程中使人与人之间形成了各种直接和间接的关系，人与人之间的关系往往又是通过相应人生生命体所创造的物质产品和精神产品作为载体进行体现的。

由于人生生命体存在和生存的目的往往是围绕着保持、延长自身生命体的存在和生存时间和质量的提升而进行的，从人生生命体活动的目的看，它们往往是围绕着减少痛苦、增加幸福为核心而展开的，所以人生生命体在相应生命活动中，往往把有利于延长自身生命体的存在和生存时间及质量的提升和有利于减少痛苦、增加幸福的由人类或非人类所创造的物质产品和精神产品视为有利的存在，将有损于延长生命体存在和生存时间的延长、质量的提升以及有损于减少痛苦和增加幸福的物质产品和精神产品视为有害的存在，这也就决定了人生生命体的生命活动的核心往往就是以趋利避害为活动倾向，于是有利和有害的存在就成为连接人类社会不同关系的纽带，这也就决定了人类社会的共同活动将围绕减少有害的存在，增加有利的存在为核心而展开活动，于是在社会活动中就会在人与人之间形成相应的视有益和有害的存在作为社会生产和分配为核心的关系存在，当各种不同的有利和有害的社会核心关系形成后，有的会促进社会的和谐、统一，有的则会促使社会中各种矛盾和争斗的形成，并对社会中相应人生生命体存在、生存、活动和人生的过程形成各种直接和间接的影响。除了以有利和有害为纽带的社会关系会影响到社会中人生生命体的存在、生存、活动及人生过程之外，人生在社会活动中所形成的共有的人生目的观、人生意义观、人生价值观、人生社会观和人生世界观等都会对人生形成相应的直接和间接的影响。对个人和社会而言，每个人只不过是存在于社会大海之中的一个水滴，它无时不与其他水之间形成关联，并受到大海中其他海水的存在、运动、变化的左右和干扰，大海之中每滴水的存在及活动状况也会影响到大海的活动状况，哪怕这滴水的影响对大海来说已显得微不足道。

  关于源于自然与社会的结合对人生的影响主要体现在：从广义上讲，人类社会也属于自然界存在中的一类存在，而且人类社会也是在一定的非人类的自然环境中进行存在、生存和活动的，所以自然与社会之间天然就具有各种相应的、广泛的关系存在，并形成广泛的相互作用、相互影响、协调统一的关系。人类社会在受到非人类自然环境中不同因素影响的同时，也在对非人类的自然界中的存在产生影响，若二者之间能够形成良性互动，必然会对相应人生生命体的存在、生存、活动及人生的过程产生有益的作用和影响，若二者之间形成恶性互动的状况，必然会对生存于相应自然界和社会中的人生生命体的存在、生存、活动及人生的过程产生有害的作用和影响。由于每个人的人生都会受到源于自然和社会的影响，所以人生生命体的存在、生存、活动和人生的过程也将受到人类社会与自然之间关系的作用和影响，而且人生生命体的存在、生存、活动和人生的过程也会对社会与自然之间的关系存在产生相应的作用和影响。

  以上我们对自然、社会以及自然与社会对人生的影响进行了分析和说明，从中我们不难看出自然、社会以及自然与社会对人生的影响是多方面的，而且又是相互包容的，三者的关系犹如人与船和海之间的关系，其中自然犹如大海，社会犹如行驶于大海之上的轮船，个人则是在轮船上的一个船员或乘客，而且人生则

是船上每个人的人生生命体的存在、生存及其活动的总和。

2、源于人生生命体内部对人生的影响因素

源于人生生命体内部对人生的影响因素主要包括：源于人生生命体中生理层面的影响因素、心理层面的影响因素和生理与心理结合的影响因素。由于人生生命体是由生理、心理共同组成的生命体，所以对每个人来说，他们的生理、心理的存在状况以及生理和心理之间的相互结合及互动状况都会对相应人生生命体的存在、生存、活动和人生过程形成各种直接和间接的影响。源于人生生命体内部的影响因素中，有的属于先天的影响因素，有的则属于后天的影响因素。

其中源于生理层面的影响主要体现在：由于人生生命体中的生理层面生命体是心理层面生命体的载体，所以人生生命体中生理层面生命体的存在及活动状况必然会对人生生命体的存在、生存、人生的过程产生各种直接或间接的影响。例如：人生生理层面生命体中不同层面的能量体和能量运行体系的组成、结构、运动状态，及其所具有的属性存在、现象存在、关系存在等都会对人生生命体的健康状况、性别状况、形体长相、活动状况、生命周期等产生直接和间接的影响，从而直接和间接地影响到相应人生生命体的存在、生存、活动及人生的过程，也就是说，人生生理层面生命体的本质存在、属性存在、现象存在、关系存在都会对人生生命体的存在、生命体的生存、生命体的活动、人生的过程产生各种直接和间接的作用和影响。

源于心理层面生命体对人生的影响主要体现在：人生生命体中一切具有感知体验的存在及其活动都是由人类生命体中心理层面生命体所具有的感知属性伴随着相应感知能量体的活动形成的，而且人生的一切有感知体验的心理活动、生理活动和行为活动都是在心理活动支配下进行的活动。由于完整层面生命体是由生理层面生命体与心理层面生命体相互结合而成的，所以人生心理层面生命体的本质存在、属性存在、现象存在和关系存在必然会对人生生命体的存在、生存、活动和人生的过程形成各种直接和间接的影响。例如：形成人生心理层面生命体的能量大小及其所具有的运动属性、感知功能属性及其健康状态等都会对相应的人生的心理层面、生理层面及完整层面的生命体的存在、生存活动和人生的过程产生各种相应的直接和间接的作用和影响。

源于人生的生理与心理相结合的情况对人生影响主要体现在：由于人生生命体是通过贮存于人生生命体中"生理"层面生命体中的无感知潜能量和"心理"层

面生命体中的感知能量相互结合而成的,所以二者的结合状况及其互动情况等都会对人生生命体的存在、生存、活动及人生的过程产生各种直接和间接的影响。

从以上我们对影响人生的内在因素的分析中,我们可以得知:有的属于先天形成的影响因素,而有的则是后天形成的。其中,先天的影响因素包括了生理层面的先天影响因素、心理层面的先天影响因素,以及生理和心理相结合而成的完整层面生命体的先天影响因素。

生理层面的先天影响因素主要体现在:人生生理层面生命体形成初始状态的形成是通过亲代生殖细胞在遗传、变异功能属性作用下,在相应母体的能量环境之中通过一系列的新陈代谢活动而形成的,由于人生生命体中生理层面生命体的基本初始状态直至诞生前能量来源(本质存在)都是源于亲代生殖细胞和通过母体加工过的能量供给形成的,所以我们可以说人生生理层面生命体的存在、生存、活动及人生的过程的基本状态都是先天形成的,也就是说,对人生生理层面生命体而言,先天因素是人生生理层面生命体影响因素中最基本的影响因素,它不但决定了人生生命体的性别、形体、长相和生理层面的功能属性、运动属性、变化属性,还对其能量运行体系的初始运行状况形成基础性的作用和影响。

心理层面的先天影响因素主要体现在:由于人生心理层面生命体就是我们常说的人类灵魂的存在,而灵魂虽然处于不停的运动、变化和转化之中,但是它还会以相对独立的方式存在于宇宙空间之中,并在一定的条件下与人类有机生命体进行结合,而且结合的时间是人生生命体诞生之前和在以大脑为中心的神经系统形成之后,关于人生感知能量生命体的先天因素对特定的人生生命体来讲,是指心理层面生命体与生理层面生命体结合之前所具有的本质存在、属性存在、现象存在和关系存在的状况以及结合以后至诞生之时相应存在的变化情况,所以对人生心理层面生命体的先天因素不但会对人生心理层面生命体的存在、生存、活动和相应人生的过程的基本状况形成直接和间接的影响的同时,还会对相应的人生的能力及命运等产生各种直接和间接的影响。

人生生命体的生理和心理的相互结合的先天影响因素主要体现在:在人生生命体诞生之前,人生生理层面生命体和心理层面生命体的存在情况,以及二者之间的相互结合情况都会对人生生命体的存在、活动和生存过程形成相应的作用和影响。

对人生产生影响的先天因素中,除了有自我的因素外,还有诞生之前、诞生时的自然因素、社会因素和时空因素。例如:诞生前在什么时代、什么国家、什

么家庭、什么样的社会状况、什么样的自然环境等都会对相应人生生命体的存在、人生生命体的生存以及人生生命体的活动及人生的过程等产生各种直接和间接的影响。

关于源于自身的后天影响因素主要是指人生生命体诞生后，以相对独立的生命状态在自然和社会中生存，并进行各种相应的生命活动，在相应的生命活动中就会受到源于自然、源于社会、源于自身的作用，使自身生命体的存在发生相应的改变，进而影响到自身生命体的生存、活动及人生的过程，从而对相应的人生产生相应的作用和影响。例如：人生在一定条件下对自身生命体本质存在、属性存在、现象存在、关系存在的变化对人生生命体的健康状况、形体、活动能力等都会产生相应的影响。关于后天的源于自然和社会的影响因素是指人生生命体诞生后直至死亡过程中，自然和社会存在的运动、变化情况以及与相应人生生命体之间的关系存在的运动、变化都会对人生生命体的存在、生存、活动及人生的过程产生相应的影响，例如：人生生命体诞生后，受到源于家庭、组织、从事行业，以及社会环境、宗教、科技等一系列社会因素与自然因素和自我因素的存在及其运动变化都会对人生生命体的存在、生存、活动和人生的过程产生直接和间接的影响。

以上我们对人生进行了概念性的论述和说明，从中我们可以得知：人生是一个内涵十分广泛的概念存在，为了对人生作一个较为完善的论述，我们将在后续的相关文章中从不同的角度出发对人生的问题进行探讨和说明。

第二章　人生生命体的生存与死亡

　　在"人生是什么"一文中我们认为：人生生命体的存在和人生生命体的生存是人生生命体活动的基础，也是人生存在的前提，那么什么是人生生命体的生存呢？我们要对人生生命体的生存进行解读，还必须面对"人生生命体的死亡"，因为生存与死亡是人生过程中两种相互对立、协调统一的生命状态，只有通过生存看死亡、通过死亡看生存，才便于我们对人生生命体的生存和死亡进行全面的解读和理解，本文的目的就是针对人生生命体的"生存"与"死亡"而展开讨论。

　　生存与死亡的问题对于人类来说，是一个十分敏感的话题。由于在人们心里都具有对生存的欲望和对死亡的恐惧，所以在日常生活中人们谈"生"的多，言"死"的少，孔子甚至说："未知生，焉知死？"对人生而言，人生生命体的形成、延续和死亡是人生必须经历的三个阶段。在日常生活中，人们经常把人生生命体的形成、延续阶段归为人生生命体的"生存"阶段，把人生生命体的死亡过程及消失的阶段归为人生生命体的"死亡"的阶段。在人们心目中，"生、死不可逆转，生是偶然，死是必然，有生必有死，有死必有生。"这已经成为了人们对人生生命体的生存与死亡的共识。从广义上讲，人生生命体在生存过程中，不同层面的人生生命体都存在着相应生存与死亡的发生。例如：人生生命体从质变性形成直至质变性死亡的过程中，以细胞为生命基本单元的生命体在遗传、变异功能属性的作用下进行着不同层面的新陈代谢活动本身就是人生生命体整体层面处于"生存"状态的过程中，伴随相应生命体层面的生存与死亡的活动的发生，只不过在这个过程中，人生生命体整体层面的本质存在的结构主体及相应生命体所具有的功能属性还得以保持，生命体的运行还处于活动状态，人生生命体中不同层面的生命体还处于不停新陈代谢的活动之中。从广义上看，人生生命体中不同层面生命体的新陈代谢活动也是相应层面生命体的生存与死亡的活动。由于要使完整层面的生命体能够处于生存状态，就必须使生理、心理共同存在，并具备相应的功能属性存在，没有完整层面生命体的存在及生命体活动的发生就不能形成"人生"，完整层面的人生生命体必然经历一个形成、保持和死亡的过程，这个过程也就成了人生生命体必然经历的运行轨迹。由于人生生命体具有"自我"的属性存在，在自我属性作用下，人生一切具有感知的生命活动都会围绕着保持自我生命体的存在及生存时间的延续和质量的提升，以及减少痛苦、增加幸福的目的而展开；而且，由于人生生命体的存在和生存是人生生命体活动的前提和基础，所以在人们的心里，人生生命体的存在和生存的保持和延续的意义和价值要高于减少痛苦和增加幸福的意义和价值（关于人生的目的、意义和价值，我们将在后续的相关文章中进行探讨），所以人生生命体的生存与死亡的问题自然也就成为了人类在生命活动过程中不可回避的问题。目前，虽然人们对人生生命体的形成、保持和死亡方面的研究比较多，但对"生存"的研究多数停留在人类如何优生、优育，以及在人生生命体诞生前和诞生后应该用什么方法来延续和维护人生生命体的生存时间和生存品质，以及应该用什么样的心态来面对人生生命体生存过程中所遇到的问题等方面之上。对于死亡问题的研究，大多着眼于人类该用什么样的态度来对待人生生命体的死亡过程，死亡之后又应该采用什么方式和方法来对待生前的遗体和纪念死者的过去，或如何评价逝者生前的事迹，或者用什么样的宗教仪式和方法去祭奠逝者的灵魂，以及试图用某种方法去印证灵魂是否存在和灵魂将以什么样的形式存在，灵魂将到哪里去，以及灵魂活动所遵循的规律等，却很少从人生生命体的本质出发，探讨人生生命体的形成、保持与死亡的问题。目前，对人生生命体生存与死亡尚无明确的定义，所以我们在探讨人生生命体的生存及死亡时，就有必要从人生生命体的生存与死亡的定义开始进行探讨。

一、什么是人生生命体的生存与死亡

要探讨人生生命体的生存与死亡的相关问题，首先，我们有必要明确什么是"人生生命体的生存"、什么是"人生生命体的死亡"。根据《辞海》的定义：生存与死亡相对，而"死亡"是失去生命。这个定义看似准确无误，但是却没有说明白到底什么才是人生生命体的生存，什么才是人生生命体的死亡，以及衡量人生生命体的生存与死亡的标志是什么。也就是说，如此的定义其实是一个模糊不清的定义，这种对"生存"与"死亡"的定义，并未触及到人生生命体的"生存"与"死亡"的本质。要对人生生命体的生存与死亡进行定义，首先，我们须从人生生命体的本质出发去探讨，根据《人本、人性、人心》一书中的论述，作者认为：从本质上看，人类生命体是由生理层面生命体和心理层面生命体相互结合而成的一个能量运行体系，这个能量运行体系不仅具有能够对来自能量运行体系外部的各种能量体或能量运行体系进行转化、吸收、贮存、利用的能力，同时还具有对体系自身的不同能量体和能量运行体系等存在进行保持和转化的能力。人类生命体是属于自然界中的一切有机生命体中具有感知属性的有机生命体中的一类。鉴于人生生命体的特点，我们还将人生生命体分成完整生命体层面生命体、生理层面生命体和心理层面生命体。也就是说，一个健全、完整的人生生命体应该是由生理层面生命体和心理层面生命体共同形成的完整的生命体，若只有生理层面生命体或只有心理层面生命体，都不是完整的人生生命体。人生生命体是由生理层面生命体和心理层面生命体相互结合、相互作用、协调统一的结果。从人生生理层面生命体的能量组成看，我们将其人生生理层面生命体再次分成人生生命体中各种无感知潜能量层面、能量场类能量体层面、实体物质类能量体层面、细胞器层面、细胞单元层面、组织器官层面、八大功能系统层面和完整层面的生命体。人生生理层面生命体中不同层面生命体的"生"与"死"往往是通过上述不同层面的生命体的新陈代谢活动体现的，关于人生生命体的新陈代谢问题，作者已在《人本、人性、人心》的相关文章中做了较为系统的论述，在相关论述中，作者把人生生理层面生命体的新陈代谢活动分成了完整生理层面生命体的新陈代谢活动、八大功能系统层面的新陈代谢活动、组织器官层面的新陈代谢活动、细胞单元层面的新陈代谢活动、细胞器层面的新陈代谢活动、实体物质类能量体层面的新陈代谢活动、能量场类能量体层面的新陈代谢活动、无感知潜能量类能量体层面的新陈代谢活动等。在相关的论述中作者认为：生理层面生命体的新陈代谢活动的形成，一方面是由于人体之中无感知的能量基类能量体、暗能量类能量体、暗物质类能量体、能量场类能量体和实体物质类能量之间共同存在、相互作用、相互影响、协调统一的结果；另一方面则是伴随着源于与人体之外的不同类别的能量体与人体之中的相应的能量体之间相互的直接作用、相互影响、协调统一而形成的。

由于细胞是人生有机生命体中具有人类生理层面生命体功能属性的最基本的

生命单元，它内部包含了组成人生生命体的不同层面的实体物质类能量体、能量场类能量体、潜能量类能量体的成分。由这些能量成分所形成的细胞具有人生生理层面生命体最基本生命单元所具有的功能属性、运动属性、变化属性等本质属性的存在。正是由于这些不同类别的能量成分或能量运行体系的本质存在在其所具有的本质属性作用下进行的新陈代谢活动结果，才促成了人生生命体中细胞层面和细胞器层面的新陈代谢的活动。细胞层面的新陈代谢活动的结果促成了人体中由相应细胞形成的组织器官层面的新陈代谢活动。组织器官层面的新陈代谢活动的结果又促成了人体功能系统层面的新陈代谢活动，人体中功能系统层面的新陈代谢活动的结果又促成了人类整体生理层面生命体的新陈代谢活动，反之，人类整体层面生命体的新陈代谢活动又会反作用于人体功能系统层面的新陈代谢活动，使人体功能系统层面的新陈代谢活动受到影响，人体功能系统层面的新陈代谢活动又会作用于人体各功能组织器官，影响组织器官层面的新陈代谢活动；人体组织器官层面的新陈代谢活动又会影响细胞层面的新陈代谢活动。而细胞层面的运行新陈代谢活动又会影响细胞器及细胞之中不同层面能量体和能量运行体系的新陈代谢活动等。除此之外，根据《空间的层面》一书的相关论述，作者认为：人类生命体所生存的宇宙空间中充满了可以被人类生命体感知和不可感知的各种不同类型的能量体存在，作为生存在宇宙空间中的人类有机生命体，他们是以类似于"浸泡"的方式存在于由各种不同类别能量体组成的能量海洋之中，在人生过程中，人类生命体会不停地与人体外部各种类型的能量体之间进行着相应的不同层面能量体或能量运行体系的新陈代谢活动，正是由于人体与自然之间的不同层面能量体的相互作用、相互影响、协调统一促成的新陈代谢活动的发生也会促成人类生理层面生命体中不同层面生命体的"生"与"死"的发生，所以从广义的生命角度来看，人类生理层面生命体中不同层面的新陈代谢活动其实就是人生相应生理层面生命体的"生存"与"死亡"的活动，只不过相应层面生存与死亡的结果对人生生命体整体层面而言，它所形成的是人生有机生命体层面在生存活动中量变性质的"生存"与"死亡"，尚未形成有机生命体整体生理层面质变性的"生存"与"死亡"。它是在人生完整生理层面生命体的本质存在及其基本层面的结构功能属性、运动属性、变化属性还得以保持和延续的状态下进行的生存与死亡的活动。从表象上看，人生生理层面生命体不同层面的新陈代谢过程中所形成的"生存"与"死亡"的活动所导致的是人生生命体的生、老、病、死等生命活动现象的发生。从这个角度看，人生无感知有机生命体的生存标志就是在人生有机生命体的整体层面生命体存在的基础上，无感知有机生命体整体层面的能量运行体系的功能属性、运动属性和变化属性还得以保持和延续的前提下，功能系统层面的新陈代谢活动还在继续发生，也就是说人生生理层面生命体生存的标志就是由八大功能系统层面和人生生理层面生命体的整体层面的存在还得以保持及相应的功能属性、运动属性、变化属性还得以保持和延续，支撑整体层面的八大功能系统层面系统或部分功能系统的新陈代谢活动还在运行。也就是说，从人生生理层面生命体来看，人生生命体生存的特征是人生生命体中生理层面生命体的完整层面的本质存在、功能属性、运动属性和变化属性还得以保持和延续，以及八大功能系统层面的新陈代谢活动还在运行。由于人生有机生命体中整体层面生命体所呈现出的生命活动是通过八大功能系统的新陈代谢活动进行体现的，而各种功能系统属性是通过功能系统中不同组织器官按一定的功能属性、运动属性、变化属性进行活动体现的。也就是说，人生生命体中无感知有机生命体的不同功能系统之间能够有机的聚合在一起，并按相应的功能属性、运动属性、变化属性进行活动，形成了人生生理层面生命体的生存。同时也只有这些功能系统能够共同存在、功能属性得以保持，才能够使贮存于人生生命体中的神经系统中的感知能量生命体与无感知有机能量生命体之间形成相互结合、统一互动的运行状态。至于是否人体所有功能系统的功能属性都能够完全得以保持以及功能系统之间都能形成统一互动，才能视为有机生命体处于生存状态，还是只需部分有功能系统及部分功能属性、运动属性和变化属性的得以保持和延续就可以将人生生命体视为是处于生存的状态？目前有很多不同的观点存在，有的观点认为：呼吸系统和内循环系统的功能散失并停止活动就视为是人生生理层面生命体的死亡；而有的宗教观点则认为：人生生命体的死亡是当人生生命体中的有机生命体功能散失，停止运行时（即有机生命处于死亡状态），还不能真正地把它视为是人生生命体的死亡，而是要到"灵魂"与"肉体"完全分离后，才能视为是人生生命体的死亡。

从以上论述中，我们可以得出如下结论：对于人生生理层面生命体而言，所谓"生存"就是人生生理层面生命体中完整层面的生命体的存在还得以保持，功能系统层面的生命体还处于共同存在，功能系统的功能属性、运动属性和变化属性还得以保持，不同功能系统层面的新陈代谢活动还在进行。

关于人生心理层面生命体的"生存"与"死亡"的问题也是人类所关注的重点问题。人生心理层面生命体的"死"与"不死"也是宗教界、生命科学界以及每个活着的人都会重点关注的问题。它不但影响着人生的目的、意义和价值观的形成，同时也决定了人生信仰和行为活动观的形成。那么人生心理层面生命体的"生存"与"死亡"又是怎么样的呢？从本质看，人生心理层面生命体是由相同频率和感知属性的暗物质、暗能量、能量基相互结合而成的能量运行体系。对人生心理层面的生命体而言，人生"心理"层面生命体的"生存"是指感知能量生命体的整体层面的能量运行体系还处于共同存在、协调统一的存在状态，而且感知能量生命体的功能属性、运动属性、变化属性还得以保持，感知能量生命体中不同层面能量体的新陈代谢以及心理感知、认识、行为心理活动还在进行。由于形成人生心理层面生命体的能量运行体系中不同感知能量体之间具有相同的频率，而且暗物质类能量体、暗能量类能量体和能量基类能量体都具有相互吸引、内聚存在的特点，所以对人生心理层面的生命体来说，一旦形成以后就会处于不停的运动变化之中，并会形成量变性的"生存"与"死亡"的现象，质变性的"生存"与"死亡"现象却很难发生。这是因为人生心理层面生命体中不同层面的能量及能量运行体系所具有的本质属性决定了人生心理层面生命体不会因为人生生理层面生命体产生质变性的"生存"与"死亡"而产生相应的质变层面的"生存"与"死亡"。这也就决定了人生心理层面的生命体在一般情况下只会有量变性的"生存"与"死亡"活动的发生。

由于人生生命体的生存状态是人生生命体中的生理层面生命体和心理层面生命体相互结合、相互作用、协调统一的结果，结合以上我们对人生生理层面生命体和心理层面生命体的"生存"与"死亡"的论述和说明，我们可以把人生生命体的生存和死亡作如下定义：

人生生命体的生存就是指人生生命体中心理层面生命体和生理层面生命体处于相互结合、相互作用、相互影响、协调统一的状态，而且完整层面生命体的功能属性、运动属性和变化属性还得以保持，部分或全部功能系统层面的生理活动、心理活动和行为活动还得以保持、延续，新陈代谢活动还在进行的生命存在状态。

根据以上定义，我们同样可以对"人生生命体的死亡"做如下定义：人生生命体的死亡是指人生生命体中的心理层面生命体与生理层面生命体之间已产生分离，而且生理层面生命体的功能系统所具有的功能属性、运动属性、变化属性及其所具有的生理活动已经丧失的生命存在状态。

我们可以把人生生命体中生理层面生命体和心理层面生命体的分离及其八大功能系统层面的生理活动功能属性、运动属性和变化属性及其活动的丧失作为

"死亡"的标志，把人生生命体中的心理层面生命体和生理层面生命体的分离，以及八大功能系统和完整生理层面生命体的活动功能属性及活动的丧失过程称为人生生命体的死亡过程。

从以上的论述中，我们可以得知人生生命体的"生存"与"死亡"是分阶段、分层次的。我们可以将人生生命体的生存与死亡分为人生生命体整体层面的生存与死亡、生理层面生命体的生存与死亡、心理层面生命体的生存与死亡，而且以上不同层面生命体的生存与死亡又可以根据生存与死亡的性质将其分为量变性的生存与死亡和质变性的生存与死亡。其中，人生生命体的量变性的生存与死亡是指人生完整层面生命体处于生存状态下，不同层面生命体的产生、保持、消亡活动的体现。

从人生生理层面生命体来讲，生理层面生命体的质变性生存是指人体从一个受精卵开始，经历了发育、诞生、成长、衰老等过程，直至八大功能系统层面及整体层面的功能属性及生理活动能力丧失为止。它包括了人类生命体诞生之前的人生生命体的形成、保持过程和诞生之后人生生命体的保持和延续过程。对人类心理层面生命体来说，人生心理层面生命体的质变性生存是指感知能量生命体的整体层面的本质存在及功能属性还得以保持，相应的心理活动功能属性和活动还得以保持和延续的过程。从广义上讲，只要人生的感知能量生命体的能量运行体系和感知功能属性还得以保持和延续，它就处于质变性的"生存"状态。结合在《人本、人性、人心》一书中对人生生命体形成的论述，我们可以得知：从广义上讲，人生心理层面生命体的生存是可以跨越某个特定的人生过程形成"多世为一生"的生存状态，也就是说，人生心理层面生命体的质变性生存是可以轮回多世或长期保持、延续的。人生心理层面生命体虽处于不断的运动、变化之中，却能够达到长久生存，甚至形成永不消失的状态；而从狭义来讲，人生心理层面生命体的质变性生存仅是指当人生心理层面生命体与人生生理层面生命体结合后，具备利用人脑为中心的神经系统对事物进行感知、认识和行为心理活动开始，伴随着无感知有机生命体的发育、诞生、成长、衰老，直至心理层面生命体与生理层面生命体产生分离为止的生命存在及其活动的过程。

二、人生生命体不同阶段的生存与死亡

根据以上对人生生命体的"生存"和"死亡"的定义和说明，我们可以认为：

人生生命体的生存过程是指从人生生理层面生命体形成后与心理层面生命体结合开始，直至二者产生分离为止的过程。也就是说，人生生命体的生存过程包括了人生生命体的形成直至诞生的生存阶段、人生生命体的诞生阶段及人生生命体诞生后的生存阶段和死亡阶段。其中，人生生命体形成直至诞生阶段又包括了人生生理层面生命体形成直至与心理层面生命体结合之前的阶段（我们可以将其称为"诞生前生理层面生命体单独生存的阶段"）、心理层面生命体与生理层面生命体结合后直至诞生的阶段（我们将其称为"诞生前人生感知生命体的生存阶段"）、人生生命体诞生后直至质变性死亡的人生生命体的保持和延续的阶段，这个保持和延续阶段又包括了人生生命体的诞生阶段、诞生后生命体的成长阶段、成熟阶段、衰退阶段，而人生生命体的死亡阶段包括了人生生命体死亡过程阶段和人生生命体死亡之后的阶段。其中，死亡过程又包括了人生生命体中生理层面生命体中部分功能系统生理功能的丧失及生理活动停止阶段、全部生理功能系统功能丧失及活动功能完全停止阶段、心理层面生命体和生理层面生命体分离阶段。

从生理层面生命体看，人生生命体死亡之后的阶段包括了死亡后生理层面生命体的形体保持阶段、死亡后生理层面生命体的分解阶段。从感知能量生命体看，死亡后的阶段就是我们常说的以"灵魂"方式进行存在的生存阶段，它应该包括生理层面生命体产生质变生存的阶段以及量变生存阶段、重新与人类心理层面生命体或其他生命体进行结合的新的质变生存阶段。为了便于对人生生命体的生存与死亡的过程进行说明，我们将根据以上对人生生命体的生存与死亡的不同生命阶段的划分，从人生完整层面生命体在生存过程中不同层面生命体所发生的"生存"与"死亡"出发，对人生生命体的生存与死亡作进一步的论述和说明。

1、人生生命体诞生前生理层面生命体单独生存阶段的生存与死亡

诞生前生理层面生命体单独生存阶段是指通过性活动或其他方式，使人体的卵细胞和精子结合形成受精卵，成活的受精卵细胞在遗传、变异功能属性作用下，通过新陈代谢活动，通过细胞复制、分裂等方式发育，逐渐形成功能完善的人生理层面生命体，直至具备能够与心理层面生命体进行结合的阶段。

从能量的角度看，在这个过程中，人生生命体对来自于母体中的各种无感知能量体和能量运行体系进行转化、吸收、利用的数量要比从生命体内排出的多得多，不同能量体和能量运行体系的新陈代谢活动主要是以同化代谢为主，异化代

谢为辅，此阶段人生生命体的生存和死亡往往是以细胞层面和不同能量体层面的生存、死亡为主，属于量变性的生存与死亡，而且此阶段生存的力量远远大于死亡的力量。在此阶段，人类生命体在相应遗传变异属性的作用下，通过新陈代谢活动促使人生生命体形成，并使相应的功能属性走向完善，所以此阶段人生生命体虽然还不具备作为完整人类生命体的功能属性，但它却是人生生命体形成后的第一个生存阶段，也是人生从无到有的质变性生存到量变性生存的转化过程，就这个阶段的生存与死亡来说，它是生理层面生命体质变性的生存与死亡到量变性的生存与死亡的转化过程。

2、诞生前人生感知生命体生存阶段的生存与死亡

诞生前人生感知生命体的生存阶段是指随着人生生理层面生命体各功能系统的发育完善，并具备与心理层面生命体进行结合的条件，特别是以大脑为中心的神经系统的形成和完善后，人生生理层面生命体与心理层面生命体相互结合，形成具有感知功能属性的人生生命体之后直至诞生之前的生存阶段，从狭义上讲，人生感知生命体的形成才是真正意义上完整人生生命体形成的开始，在这个阶段，人生生命体的生存与死亡主要体现在"生存"也是从人生感知生命体质变性的"生存"到量变性的"生存"与"死亡"的阶段。

以上所述的人生生命体诞生之前的两个人生生命体的生存阶段中，存在着不同层面生命体"生存"与"死亡"的生命活动，而且不同层面生命体也存在着质变性和量变性的生存与死亡活动的发生，量变性的生存与死亡是人生完整层面生命体质变性的生存发生后，相应的生命体的存在及活动得以保持和延续的生存状态下发生的。

3、诞生阶段人生生命体的生存与死亡

人生感知生命体诞生阶段是指人生感知生命体形成后，随着人生生命体的各功能系统的发育完善，母体已支撑不了相应生命体的生长、发育，于是相应生命体就会与母体产生分离，形成相对独立的人生生命体的过程，也就是我们常说的分娩过程。这个阶段对人生生命体而言，它是人生生命体的存在及活动方式发生质变性变化的一个过程。这个过程是使感知人生生命体进入到新的能量环境之中，以相对独立的形式进行存在及活动，这个过程对人生生命体而言是极其重要的，因为这个过程是人生生命体从母体的能量环境中进入到与人类社会和自然界

相结合的能量环境中,并与各种相应的能量体形成初始性的直接作用,并产生直接互动的过程,此时的能量环境会直接影响到人生生理层面生命体初始的运行方式和互动状态,进而也会直接或间接地影响到人生心理层面生命体与生理层面生命体初始相互活动的方式,在此阶段的人生生命体所经历的生存环境的变化已从母体的能量环境中转移到一个新的社会与自然界结合的能量环境中,这种转化的结果犹如将一张白纸从一个容器中取出,转移到另一个充满其他成分溶液的容器之中,此时容器中溶液的成分将对纸张后来属性产生深远的影响,对人生生命体来说,这种影响从表面上看,虽然改变的只是生理层面生命体中的能量组成及其功能属性、运动属性、变化属性的变化,但是人体中生理层面生命体中的无感知能量成分性质及其运动方式改变也会直接和间接影响到心理层面生命体在人体中的存在方式和运行情况,进而影响到整个人生生命体的存在和活动。

4、成长阶段人生生命体的生存与死亡

人生生命体成长阶段是指人生生命体诞生后,人生生命体以相对独立的方式在自然和社会中进行成长、发育和完善,并进行各种生命活动,直至人生生命体步入到成熟阶段的人生过程。当人生生命体诞生后,以相对独立的状态存在及活动之后,人生生命体还会继续在遗传、变异功能属性作用下,通过利用人体内、外的各种能量体进行不同层面新陈代谢的活动,致使人生生理层面生命体中的不同功能系统进行发育,相应的功能属性、运动属性、变化属性得到完善,心理层面生命体也在相应生命活动中形成较为稳定的存在及活动模式,在此阶段,人生生命体功能属性及运动属性、变化属性的协调统一也将得到大幅的提升,从而使人生生命体的生理活动、心理活动和行为活动能力也得到大幅提升及完善;在此阶段,人生生命体在质变性的生存过程中不同层面能量体的新陈代谢活动也处于比较强劲的阶段;在此阶段,新陈代谢的同化作用要高于异化作用;除此之外,人生生命体在自然和社会中进行各种生命活动的同时,也会与自然界和社会形成较为复杂的相互作用、相互影响、协调统一的关系存在,人生生命体与自然和社会相互作用、相互影响、协调统一的结果又会对人生生命体的存在、生命体的活动和生命体的生存产生相应的直接和间接的影响,从而影响到人生生命体在成长阶段不同层面生命体量变性的生存与死亡的发生,一般情况下,在此阶段人生生命体中不同层面生命体的生存的力量要大于死亡的力量。

5、成熟阶段人生生命体的生存与死亡

人生生命体的成熟阶段是指人生生命体通过成长阶段的发育和功能属性、运动属性、变化属性完善到达一定高度后，人生生命体的存在状态和人生生命体的活动能力都达到了一生之中较为全面和稳定的状态，这个阶段对人生生命体来说，既是人生生命体存在及人生生命体活动的最佳阶段，也是人生生命体的存在及生理、心理、行为活动功能和活动能力逐渐走向衰退的起始阶段，当然这里所说的最佳阶段是一个相对的概念，并非是每个生命体都同时达到了最佳状态，而是相对比较下综合性的最佳状态。在此阶段，由于人生生命体中的不同层面也在进行着各种新陈代谢活动，从人生生理层面生命体看，新陈代谢的同化作用与异化作用相当，所以在此阶段，人生生命体也存在着不同层面量变性的生存与死亡的活动现象的发生。

6、衰退阶段人生生命体的生存与死亡

人生生命体的衰退阶段是指人生生命体中生理层面生命体的生命存在及其活动的功能属性、运动属性、变化属性及其活动能力，以及生理层面生命体和心理层面生命体结合的完整层面生命体的存在状态及互动的功能属性、运动属性、变化属性及其活动能力逐渐走向衰退的阶段。这个阶段的特点是：人生生命体中生理层面生命体和完整层面生命体的存在及其活动能力逐渐衰退。其中，感知行为活动能力走向衰退的主要原因是由于生理和心理之间的结合能力及其互动、协调、统一的能力逐渐走向弱化所致，在此阶段，对有的生命体来说，心理活动的能力会从稳定走向更加智慧，而对有的生命体来说，其心理活动则会走向固化，这是因为对走向智慧的人来说，是由于他们会利用稳定、积极的心理活动方式进行相应的心理和行为活动，从而提升了自身的智慧；而对走向固化的人来说，是因为生理活动能力的减弱而导致心理活动以被动、消极的方式进行心理和行为活动导致消沉和固化所致。

在这个阶段，随着人生生理层面生命体活动能力的弱化，人生生命体中的生理层面生命体与心理层面生命体之间的结合情况以及相互作用的能力也会走向弱化，从而导致肢体及行为活动的不灵活、不敏捷，利用神经系统进行思维活动能力也会降低。一般情况下，在衰退阶段人生心理活动的情绪和情感也会变得越来越不稳定，显得烦躁和焦虑不安。思维活动也越来越不理性，有的甚至走向僵化。对人生有机生命体而言，在此阶段，生理层面生命体中量变性的死亡速度要高于

生存的速度。在这个阶段的生存与死亡活动也属于人生生命体在质变性的生存前提下的量变性生存与死亡。

7、死亡阶段的人生生命体的生存与死亡

随着人生生命体中生理层面生命体的存在及其功能属性和活动能力的衰退，心理层面生命体和生理层面生命体之间相互结合和互动能力的弱化，人生生命体中不同层面生命体的遗传变异功能属性进行新陈代谢活动的能力也会逐渐丧失，心理层面生命体与生理层面生命体之间也会随着生理层面生命体功能属性的退化和协调统一能力的下降，使生理层面和心理层面能量运行体系之间的互动能力逐渐丧失。随着人生生命体中不同层面生命体功能属性及活动能力的丧失，人生生命体就进入到死亡的阶段。人生生命体死亡阶段又可分为生理层面生命体的死亡阶段和心理层面生命体与生理层面生命体之间进行分离阶段。根据作者的观点，生理层面生命体的死亡是以生理层面生命体存在及其活动功能属性及其功能活动能力的丧失为标志。当人生生理层面生命体中整体层面的功能属性及其活动能力丧失后，人生生命体中的神经系统之中的潜能量频率就会在伴随着生理层面生命体之中能量运行体系的变化而发生相应的改变，心理层面生命体中的感知能量体从生理层面生命体的神经系统中分离出来，也就是说人生生命体的死亡就是生理层面生命体先死亡然后才产生肉体与灵魂的分离，在此阶段，对人生生理层面生命体来说，不同层面生命体死亡的速度远高于生的速度，甚至是处于只有"死"没有"生"的状况，人生生命体发生质变性死亡的阶段对心理层面生命体来说，则是感知能量生命体从量变性的死亡到质变性的新生阶段。

8、死亡之后阶段的人生生命体的生存与死亡

当人生生命体死亡之后，人生生理层面生命体就变成了人们常说的尸体，心理层面生命体通过质变性的新生，形成了人们常说的人类的"灵魂"生命体，随着生理层面生命体功能系统活动功能的丧失，人生生理层面生命体也会逐渐失去相应的结合功能，产生分解，最终回归于自然之中。心理层面生命体也会随着感知能量的存在方式及属性的变化使感知能力或感知方式发生相应的转化，并以"灵魂"的方式回归到宇宙空间之中。

三、关于人生生命体的生存与死亡的关系

以上我们从不同的角度对人生生命体的生存与死亡进行了论述和说明,那么人生生命体的生存与死亡之间又有什么样的关系存在呢?

由于人生生命体的生存与死亡包括了完整层面生命体的生存与死亡、生理层面生命体的生存与死亡、心理层面生命体的生存与死亡,下面我们就分别从这三个层面的生存与死亡出发,对人生生命体的生存与死亡之间的关系进行论述和说明:

1、关于人生完整层面生命体的生存与死亡的关系

人生完整层面生命体是指人生心理层面生命体与人生生理层面生命体相互结合、共同存在、协调统一而形成的生命体。当心理层面生命体和生理层面生命体处于结合、互动的存在状态,在进行相应的生命活动时的状态为生存,二者之间停止互动并产生分离时则为死亡。人生完整层面生命体的生存与死亡之间的关系主要体现在:从广义来讲,人生完整层面生命体的生存过程中既有量变性生存与死亡活动的发生,也有质变性的生存与死亡的发生,其中质变性的生存与死亡包括生理层面生命体从无到有的产生、生理层面生命体与心理层面生命体的结合、生理层面生命体的死亡以及生理层面生命体与心理层面生命体的分离这四种主要的生命活动现象。人生整体层面生命体从质变的生存开始到质变性的死亡为止的过程,就是人生完整层面生命体的生存过程,也就是狭义的人生生命体的生存与死亡过程。在狭义的人生生命体的生存过程中有量变性的死亡,而量变性的死亡中又会形成量变性的生存,而且二者之间还处于对立统一的状态。在广义的人生生命体的生存过程中,没有绝对的生存,也没有绝对的死亡。也就是说,从人生整体层面生命体看,在人生过程中,生存与死亡处于对立统一的关系之中,当人生整体层面生命体从质变性生存进入到质变性死亡阶段,此时生理层面生命体走向质变性的死亡,心理层面生命体则走向质变性的新生,是死亡与新生的转化。另外,人生整体层面生命体在量变的生存过程中,其内在更加微观层面的生命体也在不停地进行着相应的新生与死亡的活动,也就是宏观层面的量变性的生存与死亡是由微观层面质变性的死亡和新生所导致的,整体层面生命体量变性的生存与死亡的积累才导致了人生整体层面生命体质变性的死亡。

2、关于人生生理层面生命体的生存与死亡的关系

从人生生理层面生命体不同层面的生存与死亡的关系来看，由于人生生理层面生命体整体层面量变性的"生存"与"死亡"是伴随着功能系统层面的量变性的生存与死亡而导致的，功能系统层面量变性的生存与死亡则是伴随着组织器官层面的量变性生存与死亡而导致的，而组织器官层面量变性的生存与死亡则是伴随着细胞层面的新陈代谢活动所形成的量变性和质变性生存与死亡而形成的，在人生生理层面生命体的生存过程中，细胞层面及其他实体物质类能量体层面、能量场类能量体层面及无感知潜能量层面的量变性的生存与死亡，也是由下一层级的质变性和量变性的生存与死亡所导致的。正是实体物质类能量体、能量场类能量体及无感知潜能量层面质变性和量变性的生存与死亡活动的发生，才形成了细胞层面的质变性生存与死亡，细胞层面的质变性生存与死亡活动的发生导致组织器官层面质变性的生存与死亡，组织层面的质变性的生存与死亡导致功能系统层面的质变性的生存与死亡，功能系统层面质变性的生存与死亡才形成了人生生理层面生命体整体层面质变性的生存与死亡。在人生生理层面生命体量变性的生存与死亡过程中，生理层面生命体的功能系统还处于量变性的生存与死亡之中，相应层面的生命体还具备相应的生命体的存在和生命体的活动，心理层面生命体及生理层面生命体还处于相互结合、相互作用、协调统一的状态，还在保持和延续着相应生命活动的发生。当人生整体层面生命体发生质变性的死亡之后，人生命体中的生理层面和心理层面生命体之间就产生分离，其存在及其活动形成也发生了根本性的改变。对人生生命体来说，卵细胞与精子的"死"意味着人生生命体的质变性的"生存"，而人生生理层面生命体质变性的"死"就意味着相应的非人生生命体的质变性的"生"，只不过这种质变性的"死"所产生的生命体已不属于人生生命体，而是属于广义的其他形式的生命体。

3、关于人生心理层面生命体的生存与死亡的关系

前面，我们对人生心理层面生命体的生存与死亡进行了论述和说明，我们从中认识到：从广义的生存与死亡来讲，人生心理层面生命体所具有的生存周期要比人生生理层面生命体的生命周期要长得多，所以人生生命体中心理层面生命体与生理层面生命体的结合在一起的阶段只是属于原有"灵魂"形态在人生生命体中产生的质变性的新生，人生生命体中心理层面生命体与生理层面生命体分离后产生质变性的死亡后，又属于新的"灵魂"的新生，也是相应灵魂量变性生存的

开始。

　　从以上相关论述中我们可以得知：对人生生命体而言，生存与死亡之间具有相互作用、相互影响、对立统一和不可逆转的关系存在。

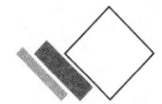 # 第三章 人生生命体的存在

在"人生是什么"中,我们论述了人生生命体的存在和生存是形成人生的前提,那么人生生命体又有哪些存在呢?本文的目的就是围绕着人生生命体的存在进行相应的论述和说明。

一、人生生命体存在的分类

作者在《人本、人性、人心》一书中对宇宙空间所具有的存在和人类生命体所具有的存在进行了相应的论述和说明,结合有关"存在"的论述和说明,以及"人生"的定义,我们可以将人生生命体的存在作如下定义和说明:

人生生命体的存在是指相应人生生命体在生存过程中,人生生命体所具有的不同层面的本质、属性、现象、关系及其所产生的一切活动(包括活动过程和活动结果)所形成的人生生命体的生理世界和心理世界的总和。

结合作者在《人本、人性、人心》一书中对"存在"的论述,我们把存在分成了本质存在、属性存在、现象存在和关系存在。由于人生生命体可以分成生理层面的生命体、心理层面的生命体和完整层面的生命体,所以我们同样可以把人生生命体的存在分为人生生理层面生命体的存在、心理层面生命体的存在、完整层面生命体的存在,而且以上不同层面生命体的存在可进一步分为相应层面生命体的本质存在、属性存在、现象存在和关系存在,还可以将人生生命体的本质存在分为人生生理层面生命体的本质存在、人生心理层面生命体的本质存在、人生完整层面生命体的本质存在;将人生生命体的属性存在分为人生生理层面生命体的属性存在、人生心理层面生命体的属性存在、人生完整层面生命体的属性存在;

将人生生命体的现象存在分为人生生理层面生命体的现象存在和人生心理层面生命体的现象存在、人生完整层面生命体的现象存在；将人生生命体的关系存在分为人生生理层面生命体的关系存在和人生心理层面生命体的关系存在、人生完整层面生命体的关系存在。以此类推，我们还可以根据人生不同层面生命体的分类和不同类别的存在出发将人生生命体的存在作进一步细分，但是为了避免过于繁杂，这里就不往下一一细分了。下面我们就针对人生生命体不同类别的存在进行概括性的分析和说明。

二、关于人生生命体不同类别的存在

为了对人生生命体的存在作进一步的说明，下面我们就根据不同类别的存在出发，分别对人生生命体所具有的存在作如下解读和说明。

1、关于人生生命体的本质存在

人生生命体的本质存在是指人生生命体在生存状态下，相应层面生命体的存在所具有的本质存在，它包括了人生生命体组成的本质存在、人生生命体属性存在的本质存在、人生生命体现象存在的本质存在、人生生命体关系存在的本质存在，这些类型的存在又可根据人生生命体的不同组成出发，将人生生命体的本质存在作进一步的分类。

人生生命体组成的本质存在又可分为人生完整层面生命体的本质存在、人生生理层面生命体的本质存在、人生心理层面生命体的本质存在。其中，人生生理层面生命体的本质存在按不同层面生命体的组成结构进一步分为：人生完整生理层面生命体的本质存在、八大功能系统层面的本质存在、器官组织层面的本质存在、细胞层面的本质存在、分子层面的本质存在、原子层面的本质存在、能量场类能量体层面的本质存在、无感知暗物质类能量体层面的本质存在、无感知暗能量类能量体层面的本质存在、无感知能量基类能量体层面的本质存在等。

人生心理层面生命体的本质存在是指人生心理层面生命体所具有的一切存在的本质存在。它包括了人生心理层面生命体组成的本质存在、人生心理层面生命体属性存在的本质存在、人生心理层面生命体现象存在的本质存在、人生心理层面生命体关系存在的本质存在。这些不同类型的本质存在又可以根据人生心理中不同层面能量体组成结构进行细分。由于人生心理层面生命体是由具有相同能量频率和感知功能属性的暗物质、暗能量和能量基组成的感知能量运行体系，所以我们又可以把人生心理层面生命体组成的本质存在分为人生完整心理层面生命体的本质存在、具有感知属性的暗物质类能量体层面的本质存在、具有感知属性的暗能量类能量体层面的本质存在、具有感知属性的能量基类能量体层面的本质存在。

人生完整层面生命体的本质存在是指人生生理层面生命体和心理层面生命体相互结合、共同存在、协调统一的人生生命体存在的本质存在，它是人生生命体的感知能量体和无感知能量体相互结合、相互作用、协调统一、共同存在时所具有的不同存在的本质存在，它包括了完整层面生命体所具有的本质存在的本质存在、完整层面生命体属性存在的本质存在、完整层面生命体现象存在的本质存在、完整层面生命体关系存在的本质存在。

由于人生生命体的本质就是能量或由不同类别能量体组合而成的相应能量运行体系，结合以上论述，我们可以得知：从本质上看，人生生命体的本质存在其实都是形成相应存在的不同层面的能量体和能量运行体系的存在。例如：特定的完整层面的人生生命体的本质之本质存在就是在特定时空条件下，形成心理层面生命体和生理层面生命体的能量体共同形成的相应能量运行体系，而某个人看到其他人或自身的形体现象的本质存在则是在特定时空下他所看到的相应的可见光线的组合（即某些能量场类能量体的组合）作用于所见者的人生生命体所形成的感知体验等。

2、人生生命体的属性存在

人生生命体的属性存在是指人生生命体的存在所具有性质的体现。它包括了人生生命体本质存在的属性存在、人生生命体属性存在的属性存在、人生生命体现象存在的属性存在、人生生命体关系存在的属性存在。我们同样可以将人生生命体的属性存在划分为人生完整层面生命体的属性存在、人生生理层面生命体的属性存在、人生心理层面生命体的属性存在。鉴于人生生命体是自然的产物、社会的产物和自我的产物，所以我们也可以将人生生命体的属性存在分为自然的属性存在、社会的属性存在、自我的属性存在，这些属性都是通过相应人生生命体的存在和活动进行体现的。例如：人生生命体与其他动物一样具有遗传、变异、繁殖的功能属性、新陈代谢的功能属性和相应的产生、保持、变化、死亡的属性。人生生命体与人类其他生命体一样都具有人类独特的身体结构、功能属性、运动属性和变化属性。例如：人生生命体都具有能够直立行走的功能属性、哺乳动物的属性等相应的生理活动、心理活动和行为活动的属性，除此之外，每个相对独立的生命个体都具有自身独特的属性存在。人生生理层面生命体的属性存在是指人生生理层面生命体不同层面的存在所具有的性质。从人生生理层面生命体的不同层面的属性存在出发，它又可以分为：人生完整生理层面生命体的属性存在；八大功能系统层面的属性存在；器官、组织层面的属性存在；细胞层面的属性存在；分子层面、原子层面、能量场类能量体层面、无感知暗物质类能量体层面、无感知暗能量类能量体层面、无感知能量基类能量体层面的属性存在等。人生生理层面生命体的属性存在同样具有相应的自然属性、社会属性和自我属性的存在。

人生心理层面生命体所具有的属性存在是指人生心理层面生命体所具有性质的体现，它包括了人生心理完整层面生命体的属性存在、感知暗物质层面的属性存在、感知暗能量类层面的属性存在、感知能量基类能量体层面的属性存在等。人生心理层面生命体同样具有相应自然属性、社会属性和自我属性的存在。例如：人生心理层面生命体都具有产生、保持、转化的功能属性存在，都具有人类生命体的感知属性存在，不同的个人都具有相应的区别于其他人类生命个体的感知、认识、行为心理活动等属性的存在，以及不同的感性、理性等心理活动现象的属性存在等。

3、人生生命体的现象存在

人生生命体的现象存在是指人生生命体不同存在的存在状态的呈现，它包括了人生生命体本质存在的现象存在、人生生命体属性存在的现象存在、人生生命体关系存在的现象存在、人生生命体现象存在的现象存在。这里说的人生生命体的"现象"存在中，有的可以通过人生生命体借助相应的设施观察得到而成为可见的现象存在，有的则是不可见的，有的可以被感知，有的却不能被感知。

人生生命体本质存在的现象存在包括了人生生命体整体层面本质存在的现象存在、人生生理层面生命体本质存在的现象存在、人生心理层面生命体本质存在的现象存在。

人生生命体整体层面本质存在的现象存在是指人生心理层面生命体和生理层面生命体处于相互结合、相互作用、共同存在时相应的存在状态的呈现。例如：人生生命体长相、气色、表情、神情等各种的可被人类所感知和不可被人类所感知的现象存在。

人生生理层面生命体本质存在的现象存在是指人生生命体中生理层面生命体不同层面本质存在状态的呈现，它包括了人生完整生理层面生命体本质存在的现象存在；八大功能系统层面本质存在的现象存在；功能器官层面本质存在的现象存在；细胞层面本质存在的现象存在；分子层面、原子层面、能量场类能量体层面、无感知暗物质类能量体层面、无感知暗能量类能量体层面、无感知能量基类能量体层面本质存在的现象存在。

人生心理层面生命体本质存在的现象存在是指人生心理层面生命体不同层面本质存在的现象存在。它包括了人生完整心理层面生命体本质存在的现象存在、感知暗物质类能量体层面本质存在的现象存在、感知暗能量类能量体层面本质存在的现象存在、感知能量基类能量体层面本质存在的现象存在等。以上所述的心理层面生命体本质现象存在包括了感知类心理本质存在的现象存在和无感知类心理本质存在的现象存在。其中感知类心理本质存在的现象存在是指那些可以形成感知体验的本质存在的现象存在，而人生心理无感知本质现象存在则是不能形成感知体验的本质存在的现象存在。

人生生命体属性存在的现象存在是指人生生命体所具有的属性存在状态的呈现，它包括了人生完整层面生命体的属性存在的现象存在、人生生理层面生命体的属性存在的现象存在、人生心理层面生命体的属性存在的现象存在。

人生完整层面生命体属性存在的现象存在是指人生心理层面生命体和生理层面生命体共同存在、相互作用、相互影响、协调统一形成的属性存在状态的呈现。例如：通过人生生命体的心理和行为活动所表现出的喜、怒、哀、乐的感性、理性情绪和情感等属性存在状态的呈现。

人生心理层面生命体属性存在的现象存在是指人生心理层面生命体不同层面属性存在状态的呈现。由于心理层面生命体是由具有感知属性的暗物质类能量体、暗能量类能量体和能量基类能量体相互结合而成，而且这几类能量体是很难或不能通过人的眼睛或借助相应设备、工具观察到，一般只能通过心理活动所形成的感知体验进行体验式的表达。

人生生理层面生命体属性存在的现象存在是指人生生理层面生命体的属性存在的存在状态的呈现，它包括了人生完整生理层面生命体属性存在的现象存在、八大功能系统层面属性存在的现象存在、功能器官层面属性存在的现象存在、细胞层面属性存在的现象存在、分子层面、原子层面、能量场类能量体层面、无感知暗物质类能量体层面、无感知暗能量类能量体层面、无感知能量基类能量层面属性存在的现象存在等。

人生生命体关系存在的现象存在是指人生生命体所具有的关系存在状态的呈现，它包括人生完整层面生命体关系存在的现象存在、人生生理层面生命体关系存在的现象存在和人生心理层面生命体关系存在的现象存在。由于人生生命体关系存在的现象存在是指一个以相对独立完整的人生生命体所具有的关系存在状态的呈现，所以我们可以将人生生命体的关系存在分为人生生命体自身关系存在的现象存在、人生生命体与自然存在之间所具有的关系存在的现象存在、人生生命体与社会存在之间所具有的关系存在的现象存在。

其中人生生命体自身关系存在的现象存在是指人生生命体中不同存在之间所具有的关系存在状态的呈现，也就是作为一个相对独立的人生生命体内部的不同存在之间所具有相应关系存在状态的呈现。它包括了人生完整层面生命体关系存在的现象存在、人生生理层面生命体关系存在的现象存在、人生心理层面生命体关系存在的现象存在。

人生生命体与自然之间关系存在的现象存在是指一个以相对独立存在的人生生命体所具有的存在与自然界中不同存在之间所具有的关系存在状态的呈现。人生生命体与社会之间所具有的关系存在的现象存在是指一个以相对独立存在的人生生命体所具有的存在与社会不同存在之间所具有的关系存在状态的呈现。其中人生生命体与自然之间所具有的关系存在的现象存在又包括了人生生命体不同层面的存在与自然之间关系存在的现象存在。

人生生命体与社会之间关系存在的现象存在是指人生生命体所具有的存在与社会不同存在之间所具有的关系存在的现象存在，以上不同的关系存在的现象存在还可以作进一步的分类。鉴于有关人生与自然、人生与社会的相关问题，我们将在后续的相关文章中作进一步的论述和说明，所以在此就不再展开讨论了。

人生生命体生理层面关系存在的现象存在包括了人生生理层面生命体本质关系存在的现象存在、人生生理层面生命体属性关系存在的现象存在、人生生理层面生命体现象关系存在的现象存在、人生生理层面生命体关系之关系存在的现象存在。而且以上不同关系存在的现象存在包括人生完整生理层面生命体的关系存在的现象存在；八大功能系统层面关系存在的现象存在；组织器官层面关系存在的现象存在；细胞层面关系存在的现象存在；分子层面、原子层面、能量场类能量体层面、无感知暗物质类能量体层面、无感知暗能量类能量体层面、无感知能量基类能量体层面关系存在的现象存在等。

人生心理层面生命体关系存在的现象存在包括人生完整心理层面关系存在的现象存在、感知暗物质类能量体层面关系存在的现象存在、感知暗能量类能量体层面关系存在的现象存在、感知能量基类能量体层面关系存在的现象存在。

人生生命体关系之关系存在的现象存在是指人生生命体的不同关系存在之间相互作用、相互影响、相互依存、联系存在所形成的关系之关系存在状态的呈现。它包括了人生完整层面生命体关系之关系存在的现象存在、人生生理层面的关系之关系存在的现象存在、人生心理层面的关系之关系存在的现象存在。

关于人生生命体现象之现象存在的分类，我们也可以参照以上分类方法作进一步的分类。

4、人生生命体的关系存在

人生生命体的关系存在是指人生生命体不同存在之间所具有的相互作用、相互影响、协调统一的联系的存在。它包括了人生完整层面生命体的关系存在、人生生理层面生命体的关系存在、人生心理层面生命体的关系存在。

人生生命体的关系存在包括了人生生命体内在的关系存在、人生生命体与社会之间的关系存在、人生生命体与自然之间的关系存在。以上不同关系存在都包括了人生完整层面生命体的关系存在、人生生理层面生命体的关系存在、人生心理层面生命体的关系存在。

人生生命体内在的关系存在是指人生生命体自身所具有的不同存在之间所具有各种相应的关系存在。它包括了人生完整层面生命体的关系存在、人生心理层面生命体的关系存在、人生生理层面生命体的关系存在。

人生生命体与人类社会之间的关系存在是指人生生命体与社会中不同个人和群体之间所具有的各种关系存在。它反映的是人与人、人与不同人群之间所具有的相互作用、相互影响、协调统一的联系存在。它包括了人生完整层面生命体与社会之间的关系存在、人生生理层面生命体与社会之间的关系存在、人生心理层面生命体与社会之间的关系存在。

人生生命体与自然之间的关系存在是指人生生命体与自然界中不同存在之间所具有的相互作用、相互影响、协调统一的联系存在。它包括了人生完整层面生命体与自然之间的关系存在、人生生理层面生命体与自然之间的关系存在、人生心理层面生命体与自然之间的关系存在。

以上所述的人生不同层面生命体的关系存在都包括了相应存在的本质存在的

关系存在、属性存在的关系存在、现象存在的关系存在、关系存在的关系存在，由于以上关系存在我们还可以从人生生命体不同层面的存在出发对其进行细分，为了减少繁杂，故在此就不重复了。

从以上我们对人生生命体的存在所进行的分析和说明中我们不难发现：无论是人生生命体的本质存在、属性存在、现象存在和关系存在的前提条件都以人生生命体本质存在作为前提，而人生生命体的本质存在是由不同类别的能量和能量运行体系共同存在、相互作用、相互影响、协调统一的结果。从另一方面来看，人生生命体的一切存在都是处于相互依存、相互作用、相互影响、协调统一之中。为了便于说明，下面我们就将人生生命体的不同存在用图表的方式作如下归纳总结，详见"图1-1 人生生命体存在的分类示意图"。

存在类型		人生生命体							
		人生心理层面生命体				人生生理层面生命体			
		本质	属性	现象	关系	本质	属性	现象	关系
人生心理层面生命体	本质	人生心理层面生命体本质之本质的本质存在	人生心理层面生命体本质之属性的属性存在	人生心理层面生命体本质之现象的现象存在	人生心理层面生命体本质之关系的关系存在	人生生命体整体层面生命体本质之本质的本质存在	人生生命体整体层面生命体本质之属性的属性存在	人生生命体整体层面生命体本质之现象的现象存在	人生生命体整体层面生命体本质之关系的关系存在
	属性	人生心理层面生命体属性之本质的本质存在	人生心理层面生命体属性之属性的属性存在	人生心理层面生命体属性之现象的现象存在	人生心理层面生命体属性之关系的关系存在	人生生命体整体层面生命体属性之本质的本质存在	人生生命体整体层面生命体属性之属性的属性存在	人生生命体整体层面生命体属性之现象的现象存在	人生生命体整体层面生命体属性之关系的关系存在
	现象	人生心理层面生命体现象之本质的本质存在	人生心理层面生命体现象之属性的属性存在	人生心理层面生命体现象之现象的现象存在	人生心理层面生命体现象之关系的关系存在	人生生命体整体层面生命体现象之本质的本质存在	人生生命体整体层面生命体现象之属性的属性存在	人生生命体整体层面生命体现象之现象的现象存在	人生生命体整体层面生命体现象之关系的关系存在
	关系	人生心理层面生命体关系之本质的本质存在	人生心理层面生命体关系之属性的属性存在	人生心理层面生命体关系之现象的现象存在	人生心理层面生命体关系之关系的关系存在	人生生命体整体层面生命体关系之本质的本质存在	人生生命体整体层面生命体关系之属性的属性存在	人生生命体整体层面生命体关系之现象的现象存在	人生生命体整体层面生命体关系之关系的关系存在
人生生理层面生命体	本质	人生生命体整体层面生命体本质之本质的本质存在	人生生命体整体层面生命体本质之属性的属性存在	人生生命体整体层面生命体本质之现象的现象存在	人生生命体整体层面生命体本质之关系的关系存在	人生生理层面生命体本质之本质的本质存在	人生生理层面生命体本质之属性的属性存在	人生生理层面生命体本质之现象的现象存在	人生生理层面生命体本质之关系的关系存在
	属性	人生生命体整体层面生命体属性之本质的本质存在	人生生命体整体层面生命体属性之属性的属性存在	人生生命体整体层面生命体属性之现象的现象存在	人生生命体整体层面生命体属性之关系的关系存在	人生生理层面生命体属性之本质的本质存在	人生生理层面生命体属性之属性的属性存在	人生生理层面生命体属性之现象的现象存在	人生生理层面生命体属性之关系的关系存在
	现象	人生生命体整体层面生命体现象之本质的本质存在	人生生命体整体层面生命体现象之属性的属性存在	人生生命体整体层面生命体现象之现象的现象存在	人生生命体整体层面生命体现象之关系的关系存在	人生生理层面生命体现象之本质的本质存在	人生生理层面生命体现象之属性的属性存在	人生生理层面生命体现象之现象的现象存在	人生生理层面生命体现象之关系的关系存在
	关系	人生生命体整体层面生命体关系之本质的本质存在	人生生命体整体层面生命体关系之属性的属性存在	人生生命体整体层面生命体关系之现象的现象存在	人生生命体整体层面生命体关系之关系的关系存在	人生生理层面生命体关系之本质的本质存在	人生生理层面生命体关系之属性的属性存在	人生生理层面生命体关系之现象的现象存在	人生生理层面生命体关系之关系的关系存在

图 1—1 人生生命体存在的分类示意图

说明：
1、A1和A2部分所表示的都是人生生命体中心生命体和生理层面生命体共同存在时（即：人生生命体整体层面）所具有的存在，所以这两部分的内容具有相互重合的现象。
2、以上所列并不包含人生生命体与外界之间的关系存在。

三、人生生命体存在的产生、保持和消亡

为了便于对人生生命体不同存在的产生、保持和消亡进行说明,我们将按人生生命体的本质存在,人生生命体的属性存在,人生生命体的现象存在,人生生命体的关系存在的产生、保持和消亡分别进行论述和说明。

1、人生生命体本质存在的产生、保持和消亡

本文所指的人生生命体本质存在的产生、保持和消亡是指在人生过程中,人生生命体不同层面的本质存在的产生、保持、消亡。

由于人生生命体的本质存在包括了人生完整层面生命体的本质存在、生理层面的本质存在和心理层面的本质存在,下面我们就分别对人生不同层面生命体的本质存在的产生、保持和消亡进行说明:

(1) 关于人生完整层面生命体本质存在的产生、保持和消亡

由于人生完整层面生命体是由人生生理层面生命体和心理层面生命体相互结合而成的,这个层面的本质存在是形成由生理层面生命体的无感知能量体和形成心理层面生命体的感知能量体结合而成的能量运行体系,完整层面生命体的本质存在的形成是在人生生理层面生命体和心理层面生命体本质存在形成的基础上,通过相互结合、相互作用、协调统一而形成的。完整层面生命体本质存在的保持是伴随着人生生理层面和心理层面能量运行体系相互结合、协调统一的保持而保持,伴随着生理和心理本质存在的变化而变化,伴随着生理层面与心理层面生命体本质存在的分离而消亡。人生完整层面生命体本质存在的产生、保持和消亡包括了质变性的产生、保持和消亡以及量变性的产生、保持和消亡。由于这方面的内容我们在"人生生命体的生存与死亡"一章中作了详细的论述,在此就不重复了。

(2) 关于人生生理层面生命体本质存在的产生、保持和消亡

关于人生生理层面生命体本质存在的产生,广义上包括了人类这个物种的生理层面生命体在起源过程中本质存在的形成,以及人类生命体形成后特定人生命体本质存在的形成,人类生命体是自然中相应的能量体在一定条件下通过漫长的演变和进化逐渐形成的,关于人类生命体的形成,作者已在《人本、人性、人心》一书中的"人是什么,从哪里来,到哪里去"一文中进行了相应的论述,在

此就不重复了。

关于人生生命体形成后，人生生理层面生命体本质存在的形成，我们可以作如下解读：

由于形成人生生命体基本生命单元的细胞在一定条件下具有遗传、变异的属性，以及对来自细胞外部和内部不同能量体进行吸收、转化、利用等新陈代谢基本功能属性，所以在一定条件下，当细胞内部吸收、转化的能量蓄积到一定程度后，细胞就会以分裂的方式把相应的能量体和能量运行体分离成两个相应的能量运行体系，进而分裂成两个相似或相同的子细胞，与其他细胞相比，生殖细胞中的能量组合更为丰富，转化、吸收和利用相应的能量体的功能属性也更加完善和丰富，所以当生殖细胞的功能属性被激活后就具有更加完备的、能复制出人体不同种类细胞的繁殖功能属性。生殖细胞之所以能够在一定条件下与人类异性的生殖细胞在相应的能量环境中结合，并激活相应的遗传、变异的功能属性，逐渐发育、形成了人生生命体的主要原因还是生殖细胞中所具有的能量组成和功能属性与其他体细胞不完全所导致，它们在繁殖方面有比较明显的分别属性，其内在成分更加复杂，功能属性更为完善。可以说，异性生殖细胞结合后，受精卵细胞中就贮藏着人类生命体中的不同组织、不同结构的能量成分和功能属性，所以随着细胞的分裂处于不同阶段细胞中不同层面能量运行体系的属性都会得以体现，并形成不同功能的组织器官的细胞，通过不同的结合形成相应的功能系统，又随着由不同功能系统的发育、完善，形成了相应的人生生命体。在这个过程中，人生生命体的本质存在的起因是源于亲代生命体中生殖细胞中不同层面能量体的结合而形成相应的能量运行体系，并在相应的能量运行体系所具有的功能属性作用下，通过直接吸收母体或外界的能量体，并对相应的能量体进行加工，形成更加系统完善或全面的能量运行体系，直至形成具有完善功能的生理层面生命体的能量运行体系。

当人生生命体诞生后，人生生命体就会保持自身主体的基本结构，在相应的功能属性的条件下通过食物、呼吸、辐射等方式，利用人体之外的能量体进行各种新陈代谢。这个新陈代谢过程从本质上讲就是人体中不同能量体或能量聚合体与外界相应的能量体或能量聚合体之间进行新、旧置换的过程。从现象上看，就是细胞的产生、保持和死亡的过程，进而体现出人生生理层面生命体的成长、发育、成熟、衰退、死亡的变化。从人生生命体的诞生直至死亡的过程就是人生生命体存在的保持。关于人生生理层面生命体的本质存在的消亡，一方面是指人生生理层面生命体基本运行功能属性的丧失和运行的终止，人生生理层面生命体和心理层面生命体之间产生分离后，人生生理层面生命体就走进了死亡的过程；另一方面也是人生生理层面生命体中的不同能量及能量聚合体的存在回归于自然的过程，所以人生生理层面生命体的产生、保持和消亡，其实就是人生生理层面生命体中不同能量运行体系的产生、保持和消亡的过程，也就是人生生理层面生命体本质存在的形成过程。

（3）关于人生心理层面生命体本质存在的产生、保持和消亡

人生心理层面生命体的本质存在是人生生命体中具有感知属性能量体和能量运行体系的产生、保持和消亡，一方面是指人生心理层面生命体在宇宙空间中的形成、保持和转化；另一方面是指在人生生命体在生存过程中心理层面生命体与生理层面生命体结合、保持和分离的形成。关于人生感知能量生命体在宇宙空间中的产生（起源）、保持和变化的形成，我们已在《空间的层面》中对感知能量体的形成的相关论述中作了说明，在此就不重复了。关于在人生生命过程中，心理层面生命体与生理层面生命体的结合、保持和分离的形成，我们可以作如下推论：

当人生生理层面生命体形成后，随着人体之中以大脑为核心的神经系统的形成和完善，人生生理层面生命体中神经系统中潜能量的频率也就趋于稳定，此时当以"灵魂"形式存在的感知能量生命体的能量频率与人体神经系统的能量频率相一致时，而且当二者相遇，并在一定条件下形成相互吸引，并形成结合时，"灵魂"的存在及其活动就会在人体中发生质变性的变化，人生心理层面的本质存在就形成了，当人生心理层面生命体与生理神经系统的结合得以保持，就形成了人生心理层面生命体本质存在的保持。当人生生理层面死亡后，心理层面生命体与生理层面生命体中神经系统的潜能量之间形成分离后，心理层面生命体就从人生生命体之中分离，归于宇宙空间之中，形成了人生心理生命体本质存在的"消亡"，这里需要说明的是消亡并不等于消失。

2、关于人生生命体属性存在的产生、保持和消亡

人生生命体的属性存在包括了人生完整层面生命体的属性存在、人生生理层面生命体的属性存在、人生心理层面生命体的属性存在。而且不同层面生命体的属性存在还包括了相应本质存在的属性存在、属性存在的属性存在、现象存在的属性存在和关系存在的属性存在。关于人生生命体不同层面属性存在的产生、保持和消亡，我们可以作如下解读：

人生完整层面生命体是由人生生命体生理层面和心理层面相互结合而成的，人生生命体的生理层面和心理层面相互结合之后，人生生命体生理层面的属性存在与心理层面的属性存在就会伴随着人生生理层面生命体的本质存在与心理层面生命体的本质存在的结合所形成的相互作用、相互影响、协调统一形成相应的人生完整层面生命体的属性存在。同时也会伴随着人生完整层面生命体本质存在的保持而保持、变化而变化、消亡而消亡。

对人生生理层面生命体而言，人生生理层面生命体属性存在的产生、保持和消亡是伴随着人生生理层面生命体（能量聚合体形成的能量运行体系）的本质存在的相互作用、相互影响、协调统一的形成而形成、保持而保持、消亡而消亡。也就是说，对人生生理层面生命体而言，属性存在的产生、保持和消亡是随人生命体遗传、变异功能属性和新陈代谢活动的产生而产生，保持而保持，消亡而消亡的。对人生心理层面生命体而言，它所具有的属性存在也将随心理层面生命体不同层面的本质存在之间相互作用、相互影响、协调统一的产生而产生，保持而保持，消亡而消亡。

3、关于人生生命体现象存在的产生、保持和消亡

人生生命体现象存在包括了人生生命体完整层面现象存在、人生生命体生理层面现象存在和人生生命体心理层面现象存在。

关于人生完整层面现象存在的产生、保持和消亡，将伴随着人生生命体的生理层面和心理层面的本质存在的相互结合、相互作用、协调统一的形成而形成、保持而保持、消亡而消亡，除此之外，无论是人生生理层面生命体的现象存在，还是心理层面生命体现象存在，它们都是人生生命体本质存在、属性存在、现象存在和关系存在的呈现，所以人生完整层面生命体现象存在的产生、保持和消亡，也都是随相应人生生命体生理层面和心理层面的本质存在、属性存在、现象存在、关系存在的产生、保持、消亡的。

4、关于人生生命体的关系存在的产生、保持和消亡

人生生命体的关系存在包括了人生生命体内在关系的存在和人生生命体与外部关系的存在，进而又可以分为人生生命体整体层面生命体的内在和外在的关系存在、生理层面生命体的内在和外在的关系存在、心理层面生命体的内在和外在的关系存在。

对人生生命体的存在而言，无论人生不同层面生命体的本质关系存在、属性关系存在、现象关系存在，还是关系之关系存在的产生、保持和消亡，都将伴随着人生生命体相应层面的本质存在、属性存在和现象存在和关系存在的产生而产生、保持而保持、消亡而消亡。人生生命体关系存在的产生、保持和消亡都是由于人体之中不同层面能量体在人体中共同存在、相互作用、相互影响、协调统一的结果。

关于人生生命体与外部关系存在的产生、保持和消亡，则是伴随着人生不同层面生命体与人体之外的不同的自然存在、社会存在之间的本质关系存在、属性关系存在、现象关系存在和关系之关系存在的产生而产生，保持而保持，消亡而消亡的。

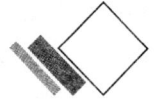 第四章　人生生命体的活动

在"人生是什么"一章中，我们论述了人生除了人生生命体的存在和生存之外，还有人生生命体的活动，而且人生生命体的存在、生存都是通过人生生命体的活动进行体现的，这也就决定了当我们探讨人生时，应该把人生生命体的活动也作为探讨的重点。本章的目的就是针对人生生命体有些什么活动及相应的活动主要有什么样的属性等问题作一个相应的、概括性的探讨和说明。为了达此目的，我们首先还是从人生生命体的活动着手，对人生生命体的活动作一个概括性的分类，并针对不同类别的人生生命体的活动作一个相应的论述和说明，然后再对相应人生生命体的活动所具有的基本活动属性进行相应的归纳和总结。

在"人生是什么"一章中，我们认为人生生命体的活动是人生的重要组成部分，是人生生命体在生存状态下所进行的一切生理活动、心理活动和行为活动的总和。

从对人生生命体活动的分类中我们认识到，无论用什么方法对人生生命体的活动所进行的分类都离不开人生生命体的生理活动、心理活动和行为活动，而且人生生命体的生理活动、心理活动和行为活动之间都具有紧密的关系存在，它们都是以人生生命体为活动主体所进行的活动。其中人生生命体的心理活动是以人生心理层面生命体为活动主体所进行的不同类别的活动；人生生命体的生理活动是以人生生理层面生命体为活动主体进行的活动。正是人生生理层面生命体和心理层面生命体共同存在、相互作用、相互影响、协调统一的活动才形成了人生生命体的行为活动。其中人生生命体的生理活动是人生生命体中各种无感知能量体和能量运行体系在一定的功能属性、运动属性和变化属性下所进行运动的运动过

程和运动结果的体现。人生生命体的心理活动则是人生生命体中的各种感知能量体和能量运行体系按一定的功能属性、运动属性、变化属性下所进行运动的运动过程和运动结果的体现。人生生命体的行为活动则是人生生命体中的无感知能量体及能量运行体系与感知能量体和能量运行体系在相应的功能属性、运动属性和变化属性下进行活动的活动过程和活动结果的体现。人生生命体的行为活动既包含人生生命体的生理活动，也包含人生生命体的心理活动，它是人生生命体进行的生理和心理共同活动的体现。为了便于我们对人生生命体的活动作进一步的论述和说明，下面我们就分别对人生生命体的生理活动、心理活动和行为活动分别进行相应的论述和说明。

一、关于人生生命体的生理活动

人生生理层面生命体又称人生无感知有机生命体，我们把人生生命体中无感知有机生命体的不同层面的活动称为人生生命体的生理活动。由于人生生命体中实体物质类能量体和能量场类能量体具有显性的、向外扩散的运动属性，所以我们将这两类能量体称为人体之中的显能量，而相应的暗物质、暗能量、能量基则具有内聚、相互吸引不可见的属性，所以我们将其称为人体中的潜能量。我们也可以从人体之中能量性质出发将人生生命体的生理活动分为人生生命体中无感知显能量层面的生理活动和无感知潜能量层面的生理活动。为了便于对人生生理层面生命体的活动作进一步的说明，下面我们就分别从人生生命体生理活动的分类、生理活动的形成和影响生理活动的因素出发，对人生生命体的生理活动进行相应的论述和说明。

1、关于人生生命体的生理活动

从本质上看，无论人生生命体的生理活动，还是心理活动和行为活动，它们都是人生生命体中不同层面能量体之间相互作用、相互影响、协调统一而形成的运动。人生生命体的活动的发生都是建立在人生生命体存在和生存的基础之上的，所以我们可以从人生生理层面生命体的组成结构出发，将人生生命体的生理活动分为：人生生命体完整生理层面的生理活动、功能系统层面的生理活动、器官组织层面的生理活动、细胞层面的生理活动、分子层面的生理活动、原子层面的生理活动、能量场类能量体层面的生理活动、无感知潜能量层面的生理活动。下面我们就对以上所述不同层面的生理活动分别作如下讨论和说明。

(1) 人生生命体完整生理层面的生理活动

人生完整生理层面的生理活动是指人生完整生理层面生命体所进行的生命活动。完整生命体层面的生理活动是由形成人体的八大功能系统相互作用、相互影响、协调统一的结果，它包括了源于人体之外能量体和能量运行体系作用形成的生理活动、源于人体之内不同层面能量体和能量运行体系的相互作用、相互影响形成的生理活动，以及源于人体之内能量体和能量运行体系与人体之外的能量体和能量运行体系相互作用、相互影响、协调统一形成的生理活动。

(2) 人生生命体功能系统层面的生理活动

人生生命体功能系统层面的生理活动是指形成人生完整生命体的八大功能系统在一定的时空条件下按相应功能属性、运动属性、变化属性所进行的相应活动。它包括了源于人体之外能量体和能量运行体系的直接和间接作用所形成的功能系统层面的生理活动、源于人体之内能量体和能量运行体系的作用所形成的功能系统层面的生理活动，以及源于人体之外和人体之内能量体和能量运行体系相互作用、相互影响所形成的功能系统层面的生理活动。其中，源于人体之内能量体和能量运行体系作用所形成的功能系统层面的生理活动主要包括了：源于人生生命体整体层面生理活动所带动的功能系统层面的生理活动、源于功能系统层面直接形成的功能系统层面的生理活动和源于组织器官层面生理活动所形成的功能系统层面的生理活动等。

(3) 人生生命体器官层面的生理活动

人生生命体器官层面的生理活动是指形成人生八大功能系统之中的器官组织，按照相应的功能属性、运动属性、变化属性所进行的生理活动。它包括了源于功能系统层面活动所形成的生理活动、源于细胞层面生理活动所形成的生理活动、源于器官层面所形成的生理活动。由于人生生理层面生命体的功能系统是由不同功能器官组成的，而且在同一功能系统中，不同功能器官所具有的功能属性、运动属性和变化属性也各不相同，所以功能系统中器官层面的生理活动既是功能系统层面生理活动的一部分，也是形成功能器官中相应细胞层面活动的结果。

(4) 人生生命体中细胞层面的生理活动

细胞是人生生理层面生命体基本的生命单元，细胞层面的生理活动是指以细胞为生命单元在相应功能属性、运动属性、变化属性作用下所进行的各种生理活动。例如：细胞在遗传变异作用下所进行的新陈代谢及细胞分裂活动等。

(5) 人生生命体分子和原子层面的生理活动

人生生命体分子、原子层面的生理活动是指人生生命体中分子和原子层面的实体物质类能量体按一定的功能属性、运动属性、变化属性作用下所进行活动的统称。

由于分子和原子形成了人生生命体中细胞层面生命单元的基本组织构架，这些组织系统是可见的，而且也是目前人类能够通过传统的物理及化学方法对其进行分析和研究得比较多的层面。人体之中的消化、呼吸等功能系统能够把来自人体内部和外部的各种可见、不可见、可测、不可测、可感知、不可感知的能量体进行吸收、加工成相应的分子和原子层面的实体物质类能量体等，并以新陈代谢的方式进行利用和转化。这种对能量进行转化和利用的过程就是把人体之外的实体物质类能量体吸收、加工、转化成新的可以被人体利用的分子和原子层面的实体物质类能量体和能量场类能量体；也可以把能量场类能量体转化为分子和原子层面的实体物质类能量体和新的能量场类能量体，并进行利用的过程，在此过程中，也会把伴随相应分子和原子的实体物质类能量体共同存在的潜能量类能量体进行加工、转化，形成相应的可以被人体利用的潜能量类能量体和能量基类能量体，并把那些不能被转化利用的能量体排出体外。

以上所述不同层面的生理活动都属于人生生命体中实体物质类能量体层面的生理活动，我们可将实体物质类能量体层面的活动分为：由人体内在因素形成的生理活动、由人体外在因素形成的生理活动，以及由人体内在和外在因素共同作用形成的生理活动。人生无感知有机实体物质能量体层面的生理活动的产生主要是源于人体内部及外部的各种不同类型能量体与人体中无感知有机实体物质能量层面之间各种直接或间接地产生作用而形成的活动。

(6) 人生生命体中的无感知能量场类能量体层面的生理活动

人生生命体中能量场类能量体层面的生理活动是指人生生命体中所具有的一系列的能量场类能量体的活动。这类活动包括了在人体内部不同层面能量和能量运行体系相互作用、相互影响形成的源于人体之内的能量场类能量体的活动，以及人生生命体与人体外部不同能量体相互作用、相互影响形成的能量场类能量体的活动。在人体内在活动中有的是源于人体内部的有机实体物质能量体进行分解或通过暗物质类能量体产生聚合运动形成能量场类能量体的转化活动，以及身体中所具有的不同类型能量场类能量体之间相互作用而形成的活动，有的是源于人体之中的能量场类能量体直接与人体外部的能量场类能量体之间相互作用、相互影响、相互转化和能量交换所形成的活动，这类活动主要是通过光辐射、热辐射、磁辐射及其他生物能量场等方式相互作用、相互影响、相互交换或通过其他形式能量体的作用和转化实现的。

其中，源于内在作用的能量场类能量体层面的生理活动有的是人体中所具有的无感知能量场类能量体之间、人体中无感知能量场类能量体与有机实体物质能量体之间、人体中无感知能量场类能量体与人体之间无感知潜能量之间相互作用、相互影响、协调统一而形成的，而有的则是感知能量体与能量场类能量体在人体中相互影响、相互作用、协调统一而形成的无感知能量场类能量体的活动，另外感知潜能量的活动也会以类似能量场的形式作用于人体中无感知有机生命体，并形成相应的能量场类能量体的活动。

从源于人体外部作用形成的能量场类能量体层面生理活动的形成来看，一方面是由于人体之中的能量场类能量体受到来自人体之外能量场类能量体或其他类型能量体直接或间接地产生作用时，会使人体中的能量场类能量体产生相应的活动；另一方面则是人体通过对食物等能量体进行吸收、分解、转化、利用等一系列活动中所形成的能量场类能量体层面的活动等。这里需要特别说明的是，人体之中的能量场类能量体活动并非只是热辐射、电磁波那么简单，它所包含的是一切能够以能量场类能量体形式进行的生理活动。这类活动既是连接、保持人生命体中各种有机实体物质类能量体层面和能量场类能量体层面的生理活动，也是人体之中的潜能量之间，以及潜能量与其他相关能量体之间相互影响、相互作用、协调统一而形成的一系列无感知生理活动。

（7）人生生命体中无感知潜能量层面的生理活动

人体之中的无感知潜能量主要是指那些存在于形成人体的原子、分子、细胞器、细胞、器官组织、功能器官、功能系统等不同层面的有机实体物质能量体构架之中，并在人体构架内部形成相互连接和相互吸引的各种无感知的暗物质类能量体、暗能量类能量体和能量基类能量体的总和。这些无感知潜能量体的存在及其活动不但能够使不同层面有机实体物质能量体的结构相对稳定，也能使其他各种感知和无感知能量体和能量运行体系的存在及运动的稳定性得以保持，同时还把人体不同结构层面和功能系统层面的能量体系连成一体，形成联动，并推动人生不同层面生命体进行各种新陈代谢活动，我们可以说无感知潜能量是人生生命体进行新陈代谢活动以及形成各种能量转化活动的基础能量，这里所说的新陈代谢活动包括了人体内各种原子、分子、细胞器、细胞、细胞组织、组织系统和其他生理层面生命体不同层面能量体和能量运行体系的转化、置换、生存与死亡等一系列生命活动。

从以上的论述和说明中我们可以得知：人生生命体的生理活动从本质上讲，其实就是不同的人体内部与外部各种无感知的能量体之间，以及人体内部不同层面的能量体之间直接或间接的利用人体内部和外部的各种能量体进行加工、贮存、利用、转化等一系列活动的过程和结果，在一般情况下，人们所说的人生生命体向外部吸收利用的营养成分其实就是来自于外界实体物质类能量体，以及存在于实体物质类能量体中的能量场类能量体、暗物质类能量体、暗能量类能量体和能量基类能量体中能够被人体进行加工、转化、吸收、利用的有利于人生生命体存在、生存及其活动的能量成分。因为任何类似人类食物的实体物质都有这些能量成分的存在，当食物被人体进行加工、转化、吸收和利用后，就会使其成为人类新陈代谢活动中用于补充、修复和平衡人体中不同类型能量体和能量运行体系的能量。能量运行体系的平衡一旦被打破，吸收、贮存在人体中相关的能量体就会被人体转化、利用，成为保持平衡和推动不同层面功能体系运行的能量。

3、影响人生生理活动的因素

影响人生生理活动的因素比较多，而且也较为复杂，为了便于说明，我们将相应的影响因素分为源于人体内部的影响因素和源于人体外部的影响因素来分别进行说明。

（1）关于源于人体内部的影响因素

源于人体内部对生理活动的影响因素主要包括生理层面生命体的影响因素、心理层面生命体的影响因素和完整层面生命体的影响因素，相应的影响主要体现在：形成相应层面生命体的实体物质类能量体成分、无感知能量场类能量体成分、感知和无感知潜能量的成分组成及其组合情况以及相应的互动和运行状态等都会对人生生理活动和行为活动能否正常运行产生影响。除了以上影响外，还会受到人体对来自外界中各种能量体和能量运行体系接收及转化、利用等活动能力及其能否正常运行的影响。

由于人体之中实体物质类能量体是人生生理层面生命体的基本组成构架，实体物质类能量体的组成结构情况不但决定了人生生理层面生命体的形体、性别、人种等，还决定了其生理活动的功能属性及活动协调能力及其活动的健康状况，并对人生不同生理层面生命体的活动方式、活动质量等形成相应的作用和影响。

人体中的无感知能量场类能量体的组成是否健全等也会对人体无感知实体有机物质类能量体层面的生理活动状况和无感知潜能量层面的心理活动方式、活动质量等产生相应的影响，人体中无感知潜能量对人生生理活动的影响主要体现在：人体中无感知潜能量不但是人类进行各种新陈代谢和遗传、变异的主要力量，同时也是连接各种生理活动和心理活动的纽带，并不断地影响人类深层次的生理活动的发生，并通过对生理属性、现象、关系存在的影响，对人生生理活动形成相应的作用和影响。

(2) 关于来自人体外部因素对人生生理活动的影响

来自人体外部对人生生理活动的影响因素主要有自然因素和社会因素。由于人生生命体是以"浸泡"的方式生存于充满各种能量体组成的能量海洋中，所以人生生命体必然会受到来自于自然界中各种能量体的作用和影响。人生生命体本身就是一种自然的存在，人生生命体中的无感知有机生命体和感知能量生命体都是属于自然界中不同种类的能量存在，只不过形成人生生理活动的能量主体属于无感知能量体，而且人体中不同层面的无感知能量体都来自于自然界，通过人体对其进行吸收、转化、保存、利用，在此过程中，形成各种各样的人生生理活动，所以在人生的生理活动过程中，也会不停地受到来自外界相应的实体物质类能量体、能量场类能量体、暗物质类能量体、暗能量类能量体和能量基类能量体及其不同层面存在的作用和影响。

至于社会环境因素对人生生理活动的影响，一方面是指人与人的不同存在之间的相互作用、相互影响，进而影响到人生生命体生理活动的发生、生理活动的保持、生理活动的结果和生理活动质量等；另一方面，是指人类社会所创造的物质和精神产品也会对相应人生生命体生理活动的发生、保持及活动的质量产生相应直接和间接的作用和影响。

二、关于人生生命体的心理活动

人生生命体的心理活动是指人生生命体在生存状态下，形成人生心理层面生命体的感知能量体受到来自人体内部和外部的能量体或能量运行体系的作用和影响时，感知能量体产生运动所形成的相应具有感知体验和无感知体验的运动过程和运动结果，是感知能量生命体在一定的功能属性、运动属性、变化属性下产生运动的过程和运动结果的体现。

1、关于人生心理活动的分类及形成

我们可以把人生心理活动从感知能量的运动过程和运动结果所形成的不同感知体验着手，把人生心理活动分成具有感知体验的心理活动和无感知体验的心理活动。其中具有感知体验的心理活动又可以分成：感知宁静类心理活动、潜意识类心理活动和意识类心理活动。关于无感知体验的活动虽然存在，但却因为无法实证，在此就不展开了。

关于人生生命体心理活动的形成，我们可以依据促使感知能量体在人生生命体形成运动的能量来源，根据人生心理活动形成的原因，将人生心理活动分为源于人体外部能量体作用形成的心理活动和源于人体内部能量体作用形成的心理活动。其中源于人体外部能量体作用所产生的心理活动主要是指人体之中的感知能量体与来自人体外部的能量体或能量运行体系产生直接和间接作用时，致使人体内部的感知能量体产生相应运动，形成各种相应的心理活动；而源于人体内部能量体作用产生的心理活动主要是指人体内部的感知能量体受到自身不同能量成分，以及与来自身体内部的无感知能量体的作用时所形成的各种心理活动。

关于源于人体外部能量体作用形成的心理活动主要是当人生生命体受到来自人体外部各种能量体作用时，在人体中无感知潜能量的带动下，使人体中的感知能量体产生相应的运动，在运动过程中，感知能量体会针对不同的作用对象产生相应的感知体验，而不同的运动形式就是不同的心理活动，并形成不同的感知体验。当人体中的感知能量处于某种状态，并受到外部能量体直接或间接作用时，感知能量就会针对相应的作用产生运动，形成相应的意识、潜意识和感知宁静类心理活动，随着人体外部能量体作用的消失，形成意识类心理活动、潜意识类心理活动和感知宁静类心理活动的感知能量体的运动又会在各种因素的影响下逐渐被转化，人生相应的心理活动也会被转化成其他类型的心理活动。此类运动循环反复就会产生一系列的心理活动。

关于源于人体内部能量体作用产生的心理活动主要包括两方面，一方面，由于人体之中的感知能量受到生命体内部各种无感知能量体作用时感知能量就会产生相应的运动，形成各种相应的心理活动或者是心理活动的延伸活动；另一方面，由于人体中的感知能量体本身就有运动的属性，所以感知能量体自身的运动和不同层面感知能量体的相互作用也会使人生心理层面生命体处于相应的、不停的运动、变化之中，并形成相应的心理感知体验。

2、影响人生心理活动的因素

从以上我们对人生心理活动形成的分析来看，影响人生心理活动的因素主要有源于人体外部的影响因素和源于人体内部的影响因素。

其中，源于人体外部的影响因素是指各种来自身体之外的能量体和能量运行体系与身体内部的感知和无感知能量体产生作用，使心理层面生命体产生运动的因素。这类因素包括了自然因素和社会因素。关于外部的影响因素，一般情况下都是通过外界不同能量体和能量运行体系直接或间接地作用于人生生命体中的生理层面生命体和心理层面生命体，从而对相应的心理活动产生作用和影响。

源于人体内部的因素是指源于人体之内能够与感知能量生命体直接和间接产生作用，使心理层面生命体产生相应的活动的因素，这类影响因素主要包括以下几个方面：

(1) 感知能量因素对人生心理活动的影响

对人生生命体来说，不同生命个体先天所具有的感知能量生命体的能量性质和组成成分等本质存在、感知能量的频率、感知能量的大小、感知敏感度及其运动特点等属性存在都会对人生心理活动的功能属性、活动方式、活动能力、活动质量形成先天性的影响，而且也会因为处于不同身体发育阶段、不同的健康状况和其所处环境不同，以及受到的教育不同，使感知能量的存在和运动方式，以及感知属性等发生变化，从而影响到人生生命体的心理活动方式及活动质量等。对同一个人生生命体而言，在不同的成长环境和年龄段，感知能量体的存在和运动方式等属性存在、现象存在和关系存在也会随着历经过程的变化而不断地发生改变。处于运动变化中的感知能量生命体在受到其他能量体作用时，对相同事物所产生的心理感知过程和感知结果也是不一样的，人生的感知能量生命体之所以不同，除了先天的遗传因素外，还会受到后天因素的影响而发生相应的变化。处于不断运动变化之中的感知能量体是人生一切心理活动的能量基础，所以处于不断变化之中的感知能量生命体本身的不同存在必然会对人生心理活动产生影响。

(2) 生理层面生命体因素对人生心理活动的影响

对人生生命体来说，生理层面生命体既是人生感知能量生命体存在的载体，也是心理层面生命体的结合体，对心理层面生命体来说，相应生理层面生命体在人生过程中所起到的作用主要是类似于传感器或能量作用转化器的作用，由于人生的各种心理活动都是感知能量体在生理层面生命体内进行的活动，所以无感知有机生命体中各功能体系，以及不同层面的生理存在的健康、完善与否不但影响着人类各种心理活动的信息传递和表达，同时还会影响到人体对来自外界能量作用信息的接受和传递的效果，从而影响到心理活动的过程、活动所产生的感知体验等，例如：神经系统和其他系统的健康与否会直接影响到人生心理活动的正常与否。

另外，由于生理层面生命体中的无感知能量体和感知能量体共处一体并相互吸引，所以无感知能量的运动必然会使感知能量体产生相应的运动，从而形成相应的心理活动。

从以上论述中我们可以认识到：人类心理活动是一个极其复杂的运动，而且影响心理活动的因素也很复杂，加上人们对感知能量体认识的局限性，这就决定了人们对心理活动的认识和了解有很大的难度，所以现在人们对心理活动的研究大多都停留在通过人类心理感知体验的心理现象的研究之上，很少触及到人生心理活动的本质，致使人类的心理活动显得十分神秘，以至于让人们很难形成统一的观点而争论不休。

三、关于人生生命体的行为活动

人生生命体的行为活动是指人生生命体中生理层面生命体在心理活动的作用和相互作用下，按相应的功能属性、运动属性和变化属性形成的生命活动。

1、人生生命体行为活动的分类和形成

人生生命体的行为活动是人生生命体生理及心理共同存在、相互作用、相互影响、协调统一状态下按一定的功能属性、运动属性、变化属性所形成的生命活动，它属于人生生命体的心理和生理共同进行的活动，所以我们可以从人生心理活动出发将其划分为感知宁静类行为活动、潜意识类行为活动、意识类行为活动等，也可以根据行为活动的对象出发，将其分为针对外在的行为活动和针对自身的行为活动，其中针对自身的行为活动是指在不同的心理活动状态下针对活动者自身存在进行的一切行为活动；而针对外在的行为活动是指在不同的心理活动状态下，人生生命体针对外界的存在所进行的直接或间接的行为活动。根据以上的两种分类，我们可以将人生生命体的行为活动归纳为：针对自身的感知宁静类行为活动、潜意识类行为活动、意识类行为活动、针对外在的感知宁静类行为活动、潜意识类行为活动、意识类行为活动。其中，针对外在的行为活动又可以分为针

对自然的行为活动和针对社会的行为活动。

关于人生生命体行为活动的形成,我们在前面相关章节的论述中认为:人生不同类型的生命行为活动都是由心理与生理之间相互作用、相互影响、协调统一形成的生命活动。而且一般情况下,人生生命体行为活动的形成首先是先有行为心理活动的发生或生理活动的发生,然后才有生命体行为活动的形成。关于人生生命体生理活动我们在前面已作了相应的论述和说明,下面我们就针对人生行为心理活动的形成作一个相应的论述和说明。

(1) 关于人生生命体行为心理活动的形成

人生生命体的行为心理活动是指带动和支配人生生命体产生感知行为活动的心理活动,它包括了人生心理活动所形成的行为心态、行为态度、行为需求、行为欲望、行为动机、行为目标、行为方法、行为意志及行为心理体验等。关于人生行为心理活动的形成,我们可以作如下推论和说明:

当人生心理层面生命体在一定活动状态下(即:心态下)受到相应事物作用时,在自我属性作用下,人生心理层面生命体就会针对相应的作用形成具有倾向性的感知体验,这个感知体验状态就是态度。当态度形成后,在自我属性及各种相应心理活动作用下就会对相应事物形成相应的需求类心理活动,并形成行为需求,随着需求类心理判断的深入,行为需求就会转变成对实现相应需求的行为欲望,在行为欲望的基础上就针对相应事物形成相应的行为动机,当行为动机形成后,人生心理就会在各种感性、理性及其他各种心理活动属性及心理活动作用下形成相应的行为目标和行为方法,在行为动机、行为目标、行为方法的作用下,人生生命体中的心理就会针对相应活动对象进行相应的行为活动,在行为活动过程中又会形成相应的行为意志,并在相应行为活动过程中形成相应行为活动的心理感知体验。

(2) 人生生命体行为活动的形成

前面我们把人生生命体的行为活动分成了意识类行为活动、潜意识类行为活动以及感知宁静类行为活动。关于人生生命体行为活动的形成,我们不妨作如下推论和说明:

当人生生命体在不同类别的心理活动状态下,相应人生生命体针对自身或外在的特定事物进行心理活动的过程中,在相应的意识类心理、潜意识类心理活动和感知宁静类心理活动背景下形成相应的态度、需求、欲望,并在此基础上针对相应事物形成相应意识类的、潜意识类的和感知宁静类的行为动机、行为目标和行为方法，在相应行动心理活动作用和生理活动的作用下使感知能量生命体产生相应的活动，从而带动人生生理层面生命体和心理层面生命体对相应事物产生相应行为活动。由于行为活动是在意识类心理活动状态下、潜意识类心理活动状态下、感知宁静类心理活动状态下形成人生心理层面生命体由形成人生心理层面生命体的感知能量与形成生理层面生命体的无感知能量共同作用、协调统一形成的活动，并对人生生命体和人体之外的行为活动对象产生相应的行为活动。人生行为活动的产生是由人生生命体中的感知能量生命体与无感知潜能量之间形成紧密相连的情况下，心理层面生命体在意识类活动状态下、潜意识类心理活动状态下、感知宁静类心理活动状态下生理和心理共同形成的活动。

从以上所述的人生生命体的行为活动形成来看，无论是意识类行为活动、潜意识类行为活动，还是感知宁静类行为活动，其实都是人生心理层面生命体和人生生理层面生命体相互影响、共同作用、协调统一而形成的活动。

3、影响人生生命体行为活动的因素

前面相关文章中，我们论述了人生生命体本身就是由感知能量体和无感知能量体共同形成的一个能量运行体系，并以"浸泡"的方式存在于由各种能量组成的宇宙空间之中，所以人生生命体的各种行为活动必然会受到来自人生生命体外部和内部各种能量体和能量运行体系的作用的影响，我们将源于相应人生生命体内部影响的因素称为内在的影响因素，将相应的源于人生生命体外部的影响因素称为外在的影响因素。

（1）影响人生生命体行为活动的内在因素

从人生生命体的组成来看，影响人生行为活动的内在因素主要有心理层面生命体的因素、生理层面生命体的因素和二者结合后不同能量体或能量运行体系之间相互作用、相互影响、协调统一情况的因素等。

其中，心理层面生命体对人生生命体行为活动的影响主要体现在：由于人生生命体的行为活动是在心理层面生命体的作用下或者是相互作用下所进行的活动，所以心理层面生命体所具有的本质存在、属性存在、现象存在和关系存在都会直接或间接地对人生生命体行为活动的形成、保持和转化产生相应的作用和影响。形成心理层面生命体的本质存在的不同能量体的组成成分以及本质属性存在所呈现出的各种感性和理性、情绪、情感等活动属性都会直接或间接地对相应人生生命体对特定事物的行为心理活动的形成及活动状态和活动质量等产生相应的

作用和影响。人生生命体行为心理活动的形成又会直接影响到人生生命体各种内在的及外在的行为活动，当那些在具有不同本质属性及其感性、理性、情绪、情感等心理活动属性的心理层面生命体，受到外部及内部能量体作用时所形成的相应的行为心理活动并不会完全一样。在不同行为心理活动的支配下所产生的行为活动也将是有所区别的，也就是说，人生心理层面生命体的本质存在及其属性存在对人生生命体的行为活动的影响是直接且有效的。

人生生理层面生命体对人生行为活动的影响主要体现在：人生生理层面生命体不但是人生生命体行为活动的执行者，同时也是人生心理层面生命体及其活动的载体，所以人生生命体中生理层面生命体的本质存在、属性存在、现象存在、关系存在（例如：人类生命体的健康状况、性别、长相、体型等）都会直接或间接地影响到人生生命体行为活动能否正常进行，以及行为活动的质量和行为活动的习惯等。也就是说，人生生理层面生命体中不同层面的存在对人生生命体的行为活动的影响也是直接、有效的。

人生心理层面生命体和生理层面生命体相互结合情况对人生生命体行为活动的影响主要体现在：由于人生生命体是由人生心理层面生命体和生理层面生命体共同结合而形成的统一体，二者之间的结合是通过人生心理层面生命体中的感知能量和生理层面生命体中无感知潜能量之间共同吸引、相互作用、协调统一而形成的，所以二者之间的结合是否协调统一，以及结合后人体对内在和外在能量体或能量运行体系对相应作用的敏感度等都会直接影响到生理层面生命体的运行情况，以及生理层面生命体的活动能力、活动质量，从而直接或间接地影响到人生生命体行为活动的能力、活动的属性和活动的质量等。

从以上几方面的内在影响因素看，这些内在因素不但直接或间接地影响到人生生命体行为活动是否正常，还直接或间接地影响到人类生命体行为活动的能力、活动的属性和活动的质量。

（2）影响人生生命体行为活动的外在因素

从影响人生生命体行为活动的外在主要因素来看，主要包括社会因素和自然因素。

其中，社会因素对人生生命体行为活动的影响主要体现在：社会是具有一定关系存在的不同人生生命体的共同存在、生存及其活动的总和，由于人生生命体的活动具有社会属性，所以每个人的行为活动必然会受到人生生命体所处的社会的年代、国家、民族、组织、家庭以及相应的社会关系因素的影响以及社会价值观、宗教、信仰、习俗、法律、政治、经济、教育、科技、文化、医疗、卫生等一系列的社会文化因素影响等，这种影响有的是正面的，有的则是负面的，有的是柔性的，有的是刚性的，作为个人面对社会的时代、国家、民族以及文化、习俗、宗教、信仰，以及国家制度等都会对自身行为活动产生直接或间接的影响，对个体而言，社会环境的影响因素有的是强制性的，有的是柔性的，有的是理性的，而有的则是感性的。

自然环境因素对人生生命体行为活动的影响主要体现在：由于人生生命体具有自然的属性存在，从宏观角度看，人生生命体的存在、生存及活动必须依赖自然才能得以实现，人生生命体是自然界的一部分，人生生命体为了生存需要从自然中获取食物，并在特定环境下进行各种各样的生命活动，所以人们的行为活动必然会受到自然环境的影响，而且这种影响无时不在，无处不有；从微观来看，人生生命体是以"浸泡"的方式生存在充满各种能量体海洋的自然环境之中，自然环境中的不同层面的能量体无时不对人生生命体的生理和心理的存在、生存及活动产生各种直接或间接的影响。在这些影响中，有的是可见或可被感知体验到的，而有的则是不可见且不可感知的，犹如生存在地球上的人类生命体的行为活动无时不受到重力因素的影响一样。

影响人类生命体行为活动的外在影响因素中除了自然因素和社会因素外，还有自然与社会相结合的因素。

三、人生不同层面生命体活动之间的关系

根据以上我们对人生生命体活动的相关论述和说明，我们可对人生不同层面生命体活动的关系作如下总结和说明：

1、人生生命体的生理活动、心理活动和行为活动都是人生生命体活动的重要组成部分，它们共同形成了人生生命体的活动。

2、人生生命体的活动不但受到源于人生生命体内不同层面的能量体和能量运行体系相互作用的影响，同时还受到来自于人生生命体外部的不同层面的能量体和能量运行体系的作用和影响。

3、人生生命体的生理活动和心理活动一般都处于相互依存、相互作用、相互影响、协调统一，但又相互区别的关系。

4、人生生命体的行为活动是人生生理层面生命体和心理层面生命体之间共

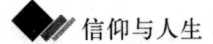

同存在、相互作用、相互影响、协调统一形成的活动。在不同类型的活动之间又存在着相互影响、相互作用、相互转化的关系。

从以上论述和说明中我们可以得知：无论是人生生命体的生理活动、心理活动，还是行为活动都是人体中不同层面的能量体或能量运行体系相互影响、相互作用、协调统一的结果。结合作者对人生生命体的本质（人本）和人生生命体的属性（人性）的相关论述，我们可以得知：无论人生生命体的行为活动、生理活动、心理活动都是人生生命体的本质存在及其本质存在所具有的功能属性、运动属性、变化属性在一定条件下进行活动的活动过程和活动结果的体现。人生生命体的本质存在是人生生命体活动的前提，人生生命体的属性存在是生命活动所遵循的规律。

第一篇 论人生

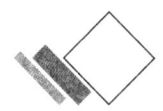 第五章　人生的过程

在第一章"人生是什么"一文中，我们论述了人生的过程是指人生生命体从质变性的产生直至质变性死亡的生存过程中，相应人生生命体的存在、生命体的生存和生命体的活动所经历程序、步骤和时间的体现。它包括了人生生命体的存在过程、人生生命体的生存过程和人生生命体的活动过程。由于过程是人们对事物存在的产生、保持、变化、消亡所经历的程序、步骤和时间的表达，它所反映的，一方面是事物存在的产生、运动、变化所经历的程序、步骤，也就是事物运动变化的属性；另一方面是对事物的存在的产生、保持、变化、消亡速度的情况，我们可以将人生的过程分为人生生命体的存在过程、人生生命体的生存过程、人生生命体的活动过程。下面我们就分别从人生生命体的存在过程、人生生命体的生存过程和人生生命体的活动过程出发，对人生的过程及其不同过程之间所具有的关系进行相应的论述和说明。

一、人生生命体的存在过程

人生生命体的存在过程是指人生生命体从质变性的生存直至质变性死亡过程中，人生不同层面生命体所具有的存在从产生、保持、转化到死亡过程中所经历程序、步骤和时间的体现。由于人生生命体的存在包括了人生不同层面生命体的本质存在、属性存在、现象存在和关系存在，而且不同类别的存在都是伴随着相应人生生命体的产生而产生、保持而保持、转化而转化、消亡而消亡的。在前面的相关论述中，我们把人生生命体的存在分成了人生生理层面生命体的存在、人

生心理层面生命体的存在和人生完整层面生命体的存在,下面我们就分别从不同层面人生生命体的存在出发,对人生的过程进行相应的论述和说明。

1、关于人生生理层面生命体的存在过程

由于人生生理层面的生命体是由人生生理层面生命体的无感知能量体和能量运行体系形成的,所以人生生理层面生命体不同存在也是伴随着相应能量体和能量运行体系的形成而形成、保持而保持、转化而转化、消亡而消亡。这也就意味着人生不同生理层面生命体的存在所经历的过程由相应生理层面生命体的产生而产生、保持而保持、转化而转化、消亡而消亡的程序、步骤和时间长短所决定。

由于人生生理层面生命体是由相应不同层面的无感知能量体和能量运行体系所形成的具有相应功能属性、运动属性、变化属性的生理层面生命体,所以我们可以从人生不同生理层面生命体所具有的功能属性、运动属性和变化属性出发,将人生生理层面生命体的存在分为:人生完整生理层面生命体的存在、八大功能系统层面的存在、功能器官组织层面的存在、细胞层面的存在、分子层面的存在、原子层面的存在、能量场内能量体层面的存在、无感知潜能量类能量体层面的存在。由于形成人生生理层面生命体的基本生命单元是细胞,而细胞又是由相应的有机分子、原子和潜能量类能量体共同形成的能量运行体系。

对人生生命体而言,人生生命体中完整生理层面生命体的存在是由八大功能系统层面的存在相互作用、相互影响、协调统一而形成的,八大功能系统层面的存在又是由相应功能系统中具有不同功能属性器官组织层面的存在相互作用、相互影响、协调统一形成的,器官组织层面生命体的存在又是相应器官组织中不同细胞层面的存在相互作用、相互影响、协调统一形成的,细胞层面的存在又是由细胞之中不同细胞器层面的存在相互作用、相互影响、协调统一形成的,细胞器层面的存在又是由相应细胞之中有机分子和无机分子层面的存在相互作用、相互影响、协调统一形成的,分子层面的存在又是相应分子中原子层面的存在相互作用、相互影响、协调统一形成的,原子层面的存在则是由相应原子中实体物质类能量体、能量场类能量体和潜能量类能量体层面的存在相互作用、相互影响、协调统一形成的,这也就决定了人生生命体中宏观层面生命体存在的形成、保持、转化和消亡经历的程序、步骤及所经历的时间是由相对微观层面的存在、生存及其活动的形成、保持、转化和消亡所经历的程序、步骤和时间所决定。正是由于相对微观生理层面存在的相互作用、相互影响、协调统一才形成了相对宏观生理层面生命体的存在，同时也就形成了相应生理层面生命体的存在的功能属性、运动属性和变化属性，而相应生理层面生命体的存在的功能属性、运动属性、变化属性的存在就决定了相应存在在人生生命体中所经历的程序、步骤和时间的长短。也就是说，当人生相应生理层面生命体的存在形成后，从相应存在所经历的时间来看，相应存在的产生、保持、变化和灭亡的时间也是由形成相应生理层面生命体存在的更加微观层面存在的产生、保持、转化、消亡的速度所决定。从相应生理层面生命体存在过程所经历的程序步骤看，当相应层面生命体的存在形成后，相应功能属性、运动属性和变化属性的情况就决定了相应生理层面生命体存在的产生、保持、转化、消亡所应经历的程序和步骤。

2、关于人生心理层面生命体的存在过程

人生心理层面生命体的存在过程是指人生生命体从质变性的产生开始直至质变性的死亡过程中，人生心理层面生命体所具有的不同存在的产生、保持、转化、消亡所经历的程序、步骤及其所经历时间的体现。它包括了人生完整心理层面的本质存在、属性存在、现象存在和关系存在的存在过程和人生心理感知暗物质层面、感知暗能量层面、感知能量基层面的本质存在、属性存在、现象存在、关系存在的存在过程。由于人生完整生理层面生命体的存在是由相应的感知暗物质层面的存在、暗能量层面的存在、感知能量基层面的不同存在之间相互作用、相互影响、协调统一形成的，其中，人生心理感知暗物质层面的存在则是由相应的感知暗物质存在及其所包含的感知暗能量层面的存在和感知能量基层面的存在相互作用、相互影响、协调统一形成的，而人生心理感知暗能量层面的存在则是由相应的感知暗能量的存在及其所包含的感知能量基层面的存在相互作用、相互影响、协调统一而形成的，人生心理层面生命体中感知能量基层面的存在则是由相应的感知能量基本身的存在及其运动产生的存在，这也就决定了人生心理层面生命体中不同的感知能量基类能量体的不同存在之间相互作用、相互影响、协调统一的活动情况所经历的程序、步骤和经历的时间的长短决定了相应能量基类能量体层面存在的程序、步骤和所经历的时间，相应的感知暗能量类能量体与相应的感知能量基类能量体之间相互作用、相互影响、协调统一的活动情况决定了相应人生心理感知暗能量层面不同存在的产生、保持、转化、消亡过程中所经历的程序步骤和时间的长短，相应具有感知属性的暗物质、暗能量、能量基的相互作用、相互影响、协调统一所形成的人生心理感知暗物质类能量体层面心理存在在相应存在的形成过程及其所受到的源于人体内在和外部的不同类型的感知能量体和无感知能量体的作用决定了相应心理存在的产生、保持、转化、消亡过程中所经历的程序、步骤和时间的长短。

人生完整心理层面生命体的存在则是人生心理层面生命体中不同类别、不同层面的具有感知属性的暗物质类能量体、暗能量类能量体、能量基类能量体共同存在、相互作用、相互影响、协调统一所形成的。这也就决定了源于人体之内不同层面、不同性质的能量体和能量运行体系的性质、组成及其相互作用、协调统一等组成方式，以及源于人体之外的感知和无感知的能量体都会对人生完整心理层面存在的产生、保持、转化、消亡过程所经历的程序、步骤和时间长短产生相应的作用和影响。

3、关于人生完整层面生命体的存在过程

人生完整层面生命体的存在过程指人生生命体在生存状态下生理层面生命体、心理层面生命体处于相互结合、协调统一状态下所具有的完整层面生命体的存在所经历的程序、步骤和时间的体现。从人生完整层面生命体的存在所经历的程序和步骤看，总体上包括了完整层面生命体存在的产生、保持、转化和消亡等程序、步骤，而且每个程序、步骤又是由相应的生理和心理层面生命体所具有的共同存在及其所受到的源于内在和外在的能量体和能量运行体系的作用所决定。从存在的时间来看，则是从生理层面生命体与心理层面生命体相互结合形成感知生命体开始直至二者分离形成死亡结束的过程中，完整层面生命体不同存在的产生、保持、转化、消亡的时间的长短也是由于人生生命体生理和心理层面生命体的存在方式、互动情况及其所受到的源于人体内部和外在的不同层面的能量体和能量运行体系的直接和间接的作用情况所决定的。

二、人生生命体的生存过程

在"人生生命体的生存与死亡"一文中，我们对人生生命体的"生存"和"死亡"进行了相应的论述和说明，从中我们认识到"人生生命体的生存"是指人生生命体中心理层面生命体和生理层面生命体处于相互结合、相互作用、协调统一状态下，整体层面生命体的功能属性、运动属性和变化属性还得以保持，部分或全部功能系统层面的生理活动、心理活动和行为活动还得以保持、延续的生命存

在状态。

人生生命体的生存过程是对人生不同层面生命体所具有的量变性和质变性生存过程的总称，是人生不同层面生命体从产生到死亡所经历的程序、步骤和时间长短的体现。从本质上讲，人生生命体的生存过程是人生生命体中形成生理层面生命体的无感知能量体和形成心理层面生命体的感知能量体之间相互结合、相互作用、协调统一的结果，另一方面则是指人生生命体从质变性的产生至质变性的死亡过程中，不同层面生命体所经历的量变性的生存和死亡的过程，其中，质变性的生存和死亡的过程是指人生生命体完整层面所经历的生、老、病、死的程序、步骤和时间长短的体现；量变性的生存和死亡过程则是指人生生命体在质变性的生存过程中，不同层面生命体从产生直至消亡所经历的程序、步骤和时间长短的体现，也就是说，人生生命体完整层面生命体质变性的生存过程中存在着人生生命体中微观层面生命体从产生直至消亡所经历的量变性生存和死亡的程序、步骤的存在。人生生命体中相对宏观层面的量变性的生存过程是由其中相对微观层面生命体质变性的生存和死亡的过程集成而成的。为了便于对人生生命体的生存过程作进一步的说明，下面我们就从人生生理层面生命体的生存过程、心理层面生命体的生存过程和完整层面生命体的生存过程出发，分别对人生生命体的生存过程作相应的论述和说明：

1、关于生理层面生命体的生存过程

人生生理层面生命体的生存过程是指人生生命体中生理层面生命体从亲代生殖细胞相互结合形成人生生理层面生命体开始直至质变性的死亡的过程中不同生理层面生命体所经历的程序、步骤和时间的体现，其中，从人生生理层面生命体的形成直至质变性死亡阶段的生存过程是指人生完整生理层面生命体从质变性的产生到质变性死亡的过程，而在生老病死过程中，整体层面的渐变过程则是整体层面量变性的生存和死亡过程。在人生过程中，人生完整生理层面生命体生存的程序、步骤一般情况下主要会经历人生生理层面生命体的形成、孕育、诞生、成长、成熟、衰退、死亡等几个生命步骤和程序，从时间上来看，所经历的时间是人生完整生理层面生命体从质变性的产生直至质变性死亡所经历的时间。我们也可以将人生完整生理层面生命体的生存过程分为诞生前的生存过程和诞生后的生存过程，其中诞生前的生存过程是指人生生理层面生命体从一个受精细胞开始，在遗传、变异的功能属性作用下，在母体中进行新陈代谢活动，并以细胞分裂的

方式形成一个具有完整功能系统的人生生命体，并与形成人生心理层面生命体的感知能量体进行结合，直至从母体中诞生出来，成为相对独立人生生命体的生存过程，在此过程中，虽然人体中不同层面的能量体和能量运行体系的新陈代谢主要是以同化作用的合成代谢为主，但也存在着异化作用的分解代谢，而不同层面的能量体和能量运行体系的新陈代谢过程就是完整生理层面生命体在量变性的生存过程中所进行的质变性的生存与死亡的过程，这个质变性的生存与死亡过程从本质上讲，是相应人生生命体在遗传、变异功能属性作用下对相应能量体进行吸收、加工、转化、利用、排出所经历的程序步骤和时间的体现。在此过程中，人生完整生理层面生命体生存的程序主要体现在：人生完整生理层面生命体必须经过形成受精卵细胞阶段，细胞分裂发育阶段，与感知有机生命体结合阶段，发育、完善阶段，诞生阶段等程序步骤，而且人生完整生理层面生命体从产生到诞生之前的生存过程中，人生不同层面生命体的生存也遵循着一定的共有属性，同时也存在着相应的个别属性存在。人生生理层面生命体从形成直至诞生过程中会经历相似却不相同的程序、步骤和时间长短，也就是说，人生生理层面生命体在母体之中的产生、发育、诞生会经历相似的步骤、程序及周期，但是个体之间所经历的时间却存在着一定的差异，例如：人生有机生命体从形成到诞生一般都会经历10个月左右，而且生命体的发育、完善、诞生的步骤相似，但不同的个体却有所差别，以及在人生有机生命体的形成到诞生过程中都是从母体之中吸取能量作为生命产生、发育、成长的能量来源，并受到相应能量环境的影响等。

　　人生生理层面生命体诞生后的生存过程是指人生生命体从母体中分离之后直至人生生命体发生质变性死亡的阶段中不同生理层面生命体产生、保持、转化和过程中所经历的程序、步骤和时间的体现。从人生完整生理层面生命体的生存过程看，它包括了相应生理层面生命体的诞生阶段、成长阶段、成熟阶段、衰退阶段和死亡阶段等几个程序、步骤和时间历程。其中，人生生命体的诞生阶段是指人生生命体从母体之中分离直接与自然和社会进行接触的生存阶段，在这个阶段中，人生完整生理层面生命体的生存过程主要会经历诞生开始阶段、诞生阶段和诞生结束（成功）阶段等几个程序、步骤和时间。由于在诞生过程中供人生生理层面生命体进行运行和新陈代谢的能量来源将逐渐从依靠母体转换到从自然和社会中获取、转换和利用，已经从依靠自身与母体的作用转向主要依靠自身与社会和自然的作用，所以生理层面生命体的能量环境也将发生相应的变化，特别是刚出生时，来自自然界的能量环境与从母体中刚出生出来的生理层面生命体之中相应能量体和能量运行体系的作用会使人生生理层面生命体重新建立起的能量运行体系的平衡情况产生影响，进而会对后续人生生理层面生命体的健康及运行状况产生长远的影响。当人生命体诞生后，在生理层面生命体的成长阶段，人生生理层面生命体中宏观层面生命体进行量变性的生存和死亡过程中也会经历相应的儿童阶段、少年阶段和青年阶段的程序、步骤和相应的时间历程，在这过程中，从本质的角度看，人生生理层面生命体的能量体和能量运行体系中的能量积累逐渐增大；从属性看，遗传变异功能属性和新陈代谢活动在此过程中也具有较为旺盛的活力存在，而且新陈代谢活动也是以同化为主、异化为辅，人生生理层面生命体也由小变大，由弱变强，同时性别、形体等有机生命体的特性也得到充分的发育和显现，这里需要说明的是，在人生完整生理层面生命体的生存过程中不同阶段之间的人生转折点都会对后续生理层面生命体的生存过程产生相应的作用和影响，因为人生生理层面生命体不同的生存转折点就是人生生理层面生命体中能量运行体系的功能属性、运动属性、变化属性的发生系统性转化的过程，所以在这个转化过程中，转化的情况将会直接和间接的影响到相应人生生理层面生命体下一阶段的运行状态和运行品质，从而对相应阶段的人生过程和质量等形成相应的影响。

人生生理层面生命体成熟过程是指人生生理层面生命体中不同层面生命体的功能属性、运动属性、变化属性逐渐走向稳定和完善的阶段，具体表现为人生生理层面生命体的遗传、变异和新陈代谢功能属性比较稳定，生理层面生命体中的新陈代谢活动逐渐从同化为主、异化为辅逐渐转变为同化代谢与异化代谢处于相对平衡的生存状态。在此阶段，人生宏观生理层面生命体的存在中相应微观生理层面的生命体也处于不停的产生、保持、转化和消亡之中，也就是说，此阶段中完整生理层面生命体的量变性生存过程也是由不同微观生理层面生命体的质变性生存与死亡过程集成而成的，只不过是人生完整层面生命体还处于量变性的生存状态。在这个过程中，从生存的时间看，对人类来说一般都具有一个大概的时间周期，不同的个人也有与他人不一样的生存周期，这个周期的长短主要取决于自身内在的因素和外在的社会和自然因素的作用和影响。

人生生理层面生命体在衰退阶段的生存过程是指人生生理层面生命体在衰退阶段所经历的程序、步骤和时间的体现。该阶段的人生生理层面生命体的特征主要体现在人生生理层面生命体的遗传、变异功能属性和新陈代谢的功能属性及其活动能力的衰退，虽然在此阶段人生微观的生理层面生命体还不停地处于质变性的生存和死亡的活动之中，但是，在此过程中不同生理层面生命体的功能属性及其活力也将逐渐走弱，人生生理层面生命体也将出现相应的衰退现象，在此阶段人生不同生理层面生命体的生存过程主要表现为某些系统或器官组织的功能逐渐走向衰退，从生存的时间看也具有一定的时间周期，而且相应的生存周期往往受到源于自身内部的因素和外在因素的作用，并发生相应的运动、变化。

人生生理层面生命体的死亡阶段是指从人生完整生理层面生命体的功能散失、活动停止，即人生生理层面生命体遗传变异和新陈代谢的功能属性散失，人生生理层面生命体与心理层面生命体之间已从结合走向分离，并且人生生理层面生命体中不同层面能量体和能量运行体系逐渐产生降解并回归到自然界中的过程，所以人类生命体的死亡过程总体上包含了不同生理层面生命体的生命功能属性逐渐散失和新陈代谢活动停止，心理层面生命体与生理层面生命体产生分离等程序、步骤。从这个阶段所经历的程序、步骤来看，主要包括人生生理层面生命体中不同功能系统的功能逐渐散失、活动逐渐停止到整体层面的功能逐渐散失、功能活动逐渐停止，再到灵魂与有机生命体的完全分离，生理层面的生命体走向腐烂、分解、回归自然等程序和步骤。从所经历的时间看，人类虽然具有相似的时间经历，但是不同的人生也会具有不同的时间经历，有的人甚至在濒死阶段又返回到衰退阶段的生存状态。

2、关于人生心理层面生命体的生存过程

人生心理层面生命体的生存过程是指人生心理层面生命体与生理层面生命体产生结合直至二者分离为止，心理层面生命体中所经历的程序、步骤和时间的体现。在《人本、人性、人心》一书中，作者论述了人类心理层面生命体是在一定环境条件下，由相应的感知能量体或能量运行体系相互作用、相互影响、协调统一，并通过长期的演化而形成的一类感知能量生命体。由于这类能量生命体在一定条件下能够与人类有机生命体进行结合形成相应的人类生命体，即完整层面的人生生命体。由于人类心理层面生命体是在自然界中通过相当长时间的演化而形成的，它并不是伴随人生生理层面生命体的产生而产生、保持而保持、转化而转化、死亡而死亡。由于本文所探讨的重点是在人生过程中心理层面生命体在相应的人生生命体中进行生存的过程，本文所指的人生心理层面生命体的生存过程是指相应人类感知能量生命体与生理层面相互结合直至分离的阶段，人生心理层面生命体的生存所经历的程序、步骤和时间的体现。它包含了心理层面生命体与生

理层面生命体的结合生存阶段，心理层面生命体与生理层面生命体处于结合、保持的生存阶段，心理层面生命体与生理层面生命体进行分离的生存阶段，以及心理层面生命体与生理层面生命体分离后的生存阶段，在人生心理层面生命体与生理层面生命体进行相互结合互动的阶段，人生心理层面的生命体也将伴随着生理层面生命体所经历的程序、步骤和时间而体现出相应的生存过程。也就是说，人生心理层面生命体的生存过程将伴随着生理层面生命体的不同阶段生存的特点而发生相应的生存变化，从人生心理层面生命体生存的时间来看，它也将伴随着人生生理层面生命体的过程所经历的时间而形成相应的运动、变化。由于人生心理层面的生命体是由具有相同频率和感知属性的暗物质、暗能量、能量基共同存在、相互作用、协调统一而形成的。而人生心理层面生命体中具有感知属性暗物质、暗能量、能量基比形成人生生理层面生命体中的实体物质类能量体和能量场类能量体具有更强的稳定性，所以人生心理层面生命体的本质存在的稳定性要比人生生理层面的生命体强得多，所以人生心理层面生命体生存的稳定性、延续性也就比较长远，使人生心理层面生命体形成新陈代谢周期也是需要很长久的时间才能实现，而且新陈代谢过程中主要是以内化的功能属性转化为主，而不是能量的吸收、转化和散失为主，所以在人生心理层面生命体生存的过程中人生心理生命体的本质存在处于较为稳定的存在状态，人生心理层面生命体虽然会因为感知能量体具有较强的运动属性而处于相应的运动变化之中，但是由于感知能量生命体中的不同层面的能量体和能量运行体系是处于相互连接、分而不散的存在状态而处于生存状态之中。

3、关于人生完整层面生命体的生存过程

人生完整层面生命体是指人生生理层面生命体与心理层面生命体处于相互结合状态的生命体，所以人生完整层面生命体的生存过程就是指人生生理层面生命体与心理层面生命体处于相互结合阶段所经历的程序、步骤和时间的体现。从生存的程序、步骤来看，它包括了人生完整层面生命体的形成阶段、发育阶段、诞生阶段、成长阶段、成熟阶段、衰退阶段、死亡阶段等程序和步骤；从时间来看，是指人生生理层面生命体与人生心理层面生命体从相互结合开始直至二者产生分离为止所经历的时间，也就是人生生命体质变性产生到质变性死亡所经历的时间。在这个过程中，由于人生生理层面生命体和心理层面生命体都会在相应的遗传变异功能属性下进行着不同层面产生、保持、死亡的过程，但就完整层面的人

生生命体而言，却是处于质变性的生存状态下进行量变性的生存与死亡的生命活动。

从以上我们对人生生命体生存过程的相关论述中我们可以得知，人生生命体的生存过程是由不同层面生命体的生存过程集成而成的，人生生命体的生存过程其实就是人生生命体这个能量运行体系的功能属性、运动属性和变化属性得到相应的保持和延续的过程，人生是人生整体层面以及微观层面能量体和能量体系的产生、运动、变化，直至消亡过程的集成。

三、关于人生生命体的活动过程

人生生命体的活动过程是指人生生命体在生存过程中不同层面生命体进行活动所经历的程序、步骤和时间的体现。它包括了人生生理层面生命体的活动过程、心理层面生命体的活动过程和完整层面生命体的活动过程（人生生命体的行为活动过程）。下面就从人生不同层面生命体的活动出发，对人生生命体的活动过程进行相应的论述和说明：

1、关于人生生理层面生命体的活动过程

人生生理层面生命体的活动过程是指人生生命体在生存状态下不同生理层面生命体进行相应活动所经历程序、步骤及时间的体现，从人生生命体中生理活动所经历的程序、步骤来看，它包括了生理活动的产生阶段、生理活动的保持阶段、生理活动的转变阶段、生理活动的消亡阶段等程序、步骤。从活动的时间看，不同层面的生理活动在不同的活动条件下所经历的时间也是不一致的。人生生理层面生命体的活动过程包含了人生完整生理层面生命体的活动过程、八大功能系统层面的活动过程以及组织器官层面、细胞层面、实体物质能量体的分子层面、原子层面、能量场类能量体层面、无感知暗物质类能量体层面、无感知暗能量类能量体层面和无感知能量基类能量体层面的生理活动过程。由于运动是一切能量体所具有的根本属性，从本质上来讲，人生生理层面生命体就是由相应的形成人生心理层面生命体的无感知能量体和能量运行体系相互作用、协调统一而成的一个具有遗传变异功能属性和新陈代谢活动属性的能量运行体系，所以人生生理层面生命体活动的产生、保持、转化和消亡其实都是相应层面生命体中的能量体和能量运行体系受到内在和外在的能量体或能量运行体系的作用，并按相应的运动属

性所形成的活动，并对相应活动进行保持和转化活动的体现。

由于人生生命体的活动的属性、活动的现象、活动的关系的存在都是伴随着生理层面生命体中不同层面能量体或能量运行体系的运动的产生而产生、保持而保持、转化而转化、消亡而消亡，所以人生生理层面生命体的属性存在、现象存在、关系存在的活动过程也伴随着人生不同层面生命体的本质存在的活动过程而形成相应的程序、步骤和时间经历，并受到相应本质存在活动状态、活动方式及其受到源于人体外在和内在的能量和能量运行体系作用而产生相应的运动、变化。

2、关于人生心理层面生命体的活动过程

人生心理层面生命体的活动过程是指在人生生命体在生存过程中心理层面生命体进行相应的心理活动时所经历的程序、步骤及时间的体现。由于人生心理层面的生命体是由具有相同频率和感知属性的暗物质、暗能量和能量基相互作用、相互影响、协调统一而成的具有感知功能属性的能量运行体系，所以人生心理层面生命体的活动过程中，相应能量体之间具有相互吸引、不分散的活动属性存在，也就是说，在一般情况下，人生心理层面虽然处于运动状态，但是其中的能量体并没有被以新陈代谢的方式流失到心理层面生命体之外而散失，而是处于相互吸引的存在状态，除非在运动变化过程中，其能量频率发生了较大的变化而失去相互吸引的能力而分离。从作者在《空间的层面》一书的相关论述中可以得知，由于暗物质、暗能量和能量基具有较强的稳定性，并以相互吸引的内聚的方式存在，所以人类心理层面的生命体在运动过程中也主要是以在相互吸引的背景下产生各种运动，其活动方式犹如水分子在海水中的运动一样，无论怎么运动都处于动而不散的状态。虽然运动的结果会使水中的能量及存在方式发生改变，但是却不会使水分子之间产生分离，尽管这样，也并不意味着在人生过程中心理层面生命体没有新陈代谢的活动现象的发生，只不过这类新陈代谢活动无论是外在的同化代谢和异化代谢，还是内化的转化代谢的速度都很慢，而且不同层面能量体之间也存在着同化代谢和异化代谢，虽然这种新陈代谢的结果可能使人生心理层面生命体中感知能量体的总量不会发生变化，但是由于其能量结构发生变化，从而导致心理层面生命体的功能属性、运动属性、变化属性也会发生相应的变化，例如：有的运动会使相应人生心理层面生命体的感知功能属性降低而变得愚钝，而有的则会使其感知功能属性提升，而使其变得更加智慧。

另外在人生过程中，由于人生心理层面生命体与生理层面生命体之间处于相互连接、共同存在、相互作用、相互影响、协调统一的活动状态，所以人生的心理活动过程也会在受到人生生理层面生命体的存在状态及其活动方式的作用和影响，而且人生心理层面生命体在人生的不同的阶段也会在心理活动属性的影响下历经相应的活动程序、步骤及活动时间。

3、关于人生完整层面生命体的活动过程

人生完整层面生命体的活动过程是指人生生理层面生命体和心理层面生命体共同存在、相互作用、相互影响、协调统一的存在状态下进行活动所经历的程序、步骤和时间的体现。

关于人生完整层面生命体的行为活动是人生心理层面生命体和生理层面生命体相互作用、相互影响、协调统一所形成的活动的体现。从活动对象出发，它包括了人生完整层面生命体针对自身所进行的行为活动和针对人生生命体外在活动对象所进行的行为活动。从人生生命体的行为活动的程序、步骤看，它同样包括了相应行为活动的产生阶段、活动的保持阶段、活动的变化阶段及活动的消失阶段，其中行为活动的产生阶段又包括人体之中的感知能量体与无感知能量体之间相互作用、相互影响所形成的行为心理活动的阶段以及行为心理活动作用下形成的行为活动、行为活动的保持及行为活动的转化和行为活动的消亡等程序、步骤。

由于人生行为活动的产生是人生生命体受到源于内在和外在的各种感知和无感知能量体的作用下，使人生生命体中的感知能量体在一定的感知、认识的心理活动状态下形成相应的行为心理活动，并在相应的行为心理活动作用下针对相应的活动对象形成的行为活动。从人生生命体行为活动的程序步骤看，它包括了行为心理活动的形成（发起）阶段、行为活动的产生阶段、行为活动的保持阶段和行为活动的消亡阶段等行为活动的程序、步骤。其中，行为心理活动的发起阶段是指人生生命体中的心理和生理在主动的、被动的和互动的作用下受到源于活动主体内部和外部的感知和无感知能量体或能量运行体系的作用，使人生生命体中的心理和生理之间针对相应的活动对象形成相应的行为心理活动的过程。

从人生完整层面生命体的行为活动的形成方式看，人生生命体的行为活动包括了主动型行为活动、被动型行为活动和互动型行为活动。

其中主动型行为活动是指行为活动的产生是行为活动者以主动的心态、态度、方式、方法，针对相应的活动对象形成相应的行为心理活动的活动欲望和活

动动机等条件下形成的行为活动。

被动型行为活动是人生心理处于被动的状态下，受到人体之内或人体之外的作用，针对相应活动对象而形成的行为活动。

互动型行为活动则是指人生心理在主动和被动交织的状态下形成相应的行为心理活动的基础上又通过一系列的心理和生理及行为活动而形成的行为活动，人生行为活动的过程包括了相应行为心理和行为活动的产生、保持和消亡的程序、步骤。

从经历的时间看，在不同的时空条件下，相同或不同的程序、步骤和阶段所经历的时间各不相同，以上我们从人生生命体存在的存在过程、生存的生存过程、活动的活动过程出发，对人生的过程进行了分析和说明。

为了便于对人生的过程进行理解，我们不妨对人生的过程通过如下人生过程示意图（图1-2）进行表达：

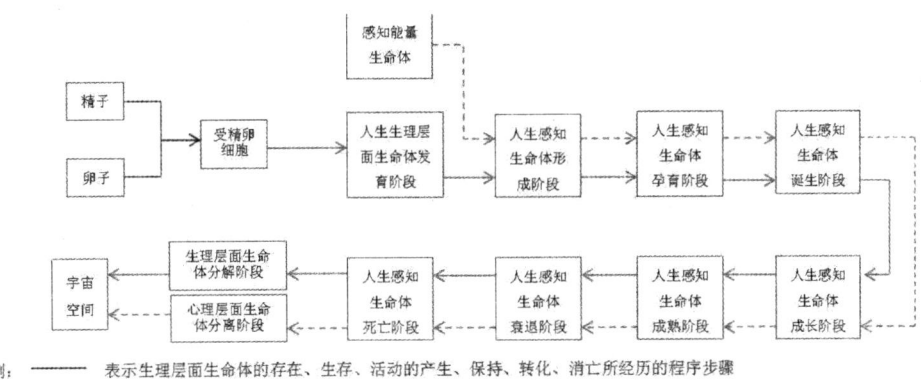

图1-2 人生过程示意图

从以上我们对人生生命体活动过程的论述和说明中，我们认识到人类生命活动的过程是由人体之中不同层面的心理活动、生理活动和行为活动的产生、保持、转化、消亡而集成的活动过程，并遵循相应的能量和能量运行体系所具有的活动属性。人生生命体的活动过程犹如一条河流中的河水的运动一样，河流中的河水的活动是从河流形成开始而开始的，当河流形成之后到河流消失之前的过程中形成了人生的活动过程，而整个河流的活动过程则是由不同层面、不同阶段、不同状态的河水流动所组成的。人的生命体活动在生命体的生存过程中，并在相应属

性作用下川流不息，但每时每刻都在进行着不同的活动，正是由于每时每刻各种不同的活动才组合成了人生生命体活动的全部。

四、关于人生生命体的存在过程、生存过程和活动过程之间的关系

前面我们对人生生命体的存在过程、生存过程和活动过程分别进行了论述和说明，并认为：正是人生生命体的存在过程、生存过程和活动过程的统一形成了人生的过程，那么我们势必会问：人生生命体的存在过程、生存过程和活动过程之间又具有什么样的关系存在呢？下面我们就对三者之间的关系作如下总结和说明：

1、人生生命体的存在过程与人生生命体生存过程和人生生命体活动过程都是人生过程的重要组成部分。没有人生生命体的存在过程就不可能有人生生命体的生存过程，也就不可能有人生生命体活动过程的存在。人生生命体的存在过程、人生生命体的生存过程和人生生命体的活动过程在广义上从属于人生生命体的存在。它们都是对人生生命体存在属性、生存属性、运动与变化属性的表达。在前面的论述中，我们认识到人生的过程犹如一条河从河流形成到河流消失的过程就是整个人生的过程，在河流存在的过程之中，假若没有河床和水流的存在，也就没有河流的存在，假若没有河床、河水及其活动存在的结合，那河流也就不会形成，也就不可能有河流过程的存在。

2、人生生命体的活动过程是对人生生命体的存在过程、生存过程的体现，人生生命体的存在过程又是人生生命体活动过程存在的前提，三者共为一体，都是对人生过程的不同角度的表达。由于人生生命体的活动是人生生命体的存在及生存方式的体现，所以没有人生生命体的存在和生存，人生生命体的活动也就不存在，若没有人生生命体的活动，那么人生生命体的存在和生存状态及其所具有的功能属性、运动属性、变化属性也就会发生改变，也就是说，此时的人生生命体虽然表面上还存在，但是已不是生存状态下的人生生命体，犹如河流停止流动后，河流已不再是河流，而是已成为一潭死水一样，正是人生不同层面生命体的活动才形成了相应人生生命体层面的存在方式、生存方式及相应的人生过程。

3、人生生命体的存在过程、生存过程和活动过程的统一形成了人生的过程。在人生的过程中，人生生命体的存在、人生生命体的生存、人生生命体的活动所反映的正是人生生命体所具有的不同存在及不同存在按相应的属性进行活动时所经历的程序、步骤和时间，正是由于人生不同层面人生生命体按一定的属性进行存在、生存和活动才形成了人生生命体的生存，所以对人生来说，人生生命体的存在过程、人生生命体的生存过程和人生生命体的活动过程的协调统一才形成了人生的过程。

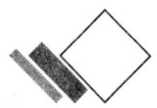 第六章 自我与人生

在前面的相关论述中我们认为：对每个人而言，人生的主体就是活动者"自我"本身，"自我"既是人生生命体的存在者和生存者，也是人生生命体活动的执行者和体验者。"自我"的存在是相应人生存在的根本前提，自我对相应人生的影响是根本性的，那么"自我"又是如何对相应的人生形成根本性影响的呢？本文的目的就是围绕这个问题展开讨论，由于在汉语中"自我"属于一个多义词，所以要对"自我"与人生之间的关系进行本质性的论述和说明，我们就有必要对本文所说"自我"作一个明确的界定和说明。

一、关于什么是"自我"

要对人生的自我进行界定，首先我们还需要从"自我"一词的定义开始，目前人们对"自我"一词的定义比较多，其中运用的比较多的定义主要有以下几种：

《辞海》对"自我"的定义主要有以下两种：

[1]自我：泛指个人在活动和交往中把自己同周围环境区分开来，视自己为行为和心理的主体。

[2]自我：哲学上指绝对独立的精神能力的体现者。

《汉典》对"自我"的定义有：

[1] 自我是自己。

[2] 自我是与现实有关的个性的意识部分。

《维基》对"自我"的定义为：

[1] 自我是一个人类个体，对于其自身整体的存在所产生的一种自觉意识。通常人类个体会认为他们自身是一个连续性、整合、不可分，而且具备独特的自我。对于哲学家与心理学家来说，这是一个长期受到关注的课题。这也是各宗教，如佛教，所长期关注的一个主题。自我，基于意识，有两个意义：其一，自我作为人有意识的人格，和本我、超我并列；其二，自我具有自意识我的反思视角，可以自我意识，了解自我的所有人格，及至意识作为我的本质。

[2] 自我是针对与个人同环境的关系有关的所有心理机能的术语。

《百度》对"自我"的定义有：

[1] 强调独立自我主体存在的自觉性，即本我的意识能动性。

[2] 自我：与现实有关的个性的意识部分。

[3] 自我：通俗来讲：就是自己的个性、喜好、观点。

从以上定义中我们可以得知，"自我"一词在现实生活之中具有多种不同的含义，而本文中所说的"自我"所指的就是"自己"，所以我们不妨对本文之中所说的"自我"作如下定义：

自我是区别于人类其他生命体的生命主体本身，也就是形成相应人生的生命主体。

在以上对自我的定义中之所以强调自我是区别于人类其他生命体的生命主体，是因为对每个人的人生生命体而言，它既有人类生命体的共有属性，也有属于自身独有的分别属性存在，而且人类的共有属性又是建立在自然属性基础上相对于自然中其他生命存在的分别属性。也就是说，每个人在具有自然属性的基础上也具有人类的共有属性，在具有人类共有属性的基础上还具有自身的分别属性，由于每个人都处于相对独立的存在、生存、活动状态，所以人生在面对自然、面对社会、面对自我时就会以自我为核心进行相应的生命活动。在人生的过程中，人生生命体本身也处于不停的运动、变化之中，也就是说，过去的自我已不是现在的自我，未来的自我也将不是今天的自我，也就是，过去自我的存在、生存及其活动结果虽然并不属于现在自我的存在，但是，现在自我的存在却是过去自我的存在、生存和活动的结果，过去人生的存在、生存、活动也是人生的一部分。同样的道理，未来自我的存在、生存、活动又是现在自我的存在、生存、活动的结果，所以"自我"的存在就是人生的主体。

关于人生主体的内涵，我们已在"人生生命体的存在"一文中作了相应的论述和说明，在此就不展开论述了。

二、关于自我与人生

由于要对人生的主体进行表达,还需要从人生生命体的本质存在、属性存在、现象存在、关系存在出发进行说明,所以为便于对人生的自我与人生之间的关系进行说明,我们就从自我人生生命体的本质存在与人生的关系、自我人生生命体的属性存在与人生的关系、自我人生生命体的现象存在与人生的关系和自我人生生命体的关系存在与人生的关系出发,对自我与人生的关系分别进行相应的论述和说明:

1、关于自我人生生命体的本质存在与人生的关系

对人生生命体来说,自我人生生命体的本质存在是指相应人生生命体本身所具有的不同层面本质存在的总和,它包括了相应人生完整层面生命体的本质存在、心理层面生命体的本质存在、生理层面生命体的本质存在。

其中,人生完整层面生命体的本质存在是指形成人生生理层面生命体的本质存在与心理层面生命体的本质存在之间相互作用、相互影响、协调统一所形成的。由于人生生理层面生命体本质存在是由各种相应源于自然和人类生命体的无感知能量体和能量运行体系相互作用、相互影响、协调统一而形成的一个具有遗传变异功能属性、新陈代谢活动功能属性的能量运行体系,如今人类通过现代物理、化学手段认识到这类能量运行体系中形成人生生命体的主体结构的化学成分属于实体物质类能量体中的有机物质,所以人们习惯性地将其称为人生有机生命体,在相关论述中,我们也将其称为人类无感知有机生命体。

人生心理层面生命体的本质存在则是,由形成人生心理层面生命体的相应具有相应感知属性的暗物质、暗能量、能量基相互作用、相互影响、协调统一而形成的具有自然属性、社会属性和自我属性的能量运行体系,所以我们也将其称为人生感知能量生命体或感知能量运行体系。当相应无感知有机生命体和感知能量生命体结合后,就形成了人生完整层面生命体的能量运行体系,这个能量运行体系就是相应人生完整层面生命体的本质存在。这也就意味着,人生自我的完整层面生命体的本质存在是由形成自我生理层面生命体的无感知能量运行体系和形成自我心理层面生命体的感知能量运行体系相互结合、协调统一而形成的能量运行体系。

自我人生完整层面生命体的本质存在对人生的影响主要体现在：形成人生完整层面生命体的本质存在的各种能量体的性质、能量体的组成成分、能量的大小、组织结构、方式等都会对人生生命体的存在、生命体的生存、生命体的活动及相应人生的过程形成各种直接和间接的具有根本性的作用和影响。其中自我完整层面生命体中不同能量体和能量运行体系的性质、组成和能量的大小对人生形成的影响主要体现在：由于形成人生生命体不同层面的能量体和能量运行体系的本质存在状况决定了相应人生生命体不同层面的属性存在、现象存在、关系存在，其主要体现在：生理层面的不同能量成分的性质、组织结构方式和能量大小等不但决定了相应人生生命体的人种、性别、健康状况以及相应人生生命体所具有的基本层面的功能属性、运动属性和变化属性等，并与人生心理层面生命体本质存在产生相互作用、相互影响、协调统一形成本质属性（人格、性格）、现象属性和关系属性及属性之属性的存在和人生生命体所具有智慧的基本层面。无论是人生生理层面、心理层面的本质存在还是完整层面的本质存在都会对人生生命体的存在、人生生命体的生存、人生生命体的活动和人生的过程产生各种直接和间接的影响，并且不同层面的影响往往又是通过人生完整层面生命体的存在、生存、活动的状态及人生过程的运动、变化进行体现的。

人生完整层面生命体的本质存在与人生之间的关系还体现在：人生生命体的存在、人生生命体的生存、人生生命体的活动和人生的过程也会对人生完整层面生命体的本质存在产生相应直接和间接的影响。这类影响主要体现在：一方面，当下人生完整层面生命体的本质存在是过去人生生命体的存在、生存、活动的产生、保持、转化、消亡的结果，而未来人生完整层面生命体的本质存在又是现在人生生命体存在、生存和活动的结果，所以过去人生完整层面生命体本质存在的运动、保持、变化和消亡是相应人生生命体的不同层面能量体和能量运行体系进行新陈代谢的结果，而且整体层面生命体本质存在的运动、保持和变化必然会对当下人生生命体本质存在的能量性质、组成、组织结构、功能属性和运行状态等形成相应直接和间接的影响，当下人生生命体的存在及其所产生的运动、保持、变化的情况也会对当下和未来自我人生完整层面生命体的本质的存在产生相应的作用和影响。

从人生心理层面生命体的本质存在与人生的关系来看：人生心理层面生命体的本质存在中不同层面感知能量体和能量运行体系所具有的能量体的性质、能量体成分的组成、能量体的组织结构形式及能量的大小等都会对相应人生生命体的存在、生存、活动和人生的过程形成各种直接和间接的影响。人生心理层面生命体中不同能量成分的性质、组成及能量的大小及其结构状况都会直接和间接地对人生心理层面生命体所具有的感知功能属性及感知能力的大小以及对人生生理层面生命体的作用能力产生影响，进而影响到人生对活动对象的感知、认识和行为活动的能力以及感知、认识、行为活动的活动质量等。同时，人生心理层面生命体的本质存在也会对人生心理层面生命体中的感知能量与人生生理层面生命体中的无感知潜能量之间的结合情况产生影响，进而对人生生理层面生命体的存在状态、功能属性、运动属性、变化属性产生相应的影响，与此同时，二者之间的结合情况也会对人生心理层面生命体的存在状态、功能属性、运动属性、变化属性产生相应的影响，进而影响到人生生命体整体层面的存在状态、功能属性、运动属性和变化属性，并直接影响到人生完整层面生命体的行为活动能力、活动质量和相应人生生命体的存在过程、生存过程及活动过程。鉴于人生生命体在进行感知、认识、行为活动时都是在形成人生心理层面生命体的感知能量体的作用下形成的各种相应生命活动，而且人生过程中所具有的一切感知体验都是通过人生心理活动进行体现的，而不同感知体验的形成都是相应感知能量体进行活动的结果，所以对于人生来说，人生心理层面生命体的本质存在对人生的影响不但体现在对人生生命体的存在、生存、活动和人生过程形成相应影响之上，而且还会对其相应人生的质量形成各种直接和间接的影响。

　　除了人生心理层面生命体的本质存在会对人生形成影响，同时人生也会对人生心理层面的本质存在产生相应影响。由于人生心理层面生命体在人生的生命活动过程中人生心理层面生命体的本质存在会受到源于人体内部和外部的各种感知和无感知能量作用，以及在心理层面生命体中不同层面能量体和能量运行体系的能量性质、能量成分、能量的组织结构及其所具有的感知功能属性、运动属性、变化属性等的作用和影响。由于人生心理层面生命体中的感知能量和能量运行体系属于稳定性较强的潜能量和能量运行体系，所以在短暂的、特定的人生过程中人生心理层面生命体的本质存在的变化是比较小的，但是无论其多么稳定都还是处于运动、变化之中，并对相应的本质存在形成一定作用和影响。

　　关于人生生理层面生命体的本质存在与人生的关系主要体现在：由于人生生理层面生命体是相应人生生命体的存在、生存及其活动的载体，而且人生的一切心理、生理和行为活动都离不开人生生理层面生命体，所以人生生理层面生命体的本质存在对人生的影响是直接和有效的，它对人生的影响主要体现在：人生生理层面生命体中的不同层面的能量体和能量运行体系的性质、能量组成、组织结构形式、能量大小等不但会对人生生命体所属的人种、性别、形体、长相等形成影响，同时也会对人生生理层面生命体中的无感知能量体（能量运行体系）与心理层面生命体中的感知能量体（能量运行体系）之间的相互结合及其互动情况等产生相应的作用和影响，进而对人生生命体的存在、生存、活动和人生过程形成直接和间接的作用和影响。除此之外，由于人生生理层面生命体的本质存在是人生生理层面生命体的属性存在、现象存在及关系存在的根本，所以人生生理层面生命体本质存在的运动变化会对人生不同层面生命体的本质存在产生影响的同时，还将对人生不同层面生命体的属性存在、现象存在和关系存在产生直接和间接的作用和影响。

人生生理层面生命体的本质存在与人生的关系还体现在：人生生命体的存在、人生生命体的生存、人生生命体的活动、人生的过程也会对人生生理层面生命体的本质存在产生相应的影响，这类影响主要体现在：人生生命体的存在、生存、活动和人生的过程也会促使相应人生生理层面生命体的本质存在中不同层面能量体和能量运行体系的性质、组成、能量的大小、组织结构等产生相应作用和影响。

2、关于自我人生生命体的属性存在与人生的关系

自我人生生命体的属性存在是指相应人生生命体本身所具有存在性质的体现。它包括了人生自我完整层面生命体的属性存在、心理层面生命体的属性存在、生理层面生命体的属性存在，下面我们就分别进行相应的论述和说明。

人生自我完整层面生命体的属性存在是指相应人生生命体中生理层面生命体和心理层面生命体相互结合所形成的完整层面生命体所具有的属性存在，它包括了人生完整层面生命体的本质属性存在、现象属性存在、关系属性存在和属性之属性存在。其中人生完整层面生命体所具有的本质属性存在是对人生完整层面生命体所具有的功能属性、运动属性和变化属性等属性存在的反映，例如：人生生命体的遗传变异功能属性、人生生命体的新陈代谢功能属性及人生生命体所具有的生老病死的属性等都是人生生命体本质属性的体现。

由于人生生命体所具有的现象属性、关系属性和属性之属性都将伴随相应人生生命体本质存在的产生而产生、保持而保持、变化而变化、消亡而消亡，所以我们可以说对人生生命体而言，人生生命体与人类其他生命体所具有的不同层面

的共有属性和分别属性都是由人生生命体本质存在所具有的共有的本质属性和分别的本质属性所决定的。

人生完整层面生命体所具有的属性存在对人生的影响主要体现在：自我完整层面生命体的属性存在会对相应人生生命体的存在、人生生命体的生存、人生生命体的活动和人生过程的属性、规律等产生各种直接和间接的影响，同时还会对相应活动、变化的质量产生相应作用和影响。例如：人生完整层面生命体的属性存在对人生生命体的人种所属、健康状况、生理、心理、行为活动能力和活动质量以及生老病死所遵循的规律以及人生所处不同年龄段的属性等都会产生直接和间接的影响。

其中，人生完整层面生命体的属性存在对人生生命体生存及活动的影响主要体现在：自我完整层面人生生命体的属性存在不但会对人生心理层面生命体、生理层面生命体、完整层面生命体的存在状态、生存方式、生存质量及活动方式、活动能力、活动质量等人生生命体的属性产生直接和间接影响，同时也会对相应人生生命体微观层面的生命体存在、生存、活动的属性等形成相应影响。

自我完整层面生命体的属性存在对人生过程的影响主要体现在：人生自我完整层面生命体的属性存在不但会对人生不同层面生命体的存在、生存及活动所经历程序、步骤和时间形成各种直接和间接的影响，同时还会对整个人生所经历的程序、步骤以及所经历的时间形成相应直接和间接的影响。

除了人生完整层面生命体的存在、生存、活动以及相应的人生过程在受到人生完整层面生命体所具有的属性影响，同时，人生完整层面生命体的存在、生存、活动和人生过程也会直接和间接地对人生完整层面生命体的本质属性、现象属性、关系属性和属性之属性产生各种直接和间接的影响。

自我人生心理层面生命体的属性存在与人生的关系主要体现在：由于人生自我的心理层面生命体的属性存在就是我们常说的狭义的人生心理层面生命体所体现出来的"人性"，它包括了人生心理层面生命体本质的属性存在、属性之属性存在、现象的属性存在和关系的属性存在，它是人生心理层面生命体不同存在所具有性质的体现。人生心理层面生命体的本质存在是由具有相同频率的感知能量体相互结合而成的能量运行体系，所以自我人生心理层面生命体所具有的属性存在往往可以通过相应感知体验来对相应心理所具有的存在状态、生存状态、活动状态及其过程进行反映。关于人生心理层面生命体的属性存在对人生的影响主要体现在：自我人生心理层面生命体所具有的属性存在不但对人生不同层面生命体的产生、保持、转化、死亡、生存状态及其感知、认识、行为心理和行为活动以及相应过程等形成直接和间接的影响之外，还会直接和间接地对人生生理层面生命体和人生完整层面生命体的存在、生存、活动及人生过程形成相应的作用和影响。

人生心理层面生命体的属性存在与人生的关系还体现在：相应人生生命体的存在、生存、活动和人生的过程同样也会对相应人生心理层面生命体的属性存在产生各种直接和间接的影响。这类影响主要体现在：人生生命体的存在、生存、活动和人生的过程也会对相应人生心理层面生命体的属性存在形成相应的作用和影响，并使其发生相应的运动、变化。人生生命体的存在、生存、活动和人生过程的运动、变化必然会影响到相应人生心理层面生命体、生理层面生命体和完整层面生命体所具有属性的变化，这种变化其实都是相应人生生命体中不同层面能量体之间相互作用、相互影响、协调统一所导致的结果。

人生生理层面的属性存在与人生的关系主要体现在：自我人生生理层面生命体的属性存在对人生生理层面生命体的存在、生存、活动及人生过程形成直接影响的同时，也会对人生生命体中心理层面的存在、活动和过程产生相应直接和间接的影响，与此同时，也会对人生完整层面生命体的存在、生存、活动和人生的过程产生相应直接和间接的影响。除此之外，人生不同层面生命体的存在、生存、活动和人生的过程也会对自我人生生理层面生命体的属性存在形成相应直接和间接的影响。这类影响主要体现在：在人生过程中，无论是人生完整层面生命体、生理层面生命体和心理层面生命体的存在、生存、活动和人生的过程都会使人生自我生理层面生命体的属性产生相应的运动、变化。也就是说，人生生理层面生命体的属性也将伴随着人生不同层面生命体的存在、生存、活动和人生的过程的变化而发生相应的运动和变化。

3、关于自我人生生命体的现象存在与人生的关系

自我人生生命体的现象存在是指相应人生生命体所具有不同存在的状态呈现，它包括了人生生命体本质存在的现象存在、属性存在的现象存在、现象之现象存在和关系存在的现象存在。从人生生命体的组成出发，我们可将其分为人生自我完整层面生命体的现象存在、人生自我生理层面生命体的现象存在、人生自我心理层面生命体的现象存在。

人生完整层面生命体的现象存在是指人生完整层面生命体所具有不同存在的存在状态的呈现。它包括了人生完整层面生命体本质存在的现象存在、属性存在

的现象存在、关系存在的现象存在以及现象之现象存在。

　　人生自我完整层面生命体的现象存在与人生的关系主要体现在：由于人生完整层面生命体的现象存在的外在现象主要反映的是人生生命体所属人种、长相、气质情况、性别状况等；从内在现象看，则是形成人生完整层面生命体的能量运行体系所具有的不同存在的现象存在及其所体现出的健康状态和活动状态等，无论是整体层面外在的现象，还是内在的现象存在，都会对人生生命体的存在、生存、活动及人生的活动产生相应直接和间接的作用和影响。人生完整层面生命体的现象存在对人生的存在、人生的生存、人生的活动和人生的过程形成相应的影响，同时人生生命体的存在、生存、活动和人生的过程也会对人生完整层面生命体的现象存在产生相应作用和影响。这类影响主要体现在：随着自我人生生命体的存在、生存、活动和人生的过程的运动、变化，也会促使相应人生完整层面生命体的现象存在发生相应的运动、变化。例如：人生生命体的生、老、病、死等现象的发生都是人生生命体生命的存在、生命的生存、生命的活动和人生的过程产生相应运动、变化所导致的结果。

　　人生自我心理层面生命体的现象存在与人生的关系主要体现在：由于人生心理层面生命体的现象存在是人生心理层面生命体所具有的不同存在的存在状态呈现，在不同的心理存在状态下往往会伴随着相应心理感知体验的发生而得以呈现，鉴于人生生命体中不同层面心理现象的存在往往伴随相应感知体验的存在，而且人生对人生生命体的存在、生存、活动和人生的过程进行心理活动所形成的分别、判断、态度、世界观、方法论、社会观、价值观、行为观以及人生的信仰等都是通过相应具有感知体验心理活动的现象进行体现的。对人生来说，人生的心理活动和行为活动往往又是在人生心理活动所形成的不同层面的世界观、人生观、社会观、价值观、行为观等观念及相应的感知、认识、分别、判断等指导下进行活动的，所以针对相应活动对象所进行的各种具有感知体验的活动必然会受到人生心理层面生命体的现象存在的影响，进而对人生生命体的存在、人生生命体的生存、人生生命体的活动和人生的过程产生相应的影响。与此同时，人生生命体的生理活动、心理活动、行为活动的发生又会使人生心理层面、生理层面和完整层面的存在、生存活动产生作用和影响，进而对人生生命体的存在、人生生命体的生存、人生生命体的活动、人生的过程产生相应不同层面的作用和影响。

　　除了自我人生心理层面生命体的现象存在会对人生产生各种不同层面的影响之外，相应人生生命体的存在、生存、活动和人生过程也会对自我人生心理层面生命体的现象存在产生相应作用和影响。这类影响主要体现在：伴随着人生生命体中不同层面的存在、生存、活动和人生过程的运动、变化的发生，人生心理层面生命体的本质存在、属性存在、现象存在、关系存在也会发生相应的变化，从而导致自我心理层面生命体的现象存在也会发生相应变化和改变。

人生自我生理层面生命体的现象存在与人生的关系主要体现在：人生自我生理层面生命体的现象存在是相应人生生理层面生命体存在状态的呈现，它包括了人生生理不同层面生命体的本质的现象存在、属性的现象存在、关系的现象存在及现象之现象存在。由于自我人生生理层面生命体是人生不同层面生命体的存在、生存、活动和人生过程的载体，而且人生心理层面生命体、生理层面生命体和完整层面生命体的存在、生存、活动和过程都是借助自我人生生理层面生命体的存在、生存、活动和过程进行表达和呈现的。例如：人生心理的喜、怒、哀、乐，自我的性别、形体、长相、人种以及某个功能系统的运行状况及不同组织器官的存在及运行状况等都是通过自我人生生理层面生命体所呈现出的相应的现象存在进行体现，它对人生的影响主要体现在：相应人生生理层面生命体的现象存在不但是当下人生自我生理层面生命体现象存在的一部分，同时也是形成未来人生生理层面生命体现象存在的基础。它对人生的影响还体现在：人生生理层面生命体的现象存在不但会对人生生命体的存在、生存、活动和人生过程产生相应的直接的和间接的影响，同时也会对人生生命体在自然和社会中的存在、生存及活动形成相应的影响。

当相应人生生理层面生命体的现象存在对人生产生影响的同时，人生生命体的存在、生存、活动和人生过程也会对人生生理层面生命体的现象存在产生相应影响。这类影响主要体现在：人生生命体的存在、人生生命体的生存、人生生命体的活动和人生的过程的运动、变化也会对人生生理层面生命体的现象存在产生相应影响。这种影响有的属于有规律性的、必然性的影响，而有的则属于无规律性、偶然性的影响。

4、关于自我人生生命体的关系存在与人生的关系

自我人生生命体的关系存在是指相应人生生命体所具有的不同存在之间所具有的相互作用、相互影响、协调统一的联系存在。它包括了自我人生生命体所具有存在之间所具有关系存在和自我人生生命体的存在与人生生命体外部存在之间所具有的关系存在。其中，自我人生生命体的存在与外部之间的关系存在又包括

了自我人生生命体的存在与社会存在之间的关系存在、自我人生生命体的存在与自然存在之间的关系存在。自我人生生命体所具有内在的不同存在之间的关系存在又包括了：人生自我完整层面生命体的不同存在之间的关系存在、人生自我心理层面生命体不同存在之间的关系存在、人生自我生理层面生命体不同存在之间的关系存在和人生生理层面生命体不同存在与心理层面生命体不同存在之间的关系存在等。关于自我人生生命体所具有内在的不同存在之间的关系存在对人生的影响主要体现在：人生自我生命体中生理层面不同关系存在、心理层面生命体不同关系存在，心理层面与生理层面生命体之间不同的关系存在，以及人生完整层面生命体不同的关系存在等都是相应人生不同层面生命体存在之间相互作用、相互影响、协调统一的结果。人生生命体中不同层面的关系存在必然会对人生生命体的存在、生存、活动和人生的过程产生各种直接和间接的影响。在人生生命体所具有的内在的不同关系存在对人生进行影响的同时，相应人生生命体的存在、生存、活动和人生的过程也会对相应人生生命体所具有的不同关系存在产生相应作用和影响，并发生相应的运动和变化，随着人生生命体所具有的不同层面关系存在变化的发生，又会对当下和未来的人生形成相应影响。

　　关于自我人生生命体的存在与人生生命体外部之间的关系存在对人生的影响主要体现在：由于自我人生生命体与社会之间的关系存在和自我人生生命体与自然之间的关系存在贯穿于每个人生生命体的存在、生存、活动和人生过程，而且每个人生生命体都是生存在社会中的个体，同时也是生存在自然中的人，所以人生生命体与社会和自然的关系存在必然会对相应人生生命体的存在、生存、活动和人生的过程产生相应作用和影响。与此同时，人生生命体的存在、生存、活动和过程的运动、变化也会对人生生命体所具有的关系存在和自我人生生命体与自然和社会之间的关系存在产生各种直接和间接的影响，并使其关系存在发生相应的运动、变化。

　　以上我们从自我的不同类型存在出发，对自我与人生的关系进行了相应论述和说明，从中我们不难得知：自我是人生的主体，它对人生的影响是根本性的，但自我人生生命体并不等同于人生。我们可以说：人生既是自我的，也是社会的和自然的，自我对人生的影响是根本性的。

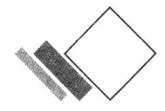 第七章 社会与人生

要对社会与人生的关系进行论述，首先我们还必须对"什么是社会和社会的内涵"等问题进行相应的分析和论述。

对一般人来说，社会是一个既熟悉又陌生的概念，说其熟悉是因为每个人都是社会的一个组成部分，都是在社会中存在、生存和活动；说其陌生是由于对一般人来说，当面对"什么是社会"时却很难给"社会"作出一个准确的定义，也很难说得清、道得明什么是社会。目前关于"社会"的诸多问题已成为人类主要的、专门的课题在探讨和研究，但遗憾的是，在研究过程中，由于目前人们对社会的基础理论较为薄弱，而且不同研究派别的研究方法的缺陷也较多，从而使人们对社会的研究也处于纷繁杂乱的状态。目前人们对社会进行研究过程中，在研究方法上往往都是立足于对现有的或对过去历史上的某些具有代表性的社会现象进行统计、归纳、总结，然后再用现代的思路对其背后的原因进行分析，很少从社会本质出发对社会进行研究和探讨。由于社会的主体是一个运动、变化的人类群体，所以只要有人与人之间的活动就会有相应社会现象的形成，并使社会现象处于千变万化之中，所以，那些试图通过对社会现象进行统计、归纳、总结的研究方法是很难对社会的本质、社会的属性、社会的现象和社会的关系存在及其所具有的产生、运动、变化和消亡的规律进行总结和说明的。因为任何社会现象的发生都具有一定的时空性，并随时空的变化而变化。鉴于社会是由人类组成的社会，社会的主体是人，而且社会中每个人的人生生命体在社会中的存在、生存、活动和人生过程都具有相应自我的分别属性、共有的社会属性和自然属性存在，而且相应的属性存在还将伴随时空的变化和相应人生生命体的活动而发生相应的变

化，所以这也就决定了人类社会的存在、保持、活动、变化及其运行过程在一定时空条件下也将有一定的规律可循。本文的目的就是试图以作者在《人本、人性、人心》一书中所建立的有关"人本"、"人性"、"人心"的理论体系为基础，从人生生命体所具有的存在、生存、活动和人生过程出发，对社会作一个较为本质的探讨，并以此为基础，对社会与人生的关系进行相应的论述和说明，欲达此目的，我们还有必要先从"社会是什么"说起。

一、社会是什么

目前人们对"社会"一词的定义比较多，其中应用得比较多的定义主要有以下几种：

《辞海》关于社会的定义有：

[1]社会是以一定物质生产活动为基础而相互联系的人类生活共同体，人是社会的主体，劳动是人类社会生存和发展的前提。物质资料的生产是社会存在的基本条件。

[2]社会是旧时乡村学塾逢春、秋祠社之日或其他节日进行的集会。

《汉典》关于社会的定义有：

[1] 社会是一定的经济基础和上层建筑构成的整体。

[2] 社会泛指由于共同利益而互相联系起来的人群。

[3] 社会是指社团。

[4] 社会是古时社日举行的赛会。

《维基》关于社会的定义为：

社会一词并没有太正式明确的定义，一般是指由自我繁殖的个体构建而成的群体，占据一定的空间，具有其独特的文化和风俗习惯。

《百度》关于社会的定义为：

社会，汉字本意是指特定土地上人的集合。社会在现代意义上是指为了共同利益、价值观和目标的人的联盟。社会是共同生活的人们通过各种各样社会关系联合起来的集合，其中形成社会最主要的社会关系包括家庭关系、共同文化以及传统习俗。

目前除了具有以上各种不同的定义之外，关于社会的观点和分类也各有不同，其中最具代表性的主要有以下几种：

从社会的要素来看，有的观点认为：社会的要素是人、自然环境和社会文化；而有的观点则认为：社会的要素是社会关系、社会制度、社会环境等。面对第一种观点我们会问，虽然没有自然环境存在的社会是不存在的，但是没有人类存在的自然环境中也不可能有"社会文化"形成的，在人类社会中是先有社会后有社会文化，还是先有社会文化后有社会的形成；面对第二种观点我们会问，社会关系和社会制度与人之间又有何关系？就作者的观点来看，它们二者之间并无本质的区别，社会制度只是对某些社会关系进行规范和表达的结果。另外，社会关系和社会制度难道不属于社会文化的一部分吗？

从目前人们对社会的分类来看，有的是根据科技、信息交流和经济等几个方面出发，将社会分为：狩猎和采集社会、低级农业社会、高级农业社会、工业社会以及特殊社会（如渔业社会和海洋社会）；有的则从社会关系的形态出发将社会分为：原始社会、奴隶社会、封建社会、资本主义社会、社会主义社会和共产主义社会等。

有的观点认为：人类社会每时每刻都为"生命权"而抗争，社会制度的职责就是实现个人"生命权"，个人"生命权"高于社会和国家利益，"生命权的存在和发展权利"的完善程度是衡量一种社会制度是否进步的准则，面对这类观点我们势必会问，谁在剥夺着人们的"生命权"？又是谁在剥夺着人们的"发展权"？而且"生命权"和"发展权"的完善程度将由什么来决定？该如何衡量等。

有的观点认为：人类社会的发展过程是生产力和生产关系、经济基础和上层建筑之间矛盾的运动过程，按照社会发展的客观规律，全人类将走向共产主义，实现世界大同。面对如此观点，我们不得不惊叹具有这类观点和发表这类言论的胆大妄言，因为人性是自然属性、社会属性、自我属性的统一，所以要达到共产主义，实现世界大同，就应该先消灭掉自我属性或让人类生命自我属性的高度一致，使人类没有分别属性才可能达到，但是，若社会中的每个人的自我属性都丧失的话，那么人类将会怎样？社会又将会怎样？

目前有关人类社会的要素、形成、发展，以及社会形成和发展所遵循的规律争论比较多，在不同争论之中也是观点百出，难以统一，在此我们就不再作进一步的列举和评论了。

从以上所列举的人们对社会的不同定义和不同观点当中，我们可以得知：虽然目前人们针对社会有关问题的研究比较多，所获得的定义和观点也比较多，但是不同的定义和观点却有着明显的区别，且难于统一，那么我们应该如何对"社会"一词进行定义呢？根据作者的观点，若要对"社会"一词作一个较为本质的定义，首先需要从社会的要素和社会的形成着手，并从社会的本质出发对社会进行定义方能达到。下面我们就从形成社会的要素和社会形成过程开始，分别进行论述和说明。

要对形成社会的要素进行论述，首先我们应该明确本文所指的"社会"是人类的社会，而不是其他生命体的社会。虽然形成社会的主体是人类生命体，而且从社会表显的形式上来看，社会是在一定时空条件下由不同人生生命体共同存在、共同生存、共同活动而形成的人类生命体的集合体，但是不同人生生命体的集合并不等同于社会，那么我们势必会问：在现实生活中不同人类生命体的集合是否就等同于社会呢？答案应该是否定的。我们可以设想，若把没有任何关系存在的人生生命体集合在一起也不可能形成社会。也就是说，要形成社会，除了要有不同的人类生命体聚集在一起之外，不同的人与人之间还需要有某种相应的关系存在，那么是否具有一定关系存在的人类生命体集合在一起就意味着会有相应社会形成呢？由于社会中每个人都是相对独立的人生生命体，所以人与人之间所形成的相互作用、相互影响、协调统一的关系除了先天形成的关系之外，还有后天形成的关系，而且人与人之间关系必须通过人与人之间产生相互活动才能产生，并在相互活动中进行体现。倘若人与人之间没有互动的形成，他们之间的关系存在就无法得到体现，也就不可能形成相应的社会。

除了人与人的关系之外，由于人是自然的产物，而且每个人都具有一定的生存周期，并在生老病死的过程中走完自己的一生，相应人生生命体必须生存在同一个时间和空间范围之中，那些不能生存在同一个时空条件下，虽然具有一定的关系的不同的人生生命体是不能够形成社会的。例如：我们的祖先就不可能与我们形成同一社会的。根据以上的分析和说明，我们不难得知，社会是在一定时空条件下具有一定关系存在的不同人生生命体共同存在、共同生存、共同活动的结果，所以我们可以将形成社会的要素分为时空要素和具有一定关系存在的人生生命体。也就是说形成社会的要素是时空要素和具有一定关系存在的人生生命体，由于人与人之间的关系存在是不同人生生命体活动的结果，所以我们也可以进一步将社会的要素归结为时空要素和人生生命体要素。

根据以上我们对人类社会要素的分析和说明，那么我们势必会问：在同一时空条件下，不同的人生生命体之间又是如何形成社会的？又是什么力量驱使不同人生个体在同一时空条件下走到一起，形成相应的社会，而不是相互回避呢？结合作者在《人本、人性、人心》一书中所建立起的有关人本、人性、人心的基础理论，我们不妨对形成人类社会的根本动因，作如下相应的论述和说明。

在有关人性的论述中我们认识到：人类生命体都具有自我属性、社会属性和自然属性的存在，也就是说"人性"是自然属性、社会属性和自我属性的统一，而且对每个人来说，人生生命体的活动包括了感知、认识、行为活动，其中，针对某种存在所进行的行为活动往往是在行为动机、行为目的、行为方法的引导下所进行的活动，而且人生行为活动的行为动机和行为目的又是在人生行为需要、行为需求和行为欲望的基础上形成的。在一定时空条件下，人与人之间之所以会形成共同的存在、共同的生存及共同活动的社会现象就是因为人类生命体具有进行共同存在、共同生存及共同活动的需要、需求和欲望，而且具有实现相应需要、需求、欲望的内在和外在的前提条件。人类生命体之所以有共同的需要、需求和欲望是因为不同人生生命体之间面对相应事物时具有相同或相似的心理感知体验所致。由于人类生命体都是以相对独立的方式进行存在、生存、活动，在自我属性的作用下，人生生命体针对自然、针对社会、针对自我进行生命活动时，往往会从自身的实际情况出发，根据自己的人生目的、目标进行一系列的心理活动形成相应的行为需要、行为需求、行为欲望、行为动机、行为目的等。对人类来说，不同的人生个体虽然具有不同的人生目的和目标，但是在人类共有的属性作用下，面对自我生命体的存在和生存时，都具有保持和延续自我人生生命体的存在和生存时间，和提升自我生命体存在和生存质量的倾向，面对自我人生生命体的活动都具有减少痛苦、增加幸福的倾向性，所以人类面对自我的人生时，往往会将人生的目的定位于保持和延长自我人生生命体的存在、生存的时间，提高人生生命体存在、生存的质量，以及减少痛苦、增加幸福。关于人生的目的，我们将在本篇第九章"人生的目的"一文中作详细的论述和说明，尽管不同的人在相同时空条件下或同一个人在不同时空条件下，对自身生命体的存在，生存时间的保持、延长的观念和质量的评判，以及对痛苦与幸福的观念会有所不同，但是由于在一定时空条件下他们所面临的问题往往会具有一致性，所以他们的需要、需求、欲望会具有明显的共性存在。人生的目的是人类针对人生进行各种心理活动所形成的具有根本倾向性、指导性的观念存在，它属于人生观的核心部分，在人生观中针对人生生命体所形成的人生的终极观念、人生的目的观念、人生的目标观念、人生的意义观念、人生的价值观念等都是指导人们形成相应需要、需求、欲望、行为动机、行为目的、行为方法的指导性观念。人们在对相应的需要、需求、欲望、行为动机、行为目的、行为方法进行实践活动过程中又会形成相应新的人生观，并使原有的人生观更加坚定或改变。人们在以保持和延续自我人生生命体存在、生存的时间和质量以及减少痛苦、增加幸福为人生目的观念指导下，当人们面对自我、面对自然、面对其他人类生命体进行活动的过程中，当人们认识到能够利用群体活动的有利因素避免群体活动的不利因素、通过共同的力量能够或有利于完成和达到相应人生目标时，在他们的心目中就会形成共同存在、共同生存和共同活动的行为需要、行为需求、行为欲望、行为动机、行为目标和行为方法等行为心理，并在相应行为心理的作用下形成相应的行为活动，当相应观点在行为实践活动中得到验证后，并且获得理想的成绩，并达到相应活动目的、目标后，就更加坚定和丰富了要实现的人生目的，满足人们的需要、需求、欲望必须依靠人类生命体相互依存、相互依靠、共同活动的观念。当人们认识到实现人生共同的存在、共同的生存及其活动的目的本身也是人们的共同需要、需求和欲望，而且实现这个共同的需要、需求和欲望的基础就是能够实现或有利于实现，减少共同的损害，增加共同的利益。也就是说，使相应人群形成共同存在、共同生存、共同活动的需要、需求和欲望的动因是因为共同的存在、共同的生存及其共同的活动能够有利于减少对相关人员的损害和增加相关人员的利益。对人类生命体来说，损害和利益包括了物质层面的损害和利益、精神层面的损害和利益，以及物质与精神相结合的损害和利益。

在形成社会的动因中，除了上述动因之外，还有人类生命体的本能动因。人类生命体的本能是指人类生命体本身所具有的本质活动属性存在。这里所说的活动属性是指只要是人生生命体就会具有人类生命体共有的活动属性，而不是个别属性。例如：人天生就具有共同的对事物感知、认识、好奇的心理活动倾向，具有相似的爱好、安全、回避恐惧的活动倾向以及具有对同类进行理解、认识的能力和与异性进行交往的心理活动、生理活动和行为活动的倾向性等，人类生命体在先天本能的作用下，就会把人类生命体与自然界中的其他生命体区别开来，与其他动物相比，人类更加希望与同类共处，因为他们具有广泛的共有属性而能够相互理解和沟通。在一定时空条件下，人类生命体的共同存在、共同生存和共同活动也逐渐成为相关人生生命体的人生活动方式，伴随着人类社会的形成，在人们共同的存在、生存及活动过程中又会形成各种各样的关系存在，不同的关系存在及其活动又使社会的存在形成了不同社会层面（社会阶层）。人与人之间所形成的不同关系中有的是先天形成的，有的却是在后天的生存和活动中形成的，各种不同的关系存在也会伴随相应人生生命体的共同存在、共同生存、共同活动而得到丰富和发展，从而使社会中人与人之间的关系变得日趋复杂，并促使社会组织结构也日趋复杂。

在人与人的关系之中，先天所形成的关系存在主要是指人生生命体诞生时就形成的关系存在。它包括了源于血缘所形成的先天关系存在、出生时所处的时空的关系存在等。例如：父母是谁、出生在什么样的家庭、什么地区、什么时代、什么民族、什么人种、什么宗教信仰、什么国家等相应的关系存在。这类关系的存在决定了人生生命体的存在、人生生命体的生存及人生生命体的活动是在什么样的国家、什么样的民族、什么样的家庭、什么样的社会文化背景、什么样的制度、什么样的年代等社会环境和在什么样的区域、什么样的自然状况等环境以及自身属于什么样的人种、什么样的性别、什么样的健康状况，具有什么样的生存及活动的能力等自身情况，而这些先天所形成的关系存在不但决定了人生生命体在社会中存在、生存及活动的基本面，同时这也就决定了以血缘关系所形成的家庭关系存在是相应人生在社会组织关系存在中最基本的关系存在。

后天所形成的人与人的关系存在是指在先天所形成基本层面关系存在的基础上，在一定时空条件下的相应人生生命体共同存在、生存、活动过程中所形成的人与人之间的各种不同层面的关系存在，并在不同关系作用下形成相应的不同层面的社会组织结构及其关系存在。例如：不同人生生命体在共同活动中所形成的家庭关系、组织关系、民族关系、国家关系以及人生在各种生活活动中所形成的各种正式与非正式组织的关系等。随着社会的发展，人与人之间关系以及社会组织结构的复杂化，面对各种相互交织的复杂多变的社会关系存在，人们认识到复杂的社会关系存在不但是人类发展的推动力，同时也是使人与人之间产生各种矛盾和冲突的根源，为了便于对相应社会进行协调统一、扬其所长、避其所短就需要对各种相应的关系进行管理，为了便于理顺社会中各种复杂的关系，人们就以相应社会活动为基础制定出各种文字和非文字的制度和约定，将人们在各种不同社会活动中的关系加以规范和明确，作为管理人们进行社会活动的依据。为了对各种关系进行管理，就会逐渐形成相应的专门管理组织对不同的社会关系进行管理。我们将围绕着对社会中人与人之间关系的管理制度制定，并对相应关系进行管理的活动称为政治活动。例如：为了便于对人与人之间的各种关系进行管理，人们就会针对不同类别的关系进行分类，制定出相应的行为活动规则，并根据其重要性不同将其分为类似宪法、法律、法规、制度、规则等不同层面的关系制度，并以此为依据推进社会的管理。

随着人类的活动范围、活动手段的提升，活动能力的强化，人类社会的关系也日趋复杂，需要有更加包容、完善的社会制度来将各种关系进行协调统一，所以一个理想的社会制度也应随着时空的变化而变化，否则人类社会将走向僵化。

对人类来说，由于对各种不同社会关系存在的管理者对社会进行管理时，一般情况下都是围绕着减少对相应社会组织群体的损害，增加相应社会组织群体的利益为核心而展开，相应的社会活动主体也主要围绕着趋利避害的倾向进行社会活动。人生趋利避害的心理和行为活动主要围绕有利于促进实现具有共同利益和减少共同损害的物质层面和精神层面人们的需要、需求和欲望而展开，所以对人类社会来说，减少相应社会组织的共同损害、增加共同的利益就是连接人类社会不同关系存在的纽带，也是人类社会中不同关系存在的集中体现。

由于人生生命体的存在、生存和活动都是以人生生理层面生命体为载体，而且人生生理层面生命体也是保持、延长人生生命体的生存周期和影响生存质量以及给人生生命体带来痛苦和形成幸福的主要的、直接的影响因素，为了保持人类有机生命体存在、生存的时间和质量提升，人生生命体就必须从社会和自然中获取相应能够维持和延续人生生理层面生命体的存在和生存条件，这些条件的获得都需要人们通过针对自然、针对社会、针对自我进行各种生理、心理和行为活动去实现。在现实生活中，人们在面对社会、面对自然、面对自我进行各种感知、认识、行为活动过程中，往往会借助社会群体的力量去认识自然、利用自然，认识社会、利用社会，认识自我、利用自我，并借助群体的合力和不同个体的特长去实现相应不同人生生命体共有的目的，并形成相应的感知、认识和行为的社会活动。

从以上论述中，我们不难认识到，在人类社会中只有通过人与人的共同存在、共同生存、共同活动才能够对人与人之间的关系进行体现，才能实现相应社会组织的目的。

根据以上论述和分析，我们不妨对"人类社会"作如下定义：人类社会是指在一定时空条件下，具有一定关系存在的人生生命体共同存在、共同生存、共同活动的统一的人生存在、生存、活动状态。

从定义中我们可以得知，具有一定关系存在的人类群体是社会存在、社会保持和社会活动的主体。人类群体要形成社会，相应群体之中的人与人之间必须要有一定的关系存在，并进行相应的活动。人类社会是通过具有一定关系存在的人与人之间的共同生存、共同存在、共同活动形成的。人与人之间相互关系存在主要通过物质层面的关系存在、精神层面的关系存在和物质与精神相互结合的关系存在进行反映。人与人的共同活动主要通过共同的生理活动、共同的心理活动和共同的行为活动进行体现，个人在社会中的活动有的属于主动参与型的社会活动，有的则属于被动参与型的社会活动，有的则属于互动参与型的社会活动。

二、关于社会的分类

结合以上我们对社会的定义，我们可以从社会的要素出发对社会作如下分类：

由于人生生命体是社会关系存在和社会活动的主体，也是社会存在的前提基础，而且对于形成相应社会的人生生命体来说，他们都是在一定的时空条件下、相应的组织内，根据自己在组织中的关系进行存在、生存和活动的，所以可以结合人生生命体在社会中的存在、生存、活动的时空条件、所属的组织结构状况以及在组织中的关系存在出发，将人类社会作如下分类：

从时空条件出发，我们可以将社会分为某个空间区域的社会和某个时间阶段的社会；从空间区域出发，我们可以将社会分为：东方社会、西方社会、中东社会或亚洲社会、美洲社会、非洲社会以及某个特定国家区域的社会以及国家中不同地区的社会等；从时间出发，将社会分为远古社会、古代社会、近代社会、现代社会和未来社会以及史前社会和历史社会等。

从社会的组织结构出发，我们可以将人类社会分为：家庭社会、组织社会、区域社会、民族社会、国家社会、国际社会和人类社会等。其中组织社会又可以进一步分为正式的组织社会、非正式的组织社会、严密型的组织社会、松散型的组织社会、行业组织社会、非行业组织社会等。

还可以从社会关系的角度出发，将社会分为：有益的社会、有害的社会、好的社会、不好的社会以及和谐的社会、不和谐的社会、稳定的社会、不稳定的社会。从不同组织之间或组织内不同层次之间的社会关系存在是否平等和公正的角度出发，将社会分成：平等的社会和不平等的社会、公正的社会和不公正的社会等。

从社会关系体现的方式出发，我们可以将社会分为物质关系的社会和精神关系的社会。

从社会关系管理的类别出发，我们可以将其分为政治社会、经济社会等。

从人活动的方式出发，我们可以将社会分为：狩猎采集社会、畜牧社会、农业社会、工业社会、信息社会等。

从人类社会的生产活动关系、生产和利益的分配关系出发，我们可以将社会分为：剥削与被剥削的社会、公平与不公平的社会。

根据生产与分配的经济关系及其人与人之间的政治关系出发，将社会分为：原始社会、奴隶社会、封建社会、资本主义社会、社会主义社会等。

三、关于社会的内涵

根据前面对社会的定义、分类和相关论述，我们认识到：社会是由人类不同生命体共同形成的一个以相应人生生命体共同存在、共同生存和共同活动为核心的运行体系，它包含了具有相应关系存在的不同人生生命集合体的共同存在、共同生存和共同活动。这个运行体系所具有的存在同样包括了社会的本质存在、社会的属性存在、社会的现象存在和社会的关系存在，也就是具有一定关系存在的人生生命集合体的存在、生存及其活动形成了相应社会基本的主体，并具有相应的功能属性、运动属性、变化属性等。下面我们就从人类社会的存在出发，对社会的内涵进行相应的分析和说明。

1、关于社会的本质存在

社会的本质存在是指形成社会的根本存在，是社会存在的根本。对社会来说，形成社会的根本存在就是形成社会的人生生命体或相应人生生命体的集合体，这里之所以将人生生命体或人生生命集合体视为社会的本质存在，是因为只有在生存状态下的人生生命体或生命体的集合才有可能形成社会。社会中的一切存在都是由人生生命体或人生生命体的集合的存在、生存及其活动形成的，而那些丧失人生生命体存在、生存及其活动能力的人生生命体及其相应的集合体是不可能形成社会的。另外，由于宏观层面的社会运行体系是由微观层面的社会运行体系或个人与个人、个人与社会等不同层面相互作用、相互影响、相互统一所形成的人生生命体的运行体系，而连接并带动这个运行体系的存在及其活动的关节点就是共同的关系存在。由于在社会中不同的个人和微观层面的运行体系都是社会关系的节点，而且人在社会中的关系是由多个层面组成的。例如：个人与某个人（或某个团体）在某些方面具有共同的关系存在，同时又与另外的人（某个团体）之间具有相应的关系存在，这就决定了在社会中人与人之间的关系同时具有多个层面的关系存在，也就是说，社会关系的存在不但包括了横向的关系存在，还包括了竖向的关系存在。

从以上的论述中我们认识到：社会的本质就是相应人生生命体的存在。人类社会的属性存在、现象存在和关系存在都是对相应人生生命体或相应人生生命体的运行体系所具有的性质、状态和存在方式的呈现和表达。

2、关于社会的属性存在

社会的属性存在是指社会存在所具有的性质的体现，它包括了社会本质的属性存在、社会现象的属性存在、社会关系的属性存在、社会属性之属性存在。对人生生命体来说，其属性所反映的是人生生命体所具有的功能属性、运动属性和变化属性的存在，它是由人生生命体中生理层面生命体、心理层面生命体和完整层面生命体所具有的功能属性、运动属性、变化属性来体现，是相应人生生命体所具有的自然属性、社会属性、自我属性的统一，而且自我属性从属于社会属性，社会属性又从属于自然属性，这也就决定了社会的属性同样也从属于自然属性，我们可以从人生生命体的存在、生存及活动出发，将社会属性分为生理层面的社会属性存在、心理层面的社会属性存在以及完整层面的社会属性存在。以上所述的不同层面的社会属性存在同样包括了相应社会的本质属性存在、属性之属性存在、现象属性存在、关系属性存在。

3、关于人类社会的现象存在

社会的现象存在是指社会中所具有的不同存在的存在状态的呈现。由于社会是具有一定关系存在的人生生命体共同存在及其生存活动的统一，所以我们可以将社会现象的存在按社会中相应人生生命体或人生生命体的运行体系存在的现象存在、生存的现象存在和活动的现象存在等，而且以上不同的社会现象存在同样包括了生理层面的社会现象存在、心理层面的社会现象存在和完整生命体层面的社会现象存在以及相应社会本质的现象存在、属性的现象存在、现象之现象存在和关系的现象存在等，我们可以将不同的社会存在现象按社会不同层面的组织结构出发进行分类，将社会现象的存在分为：家庭层面的社会现象存在、企业层面的社会现象存在、社会团体层面的社会现象存在、民族层面的社会现象存在、国

家层面的社会现象存在、国际层面的社会现象存在、人类层面的社会现象存在等。

我们可以从社会中相应人生生命体的活动出发,将相应的社会活动现象分为:社会生理活动现象、社会心理活动现象以及社会行为活动现象;还可以根据不同层面的活动主体出发,将社会活动现象分为:家庭层面的社会活动现象、组织单元层面的社会活动现象、民族层面的社会活动现象、国家层面的社会活动现象、国际层面的社会活动现象、人类层面的社会活动现象等。

除了以上分类方法之外,我们还可以根据人们对相应活动动机、活动目的、活动结果的善、恶评价以及从活动的偏好倾向性出发,将相应的社会活动现象分为:善的社会活动现象、恶的社会活动现象、有利的社会活动现象、有害的社会活动现象、友好的社会活动现象、敌视的社会活动现象、和谐的社会活动现象、争斗的社会活动现象等。

4、关于社会的关系存在

社会的关系存在是指社会中不同人生生命体或相应人生生命群体单元之间所具有的相互作用、相互影响、协调统一的联系存在。它包括了社会本质的关系存在、社会属性的关系存在、社会现象的关系存在以及社会关系之关系存在等。

我们可以从社会中人生生命体或相应人生生命群体单元的存在以及人生生命体和相应人生生命群体单元的活动出发,对相应的社会关系存在作如下分类:

从社会中的人生生命体和社会群体出发,我们可以将社会关系存在分为:社会内部人与人之间的关系存在和社会不同群体之间的关系存在或不同群体与个人之间的关系存在和社会群体单元与外部的社会之间的关系存在。也可以从人生生命体组成的角度出发,将社会关系存在分类为:生理层面的社会关系存在、心理层面的社会关系存在以及完整层面的社会关系存在。同时还可以根据社会不同层面的组织结构出发,将社会的关系分为:家庭层面内部的社会关系存在和与外部社会的关系存在、组织层面内部的社会关系存在和与外部社会的关系存在、民族层面内部的社会关系存在和与外部社会的关系存在、国家层面内部的社会关系存在和与国际层面的社会关系存在和人类社会层面的关系存在等。以上所述的不同类别和层面的关系存在又包括了相应类别的社会本质存在的关系存在、社会属性的关系存在、社会现象的关系存在、社会关系之关系存在。

我们还可以结合人类社会中生命体的活动,将社会活动关系存在分为:社会生理活动层面的关系存在、社会心理活动层面的关系存在、社会行为活动层面的关系存在等。同样的,我们还可以根据人们对相应关系存在的倾向性判断出发,将相应的社会关系存在分为:善的社会关系存在与恶的社会关系存在、平等的社会关系存在与不平等的社会关系存在、公正与不公正的社会关系存在、友好的社会关系存在与敌对的社会关系存在,以及既无友好也无敌视的社会关系存在等。

以上我们从社会的要素和社会中人生生命体的活动出发,对社会的内涵作了概括性的分析和说明,从中我们认识到:社会具有广泛的存在,是由人类生命体共同形成的具有一定功能属性、运动属性、变化属性的运行体系,其内涵十分丰富。鉴于本文的目的只是为便于表达社会与人生的关系而写,所以本文就不再进一步展开讨论了。

四、社会与人生

前面我们对社会是什么、社会的内涵等进行了论述和说明。那么人生与社会之间又有什么样的关系存在?社会是如何影响人生?人生又是如何影响社会呢?下面我们就分别从社会与人生生命体的存在、社会与人生生命体的活动、社会与人生的过程出发,对社会与人生之间的关系进行相应的论述和说明。

1、关于社会与人生生命体的存在

由于人生生命体的存在包括了相应人生生命体的本质存在、属性存在、现象存在和关系存在,下面我们就从人生生命体的本质存在与社会的关系、人生生命体的属性存在与社会的关系、人生生命体的现象存在与社会的关系、人生生命体的关系存在与社会的关系出发,对人生生命体的存在与社会之间的关系分别进行论述和说明。

人生生命体的本质存在与社会的关系主要体现在:一方面,形成人生生命体本质存在的能量体和能量运行体系是社会的产物,它是由相应人生生命体的亲代在遗传变异功能属性作用下进行相应的生命活动而形成的;另外一方面,在人生过程中形成人生生命体本质存在的能量体和能量运行体系与社会中其他人生生命体之间在共同存在、生存、活动过程中都存在着相互作用、相互影响的关系存在,也就是说,社会中形成每个人生生命体的能量体和能量运行体系都会与社会之中其他人生生命体的能量体和能量运行体系之间形成直接或间接的相互作用和相互影响。这些相互作用和相互影响的形成主要是因为社会中不同人生生命体之间具有广泛的能量组成、能量结构及其运动变化的共有属性存在，所以在一定环境条件下，社会中不同的人生生命体在共同存在、共同生存、共同活动过程中，相应的能量体和能量运行体系之间的能量体就会形成相同或相似的能量频率，并使相应的能量体之间形成各种相互作用、相互影响的关系存在。从本质的角度来看，社会之中人与人之间所形成的各种活动其实都是相应能量体或能量运行体系之间所形成的相应直接和间接作用的结果。

从人生生命体的属性存在与社会之间的关系看，由于人生生命体的属性包括了人生生理层面生命体的属性存在、心理层面生命体的属性存在以及完整层面生命体的属性存在，所以相应人生生命体的本质存在也就决定了人生生命体所具有的功能属性、运动属性、变化属性等本质属性的存在，人生生命体的属性存在与社会之间的关系主要体现在：人生生命体的属性存在决定了人生生命体在社会中的存在属性、生存属性及活动属性，从而影响到人生生命体在社会中被社会能够接受的程度，例如：若其性格、人格被社会接纳或尊崇，那么相应的人生在社会存在、生存及活动就会在社会中形成相互融洽、相互吸引的关系，并对自己的人生有利，反之将处于相互排斥、相互对立的状态，从而也会影响到相应人生与社会之间的关系存在，并对相应的人生产生相应的作用和影响。

从人生生命体的现象存在看，人生生命体的现象存在同样包括了人生生理层面生命体的现象存在和心理层面生命体的现象存在和完整层面生命体的现象存在。其中人生生理层面生命体的现象存在主要是通过人类生命体的性别、长相、年龄等宏观层面形体状态以及人类肉眼不能观察到的生理存在状态的呈现。人生心理层面生命体的现象存在主要是指相应人生生命体的世界观、人生观、社会观、价值观、行为观等各种心理活动现象。在社会活动中，人类学会了通过用文字、语言、行为等方式对人生心理活动现象进行沟通、表达，并成为社会现象的一部分。

在一定时空条件下，人生生命体在社会活动中会形成各种相应的被社会大众共同认可的世界观、人生观、价值观和行为观，而这些共同的观念存在往往又会影响人们共同的社会活动，所以对个人来说，其所具有的各种观念若能够与社会观念相一致，那么这样的人生可能会因受到社会认可就会显得比较顺利，因为他在社会中进行存在、生存和活动时所受到的阻力将随之减少，倘若不一致或相反，那么受到认可的机会就会少一些，相应人生所受到的阻力就会增多；另一方面，由于社会观念往往会被统治者所主导和利用，所以若个人的观念被统治者推崇，那么具有相应观念的人往往就有可能被社会大潮推向顶峰而走向"成功"，反之则可能被卷入到社会的漩涡之中被"淹没"。另外，从生理层面的现象存在来看，在一定时空条件下，若相应人生生命体形体、长相、性别、人种等能够被大众心理所认可、推崇或者相反，这样的人往往也会被社会赋予不同的人生经历。也就是说，从人生的生命现象存在看，社会对人生的影响也是十分明显的。

从人生生命体的关系存在与社会之间的关系看，由于人生生命体的关系存在包括了相应人生生命体所具有的内在的不同层面的关系存在和人生生命体与社会个体或组织之间所具有的社会关系存在等。其中，人生生命体内在的关系存在往往会通过对人生生命体的健康情况及生理、心理、行为活动进行反映，所以人生生命体内在关系存在必然会直接和间接地受到相应社会存在的作用和影响。例如：一个生理、心理或生命不健康的人生往往会受到相应社会个体或群体（组织）的歧视或关注，并产生相应直接和间接的影响，反过来，相应的人生也直接或间接的影响相应社会个体或组织。

人生与社会之间外在的关系存在主要通过人生生命体在社会中的时空关系、个人关系、血缘关系、家庭关系、组织关系、民族关系、国家关系等方面进行体现。人生生命体诞生在不同的家庭，从属于不同的家庭关系，属于不同的人种类别和在社会中不同的政治组织和经济组织，不同的民族和不同的国家，那其所面临的社会关系也各有不同，这会影响到相应人生与社会的关系，从而影响到其人生的命运等。关于人生的命运我们将在后续的相关文章中进行论述和说明，在此就不展开讨论了。

2、社会与人生生命体的活动

人生生命体的活动主要是指人生生命体在生存状态下所进行的各种心理活动、生理活动和行为活动。我们可将人生生命体活动分为人生生命体的内部活动和外部活动。其中，人生生命体的内部活动主要是指人生生命体内部所进行的生理活动、心理活动和行为活动；其中，人生生命体外部的活动主要包括了针对外在社会和自然的生理活动、心理活动和行为活动，但是，从对社会活动的层面看，人生生命体的活动也包括了人生的社会生理活动、人生的社会心理活动和人生的社会行为活动，正是由于不同个人针对社会进行的人生活动的统一才形成了相应社会活动。对每个人而言，个人人生生命体的活动在具有自然属性和社会属性的基础上还具有个人的分别属性，而且在个人分别属性的作用下，相应人生生命体面对社会个体或组织进行活动时往往会形成不同的关系存在。若个别属性和活动倾向与社会大众一致，那么相应活动者就会容易与社会大众形成共融，而且如果个别属性特点越明显，那么相应人生生命体在社会之中的活动也将更为突出，并易获得社会的认可和尊重。若个别的活动属性和活动倾向性与社会大众的活动属性和活动倾向性相反，且不能相互融合，那么也会使自己与社会大众格格不入，而且也不容易被大众接受，甚至形成相互对立和相互排斥的状态，从而影响到相应人生生命体在社会之中的活动状态。但是，与大众不一致并非意味着就不能代表真理，真理恰恰可能会与大众的活动取向相违背（关于真理的论述，详见第二篇论真理与信仰一文中的相关论述）。从社会中个人或组织的生理、心理和行为活动对人生生命体活动的影响的方面看，由于社会大众的生理活动、心理活动和行为活动是基于在相应社会大众所形成的共同的观念（世界观、社会观、人生观、价值观、行为观等）指导下所进行的活动，而社会共同观念的形成往往是在一定条件下通过各种教育、实践活动形成的，在社会观念中的社会信仰、政治观念、经济观念、社会价值观等对社会大众活动的影响具有主导性的作用和影响，而且在这些观念主导下的社会宗教活动、社会政治活动、社会经济活动和其他社会文化活动的倾向性对相应的社会治理也具有至关重要的作用，因这些活动对每个生活在社会之中的人都息息相关，它不但会对社会大众的生存、活动形成起到至关重要的影响，还会对相应人生的命运和人生的过程产生相应直接和间接的影响。个体人生生命体在社会之中的活动犹如一滴水在大海之中进行活动一样，虽然水滴在大海之中有自身的活动规律，但是都是在大海所形成的共同活动基础上的活动，所以说无论是人生生命体的生理活动、心理活动，还是行为活动都会受到社会大众共同形成的社会生理活动、社会心理活动和社会行为活动的影响。

3、关于社会与人生的过程

人生的过程包括了人生生命体从质变性产生到质变性死亡过程中相应人生生命体不同层面的存在过程、生存过程和活动过程。就社会与人生过程之间的关系来看，由于支撑人生生命体延续和保持等生存所需以及人生生命体活动需要、需求和欲望一般情况下都是通过社会活动所创造的物质财富和精神财富实现的。社会中人类的科技、生产力水平的发展以及生存与生活方式、习惯、风俗、文化等都会对相应社会的生产力和社会制度等产生直接和间接的影响，进而对相应人生生命体的存在过程、生存过程和活动过程产生相应的影响。例如：社会对物质生产、创造能力的高低和对生命科学的认识往往会对相应人生生命体的产生、保持、变化、死亡态度和应对方式、方法形成相应的影响。文明的程度往往会通过人们不良的有害的生存习惯和习俗的改变和精神层面品质的提高而得到提升，从而实现更加延续和保持生命过程的目的，进而对相应人生过程产生作用和影响。除此之外，社会环境对人生生命过程的影响也将十分明显，例如：战争、争斗等不和谐的社会环境状况也会对人生生命体的延续、保持等形成相应的负面影响，而互助、友好等和谐的社会环境将会对人生的过程形成有利的作用和影响。

# 第八章 自然与人生

在前面的相关文章中我们多次提到，人是自然的一部分，人生于自然，归于自然，并在自然中进行各种生命活动。那么自然是什么？自然与人生之间有什么样的关系？而且，这些关系又是如何形成的？本文的目的就是围绕着以上问题展开讨论。为了便于说明，我们首先从"自然是什么"开始进行探讨。

一、自然是什么

自然一词是人们运用得比较多的一个概念，但是当被问及"自然是什么"时却又难于回答。由于自然的内涵太过于广泛，人们对自然的定义虽然比较多，但都难于统一。目前运用得比较多的定义主要有以下几种：

《辞海》对自然的定义主要有：

[1]自然就是天然，非人为的

[2]自然是"犹当然"

[3]自然是无意识，无目的，无为无造

[4]自然是指"道"

《汉典》对自然的定义有：

[1] 自然是宇宙万物；宇宙生物界和非生物界的总和，即整个物质世界，自然界

[2] 自然是属于或关于自然界的、存在于或产生于自然界的、非人为的

[3] 自然是不勉强，不拘束，不呆板

[4] 自然是不经人力干预而自由发展，听其自然

[5] 自然是当然

《维基》对自然的定义有：

自然从广义而言，指的即是自然界、物理学的宇宙、物质世界以及物质宇宙。

《百度》对自然的定义为：

自然作为名词存在时，它是指具有无穷多样性的一切存在物，用作形容词时，它是指天然的，非人为的或不做作，不拘束，不呆板。

目前类似以上的定义还比较多，大多都把它当作名词和形容词使用，而本文所要探讨和论述的是仅作名词使用的"自然"，而不是作形容词使用的"自然"。目前用于名词对"自然"定义主要是立足在唯物主义世界观基础上所形成的定义，那么我们势必会问，人类及其他具有感知功能属性的生命体及其活动所形成的心理活动现象是否就属于自然的一部分呢？宇宙空间之中所具有的纯粹空间的存在是否又属于自然的存在？关于这些问题，作者已在《空间的层面》一书作了相应的论述和探讨。在这里我们可以明确地说，从广义上讲，宇宙空间之中的纯粹空间及一切能量体（包括感知属性和无感知属性的能量体）所形成的一切存在都属于自然的一部分，人类生命体及其活动也都属于自然的一部分，所以我们不妨对自然作如下定义：从广义上讲，自然是宇宙空间之中所具有的一切存在的总合。也就是说，自然就是宇宙空间中的一切存在；从狭义上讲，自然就是宇宙空间之中除了人类生命体存在之外的一切存在。

从以上定义中我们可以得知：从广义上讲，人类也属于自然的一部分，人类所进行的生命活动的过程和结果也属于自然存在的一部分。作者在《空间的层面》和《人本、人性、人心》相关论述中认为：宇宙空间的一切存在都是纯粹空间与空间中不同层面能量体的存在及其运动、变化的结果。从本质上讲，人类生命体也属于自然中的一类能量运行体系，其活动也是自然界中相应"人类"能量运行体系本身以及相应能量运行体系与其他人类生命体和非人类生命体的能量体和能量运行体系之间相互作用、相互影响、协调统一的结果。人类之所以习惯性地将"人类"自身与自然界中的其他存在区别开来考虑，一方面是为了便于对人类自身与自然中的其他存在进行区别，以便于让人们更好地对人类自身进行认识和了解；另一方面则是人类生命体在自我属性的作用下，将自然界中的非人类自然存在的部分视为人类所占有的资源所致。也就是为了区别、突出人类自身与自然界中其他存在而形成的一种对自然存在进行的分类。从本质角度出发，人类从属于

自然,是自然的一部分,人类不能脱离自然而单独存在、生存及活动。尽管从本质上讲人类从属于自然,但是,人类与自然界中其他生命体或能量体(能量运行体系)相比,他具有相应的共有属性和分别属性存在。

由于本文的目的是为了对人生与非人类的自然存在之间所具有的关系进行探讨,所以本文中所指的自然,是指宇宙空间之中除了人类生命体之外的一切存在,也就是狭义的自然。为了便于我们对人生与自然之间的关系进行相应的说明,我们还得从人类生命体是如何在自然中的形成说起。

二、人类生命体在自然界中的形成

由于人类生命体是人类生理层面生命体和心理层面生命体相互结合、相互作用、协调统一而形成的生命体,所以为了便于对人类生命体在自然界中是如何形成的进行论述和说明,首先我们有必要先对人类生理层面生命体和心理层面生命体在自然中是如何形成的进行论述,然后再对人类生命体在自然中形成的过程进行论述和说明。

1、关于人类生理层面生命体在自然中的形成

自然界中人类生命体的形成和其他感知有机生命体一样都是在生理层面生命体和心理层面生命体形成的基础上,通过一系列的相互作用、相互影响、协调统一而形成的。关于地球上人类生理层面生命体的形成,作者已在《人本、人性、人心》一书中进行了论述,并认为:

人类生命体的形成是在地球形成和演化的过程中,在地球上产生了大量的能够形成人生生理层面生命体的水、空气、碳、氢、氧、氮、磷等多种具有较强活性实体物质类能量体,在一定的温度、湿度等自然环境条件下,形成有机物的各种实体物质类能量体,在水、空气等流体流动作用下会聚集在一起,在适当的外部及内部条件下产生各种相应物理作用及化学反应,逐渐形成了有机物质,而不同类别的有机物质在一定的条件下通过各种物理、化学的作用,逐渐形成了具有对源于外部能量体和源于自身内部能量体进行吸收、转化、保持、利用功能的有机实体物质类能量运行体系,在这类具有相对稳定结构的有机实体物质类能量运行体系中,有的又逐渐演变成我们今天所熟知的生命细胞,当生命细胞这种最基本的形成有机生命体生命单元在地球上形成之后,在一定条件下,各类细胞在无

感知潜能量的相互吸引下聚合成一体之后，细胞之间不同的能量体就会产生相互作用、相互影响，并形成相应的能量交换，使相应细胞中的能量结构组成趋于平衡、稳定。从促使细胞进行分裂活动和成长的能量来源看，主要是通过新陈代谢的方式将源于自然界中的相应能量体和能量运行体系进行吸收、转化、利用。在细胞分裂和成长的活动过程中，有的能量体和能量运行体系的性质发生了变化，而有能量体和能量运行体系则维持了相对稳定的状态，细胞中相应能量体和能量运行体系的稳定性和变化性就形成了细胞中相应遗传、变异的功能属性。自然界中的细胞类生命体在遗传、变异过程中，有的形成了动物类有机生命体，有的形成了植物类有机生命体，有的形成了微生物类有机生命体等。其中，动物类有机生命体在遗传变异过程中使不同的生命体逐渐分化，形成了不同类别的动物类有机生命体，在不同类别的动物类有机生命体的分化、演变过程中，有一种动物类有机生命体就是我们今天称之为"人类"的有机生命体。人类有机生命体由于具有能够与自然界相应类别感知能量生命体进行结合的神经系统，所以在一定条件下，人体中的无感知潜能量与相应感知能量生命体之间形成相互吸引、相互影响、协调统一，使相应的感知能量生命体与相应的人类有机生命体进行了结合，这样就形成了具有感知功能属性的人类生命体，于是人类生命体就在地球上诞生了。当人类生命体在地球上形成之后，人类生命体就会在自我的感知属性作用下，针对自身生命体的存在形成相应存在、生存及活动的需要、需求和欲望。由于人类生命体是自然的产物，人类生命体的存在、生存及其活动都离不开自然，为了适应自然环境，人类生命体就会不断地认识自然、利用自然，并与自然界中的其他人类生命体以及其他非人类生命体之间形成互动关系，并在相应生命活动中，使人类生命体中生理层面生命体和心理层面生命体的某些功能属性、运动属性、变化属性得到相应进化和提升，并把提升后的功能属性以相应的感知与无感知的记忆方式贮存于人类生命体之中形成相应的遗传记忆，在遗传、变异的作用下，人类生命体中生理层面生命体和心理层面生命体的某些功能属性得到相应进化，某些功能属性却走向了退化。

2、关于人类心理层面生命体在自然界中的形成

作者在《空间的层面》一书中，将能量基类能量体定义为：能量基类能量体是形成宇宙空间中一切能量体最基本的能量单元。能量基是一类能量体，并非只是唯一的一种能量体，在能量基类能量体中，有的能量基类能量体具有感知的功

能属性，而有的却没有。我们将具有感知功能属性的能量基类能量体称为感知能量基类能量体，将无感知功能属性的能量基类能量体称为无感知能量基类能量体。关于人类心理层面生命体的形成，我们可以作如下的论述和说明：

当自然界中具有相同或相似频率的感知能量基类能量体在一定条件下相互作用、相互影响、协调统一，并产生聚合运动时，有的会形成具有感知功能属性的暗能量类能量体，有的可能会失去感知功能属性而形成无感知功能属性的暗能量类能量体，而有的感知暗能量类能量体在一定条件下又会聚合形成具有相应感知功能属性的暗物质类能量体，而有的感知暗物质类能量体则会失去感知功能变成无感知功能属性的暗物质类能量体。由于具有感知功能属性的能量体每聚合一次，相同能量的体积就会大幅缩小，随着能量体的体积的缩小及能量性质的变化及能量组成的复杂化，导致相应能量体所受到的干扰因素增多，其感知能力也会随之下降，感知功能也会变得不稳定，部分具有感知功能属性的能量体在一定的条件下就会形成相应具有感知功能属性的能量运行体系和无感知功能属性的能量体及其能量运行体系。我们将具有感知功能属性的能量运行体系称为感知能量生命体。

感知能量生命体在自然界的形成过程中，随着其聚合度的提高，其运动速度和运动范围及其运动的自由度会逐渐受到限制，能量成分也变得越来越复杂，各种能量成分之间的干扰因素也会变得越来越多，被干扰的强度也逐渐加大，感知范围和感知能力就会越来越小。在宇宙空间中，众多类别的感知能量生命体也都处于各种不停的运动、变化之中，其中，由于有一类感知能量生命体具有与人类生理层面生命体中以大脑为核心的神经系统中的无感知潜能量之间相同或相似的能量频率，并在一定条件下能够与相应生理层面生命体中的神经系统形成有机的结合，我们将这类感知能量生命体称为人类感知能量生命体，也就是人类心理层面生命体。

当人类生理层面生命体形成之后，在一定的时空条件下，相应人类生理层面生命体和人类心理层面生命体之间就会相互作用、相互影响、协调统一形成人类生命体。这里需要强调的是，并非与人类生理层面生命体的神经系统之中无感知潜能量频率相同或相似的人类心理层面生命体都会与人类生理层面生命体之间形成结合。二者之间能够结合在一起主要是由以下两种原因所导致的，一方面是由于人类生理层面生命体中的无感知潜能量的频率与相应形成人类心理层面生命体中感知能量体之间的频率相同时，二者之间就可能在一定条件下形成相互吸引、相互作用、相互影响、协调统一，进而结合在一起；另一方面则是人类生理层面生命体中要具有能够足以贮存形成人生心理层面生命体的感知能量的以大脑为中心的神经系统存在，而且神经系统能够保持较为稳定和长久的生存状态，所以人类生理层面生命体中的无感知潜能量与感知能量结合后，感知能量生命体就会长期存在于神经系统之中，使人类有机生命体变成具有感知功能属性的有机生命体，直至神经系统失去结合和贮存人类心理层面生命体的功能后，二者之间才会形成分离。在人类生命体中，形成心理层面生命体的感知能量体和形成生理层面生命体的无感知能量体之间会产生相互作用、相互影响、协调统一，使相应的人生生命体形成相应的生理活动、心理活动和行为活动，并形成人生生命体中不同层面的新陈代谢活动，也就是说，人生生命体中心理层面生命体和心理层面生命体之间是处于共同存在、相互作用、相互影响、协调统一的存在状态。

　　从以上论述中我们认识到，宇宙空间之中感知能量生命体具有广泛的存在，人类感知能量生命体仅只是其中的一类，因为这类感知能量生命体与人类生理层面生命体的神经系统中潜能量之间具有相同或相似的能量频率，它在一定时空条件下能够相互吸引、相互作用、相互影响、协调统一、共同生存，所以我们将其称为人类感知能量生命体，也就是人类心理层面生命体。

3、关于人类生命体的形成

　　在一定条件下，当人类心理层面生命体与具有相同频率的无感知潜能量的人类生理层面生命体相遇时，人类感知能量生命体与心理层面生命体之中的潜能量就会相互吸引、相互作用、相互结合，使人类生理层面生命体变成具有感知功能属性的人类生命体。人类心理层面生命体和生理层面生命体的生成及结合也使相应人生生命体具备了先天性的、较强的感知功能属性，相应人生生命体在心理层面生命体先天性的感知功能属性的作用下，相应人生生命体就会在自我属性作用下形成相应的存在、生存及活动的需要、需求和欲望，以及对自我、对社会和对自然进行感知、认识、行为活动的动机和目的，人生生命体中的心理层面生命体与生理层面生命体之间相互作用、相互影响、共同融合，使人生生命体中的心理层面生命体和生理层面生命体的能量的性质、功能属性、运动属性、变化属性等本质属性都发生相应的运动、变化，从而促进了人生生命体相应功能属性、运动属性、变化属性的进化和退化，这里所指进化和退化包括了在遗传与变异的作用下使心理层面生命体的感知功能属性、运动属性、变化属性以及生理层面生命体的功能属性、运动属性、变化属性等本质属性得到相应的进化或退化。同时也使贮存于人生心理层面生命体中感知能量的神经系统得到了相应的进化和退化。在此过程中，形成人生生命体的功能系统、功能器官、组织结构等不同层面的功能属性、运动属性、变化属性也会形成相应的进化或退化。人类心理层面生命体为什么能够与人类生理层面生命体进行结合？与其他感知有机生命体一样，形成人生生理层面生命体的无感知潜能量与形成人生心理层面生命体的感知能量体之间频率相近或一致，根据"吸引法则"，具有相同频率的能量之间会相互吸引，形成共振，所以只要人类生理层面生命体之中的无感知潜能量和人类心理层面生命体之中的感知能量频率一致，并在一定条件下产生作用时，二者就会相互吸引、协调统一形成结合。

根据以上论述，人类生命体的形成不但是自然界中所形成的人类心理层面生命体与生理层面生命体之间相互作用、相互影响、协调统一形成人类生命体所致，同时也是在自然界中形成的人类生命体进行遗传、变异的结果。只不过人类生理层面生命体是伴随着显性的人类生理活动在遗传、变异功能属性的作用下形成的，而心理层面生命体则是在隐性的遗传、变异功能属性的作用下形成的。

从以上论述中我们可以得知：从本质上讲，人类的生理层面生命体和心理层面生命体都源于自然，人类生命体是在一定时空条件下、在自然的力量作用下所形成的一类具有感知功能属性的有机生命体，而且人类生命体的存在、生存及其活动所需的能量也都源于自然，通过"消耗"回归于自然。我们可以说，人类是自然所创造的一类具有感知功能属性、遗传变异功能属性、新陈代谢功能属性的能量运行体系。

当人类生命体在自然中形成以后，在人类生命体遗传、变异功能属性的作用下，就会通过生命繁殖活动形成相应的人生生命体，从而使自然界中的人类生命体处于生生不息的状态。

人类在自然界的保持和延续，一方面是指人类这个生命物种的保持和延续；另一方面则是指某个特定人生生命体从质变性产生到质变性死亡过程中，相应人生生命体的保持和延续。关于人类生命体在自然界的保持和延续，是指当人类形成后，在遗传变异属性作用下，具有了进行异性繁殖人生生理层面生命体的功能属性、运动属性和变化属性，而且还具有了繁殖生命活动的需要、需求和欲望，所以人类生命体在自然中的保持和延续是在遗传、变异功能属性作用下，通过生命体生殖、繁衍活动来实现人类生命体在自然界的延续和保持。

人类生理层面生命体之所以能够延续，一方面是因为人类生理层面生命体的生殖细胞具有新陈代谢、遗传、繁殖的功能属性，因为人类无感知有机生命体的新陈代谢、遗传、繁殖功能是使人类不同性别的生命体之间可以通过性活动等方式产生新的相对独立于母亲代，并能够保持人类生命体共有属性和亲代生命特点的有机生命体；另一方面，是因为人生生命体可以通过自身内部的细胞在遗传变异基础上，在人生生命体量变性的生存过程中，以细胞为人生生命体的基本生命单元进行新陈代谢方式的细胞复制和死亡的过程。以上所述都表达了人类生命体之中的各种相应能量体和能量运行体系之间相互作用、相互影响、协调统一形成新的人类生理层面生命体的过程。从生理层面生命体层面看，人为什么能够使自身保持亲代生命体的特点，但又不完全相同，主要是因为在人类生理层面生命体的繁殖过程中，父母的生殖细胞之中包含了与父母相关的能够以较为稳定的方式存在的无感知能量体所形成的无感知记忆，这些能量体的功能属性、运动属性和变化属性在生命繁殖过程中能够得到保持和延续，所以形成了遗传，在人生生命体不同层面的活动过程中形成新的生理层面生命体时，各种相关的无感知能量体和能量运行体系在一定的时空条件下又会相互作用、相互影响、协调统一，使相应能量体和能量运行体系的性质、结构组成、功能属性等发生相应的运动、变化，所以在新的人生生命体形成过程中相应心理层面生命体就会发生相应的变异现象。

关于人生生命体的形成主要是指相应的人生生命体在进行繁殖活动的过程中，亲代的卵细胞和精子在一定条件下进行结合形成受精卵后，蕴藏于两种细胞之中的能量体就会产生相互作用，激活自身和对方的能量运行体系，使受精卵细胞的功能属性、运动属性、变化属性得以激活，使细胞中的各种能量体和能量运行体系产生相应的活动，并使相应细胞所具有的遗传、变异功能属性、新陈代谢功能得以显现，当人生生命体具备了对源于内在和外部的能量进行吸收、加工、贮存、转化、利用的功能属性、运动属性、变化属性后，人生生命体在活动过程中，就会吸收、加工、贮存、利用、转化来自人体内部和人体外部相应的能量体和能量体系，使其成为细胞分裂和成长的能量来源来使用，随着人生生命体在母体之中一步步的发育、完善，就逐渐形成了相应功能系统的组织器官，直至形成具有完整功能属性的人生生命体，直至诞生前，相应人生生命体一直与母体相连，并具备接收来自母体的无感知能量的供给，同时也会受到母体的感知能量的作用，在母体感知能量的作用下，逐渐激活胎儿的神经系统，随着神经系统的激活和发育的完善，胎儿就具有了接收、贮存来自母体之外相应人类感知能量生命体的功能，当存在于母体之外的人类感知能量生命体与胎儿中以大脑为中心的神经系统中的无感知潜能量之间具有相同的能量频率时，在一定条件下，二者之间就会产生相互吸引形成连接，并使感知能量生命体逐渐渗入到以大脑为中心的神经系统之中，并逐渐使胎儿成为具有相应感知功能属性的人生生命体。这里之所以说胎儿中的感知能量体是来自于无感知有机生命体的外部，并非内部，是因为形成人生心理层面生命体的感知能量与形成人生生理层面生命体的无感知潜能量之间虽然具有相同频率，但是二者并无相同的功能属性，是属于同类不同种的能量体。二者从本质上来讲是不可能发生直接转化的，若能发生转化，这个世界就是泛神论主张的世界，而不是现在的状况了。

从以上论述中我们认识到：人类生命体在自然中形成、保持、延续过程之中所使用的能量和能量运行体系，都是直接和间接通过利用自然界中相应的能量和能量运行体系进行活动的。同时维系人生生命体所消耗的能量就通过人生生命体这个能量运行体系对相应的能量体和能量运行体系进行吸收、加工、贮存、利用、转化，并使其回归于自然之中。对每个人生生命体来说，从产生到死亡的过程就是在自然中产生、在自然中存在、在自然中生存、在自然中活动、在自然中死亡的过程，是利用自然之中的不同层面能量体和能量运行体系形成相应人生生命体的存在、生存及活动的过程。

三、自然与人生

前面我们对自然是什么进行了界定，并对自然中人类生命体和人生生命体的产生、存在、生存及活动的形成作了相应的论述和说明，从中我们认识到：人类生命体是自然中的一种由自然形成的具有感知功能属性的有机生命体。人类从属于自然，是自然的产物，那么自然与人生之间又具有什么样的关系存在呢？为了便于说明，结合人生的内涵，我们就从自然与人生生命体的存在和生存、自然与人生生命体的活动、自然与人生的过程几个方面出发，对自然与人生之间的关系进行相应的论述和说明。

1、关于自然与人生生命体存在和生存之间的关系

从本质上讲，人生生命体就是存在于自然界中的一类具有感知功能属性的有

机生命体，他是由自然界中感知能量体所形成的人生心理层面生命体和由自然界中无感知能量体所形成的人生生理层面生命体相互作用、相互影响、协调统一、共同作用形成的相应能量运行体系。相应能量运行体系除了具有遗传变异功能的属性外，还具有新陈代谢的功能属性，和对事物进行感知、认识、行为活动的功能属性。作者在《空间的层面》一书中，对宇宙空间中不同层面感知能量体和无感知能量体的形成和转化进行了相应的论述和说明，从中我们可以认识到：无论是感知能量生命体，还是无感知能量生命体，其实都是自然的一部分，他们都是自然的存在，都是各种不同能量体或能量运行体系在宇宙空间中进行运动、变化的结果。人类生理层面生命体的形成是因为以地球为代表的自然界中具有了相应碳、氢、氧、氮等能够形成有机生命体的实体物质类能量体，这些能量体在一定的条件下进行相互作用、相互影响、协调统一，通过无数次进化和分化就形成了人类生理层面生命体。由于人类生理层面生命体能够与人类心理层面生命体之间进行相互作用、相互影响、协调统一，并在遗传变异等各种功能属性的作用下，他们才能在自然中形成目前我们的人类生命体，也就是说人类生命体中的生理层面生命体和心理层面生命体均是自然的产物，他们都生于自然，并在自然中生存和活动。对人生生命体来说，当相应人生生命体形成后，相应人生生命体在形成、诞生、成长、衰老、死亡过程中，形成生理层面生命体的各种不同层面的能量体和能量运行体系无时不与自然界中相应能量体和能量运行体系进行着不同层面的相互作用、相互影响，并形成相应的新陈代谢活动。当人生生命体死亡后，人生生命体的生存功能属性丧失，人生生理层面生命体之中的一切能量成分又会进行分解活动，这些能量又回归于自然界中。从人生心理层面生命体来看，人生心理层面生命体与生理层面生命体的存在之间具有根本性的区别，这种区别主要体现在：相应人生生理层面生命体的主体构架主要是由实体物质能量体相互结合而成的，而人生心理层面生命体则是由具有相同频率的具有感知属性功能的暗物质、暗能量、能量基相互结合而成的，形成二者的能量体和能量运行体系在活动属性上也存在着根本性的区别，其主要体现在：由于实体物质类能量体和能量场类能量体同潜能量类能量体相比，具有稳定性差和向外扩散的运动属性，而暗物质类能量体、暗能量类能量体，以及能量基类能量体具有较强稳定性和内聚的运动属性，具有相同频率的暗物质类能量体、暗能量类能量体和能量基类能量体之间会以相互吸引的方式存在，所以这也就决定了人类心理层面生命体具有较强的稳定性和较为灵活的运动属性和变化属性，而且在运动过程中处于分而不散的状态，

这也就决定了人生心理层面生命体一旦形成后就不易产生分离（或死亡），其能量运行体系中的新陈代谢活动也主要是以同化和内化为主、分解代谢为辅，也就是说人类心理层面生命体不会因为肉体的死亡而散失，但是无论如何，人生心理层面生命体也是源于自然，并且在自然中生存及活动，都属于自然的一部分。

2、关于自然与人生生命体的活动之间的关系

从活动主体出发，我们可以将人生的生命活动分为：人生生命体的生理活动、心理活动和行为活动；从活动的对象出发，我们可将人生生命体的活动分为针对自我的活动、针对社会的活动，以及针对自然的活动。由于人生的生理活动、心理活动和行为活动都是人类不同层面生命体相对独立的活动或共同活动的结果。从狭义的"自然"角度来看，人生生命体生命活动无时不在自然之中进行，并与自然之中相应能量体和能量运行体系之间产生着相互作用、相互影响，并随时与自然界中进行着相应能量体和能量运行体系的新陈代谢的活动等。也就是说，人生生命体所进行的一切生命活动的能量本身及其维持生命活动所需的能量都来自于自然，并回归于自然之中，同时，人生生命体的活动也在不停地影响着自然。从人生生命体的活动对象来看，无论是针对自我的活动、针对社会的活动，还是针对自然的活动，它们都会对相应活动对象产生相应的作用和影响，同时自我人生生命体的情况、社会的情况和自然的情况也会对相应活动者本身及其所进行生命活动的过程和结果产生相应的影响。从广义的自然角度来看，由于人生生命体本身就属于自然的一部分，由于自然界中充满了各种可见与不可见的能量体和能量运行体系，所以对每个人来说，相应人生生命体的生命活动其实就是一个浸泡在由各种能量组成的能量海洋之中的以相对独立方式存在能量运行体系所进行的活动。这个能量运行体系的产生、保持、转化、消亡都是自然界中相应能量体和能量运行体系进行运动、变化的结果，也属于自然界中能量活动的一部分，所以人生生命体的活动必然会受到自然的约束，并遵循相应自然规律而进行的活动。也就是说，人生生命体的感知、认识、行为活动以及生、老、病、死都是自然界中的各种不同的能量体和能量运行体系与形成人生生命体中各种相应能量体和能量运行体系之间相互作用、相互影响、协调统一、共同活动的结果。

从人生生命体的行为活动目的来看，由于人生生命体的存在、生存及其活动过程都具有相应的自我、社会和自然的功能属性存在，从而导致人生具有了保持和延长自我生命体的存在、生存时间和质量的提升，以及减少痛苦、增加幸福的

活动需要、需求和欲望的人生目的存在，于是人生生命体在进行行为活动过程中，就会形成相应行为活动动机和行为活动目的等，并在相应活动动机和活动目的的支配下进行相应的生命活动。由于人生生命体的存在和生存是人生生命体进行生命活动的前提基础，所以人生生命体活动的核心主要是以自身生命体的存在和生存为核心而进行的行为活动。人生生命体进行行为活动的动机和目的的形成是人生心理层面生命体在一系列的心理活动和行为活动基础上所形成的相应心理感知体验，鉴于人生心理活动的形成是人生心理层面生命体（感知能量生命体）受到来自于自身心理不同层面的能量体之间的作用，或受到自身生理层面生命体中相应能量体的作用，或者受到人生生命体之外不同能量体的作用，使相应人生心理层面生命体中感知能量体产生活动而形成的，而且在相应心理活动形成过程中往往会受到感知能量生命体本身所固有不同感知、认识、行为的观念及其他的记忆的影响，同时还会受到自身的生理运行状态和源于人生生命体之外的社会和自然环境作用和影响，而且相应影响的形成都是通过各种源于自我人生生命体、源于社会、源于自然之中的不同的能量体和能量运行体系的相互作用、相互影响、协调统一而形成的，所以我们可以说，从人生生命体所进行的行为活动的活动动机和活动目的来看，无论是为了人生生命体的存在、为了人生生命体的生存，还是为了人生生命体的活动的活动都会直接或间接地受到自然环境的影响，与此同时，人生生命体存在、生存及其活动也会影响到自然环境的存在及其运动、变化。

从人生生命体的活动对象看，人生生命体的活动主要包括了：针对自我进行的生命活动、针对人类社会进行的生命活动和针对自然进行的生命活动。人生生命体针对自我所进行的生命活动是指人生生命体针对自身生命体的存在所进行的相应生理、心理和行为活动的总和。它与自然的关系主要体现在：人生生命体在针对自我所进行生命活动所需的能量来源都直接或间接的来自于自然，同时也会与自然界中不同层面能量体或能量运行体系之间形成直接或间接的新陈代谢活动。

人生生命体针对社会所进行的活动是指人生生命体针对人类社会之中的不同存在所进行的人生生命活动的总和，它主要包括了针对社会所进行的生理活动、心理活动和行为活动。从本质上讲，社会中的每个人都是一个在自然中的具有人类共有属性的能量运行体系，所以每个人在社会中进行的生命活动，其实都是自身的能量运行体系与形成其他人生生命体的能量运行体系或能量体系集合体之间相互作用、相互影响、协调统一而形成的活动，这种不同能量运行体系之间的活动有的是通过相应能量和能量运行体系之间产生直接的作用而形成的活动，有的是通过间接的作用而形成的活动，有的却是人类借助自然界中非人类的能量或能量运行体系所形成的活动，由于每个人的能量运行体系本身的能量及形成活动能量来源，以及其所能借助自然界中的非人类能量体或能量运行体系都是自然界中的一部分，所以人生生命体在社会中所进行的生命活动必然会受到自然环境中不同层面能量体和能量运行体系的作用和影响，并遵守相应自然规律属性进行的生命活动。

关于人生生命体针对自然所进行的生命活动是指人生生命体针对宇宙空间中非人类自然的存在所进行的各种生命活动。由于人类生命体是自然的产物，是自然的一部分，所以形成人类生命活动的一切能量来源也是来源于自然，并回归于自然环境之中。

关于人类生命体在自然之中的存在、生存及活动，我们可用如下比喻进行说明，对人类生命体来说，每个人的人生生命体犹如在一定时空条件下浸泡于海水之中的一块浮冰一样，无论是冰，还是海水中的水都属于水，从本质上讲，冰与水的活动都是水在动，而且冰的活动必然会影响到周边水的运动，同时海水的活动也必然会作用于冰，使冰产生相应的活动，从整体而言，是海水的活动左右着冰的活动，而不是冰的活动左右着海水的活动，因为海水才是海的主体，是冰从属于海水，而不是海水从属于冰。

3、关于自然与人生的过程之间的关系

人生的过程是指相应人生生命体从质变性产生直至质变性死亡阶段，人生生命体的存在、人生生命体的生存和人生生命体活动所经历的程序、步骤和时间的体现。对相应人生生命体而言，人生生理层面生命体质变性的产生是通过亲代生殖细胞两种不同的能量运行体系相互结合、相互作用而形成的一个具有人生生命体的存在、生存及活动功能的能量运行体系，这个能量运行体系从产生到诞生之前都是通过母体来接收能量，并在遗传、变异的作用下进行一系列新陈代谢活动逐渐发育成能够与人生心理层面生命体进行结合的有机生命体，并与相应的心理层面生命体进行结合，通过一系列的发育、成长活动而形成的。人生生命体质变性的死亡是指随着人生生理层面生命体与心理层面生命体的分离及其相应生命功能属性的丧失而形成的质变性的死亡。在人生生理层面生命体的存在、生存及活动过程中，作为亲代生殖细胞的存在及结合情况形成了人生生理层面生命体的存

在、生存、活动的基本层面，从而也形成了相应人生生理层面生命体的存在、生存和活动所经历的程序、步骤和所经历时间长短的基本层面，当受精卵细胞形成，且形成相应人生生命体的能量运行体系的基本面之后，在诞生前，人生生命体在遗传变异的功能属性作用下进行新陈代谢活动的能量体的来源主要是通过对母体加工后的能量进行供给和利用，这也就决定了在人生生命体诞生之前的人生过程中主要是受到来自于亲代生理层面生命体能量的直接作用和影响，由于在生命诞生之前人生心理层面生命体以及生理层面生命体之间就相互结合形成具有感知属性的人类生命体，所以对人生心理层面生命体与生理层面生命体结合情况对诞生之前阶段的人生生命体的存在过程、生存过程和活动过程的影响主要取决于：相应生殖细胞内部能量体和能量运行体系的存在、生存及活动情况；生殖细胞之间的结合情况；结合后来自于母体中能量的供给情况；以及母体中能量环境情况。

当相应人生生命体从母体之中诞生后，相应人生生命体中的能量体和能量运行体系就脱离母体，并与自然环境中的能量体和能量运行体系之间产生作用，并形成相应直接和间接的作用和影响，进而对相应人生生命体的存在、生存、活动过程产生相应的作用和影响。我们不难得知，在人生生命体的诞生时，源于自然环境中的能量体和能量运行体系的情况会对相应人生生命体产生相应的作用和影响，也会对诞生后的相应人生生命体产生较大的作用和影响，这种影响犹如放在某种能量组成环境之中的一张白纸，取出后又浸泡在另一种液体之中，由于开始时的浸泡往往会比后期的多次浸泡对纸张性质的影响要重要得多，而且要改变第一次浸泡所导致的结果往往会比较难，何况相应人生生命体刚出生后，在新的能量环境之中能够与人体结合的能量体中与先天人体之中具有相同频率的能量体往往会浸入到整个人体之中，并形成相互吸引的状态，进而使原有的能量成分和频率发生相应的改变。从这个角度来看，中国易经和风水的观念中，认为人生生命体的出生日期、地点、环境等都会对诞生后人生的命运形成影响的观点也是有一定道理的。这里之所以说有一定的影响，而不是起决定性的作用，主要是由于人生生命体诞生之后人生生命体本身还会不停地进行着各种运动、变化，并与自然中的相应人类的和非人类的能量体和能量运行体系之间形成作用，使相应人生生命体的运行方式处于不停的波动和变化，也会对人生的命运产生相应的作用和影响。

当人生生命体诞生后，为了实现延长自身生命体的存在，为了生存周期和质量的提升，为了减少人生的痛苦和增加人生的幸福的感知体验等一系列人生目的，相应人生生命体就必须面对自我、面对社会和面对自然，进行各种生理、心理和行为活动，所以人生生命体从质变性产生到质变性死亡的过程中，自然对人生生命体的作用和影响也是直接和有效的，这种影响主要体现在：一方面，人生生命体面对自然进行各种生命活动来实现人生的目的时，往往会受到自然条件的制约和影响，从而对人生生命体的存在、生存及活动的过程产生相应的作用和影响；另一方面，在此过程中，人生生命体的能量运行体系也将不停地向自然中汲取各种能量体，并进行相应新陈代谢活动，所以人生生命体存在、生存、活动的非人类自然环境和社会环境也将直接和间接地影响着人生生命体的存在、生存及活动的过程。

以上我们从自然与人生生命体存在和生存、自然与人生生命体的活动、自然与人生的生命过程出发，对自然与人生的关系进行了概括性的论述和说明，在相应的论述中，我们认识到自然与人生之间具有不同层面的深层次关系存在，从广义上讲，人生就是自然的产物，也是自然的一部分，从狭义来讲，人生生命体的存在、生存及其活动和人生的生命过程无时不在自然中进行，受到自然的作用和影响，同时也对自然产生作用和影响。

 第九章 人本与人生

作者在《人本、人性、人心》一书中，对人类生命体的本质进行了相应的论述和说明，并认为人类生命体的本质是由形成人生生理层面生命体的无感知能量体和形成人生心理层面生命体感知能量体之间相互作用、相互影响、协调统一形成的能量运行体系。从生理层面生命体看，人类生理层面生命体的本质存在可以从不同的角度进行细分，但是无论怎么分类，人类生理层面生命体都是由相应的无感知实体物质类能量体、能量场类能量体、暗物质类能量体、暗能量类能量体和能量基类能量体共同形成的能量运行体系。也就是说，人生生理层面生命体的本质就是形成相应人生生理层面生命体的能量体和能量运行体系。

从人生心理层面生命体的本质存在看，人生心理层面生命体是由相应具有感知功能属性的暗物质类能量体、暗能量类能量体和能量基类能量体共同形成的具有感知功能属性的能量体和能量运行体系。由于人生生命体是由人类生理层面生命体和心理层面生命体共同形成的，所以我们可以说：人生生命体的本质是由无感知功能属性的能量体和感知功能属性的能量体共同形成的能量运行体系。我们可以从人本与人生生命体的存在、人本与人生生命体的生存、人本与人生生命体的活动、人本与人生的过程出发进行相应的论述和说明。

一、人本与人生生命体的存在

人生生命体的存在是指相应人生生命体在生存过程中所具有的不同层面的本质存在、属性存在、现象存在、关系存在的总和，也就是相应人生生命体在人生

过程中所具有的生理世界和心理世界存在的总和。在人生生命体不同层面的存在中，人生生命体的本质存在是人生生命体属性存在、现象存在和关系存在的根本，没有人生生命体本质存在就不可能有相应人生生命体的属性存在、现象存在和关系存在，也就不可能有人生的存在，所以我们可以说：人生生命体的本质存在是人生生命体属性存在、现象存在和关系存在的根本，而人生属性存在、现象存在和关系存在只是对相应人生生命体本质存在的存在性质、存在状态和存在关系的体现和表达。

由于人生生命体的本质存在可以分为人生生理层面生命体的本质存在、人生心理层面生命体的本质存在和人生完整层面生命体的本质存在，所以我们可以从人生生理层面生命体、人生心理层面生命体和人生完整层面生命体的本质存在出发，对人本与人生生命体存在的关系作如下总结和说明。

1、人生生理层面生命体的本质存在与人生生命体存在的关系

对人生而言，人生生理层面生命体是人生心理层面生命体的载体，并与人生心理层面生命体一道形成了人生完整层面生命体的存在，所以人生生理层面生命体的本质存在不但是人生生理层面生命体存在的根本，同时也是人生生理层面生命体的属性存在、现象存在和关系存在的前提条件，也是相应人生心理层面生命体存在的载体，同时也是人生完整层面生命体的主体结构，而且随着人生生命体存在的运动、变化，其相应的人生心理层面生命体的本质存在也将发生相应的运动和变化。

2、人生心理层面生命体的本质存在与人生生命体存在的关系

人生心理层面生命体的本质存在不但是人生心理层面生命体的属性存在、现象存在和关系存在的前提基础，同时也是人生生命体进行各种心理活动的主体和行为活动的主导能量体，所以人生心理层面生命体的本质存在不但是人生心理层面生命体存在的前提基础，同时也是人生完整层面生命体进行感知、认识、行为活动的主导因素，也就是说，人生心理本质存在是人生不同层面生命体进行心理和行为活动的主导性的能量体和能量运行体系，随着人生生命体存在的运动、变化，也会促使相应人生心理层面生命体的本质存在发生相应的运动、变化。

3、人生完整层面生命体本质存在与人生生命体存在的关系

人生完整层面生命体的本质存在是人生生理层面生命体和人生心理层面生命体本质存在的集合和统一，所以人生完整层面生命体本质存在是人生不同层面生命体的属性存在、现象存在和关系存在的前提，人生完整层面生命体的本质存在及其相应的属性存在、现象存在和关系存在共同组成了人生生命体的存在。

从以上相关论述和说明中我们可以得知：对人生生命体而言，人生生命体的本质存在是人生一切存在的前提基础，其他层面的不同存在将伴随相应人生生命体本质存在的产生而产生、保持而保持、转化而转化、消亡而消亡，同时，随着人生完整生命体存在的运动和变化，不同层面生命体的本质存在也将发生相应的运动和变化。

二、人本与人生生命体的生存

由于人生生命体的本质存在是由相应的人生生命体的无感知能量体和无感知能量运行体系、感知能量体和感知能量运行体系相互作用、相互影响、协调统一而形成的能量运行体系，所以人生生命体的本质存在与人生生命体的生存之间的关系，我们不妨作如下总结和说明：

1、人生生理层面生命体的本质存在与人生生命体生存的关系

由于人生生理层面生命体的本质存在就是形成相应生理层面生命体的能量运行体系，没有生理层面生命体的本质存在，人生生理层面生命体就不可能存在，没有人生生理层面生命体本质存在的人生生命体是不存在的，也就不可能有相应人生生命体的生存。人生生命体的生存状态及其生存的质量（健康与疾病等）都是人生生命体中不同能量运行体系相互作用、相互影响、协调统一的结果。这也就决定了人生生理层面生命体中不同层面的能量体和能量运行体系的存在及其运行状况决定了人生生理层面生命体、人生心理层面生命体及人生完整层面生命体的生存过程、生存状态以及生存质量。除了人生生理层面生命体的本质存在会对人生不同层面生命体的生存形成相应影响之外，人生生理层面生命体的生存过程、生存状态、生存质量等也会对相应人生生理层面生命体的本质存在及其所具有的性质、功能属性、运动属性、变化属性等产生相应的作用和影响，进而影响到人生生理层面生命体的本质存在。

2、人生心理层面生命体的本质存在与人生生命体生存的关系

人生心理层面生命体的本质存在就是形成人生心理层面生命体具有感知功能的能量体和能量运行体系。人生心理层面生命体的本质存在是人生心理层面生命体存在、生存、活动的前提，没有感知功能的能量体和能量运行体系存在的人生心理层面生命体（灵魂）的人生并不是真正的人生，如果人生心理层面生命体不存在，人生完整层面的生命体也就不可能存在，人生生命体也就不可能有生存的前提和基础，所以人生心理层面生命体的本质存在与人生生命体生存的关系主要体现在：一方面，人生心理层面生命体的本质存在是人生心理层面生命体和完整层面生命体处于生存状态的前提和基础。它不但影响并决定着人生心理层面生命体和完整层面生命体的生存，同时还影响并决定着人生生命体生存的功能属性、运动属性、变化属性等本质属性等，并对相应人生生命体的生存方式、生存周期及生存质量产生相应的作用和影响；另一方面，人生心理层面生命体、生理层面生命体、完整层面生命体的生存过程、生存状态、生存周期、生存质量等都会对相应人生心理层面的本质存在的组成、性质和功能属性、运动属性、变化属性等产生相应的作用和影响，进而影响到相应人生心理层面生命体的本质存在。

3、人生完整层面生命体的本质存在与人生生命体生存的关系

人生完整层面生命体的本质存在就是人生生命体中感知能量生命体与无感知能量生命体相互作用、相互影响、协调统一而形成的能量运行体系。它与人生生命体生存的关系主要体现在：一方面，形成人生完整层面生命体的能量体和能量运行体系的存在是人生完整层面生命体存在的前提和基础，也是人生生命体生存的根本前提。形成人生生命体本质存在的能量体和能量运行体系在相应人生体的产生、保持、转化及消亡的生存过程也是形成相应层面生命体中不同层面能量运行体系产生、保持、转化及消亡的结果，也就是说，人生完整层面生命体的本质存在就是相应人生生命体生存的前提、基础。除此之外，人生完整层面生命体的本质存在中感知、无感知能量体和能量运行体系的大小、性质及其相互结合、互动情况等不但会对人生生命体的产生、保持、转化和消亡具有决定性的作用，同时也对相应人生生命体的生存状态、生存过程、生存质量等产生相应作用和影响。人生完整层面生命体的本质存在与人生的关系还体现在：随着人生不同层面人生命体的产生、保持、转化及消亡等生存过程的运动、变化，人生完整层面生命体中相应能量体和能量运行体系的存在也会发生相应的变化，并对人生生命体中

的能量体和能量运行体系的性质、能量组成、结构、存在状态及其相应的功能属性、运动属性、变化属性等形成相应的影响，进而对相应人生完整层面生命体的本质存在产生相应的作用和影响。

三、人本与人生生命体的活动

从人生生命体活动的主体出发，人生生命体的活动包括了人生生命体的生理活动、心理活动和行为活动。

关于人生生命体的本质存在与人生生命体活动之间的关系，我们可以从人生生理层面生命体、心理层面生命体、完整层面生命体的本质存在与人生生命体活动之间的关系分别进行相应的论述和说明：

1、人生生理层面生命体的本质存在与人生生命体的活动

人生生理层面生命体的本质存在对人生生命体活动的影响包括了：对人生生理活动的影响、对人生心理活动的影响和对人生行为活动的影响。

其中，对人生生理活动的影响主要体现在：一方面，人生生理层面生命体本质存在是人生生理层面生命体活动的基础前提，没有人生生理层面生命体的本质存在就不会有人生生理层面生命体的存在，当然也就不可能有相应人生生命体生理活动的形成；另一方面，人生生理层面生命体中能量体和能量运行体系的性质、组成、结构及其功能属性、运动属性、变化属性和运行状况等不但决定了人生生理层面生命体活动能力的大小，还会对相应人生生理层面生命体的活动属性及活动规律、活动过程及活动质量等产生相应的作用和影响。

人生生理层面生命体的本质存在对人生心理活动的影响主要体现在：在人生过程中，人生心理层面生命体的活动是以人生生理层面生命体为载体进行活动的，由于人生生命体中生理层面生命体的神经系统中的无感知潜能量与形成人生心理层面生命体的感知潜能之间处于共同存在、相互连接的存在状态，并处于不停的相互作用、相互影响、协调统一的运动、变化之中，所以人生生理层面生命体的本质存在必然也会对人生生命体的心理活动产生相应直接和间接的影响。这类影响主要体现在：人生生理层面生命体的本质存在与感知能量生命体之间的相互结合和互动情况会对人生生理层面生命体和心理层面生命体本身及二者共同存在的功能属性、运动属性、变化属性形成相应的作用和影响，同时还会对相应心

理层面生命体活动的功能属性、运动属性和变化属性产生相应的作用和影响，它不但会对人生心理层面生命体的感知、认识和行为心理活动的功能属性、运动属性、变化属性产生影响，还会对相应人生心理活动的活动方式、活动周期、活动质量等产生相应的作用和影响。

关于人生生理层面生命体的本质存在对人生生命体行为活动的影响主要体现在：由于人生生命体的行为活动是由人生生理层面生命体与人生心理层面生命体相互结合、相互作用、相互影响、协调统一而形成的能量运行体系共同活动的结果，而且人生的行为活动有的是源于人生心理层面生命体所形成的行为心理活动的基础上与人生生理层面生命体一道共同活动所形成的人生生命体的活动，有的行为活动是源于人生生理层面生命体带动心理层面生命体进行活动形成的，有的行为活动则是二者之间形成互动形成的，所以人生生理层面生命体本质存在对人生行为活动的影响主要体现在：一方面，人生生理层面生命体的本质存在是人生生命体进行行为活动的载体，同时人生生命体行为活动都是通过人生生理层面生命体的活动进行体现的，而且相应的活动又是相应本质存在的活动所导致的；另一方面，形成人生生理层面生命体本质存在的能量体和能量运行体系的性质、组成及其组织结构所形成功能属性、运动属性、变化属性等也会对人生生命体行为活动的功能属性、运动属性、变化属性及其活动的方式、活动的周期、活动的质量等产生相应的作用和影响。

从以上相应的论述和说明中我们认识到：人生生理层面生命体的本质存在对人生生命体的生理、心理和行为活动的影响是十分明显的，同时人生生命体的生理活动、心理活动和行为活动也会对人生生理层面生命体中不同层面的能量体和能量运行体系的性质、能量的组成和结构，以及相应功能属性、运动属性、变化属性等产生相应的作用和影响，进而对相应人生生理层面生命体的本质存在产生相应的作用和影响。

2、人生心理层面生命体的本质存在与人生生命体的活动

对人生生命体来说，没有人生心理层面生命体存在的生命体就不能称其为完整的人生生命体，也就不可能有人生生命体心理活动和行为活动的发生。也就是说，人生心理层面生命体的本质存在是人生心理活动和行为活动的前提基础，它与人生生命体活动的关系主要是通过相应人生生命体的生理活动、心理活动和行为活动进行体现的。

其中，人生心理层面生命体的本质存在与人生生理层面生命体活动之间的关系主要体现在：人生生命体在生存状态下，形成人生心理层面生命体的感知能量体与形成人生生理层面生命体的无感知能量体之间是处于相互连接、共同存在、相互作用、相互影响、协调统一的存在状态，所以形成人生心理层面生命体的感知能量体和能量运行体系必然会对相应生理层面生命体活动的产生、保持、转化、消亡及其活动的属性、活动的质量、活动过程等方面产生相应的作用和影响。由于对人生生理层面生命体来说，含有感知能量生命体的神经细胞遍布在整个生理层面生命体之中，而且二者之间的能量体和能量运行体系共同存在、紧密相连，在人生过程中，人生生理层面生命体不同层面的能量体和能量运行体系又处于紧密结合的状态，这就决定了人生生理层面生命体中不同层面的无感知能量体和能量运行体系与心理层面生命体中不同层面的感知能量体和能量运行体系之间通过神经系统形成直接和间接连接，这就决定了人生心理层面生命体的本质存在必然会对相应生理层面生命体的能量体或能量运行体系形成相应的作用和影响，自然就会对人生生理层面生命体的活动形成相应促进和制约性的作用和影响，进而对人生生理层面生命体活动的功能属性、运动属性、变化属性以及相应活动质量、活动周期、活动方式等方面产生相应的作用和影响。除此之外，相应人生生命体生理活动的过程和结果又会对人生心理层面生命体的本质存在的能量体和能量运行体系的性质、能量的结构、组成及其功能属性、运动属性、变化属性等产生相应作用和影响，进而对人生心理层面生命体的本质产生相应的作用和影响。

人生心理层面生命体的本质存在与人生心理活动的关系主要体现在：一方面，人生心理层面生命体的本质存在是相应人生心理活动存在的前提和基础，形成人生心理本质存在的不同层面感知能量体、能量运行体系的性质、组成、结构及其存在和运动方式等不但对人生心理活动的功能属性、运动属性和变化属性产生各种直接和间接的影响，同时也会对人生心理层面生命体活动周期、活动方式、活动质量及其相应的活动过程和活动结果等产生相应的作用和影响；另一方面，人生心理层面生命体的活动过程和活动结果也会对相应人生心理层面生命体中的能量体和能量运行体系的性质、能量组成成分、结构情况及其相应的本质属性等产生相应的直接和间接的影响，进而对人生心理的本质存在产生相应的作用和影响。

人生心理层面生命体的本质存在与人生生命体行为活动之间的关系主要体现在：一方面，人生心理层面生命体的本质存在是人生进行行为活动的前提基础，没有心理层面生命体本质存在的人生生命体就不是真正、完整的人生生命体，也就不可能有人生行为心理活动的产生，并形成相应的行为活动。除此之外，形成人生心理层面生命体本质存在的感知能量体和能量运行体系的性质、能量的组成、结构、属性及其与人生生理层面生命体的结合情况必然会对人生心理行为活动的属性、活动的质量及其活动的方式和活动过程等产生相应的作用和影响，进而影响到人生生命体行为活动的功能属性、运动属性、变化属性以及相应活动质量及其活动的周期等；从另一面看，由于人生生命体的行为活动是生理层面生命体和心理层面生命体共同存在、相互作用、相互影响、协调统一而形成的生命活动，所以人生生命体在行为活动过程中，相应人生心理层面的生命体也处于不停的运动、变化中，相应人生生命体的行为活动必然会对人生心理层面生命体的感知能量体和能量运行体系的性质、能量组成及其相应结构功能属性、运动属性、变化属性等产生相应的作用和影响，进而对人生心理层面生命体的本质存在产生相应的作用和影响。

3、人生完整层面生命体的本质存在与人生生命体的活动

人生完整层面生命体本质存在是人生生命体中人生生理层面生命体的本质存在和人生心理层面生命体的本质存在之间共同存在、相互作用、相互影响、协调统一而成的能量运行体系。人生完整层面生命体的本质存在对人生生命体活动的影响主要包括：对人生生命体生理活动的影响、对相应人生心理活动的影响及对相应人生行为活动的影响。其中对人生生理层面生命体活动的影响主要体现在：一方面，生理和心理共同形成的能量运行体系的存在状态是人生生理层面生命体存在的基本状态，也是相应人生生命体生理活动存在的基础，而且，形成生理与心理本质存在的能量体或能量运行体系的结合及其运行情况也将直接和间接地影响到人生生理活动的功能属性、运动属性、变化属性及其活动的质量（例如生理活动协调性、生理层面生命体发育、成长的情况）等。

人生完整层面生命体的本质存在对人生心理活动的影响结果主要体现在：人生生命体完整层面中的感知与无感知能量的组成、结构及其二者的结合情况不但是相应人生生命体心理活动的基础状态，同时它也会对人生心理活动的功能属性、运动属性、变化属性及其活动的质量、活动的方式、活动的过程产生直接和间接的作用和影响。

由于人生生命体的行为活动是人生心理层面生命体和人生生理层面生命体的

本质存在之间共同存在、相互作用、相互影响、协调统一的结果，所以人生完整层面生命体本质存在对人生行为活动的影响主要体现在：一方面，人生完整层面生命体的本质存在是人生生命体进行行为活动的前提和基础；另一方面是，二者的能量组合所形成的能量运行体系的性质、结构情况、结合情况及其所具有的功能属性、运动属性和变化属性会对人生生命体行为活动的功能属性、运动属性、变化属性以及行为活动的方式、行为活动的质量、行为活动的过程等产生相应影响。

除了人生完整层面生命体的本质存在对人生的生理活动、心理活动和行为活动产生相应的作用和影响之外，人生的心理活动、生理活动和行为活动的活动过程和活动结果也会对相应人生完整层面生命体的本质存在的性质、能量成分的组成及其所具有的功能属性、运动属性、变化属性等产生相应直接和间接的影响，进而对人生完整层面生命体的本质存在产生相应的作用和影响。

以上我们从不同角度出发，对人生生命体的本质存在与人生生命体活动之间的关系进行了相应论述和说明，从中我们认识到：人生生命体的本质存在不但是人生生命体进行生命活动的前提、基础，人生生命体不同层面本质存在的能量体和能量运行体系的性质、组成及其功能属性、运动属性和变化属性也会对相应人生生命体不同层面生命活动产生根本性的作用和影响。人生生命体本质存在对人生生命体的活动形成根本性影响的同时，人生生命体不同层面活动过程和活动结果也会对相应人生生命体的本质存在产生相应的作用和影响。

四、人本与人生的过程

人生的过程是指人生生命体从质变性的产生直至质变性的死亡过程中，相应人生生命体不同层面的存在、不同层面的生存、不同层面的活动对所经历的程序、步骤、时间的反映。它包括了人生生命体的存在过程、人生生命体的生存过程和人生生命体的活动过程，就此我们可以从人本与人生生命体的存在过程、人本与人生生命体的生存过程和人本与人生生命体的活动过程出发，分别对人本与人生过程之间的关系进行相应的论述和说明。

1、人本与人生生命体的存在过程

由于人生生命体的本质存在是人生生命体属性存在、现象存在、关系存在的根本，人生生命体的属性存在、现象存在、关系存在是伴随人生生命体本质存在的产生而产生、保持而保持、变化而变化的，所以这也就决定了，人生生命体的不同存在的产生、保持、转化到消亡所经历的程序、步骤和时间也将伴随相应人生生命体本质存在的产生而产生、保持而保持、变化而变化、消亡而消亡，而且随着人生生命体不同存在的产生、保持、变化、消亡，相应人生生命体的本质存在也会发生相应的运动和变化。相应人生不同层面生命体的存在过程就由相应人生生命体本质存在的产生、保持、转化和消亡所经历的程序步骤和时间来决定，而人生生命体本质存在的产生、保持、转化和消亡的过程又由形成相应人生生命体的能量体和能量运行体系的自然属性、社会属性和自我属性以及所受到的自然环境、社会环境和自我不同层面的作用和影响所决定。

2、人本与人生生命体的生存过程

人生生命体的生存过程是指人生生命体从质变性的产生到质变性的死亡过程中，不同层面人生生命体的产生、保持、消亡所经历程序、步骤及其时间的体现，它包括了人生生理层面生命体的生存过程、心理层面生命体的生存过程和完整层面生命体的生存过程。相应人生生命体的本质存在与人生生命体生存过程的关系主要包括了：人生生理层面生命体本质存在与人生生命体生存过程的关系、人生心理层面生命体本质存在与人生生命体生存过程的关系以及人生完整层面生命体本质存在与人生生命体生存过程的关系。

其中，人生生理层面本质存在与人生生命体生存过程的关系主要体现在：人生生理层面生命体的本质存在是人生生命体生存的前提，从本质上讲，人生生理层面生命体生存本身就是相应人生生命体本质存在所具有的功能属性、运动属性、变化属性的体现，在相应人生生命体的生存过程中，形成人生生理层面生命体的无感知能量体和能量运行体系的不同层面的活动也是在遗传变异功能属性的作用下处于不停的运动、变化之中，并形成不同生理层面生命体的产生、保持到死亡的生存过程。也就是说，人生生命体中人生生理层面生命体本质存在的产生、保持和变化的过程形成了相应人生生理层面生命体的产生、保持和死亡的过程；形成人生生理层面生命体的本质存在的能量体和能量运行体系的性质、组织、结构及其功能属性、运动属性、变化属性的存在对人生生理层面生命体的生存过程的影响是根本性的。

除此之外，由于人生生命体在生存过程之中形成生理层面生命体的无感知能量体和能量运行体系与形成心理层面生命体的感知能量体和能量运行体系之间是处于相互结合、共同存在、相互作用、协调统一的状态，而且二者之间的相互结合、协调统一和互动的情况标志着人生生命体的整体层面还处于量变性生存与死亡状态，二者之间的结合标志着生存，二者之间的分离则标志着进入到质变性的死亡状态，所以生理层面生命体的本质存在的性质、结构、功能属性、运动属性、变化属性对心理层面生命体生存过程、完整层面生命体生存过程具有紧密的关系存在。由于人生生命体在生存过程中处于不停的运动、变化，所以相应人生生命体的生存过程对人生心理层面生命体的本质存在也会产生相应作用和影响，并使相应人生生命体的本质存在及其本质属性等发生相应变化和改变。在人生生命体的生存过程中，无论是心理层面的本质存在、生理层面的本质存在，还是二者之间的相互结合的本质存在的性质、互动情况等都会对相应人生生命体的生存过程产生直接和间接的影响，而且随着人生生命体的生存过程的变化，也会使相应人生生命体的生理层面生命体、心理层面生命体和完整层面生命体的本质存在发生相应的变化和改变。

3、人本与人生生命体的活动过程

人生生命体的活动过程是人生生命体在生存过程中，不同层面生命体存在的活动从产生直至消亡所经历的程序、步骤和时间的体现，它包括了生理层面生命体的活动过程、心理层面生命体的活动过程和完整层面生命体的活动过程，是对相应人生生命体活动产生、保持、转化直至消亡所经历的程序、步骤和时间的反映。由于人生生命体的活动主要是由活动的产生、活动的保持、活动的转化及活动的消亡等几个步骤组成，而且不同的步骤和阶段的形成、保持、转化、消亡都是相应能量体和能量运行体系相互作用、相互影响、协调统一的结果，所以人生生命体的本质存在对相应人生生命体活动过程的影响主要包括了人生心理层面生命体、生理层面生命体和完整层面生命体的本质存在对相应人生生命体活动过程的影响，其中，人生心理层面生命体的本质存在对人生生命体活动过程的影响主要体现在：人生心理层面生命体之中的能量体和运行体系是形成人生心理活动过程的前提基础；心理层面本质存在的性质组成、结构、功能属性、运动属性、变化属性等本质属性都会对相应心理活动的产生、保持、转化和消亡的程序、步骤及其所经历的时间长短产生各种直接和间接的作用和影响，同时人生心理层面生命体不同的活动过程也会对人生心理层面活动和行为活动所形成的感知体验及其相应活动属性和活动质量产生相应的影响，与此同时，人生心理层面生命体所经历不同的活动过程的运动、变化也会使相应人生心理层面生命体本质存在的性质、结构功能、运动属性、变化属性等形成相应的影响，进而对相应人生心理层面生命体的本质存在产生相应的作用和影响。

关于人生生理层面生命体的本质存在与人生生命体活动过程之间的关系主要体现在：由于人生生理层面生命体是人生生命体进行生命活动的载体，所以人生生理层面生命体的本质存在也是人生生命体生理活动产生的前提和基础，而且人生生理活动的形成、保持、转化和消亡阶段所经历的程序、步骤和时间的情况都会对形成人生生理层面生命体的能量运行体系的性质、组成、结构、运动、变化属性等形成直接和间接的影响，而且人生生理层面生命体的本质存在对人生心理活动的过程及行为活动的过程也会形成相互作用、相互影响、协调统一的关系存在，并对相应生命活动过程产生各种直接和间接的影响，与此同时，伴随着人生的生理、心理、行为活动过程的进行，也会使人生生理层面生命体本质存在的性质、组成、结构及功能属性、运动属性、变化属性等产生各种直接和间接的影响，进而使其本质存在发生相应的变化。

人生整体层面生命体的本质存在与人生生命体活动过程的关系主要体现在：由于人生生命体在生存过程中感知能量生命体与无感知能量生命体是处于相互结合状态的，所以二者结合所形成的人生生命体的本质存在对人生的心理活动、生理活动和行为活动过程的影响都是直接和有效的。形成人生完整层面生命体本质存在的感知能量运行体系和无感知能量运行体系的能量组成、结构属性及其运动变化属性，以及二者之间的结合状况都会对人生生命体的生理活动、心理活动和行为活动的活动形成、保持、转化和消亡所经历程序、步骤及其时间等形成各种直接和间接的影响。与此同时，相应人生生命体活动的过程又会对人生整体层面生命体的本质存在性质、能量组成及其功能属性、运动属性、变化属性等产生相应的作用和影响，进而使相应人生生命体的本质存在发生相应的变化。

以上我们从人本与人生生命体存在之间的关系、人本与人生生命体生存之间的关系、人本与人生生命体活动之间的关系以及人本与人生过程之间的关系出发，对人本与人生的关系进行了相应的论述和说明，从中我们认识到：人本是人生的基础和前提，没有人生生命体本质存在的人生是不存在的。人生生命体的本质存在对人生的影响具有根本性和决定性的作用，同时，伴随着人生生命体存在、生存、活动过程的运动、变化，也会使相应人生生命体的本质存在处于相应的运动、变化之中。

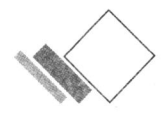 第十章 人性与人生

在《人本、人性、人生》一书中，作者对"人性"进行了论述和说明，并认为人性是人类生命体在存在、生存、活动过程中所具有的本质属性。它包括了人类完整层面生命体所具有的本质属性、人类生理层面生命体所具有的本质属性、人类心理层面生命体所具有的本质属性。人生生理层面生命体、心理层面生命体、完整层面生命体的本质属性都是相应人生生命体本质属性的体现。人生生命体本质属性主要通过相应人生生命体的功能属性、运动属性和变化属性进行体现，其中，人生生命体本质存在的功能属性是指人生生命体中不同层面的能量体和能量运行体系在一定的组织结构状态下所具有的功能、性质的体现，它是由相应能量体和能量运行体系的性质、能量组成及其组织结构所形成的。人生生命体本质存在的运动属性是相应人生不同层面生命体中不同层面能量体和能量运行体系在一定条件下所具有的运动性质（规律）的体现。人生生命体本质存在的变化属性是人生生命体不同层面能量体和能量运行体系之间相互作用、相互影响、协调统一，使不同层面能量体和能量运行体系发生相应运动、变化时所具有的运动变化规律的体现。也就是说，人生生命体的本质属性就是相应人生生命体的本质存在所具有的功能属性、运动属性和变化属性的统一，是对人生生命体不同层面的能量体或能量运行体系所具有性质的表达。由于人生生命体从属于自然，是自然界的产物，也是自然的一部分，每个人生生命体都是人类生命体中的一员，也是相应人类生命体进行生命活动的产物，由于每个人生生命体在自然和社会中是以相对独立的方式进行存在、生存及活动的，人性是自然属性、社会属性和自我属性的统一。相应属性的统一性主要体现在以下几个方面：

（1）从自然属性看，人类生命体生于自然，归于自然，是自然的一部分。从本质上讲，人类生命体仅只是自然界中的一类具有相应生命属性的能量运行体系，是自然界中的一类生命存在。人类生命体是在一定时空条件下由自然中的相应能量体和能量运行体系相互作用、相互影响、协调统一而形成的。人类生命体是自然的一部分，他存在于自然、生存于自然，在自然中进行活动，并随自然的运动而运动，随自然的变化而变化。人类生命体的存在、生存、活动都具有自然界中一切能量体所具有的共有属性（即运动、变化属性等），并受制于自然。人类生命体也将随着不同层面存在、生存活动产生相应的运动、变化，使相应人生生命体形成生老病死现象的变化，人类生命体的一切存在、生存及活动都离不开自然，人类生命体的本质属性是人类生命体的能量体和能量运行体系所具有的功能属性、运动属性、变化属性为基础而形成的。尽管人类生命体面对自然时都是以人类自身为中心，以自我出发，视自然为人类所有，并通过认识自然、利用自然、改造自然为人类生命体的存在、生存和活动服务，并以心理上占有自然为乐趣，但却改变不了人类的根本属性就是自然属性，而且人类生命体的社会属性和自我属性都是建立在自然共有属性基础上而形成分别属性。

（2）从社会属性看，人类生命体在具有相应自然的本质属性基础上，还具有人类生命体的共有属性，这类属性对人类自身来说，属于人类的共有属性，对自然来说，却属于分别属性。由于人类是自然界中的一类生命体，这类生命体具有相似或相同的能量性质、能量组成成分和相同或相似的组织结构形式等，这也就决定了不同人生生命体之间具有相同或相似的功能属性、运动属性和变化属性等本质属性的存在，对人生生命体来说，在具有自然共有属性基础上还具有人类的共有属性，即人类社会属性。由于每个人生生命体都是人类社会的产物，并在相应的社会中存在、生存和活动，这就意味着人类生命体的存在、生存、活动必然受到自然环境的作用和影响，同时还会受到相应社会环境的作用和影响。

不同的人生心理层面生命体之间具有相同或相似的感知功能属性、运动属性、变化属性，其中，在相同或相似的感知功能属性基础上形成了相同或相似的进行感知、认识和行为心理活动的功能属性。例如：人类具有把人类生命体与自然界中非人类生命体进行分别的功能属性、具有把自我生命体与人类其他生命体进行分别的功能属性等都属于人类心理层面生命体所具有的共有属性。

对每个人生生命体来说，人生生理层面生命体都是在遗传、变异的功能属性作用下，通过相应亲代的人生生命体进行生命繁殖活动而形成的，这也就决定了人生生理层面生命体在遗传、变异作用下也与亲代具有人种层面和性别层面、相应民族层面、相应家庭层面等相应社会共有属性的存在。例如：每个人都具有相同或相似的人类四肢结构、形体、长相、相似或相同的八大功能系统的属性以及相应民族、性别的共有属性，乃至由于家庭遗传所形成的健康与疾病的属性等。

对每个人生生命体而言，社会属性的形成不但来源于先天亲代的遗传、变异的影响，同时也受到后天社会环境因素的影响。这种影响主要体现在：人生生命体的生理活动、心理活动和行为活动的属性都会受到相应社会环境的直接和间接影响。从以上论述中我们认识到，从人生生命体的社会属性看，人类生命体的存在、生存及其活动都具有相应人类社会的共有属性的存在，而且相应的社会属性是建立在自然属性基础上形成的。人类生命体中的个体与其他人类生命体之间具有共有属性，同时也具有自己个别的属性存在。这里要强调的是，由于人类生命体所具有的社会属性对自然而言却属于自然属性中的分别属性存在，所以人生生命体的社会属性是建立在自然属性基础之上的属性存在。

（3）从自我属性看，由于人类生命体是由心理层面生命体和生理层面生命体共同形成的。其中，心理层面生命体具有感知功能属性、运动属性、变化属性等本质属性；生理层面生命体具有遗传、变异和新陈代谢的属性和运动属性和变化属性等本质属性，但是对不同的人生生命体而言，由于不同的个人或同一个人在不同的时空条件下所具有的功能属性、运动属性、变化属性都不会一致，也就是说，每个人生生命体都具有自我的存在、生存、活动的分别属性。自我的分别属性主要体现在：每个人的生理层面生命体、心理层面生命体以及完整层面生命体的存在、生存、活动及人生过程都具有自身独特的本质属性存在，而且自我的独特属性存在都是建立在相应社会属性共有基础上形成的，并伴随着时空的变化而变化。例如：对个体人生生命体而言，相应生命体的存在、生存、活动都具有与众不同的本质属性或特点的存在。由于人生生命体都是相应人生的主体，相应人生生命体在不同分别本质属性作用下，其所具有的生理活动、心理活动和行为活动都会具有不同的属性存在。人生生命体的自我属性还体现在，对个体人生生命体而言，在一般情况下，人们最容易认识到的是自身的肉体，心理虽然可以感知，却不可见，所以当人生生命体面对自我时往往会把心理与肉体当作一体来看待，并认为肉体就是自我的主体，心理是贮存于肉体中自我的一部分，于是人生生命体面对自我时往往会以生理层面生命体为自身生命的核心主体，并形成以延长自我肉体生命体的存在、生存的时间及质量提升作为人生目的进行相应人生活动，并以生产、生活为手段来创造相应物质产品为自身生命体的存在、生存目的的实现服务，当人生生命体在自我分辨功能属性作用下的人生过程中，在思考人生生命体的存在和生存目的和人生生命体活动的目的时，由于认识到生命体的存在、生存是生命体活动的基础，所以人类生命体在进行相应心理及行为活动中就会形成保持自我人生生命体存在、生存重要性高于减少痛苦、增加幸福的重要性。由于每个人生生命体都是以相对独立的生命体形式存在于自然和人类社会之中，每个人对事物进行感知、认识及行为活动都是以自身所形成的感知体验为依据进行活动的，这也就意味着每个人生生命体在面对自身的存在、生存、活动都是以自身为核心主体而进行存在、生存及其活动的。

根据以上说明，我们可以得知：从人类生命体的功能属性、运动属性、变化属性来说，由于人类心理在感知功能属性作用下认识到自我的存在是人生生命体的存在、生存及活动的根本前提，这也就决定了追求自我生理层面生命体的长久生存和追求自我"灵魂"的永生必将成为人类生命体面对自我人生生命体的存在、生存及活动的人生目的。随着人类生命体对自身认识体验的增多，人类逐渐认识到追求肉体的永生是不可能的，所以追求灵魂的永生自然也就成为人生生命体面对人生的终极关切点。正因为许多宗教所关注的就是灵魂的永生，所以才给人类内心深处点燃了追求自我永生的希望和光明，这就是为什么在今天看来，有些宗教虽然不具备完善理论和实践的基础，却具有强大生命力的原因所在。而且人生生命体在生命活动中往往会把保护自身生命的存在、生存及活动作为行为活动的起点和终点，并形成以人生生命体的存在、生存和活动为中心，以生产、生活为主要活动手段而展开的人生生命体活动。

以上我们对"人性"做了一个概括性的说明，那么我们势必会问"人性"与"人生"之间又有什么样的关系存在呢？为了便于说明，下面我们就分别从人性与人生生命体的存在、人性与人生生命体的生存、人性与人生生命体的活动、人性与人生的过程出发，对人性与人生的关系进行相应的论述和说明。

一、人性与人生生命体的存在

由于人性是自然属性、社会属性和自我属性的统一，所以关于人性与人生生命体存在之间的关系，我们可以分别作如下说明：

1、人生生命体的自然属性与人生生命体的存在

人生生命体的存在包括了人生生命体的本质存在、属性存在、现象存在和关系存在。自然属性对人生生命体存在的影响主要体现在：对人生生命体的本质存在而言，人生生命体本身就是来源于自然之中相应能量体和能量运行体系的结合体，所以人生生命体的本质存在源于自然，并归于自然。人生生命体本质存在的能量组成成分及其本质存在所具有的属性都具有相应的自然属性存在，也将受到自然环境中不同能量的作用和影响。另一方面，由于人生生命体本身所具有的能量体和能量运行体系与自然界中相应能量体和能量运行体系之间存在着不停的新陈代谢活动，这也就决定了相应人生生命体本质存在的运动、变化也将受到自然环境的作用和影响，并对自然之中的相应存在产生作用和影响。人生生命体自然属性的存在决定了人生生命体所具有的本质存在、属性存在、现象存在和关系存在都会按相应的自然属性处于不停的运动变化之中，而且不同的存在也有产生、保持、转化、消亡的自然属性存在。

2、人生生命体的社会属性与人生生命体的存在

人生生命体的社会属性主要是指：一方面，人生生命体所具有的本质存在、属性存在、现象存在和关系存在都具有人类生命体所具有的共有属性；另一方面是指相应人生生命体的存在与相应的人种、民族、性别、家庭及亲代生命体之间所具有的共有属性，而且相应人生生命体的存在与相应人种、民族、性别、家庭等的人生人类生命体之间具有先天形成和后天形成的共有的功能属性、运动属性和变化属性。人生生命体的存在除了受到社会中相应人生生命体先天遗传的属性影响之外，还会受到后天社会环境的影响，同时相应生命体存在的情况及其运动、变化属性也会对相应的社会属性产生直接和间接的作用和影响。

3、人生生命体的自我属性与人生生命体的存在

人生生命体自我属性存在是使相应人生生命体所具有的区别于其他生命体的属性。它是使人生生命体的本质存在、属性存在、现象存在、关系存在区别于其他人生生命体相应存在的因素，所以人生生命体的自我属性对相应人生生命体存在的影响是直接而有效的影响，正是人生生命体都具有自我属性的存在，才使每个人成为他自己，而不等同于别人。在人生过程中，随着人生生命体不同存在的运动、变化的发生，也会使相应人生生命体的自我属性产生相应的运动、变化。

二、人性与人生生命体的生存

由于人性是自然属性、社会属性和自我属性的统一，所以我们可以从人生生命体的自然属性与人生生命体的生存、人生生命体的社会属性与人生生命体的生存和人生生命体的自我属性与人生生命体的生存出发，对人性与人生生命体生存之间关系分别进行相应论述和说明：

1、人生生命体的自然属性与人生生命体的生存

从本质上讲，人生生命体的自然属性就是相应形成人生生命体的能量体和能量运行体系的属性。由于人生生命体属于自然界中相应能量体和能量运行体系的存在，所以人生生命体的生存必然遵循自然界中相应能量运行体系所具有的功能属性、运动属性、变化属性。例如：由于人生生理层面生命体属于有机物为主体形成的生命体，他的生存与死亡就会遵循自然界中有机物生命体所具有的属性。

人生生命体的自然属性与人生生命体生存之间的关系主要体现在：一方面，人生生命体的生存必然会遵循自然界中相应能量体和能量运行体系所具有的运动属性、功能属性和变化属性，而且相应人生生命体的生存状态、生存方式、生存过程及生存质量等也必然会受到相应功能属性、运动属性和变化属性的左右。例如：人生生命体的生存必然会遵循自然界中一切能量体或能量运行体系所具有的运动属性、变化属性，并处于不停的运动、变化之中，并有产生、保持、转化和消亡的自然规律的存在。也就是说，人生生命体的生存必然会遵循产生、保持、转化和死亡的属性。由于人生生命体是属于自然界中的感知有机生命体中的一类，这类生命体具有与自然界相同或相似的能量运行体系及其本质属性的存在，这也就决定了人生生命体的生存必然具有自然界中类似生命体的属性存在。

另一方面，由于人生生命体是生理和心理的结合，形成人生生理和心理的能量体和能量运行体系都源于自然，归于自然，所以人生生命体的生存必然会遵循自然界中相应无感知有机生命体所具有的本质属性。相应人生生理层面生命体的生存都是由自然界中相应有机生命体中的相应能量体和能量运行体系所具有的功能、运动、变化的属性来决定。人类生命体中相应能量体和能量运行体系的生存活动也会使其本质属性发生改变，并使其处于相应的运动、变化之中。对人生心理层面生命体而言，它所具有的生存状态、生存方式、生存周期、生存质量等也会遵循自然界中相应能量体和能量运行体系所具有的功能属性、运动属性、变化

属性,并伴随相应心理层面生命体生存的运动和变化而发生相应的运动、变化。

人生完整层面生命体是人生心理层面生命体和生理层面生命体之间处于相互结合、相互作用、相互影响、协调统一的生存状态的呈现。由于人生生理层面生命体和心理层面生命体具有了自然界中相应能量体和能量运行体系的功能属性、运动属性、变化属性,所以完整层面生命体也必然具有自然界中相应生命体所具有的功能、运动、变化属性。这些相应功能属性、运动属性、变化属性的存在决定了人生完整层面生命体生存的功能属性、运动属性、变化属性的存在,从而影响到完整层面生命体生存的产生、生存的保持、生存的运动、生存的变化和生存的丧失,并对相应人生生命体生存的方式、生存的质量、生存的周期等产生相应的作用和影响;另一方面,伴随着人生生命体生存过程的运动、变化,也会促使相应人生不同层面生命体的本质存在及其所具有的功能属性、运动属性、变化属性发生相应的变化和改变。

2、人生生命体的社会属性与人生生命体的生存

人生生命体的社会属性是人生生命体在自然属性基础上所具有的共有本质属性,它包括了不同人生生命体所共同共有的结构属性、功能属性、运动属性和变化属性。人生生命体的社会属性与人生生命体生存的关系主要体现在以下几个方面:

人生生命体所具有的社会属性决定了人生生命体具有与其他人生生命体共同的生存本质属性(例如:人生生命体具有与其他人生生命体相同或相似的生存功能属性、运动属性、变化属性等),而且相应的属性必然会对相应人生生命体的生存状态、生存方式、生存过程、生存质量等产生相应的作用和影响,同时,相应的生存方式、生存过程和生存质量等也会使相应人生生命体的功能属性、运动属性、变化属性发生相应相同或相似的变化。例如:随着相应人生生命体的生存方式、生存过程、生存环境的变化,会使相应年龄阶段遗传、变异功能属性的变化、生育能力的变化、抗疾病能力的变化及其他生命体征和活动能力的变化等。

由于人生的社会属性属于人类生命体共有本质属性的范畴,所以在社会属性的作用下,在一定的时空环境条件下,会直接或间接地促使人们把相应社会大众的某些属性激活,形成共有的社会活动,从而影响到人生生命体与社会中其他人之间的生存环境,并对人类所生存的自然环境产生相应的影响。例如:人生生命体在社会中所具有的社会属性越宽泛,那么相应人生生命体在社会中与其他人之

间的关系也就更加复杂,他的生存就更容易对自己所处的社会环境产生影响,并影响到相应的社会环境。若个人与社会共融,则对自身生存有利,反之则有害。除此之外,人生在社会中生存环境的好与坏和是否对自身有利也会对人生生命体在社会生存过程中的社会属性产生相应的作用和影响,进而发生相应的变化。

由于人生生命体的社会属性有的是先天性遗传、变异的结果,有的则是形成于后天。无论是先天的遗传、变异形成的,还是后天形成的社会属性,它都将受到社会环境与自然界的影响,由于人生生命体的社会属性是在自然属性基础上的人类共有的属性,而且这些属性也会给相应人生生命体生存的功能属性、运动属性、变化属性产生相应的作用和影响,进而对人生生命体的生存质量、生存状态、生存周期、生存能力等形成相应的影响。

由于人生生命体的社会属性属于相应不同人生生命体共有的属性存在,而对自然来说,则属于分别属性,所以这就决定了人生生命体在生存过程中,除了会受到非人类自然环境因素影响外,也会受到自然界中相应属性的左右。也就是说,人生的社会属性对人生生命体生存的影响是在自然属性基础上所形成的影响。自然属性决定了社会属性,同时社会属性又是人类区别于非人类自然生命体的共有属性,并使人类生命体在自然之中成为一类能够处于相对独立的生存状态的感知有机生命体。

3、人生生命体的自我属性与人生生命体的生存

人性之中的自我属性的存在是指特定的人生生命体所具有的区别于其他人生生命体所具有的分别属性存在,这类属性与人生生命体生存的关系主要体现在如下几个方面:

人生的自我属性是建立在人类生命体自然属性、社会属性基础上针对生命个体分别的本质属性存在。正是由于人生生命体具有自我属性的存在才使人生生命体自身具有相对独立的个性存在,并生存在相应自然和社会环境之中,并使相应人生生命体的生存有别于其他人生生命体的生存。

由于人生生命体的自我属性包括了人生生理层面生命体、心理层面生命体和完整层面生命体等不同层面生命体自我属性的存在,所以自我属性对相应人生心理层面生命体、生理层面生命体和完整层面生命体的生存的功能属性、生存的运动属性和生存变化属性产生个性化影响的同时,相应的生存状态、生存方式、生存质量等的运动、变化也会对相应人生不同层面生命体自我的本质属性产生相应

影响，并使其发生相应的变化和改变。

人生生命体的自我属性中有的是先天形成的，有的则是后天形成的。后天属性的形成又是建立在先天属性形成的基础上形成的，所以人生生命体的生存不但会受到人生生命体先天自我属性的影响，也会受到后天自我属性的影响，与此同时，相应的人生生命体的生存过程也会对人生生命体的自我属性产生相应的影响而发生相应的运动、变化。

以上我们对人性与人生生命体生存的关系进行了相应的论述和说明，从中我们认识到：人性与人生生命体生存的关系是十分紧密相关的。人性不但决定了人生生命体的生存状态，同时也对人生生命体生存的功能属性、运动属性、变化属性以及生存周期和质量等产生相应的影响。随着人生生命体生存的运动、变化，也会对相应人生生命体的人性产生影响，并使其产生相应的运动、变化，人性与人生生命体的生存之间具有相辅相成、相互促进、相互制约的关系存在。

三、人性与人生生命体的活动

人生生命体的活动包括了人生的生理活动、心理活动和行为活动，而且人性也包括了人生生理层面生命体的人性、心理层面生命体的人性和完整层面生命体的人性，而且不同层面的人性都是相应自然属性、社会属性和自我属性的统一，所以我们同样可以分别从人生生命体的自然属性、社会属性、自我属性出发，对人性与人生生命体活动之间的关系进行相应的论述和说明：

1、人生生命体的自然属性与人生生命体的活动

从本质上讲，人生生理层面生命体、心理层面生命体，以及完整层面生命体都属于自然界中的相应能量体或能量运行体系的一部分，他们都具有自然界中相应能量体或能量运行体系的性质及其功能属性、运动属性和变化属性的存在。在相应功能属性、运动属性、变化属性的作用下，就会使人生心理层面生命体、生理层面生命体和完整层面生命体所形成的生理活动、心理活动和行为活动都具有相应的自然属性存在。

除了人生生命体的生理、心理、行为活动会受到相应自然属性的影响，人生生命体的生理活动、心理活动和行为活动也会使人生生理层面、心理层面和完整生命体层面的本质存在及其功能属性、运动属性和变化属性发生相应的运动、变

化。例如：人生生命体活动随着年龄的变化，会使相应人生生命体生理层面的遗传、变异属性、新陈代谢活动属性及其健康属性等发生相应的变化；人生生命体生理活动和行为活动的结果也会使心理层面生命体的感知功能属性、运动属性、变化属性发生相应的改变，使其变得更加灵敏或迟钝，变得更加感性或理性，并使其行为活动变得更加协调、统一或不和谐、分散等。

2、人生生命体的社会属性与人生生命体的活动

人生生命体的社会属性是通过先天的遗传变异和后天的生命活动形成的。它是人类生命体在自然属性基础上形成的人类生命体的共有属性。它与人生生命体活动的关系主要体现在：人生生命体社会属性的存在从根本上决定了人生生命体的活动具有人类生命体所共有的属性，却有别于自然界中的其他生命体的共有属性，它包括了人生生命体共有的生理活动属性、心理活动属性和行为活动属性，它使相应人生生命体的活动遵循人类生命体的活动属性，而不是其他生命体的活动属性。同时，人生生命体所进行的社会生理、社会心理、社会行为活动又会促使相应人生生命体在生理层面生命体、心理层面生命体和完整层面生命体所形成的相应社会本质存在及其所具有的结构功能属性、运动属性和变化属性等发生相应的变化或改变。

3、人生生命体的自我属性与人生生命体的活动

人生生命体的自我属性是建立在人生生命体自然属性、社会属性基础上形成的，使相应人生生命体有别于社会中其他人生生命体的分别属性的存在，它所反映的是个人在相应社会群体中的本质属性和与其他人生生命体相比所具有的分别属性的存在。由于每个人都是以相对独立状态存在和生存的人生生命体，所以对每个人来说，无论是在生理层面、心理层面，还是整体层面都具有自我的相对独特的本质属性存在，并对人生生命体活动产生相应的影响，这类影响主要体现在：由于每个人在生理层面、心理层面和完整层面都具有自我、独特的本质属性存在，这就决定了每个人都具有自我有别于其他人生生命体生理层面、心理层面和完整层面生命体活动的功能属性、运动属性和变化属性的存在。每个人具有人类共有的遗传变异活动、新陈代谢活动等生理活动、心理活动、行为活动属性的基础上又存在着与自身不同的活动属性存在，例如：在生理活动方面，每个人生生命体的生育能力、运动协调能力以及运动习惯、思维能力、活动的协调性等方面的属

性都会与别人有所区别；在心理活动方面，每个人的感知、认识和行为心理的功能属性及其运动变化的属性都会与别人有所区别，因为具有不同本质属性的人生生命体的心理活动所具有的感知认识能力，或对事物的敏感性以及心理活动的感性和理性都会体现出不同的属性存在，而且对同一事物所形成的感知体验也会有所区别。

关于自我属性对人生行为活动的影响主要体现在：鉴于个体的人生生命体在生理层面、心理层面和整体层面都具有自我独特的本质属性存在，这就决定了个体的人生生命体都具有相应的有别于其他人生生命体的功能属性、运动属性和变化属性的存在，从而导致个体的人生生命体在进行行为活动时，都具有相应的区别于其他人生生命体的功能属性、运动属性和变化属性的存在，并使自己的行为活动是独一无二的行为活动。除此之外，由于自我属性的存在也会使相应人生生命体具有以自我为中心的生理、心理和行为活动的倾向性。人生生命体的自我属性对人生生命体的活动产生作用和影响的同时，相应人生生命活动也会对人生自我本质属性形成影响，有的影响会使其具有更加稳定、更加明显，而有的影响将使分别属性逐渐削弱。

以上我们对人性与人生生命体活动的关系进行了相应的论述和说明，从中我们认识到：人性对人生生命体活动的影响是具有根本倾向性的，在不同层面的影响中，自然属性是根本，社会属性是基础，自我属性是个性的体现。

四、人性与人生的过程

人生的过程是指人生生命体在生存状态下，人生生命体的存在、生存及其活动所经历程序、步骤及其时间的体现，它包括了人生生命体的存在过程、人生生命体的生存过程和人生生命体的活动过程，人性与人生过程之间的关系也可以分为：自然属性与人生过程的关系、社会属性与人生过程的关系以及自我属性与人生过程的关系，下面我们就分别进行论述和说明：

1、人生生命体的自然属性与人生的过程

人生生命体的自然属性也是人性中最根本的属性，它所代表的是人生生命体从属于自然，并具有形成人生生命体相应能量体和能量运行体系的本质的属性存在，它与人生过程之间的关系主要体现在以下两个方面：

一方面，人生生命体自然属性的存在决定了人生生命体从质变性的产生到质变性的死亡过程中，相应人生生命体的存在、生存、活动的产生、保持、转化和死亡所经历的程序、步骤及其经历时间必然受到自然属性的制约，并遵循相应的运动属性、变化属性，同时人生生命体相应的存在、生存、活动过程又会对相应人生生命体的自然属性产生相应的影响，并使其发生相应的改变；另一方面，由于人生生命体的存在、生存及活动是人生生命体之中相应能量和能量运行体系相互作用、相互影响、协调统一的结果。这也就决定了人生生命体的存在、生存及活动的产生、保持和消亡所经历的程序、步骤和时间将受到自然界中相应能量体和能量运行体系的作用和影响，相应的人生生命体的存在、生存、活动过程又会对人生生命体所处自然界的能量环境以及人生生命体的本质属性产生影响，并发生相应的变化和改变。

2、人生生命体的社会属性与人生的过程

人生生命体的社会属性是指人生生命体在自然属性基础上所形成的人类共有的，有别于非人类自然中其他生命体的本质属性，它与人生过程的关系主要体现在以下几个方面：

一方面，由于人生生命体的社会属性反映的是人生生命体与人类其他生命体所共有的、有别于其他非人类生命体的本质属性存在，所以社会属性的存在也就决定了不同人生生命体的存在过程、生存过程和活动过程中会经历相似或相同程序步骤和时间周期。同时人生生命体的存在、生存、活动过程也会对不同层面人生生命体（生理、心理、整体层面）本质属性产生相同或相似的影响，进而使相应人生生命体的本质属性形成进化或退化性的改变。

从另一方面看，人生生命体具有的社会属性存在也就决定了不同人生生命体所进行的心理、生理和行为活动具有相同或相似的功能属性、运动属性和变化属性，它们进而影响到相应人生生命体的存在、生存及活动的产生、保持和消亡所经历的程序、步骤和时间。与此同时，人生生命体生理、心理、行为活动的过程和结果也会促使相应人生生命体的社会本质属性发生相应变化。

3、人生生命体的自我属性与人生的过程

由于人生生命体的自我属性是建立在自然属性、社会属性基础上形成有别于社会中其他人生生命体分别属性的存在，它与人生过程的关系主要体现在以下两

个方面：

一方面，由于每个人生生命体都具有相对独特的生理层面生命体、心理层面生命体和完整层面生命体本质属性的存在，这就决定了不同个体的存在、生存、活动都会经历具有自身特点的程序、步骤和时间。

另一方面，具有自我属性的人生的存在过程、生存过程及活动过程反过来又会对自我人生生命体的本质属性产生相应的影响。这种对自我生命体的本质属性形成的是个性化的影响，而不是普遍性的影响。从以上相应的论述中我们可以得知，人生生命体的自我属性对相应人生过程的影响是在以自然属性、社会属性为基础上形成的影响，它对人生过程的影响是在受自然属性和社会属性的影响基础上形成分别性的影响。

本文从不同的角度对人性与人生之间的关系进行了论述和说明，从中我们认识到：人性与人生之间具有紧密的关系存在，人性对人生的影响是自然属性、社会属性和自我属性协调统一而形成的影响，其中自然属性对人生的影响是根本倾向性的，社会属性对人生的影响是基本倾向性的，自我属性对人生的影响则是个别性的。

第十一章　人心与人生

在日常生活中我们会经常听到"人心决定人生，心态决定状态，成败源于心态"等各种不同的论断。从各种不同的论断中，我们深感"人心"对人生的重要性已经成为社会大众的共识。关于人心对人生的重要性，每一个心理健康的人都能够体会得到，面对人心与人生的思考，我们会问：人心是什么？人心与人生之间有什么样的关系存在？而且这些问题已经成为我们必须面对的问题，为了对这些问题进行解答，我们还得从"人心"说起。

一、关于人心

关于"人心"的问题，作者已在《空间的层面》和《人本、人性、人心》两部著作中作了较为系统的论述和说明，并认为：人心是人生心理层面生命体的存在，从内涵来看，它包括了人生心理层面生命体的本质存在、属性存在、现象存在和关系存在。为了对"人心"作一个概括性的总结和说明，下面我们就分别从人生心理的不同存在出发进行概括性的说明。

1、关于"人心"的本质存在

从本质上看，"人心"的本质存在就是形成人生心理层面生命体的感知能量体和能量运行体系，它是由具有相同频率和感知属性的能量体和能量运行体系所形成的，它是人生心理层面生命体属性存在、现象存在和关系存在的根本前提，"人心"的属性存在、现象存在、关系存在则是对"人心"本质存在的性质、状态及相关性的体现和表达。离开本质存在的"人心"是不存在的，没有"人心"的本质存在，也就不可能有"人心"相应的属性存在、现象存在和关系存在。

2、关于"人心"的属性存在

人心的属性存在是指人生心理层面生命体不同存在所具有性质的体现，它包括了人生心理层面生命体的本质属性存在、现象属性存在、关系属性存在和属性之属性存在。由于人生心理层面生命体的本质存在是其他一切存在的基础，所以"人心"本质属性存在也是相应"人心"的现象属性存在、关系属性存在和属性之属性存在的基础，根据作者在《人本、人性、人心》一书中的论述，作者将人类生命体本质属性的存在分成了相应的功能属性、运动属性和变化属性，从人生"心理"的本质属性看，由于感知能量生命体从属于能量，所以它必然存在着运动这个根本属性，而感知属性则属于相应能量体和能量运行体系本质属性中的功能属性，所以感知能量体的本质属性包括了具有感知体验的本质属性存在和无感知体验的本质属性存在等。由于人生心理层面生命体具有自然属性、社会属性、自我属性的存在，这就决定了"人心"必然具有相应运动属性和变化属性的存在。由于人生心理层面生命体的本质属性是通过相应功能属性、运动属性、变化属性进行体现的，其中，功能属性又是由相应能量体和能量运行体系本身所具有的性质、组成及其组织结构形式所决定的，而运动属性和变化属性又是由相应能量体和能量运行体系与源于内在及外部的能量体和能量运行体系相互作用、相互影响、协调统一而形成的。从"人心"的本质属性来看，由于目前人们还不能借助各种工具和手段，通过人体感觉器官对其进行实证，只可能根据心理活动所形成的感知体验的规律进行反映，主要是通过心理活动过程中所呈现出的感知功能的敏感性、灵活性以及其所具有的感性和理性等性格属性及其所处的健康状况等进行体现。也就是说，目前人们对人类心理本质属性的表达只能通过具有感知体验的功能属性、运动属性、变化属性进行反映。在相关论述中，我们论述了由于人类心理的属性是自然属性、社会属性、自我属性的统一，这也就决定了"人心"的属性，亦即感知和无感知活动的功能属性、运动属性、变化属性的本质属性及其相应的现象属性、关系属性和属性之属性的存在也将受到自身所具有的自然属性、社会属性和自我属性的作用和影响。

3、关于"人心"的现象存在

"人心"的现象存在是人生心理层面生命体不同存在状态的呈现，由于"人心"的现象存在至今尚无法通过人体感觉器官进行实证，所以对人生心理层面生命体的现象存在也只可能借助相应感知体验来进行反映和表达，这种表达方式是基于人类心理的不同存在在各种存在状态下具有相应感知体验为假设前提而得到的表达方式。关于这方面的论述，作者已在《人本、人性、人心》一书的相关文章中作了较为系统的论述，在此就不重复了。目前我们对"人心"的现象存在主要通过"人心"在相应活动状态下所形成的感知体验进行表达的。

人生心理属性现象存在包括了无感知功能属性的现象存在和感知功能属性的现象存在，而且认为感知功能属性现象存在与无感知功能属性现象存在之间也具有相互对应的关系存在。总之，目前我们只能通过人生心理活动过程中所形成的感知体验来对人心相应的本质存在、属性存在、现象存在和关系存在进行分析和说明。

从具有感知体验的心理活动状态出发，我们将人类心理活动现象分为潜意识类心理活动现象、意识类心理活动现象、感知宁静类心理活动现象。从人生心理活动的功能属性出发，我们将人类的心理活动现象分为感知类心理活动现象、认识类心理活动现象和行为类心理活动现象。从心理活动现象所形成的感知体验的倾向性出发，我们将人类心理活动现象分为偏好倾向性感知体验的心理活动现象、厌恶倾向性感知体验的心理活动现象、偏好倾向性和厌恶倾向性共存的感知体验心理活动现象、非偏好非厌恶感知体验的心理活动现象。

其中，偏好倾向性感知体验的心理活动现象是指人类心理在潜意识类、意识类、感知宁静类心理活动状态下，进行感知、认识、行为心理活动过程中所形成的具有主动接受、愿意接受和愿意承受的感知体验的心理活动现象。例如：具有喜好、快乐、愉悦等感知体验的心理活动现象。

厌恶倾向性感知体验的心理活动现象是指人类心理在潜意识类、意识类、感知宁静类心理活动状态下进行感知、认识、行为心理活动时所形成的具有不愿意接受、逃避和拒绝接受的感知体验的心理活动现象。例如：具有讨厌、痛苦、不悦等心理体验的心理活动现象。

偏好和厌恶共存的感知体验心理活动现象是指人类心理在潜意识类、意识类、感知宁静类心理活动状态下在进行感知、认识、行为心理活动时所形成的既有偏好倾向性心理体验，也具有厌恶倾向性心理体验的心理活动现象。例如：爱恨交加、难以取舍、矛盾等心理活动现象。

非偏好、非厌恶潜意识类心理活动现象是指人类心理在潜意识类、意识类、感知宁静类心理活动状态下进行感知、认识、行为心理活动时所形成的既没有偏好倾向性，也没有厌恶倾向性感知体验的心理活动现象。例如：具有无分辨的、无取舍的心理活动现象。

4、关于"人心"的关系存在

"人心"的关系存在是指人生心理层面生命体中不同存在之间所具有的相互作用、相互影响、协调统一的联系存在，它包括了本质存在的关系存在、属性存在的关系存在、现象存在的关系存在和关系存在的关系存在。鉴于人生心理的本质存在、属性存在、现象存在、关系存在是不可能通过人体感觉器官或借助各种手段进行观察、实证的，所以我们也只能从不同感知体验之间所具有的因果关系、逻辑关系出发，对人心的关系存在进行相应的表达，例如：通过不同感知体验所形成的具有顺序性和相关性以及人生心理活动所形成的相应因果关系和逻辑推理关系对人生心理不同层面的关系存在进行相应的表达和反映。

以上我们从"人心"不同类别的存在出发，对"人心"进行了概念性的说明，下面我们就从人生的内涵和人心的不同类别存在出发对人心与人生的关系进行相应的论述和说明。

二、人心与人生的关系

在前面的相关论述中，我们将人生的内涵分成了人生生命体的存在、人生生命体的生存、人生生命体的活动和人生的过程四个方面。下面我们就从人生内涵出发，对人心与人生之间的关系进行相应的论述和说明：

1、人心与人生生命体存在之间的关系

人生生命体的存在包括了人生生理层面生命体的存在、心理层面生命体的存在和完整层面生命体的存在，而且以上不同层面生命体的存在又包括了相应本质存在、属性存在、现象存在和关系存在。关于人心与人生生命体存在的关系主要体现在以下几个方面：一方面，"人心"本身就是人生生命体中心理层面生命体的存在，是相应人生生命体存在的重要组成部分，没有"人心"的存在是不完整的

人生生命体存在。对人生生命体来说,"人心"存在与生理层面生命体存在之间紧密相连,二者共同形成了人生完整层面生命体的存在,所以"人心"不但是人生生命体存在的重要组成部分,同时还对人生生理层面生命体和人生完整层面生命体的本质存在、属性存在、现象存在和关系存在的存在形式、存在状态等产生相应作用和影响;除此之外,人生生理层面生命体、完整层面生命体的存在状态及其所产生的运动、变化也会对"人心"的本质存在、属性存在、现象存在和关系存在产生相应作用和影响,并使"人心"发生相应的变化和改变。

2、人心与人生生命体生存之间的关系

由于人生生命体是由"生理"和"人心"共同结合而成的生命体,所以二者之间的相互结合,以及互动情况也必然会对人生完整层面、生理层面和心理层面的生存状态、生存周期、生存质量及其生存方式等产生相应作用和影响,关于"人心"与相应人生生命体生存之间的关系主要体现在以下几个方面:

从"人心"的本质存在看,人心是形成人生生命体功能属性、运动属性、变化属性的重要因素,也是完整人生生命体生存的前提。没有"人心"的本质存在,人生心理层面生命体也就不存在,也就不可能有"人心"的生存。没有人心的生存,也就没有人生完整层面生命体的生存。

从"人心"的属性存在看,人生心理的生存就是人生心理本质的功能属性、运动属性和变化属性得以保持和延续的体现,人生心理层面生命体的属性存在不但决定了人生心理层面生命体的生存方式,同时还决定了人生心理层面生命体的生存质量,并对人生生理层面生命体和完整层面生命体的生存状况、生存方式、生存质量、生存周期等产生相应作用和影响。例如:相应人生心理层面生命体所具的感知功能属性、运动属性、变化属性的存在都会对相应人生心理所体现出的性格、人格等产生影响,进而对相应人生生命体的生存方式、生存质量、生存周期等产生相应作用和影响。

人生心理本质属性对人生生命体生存的影响主要基于人生心理层面生命体中不同感知能量成分的性质、能量的组成、能量的结构及其与生理层面生命体之间的相互结合和互动情况等都会对相应人生生命体的功能属性、运动属性和变化属性产生影响,进而对相应人生生命体的存在、生存形成影响。从人生生命体本身来看,人心本质属性及其所体现出的性格、人格和感性和理性的活动属性等也会对人生生命体生存状态的保持、生存方式、生存质量、生存周期产生相应的作用

和影响。除此之外，人心的本质属性及其所体现出的性格、人格、活动的感性、理性等属性存在也会对相应人生生命体在社会和自然之中的生存方式、生存状况等产生相应作用和影响。在"人心"的属性存在对人生生命体的生存产生影响的同时，人生生命体不同生存阶段、生存方式、生存质量、生存状态等也会对"人心"的属性产生相应的影响，并使"人心"的属性发生相应的变化。例如：随着人生生命体生存年龄阶段的变化，"人心"的性格及其功能属性、运动属性、变化属性也会发生相应的改变。

从"人心"的现象存在看，无论是人生心理活动形成的具有偏好性感知体验的心理活动现象、厌恶性感知体验的心理活动现象，还是偏好与厌恶并存感知体验的心理活动现象，以及无偏好、无厌恶感知体验的心理活动现象，它们都是由形成"人心"的感知能量体和能量运行体系的感知属性在不同运动状态下所形成的不同感知体验。在不同的心理活动状态下，人生心理层面生命体对人生生命体中不同层面的能量运行体系所产生的影响和作用也不相同，于是就会对人生生命体的生存状态、生存周期、生存质量产生不同的影响。例如：人生心理活动所形成的偏好、厌恶和非偏好、非厌恶的感知体验心理活动现象对相应人生生命体的生存周期、生存质量、生存状态、存在方式等形成的影响是不一致的。由于人生生命体的各种感知、认识、行为活动都是在人生心理活动作用下形成的，而不同的感知体验倾向性对相应人生生命体的感知、认识、行为活动的倾向性也会产生不同的影响，而不同的活动倾向性对相应人生生命体的生存就会形成有利或有害的影响。由于不同倾向性的心理和行为活动是建立在人们对相应的活动对象、活动主体、活动方式、活动方法的知识、认识、信仰等观念基础上形成的。不同的观念对人生活动取向所导致的结果中，有的会对人生生命体生存方式、生存周期、生存质量和生存状态形成有利的影响，而有的则会对人生生命体的生存方式、生存周期、生存质量和生存状态形成负面的影响。若人们对相应活动对象、活动主体以及活动方式、方法形成正确的选择和判断，那么相应心理活动的结果就会有利于相应人生生命体生存周期的延长、生存质量的提升以及生存状态的和谐等，进而有利于人生生命体的生存，反之则有害。

人心的现象存在与人生生命体生存之间的关系还体现在：随着人生生命体生存所处阶段、生存质量、生存状态的变化，也会使相应人生的心理活动现象发生相应的变化。例如：随着人生生命体生存阶段的变化，又会直接或间接地对人生心理活动现象等产生影响。

"人心"的关系存在对人生生命体生存的影响主要体现在:"人心"的关系存在是对人生心理不同存在之间的相互作用、相互影响、协调统一联系的体现。

人生心理层面生命体的关系存在对人生生命体生存的影响主要体现在:人生心理层面生命体所具有的不同层面的关系存在不但会对人生心理生存方式、生存状态、生存质量和生存周期等产生相应影响,同时还会对人生生理层面生命体、完整层面生命体的生存周期、生存质量、生存状态、生存方式等产生相应直接和间接的影响。例如:由于人生心理不同的关系存在所形成的对相应活动对象和活动主体的各种分别、判断结果会使相应人生生命体所形成的各种知识、信仰和认识的不同,最终导致对人生生命体不同层面生存的生存方式、生存周期、生存状态和生存质量产生相应有利或有害的影响。

伴随着人生生命体生存周期、生存方式、生存方法、生存状态的运动和变化,也会使人生心理不同层面的关系存在发生相应的运动、变化,而变化了的关系存在又会对人生生命体的生存方式、生存质量、生存周期等产生有利或有害的影响。

由于人生心理的属性存在、现象存在和关系存在都是人生心理本质存在进行运动、变化的结果,所以从本质上讲,"人心"对人生生命体生存的作用和影响都是通过人生心理层面生命体的本质存在形成的。

3、人心与人生生命体活动之间的关系

人心与人生生命体活动之间的关系主要体现在:人心的本质存在、属性存在、现象存在、关系存在对人生生命体的生理活动、心理活动和行为活动等方面的影响。

其中,人心的本质存在对人生生命体活动的影响主要体现在:由于人生生命体在生存状态下,形成心理层面生命体本质存在的能量体和能量运行体系与形成生理层面生命体的能量体和能量运行体系之间处于相互连接、相互作用、相互影响、协调统一的存在状态,这就决定了人生心理层面生命体的本质存在不但会直接和间接地对人生心理活动、生理活动和行为活动的活动方式、活动质量及活动周期等产生影响,人生心理层面生命体本质存在的能量体和能量运行体系的性质、组成及其所具有的功能属性、运动属性、变化属性也会对人生心理、生理、行为活动的活动方式、活动质量、活动周期等产生相应影响,同时也会通过人生心理活动和行为活动所形成的行为心态、行为态度、行为需求、行为欲望、行为动机、行为目的,以及行为意志等行为心理活动现象产生相应的影响,从而影响到

人生心理活动和行为活动的活动周期、活动方式、活动质量等。人生心理层面生命体的本质存在对人生行为活动的影响主要是通过感知能量生命体与人生有机生命体之间的结合情况及互动形成影响的。

由于人生生命体不同层面的活动都是人生生命体中不同层面能量体和能量运行体系相互作用、相互影响、协调统一的结果，所以这也就决定了人生不同层面生命体的生理活动、心理活动和行为活动的活动过程和活动结果必然会对人生心理层面生命体的本质存在产生相应作用和影响，并使其发生相应的变化和改变。

人生心理层面生命体的属性存在对人生生命体活动的影响主要体现在：从人生生命体心理活动的角度看，人生心理层面生命体的属性存在不但能对人生心理活动的功能属性、运动属性、变化属性产生各种直接和间接的影响，同时还能对人生心理层面生命体活动的产生、保持、变化、消亡的过程和结果以及相应的活动方式、活动质量、活动周期等产生相应直接和间接的影响。

从人生生命体生理活动来看，由于在人生过程中人生生理和心理之间的能量体和能量运行体系是处于相互作用、相互连接的状态，所以人生生理层面生命体活动的功能属性、运动属性、变化属性必然会受到人生心理层面生命体属性存在的作用和影响。

从人生生命体的行为活动看，人生心理层面生命体的属性存在不仅会对相应人生生命体行为心理活动的行为心态、行为态度、行为需求、行为欲望、行为动机、行为意志产生各种直接和间接的影响，而且还会对相应人生生命体行为活动的功能属性、运动属性和变化属性产生各种直接和间接的影响，进而对相应人生生命体行为活动的活动过程、活动结果、活动质量、活动方式等产生直接和间接的影响。除了人生心理层面生命体的属性存在会对人生生命体生理、心理和行为活动产生各种直接和间接的影响之外，相应人生生命体的生理、心理和行为活动的活动过程和活动结果也会对人生心理层面生命体的属性存在产生相应直接和间接的作用和影响。

关于"人心"的现象存在与人生生命体活动之间的关系主要体现在：由于目前人类只能通过相应心理活动所形成的感知体验对人生心理现象的存在进行反映和表达，有关人生心理层面生命体的现象存在与人生生命体活动的关系，我们将结合人生心理层面生命体活动所产生的感知体验进行相应论述和说明。

从人生心理层面生命体的现象存在与人生心理活动的关系看，人生心理层面生命体的现象存在所形成的相应感知体验本身就是人生心理现象的反映和表达。

不同感知体验又会对相应心理活动的倾向性产生相应的作用和影响，进而对相应人生生命体心理活动的属性产生相应作用和影响。例如：偏好倾向性感知体验的形成会有助于人生心理活动的产生、保持和延续，而厌恶的感知体验则会对人生心理活动产生回避或拒绝的心理倾向，而矛盾性的感知体验也会对人生心理活动产生犹豫不决的心理活动倾向。

关于人生心理活动现象对人生生理层面生命体活动的影响主要体现在：由于在生存状态下，相应人生心理层面生命体与生理层面生命体之间是处于相互连接的状态，所以人生心理层面生命体的运动、变化就会对人生生理层面生命体的本质存在、属性存在、现象存在和关系存在产生相应作用和影响，进而对人生生理层面生命体活动的产生、保持、周期、质量等产生直接和间接的作用和影响。

关于人生心理层面生命体的现象存在对人生生命体行为活动的影响主要体现在：人生心理层面生命体进行活动所形成的各种感知倾向性的和无感知倾向性的心理活动现象存在，以及所形成的各种观念类心理活动现象的存在等都会对相应人生生命体行为心理活动的倾向性形成相应影响，进而对人生生命体行为活动的倾向性产生相应的作用和影响。对人生生命体来说，人生心理层面生命体不同层面的心理活动现象以及现象之现象所形成的不同观念存在对人生生命体活动所产生的作用和影响是不一致的。例如：人生信仰类观念会影响到相应人生核心价值观念，人生核心价值观念又会影响到人生心理活动和行为心理活动的价值观念，进而对相应的人生心理活动、行为活动的倾向性产生相应的作用和影响。除了人生心理活动现象会对人生不同层面生命体的行为活动产生各种直接和间接影响之外，人生生命体的行为活动同样会对人生心理不同层面的心理本质存在、属性存在、关系存在产生相应影响，进而影响到相应人生心理层面生命体的现象存在。

"人心"的关系存在与人生生命体活动的关系主要有以下几个方面：

从人生心理活动的层面看，"人心"的关系存在本身就是人生心理层面生命体中不同存在之间相互作用、相互影响、协调统一的结果，所以人生心理层面的关系存在对人生心理活动的影响主要体现在：不同关系存在会对相应心理活动的产生、保持、转化、消亡的过程和结果产生相应的影响，同时还会对人生心理层面生命体活动的活动属性、活动现象及活动关系产生相应的作用和影响，与此同时，人生心理层面生命体的活动过程和结果也会对人生心理的关系存在产生相应作用和影响。

从人生生理层面生命体的活动看，由于处于生存状态下的心理层面生命体与生理层面生命体之间具有相互作用、相互影响、协调统一存在、生存、活动的关系存在，所以人生心理层面生命体的关系存在也将影响到人生心理层面的存在，进而对人生生理层面生命体活动的产生、保持、变化和消亡的过程和结果，及其相应活动属性、活动现象以及活动方式、活动质量、活动周期产生相应直接和间接的作用和影响，而且在人生过程中，人生生理层面生命体的不同活动同样也会促使相应人生心理层面生命体的关系存在发生相应的变化。

从人生生命体的行为活动看，人生生命体的行为活动是由人生生理层面生命体和心理层面生命体之间相互作用、相互影响、协调统一而形成的活动，所以人生心理层面生命体的不同关系存在及其运动、变化必然会对相应行为心理活动和行为生理活动的过程和结果产生相应的作用和影响，进而对人生生命体的行为活动的功能属性、运动属性、变化属性以及相应活动周期、活动质量、活动方式等产生相应影响，与此同时，人生生命体相应行为活动的活动过程和活动结果也会促使人生心理层面生命体中不同层面的关系存在发生相应的运动和变化。

以上我们从不同的角度出发，对人心与人生生命体活动之间的关系进行了相应的论述和说明，从中我们可以认识到：无论是人生心理的本质存在、属性存在、现象存在和关系存在都会对相应人生生命体的生理活动、心理活动、行为活动产生各种直接和间接的影响，而且相应人生生命体的生理活动、心理活动和行为活动的活动过程和活动结果也会对相应"人心"的本质存在、属性存在、现象存在和关系存在产生直接和间接的作用和影响。

4、人心与人生过程之间的关系

人生的过程包括了人生生命体的存在过程、生存过程和活动过程，它是人生生命体从质变性的产生直至质变性的死亡过程中，人生生命体不同层面的存在、生存、活动所经历的程序、步骤和时间的体现。下面我们就分别从人心与人生生命体的存在和生存过程之间的关系和人心与人生生命体活动过程之间的关系出发，对人心与人生过程的关系进行相应的论述和说明。

人心与人生生命体存在和生存过程的关系主要体现在：无论是人心的本质存在、属性存在、现象存在还是关系存在，都会对人生生理层面生命体、心理层面生命体和完整层面生命体的本质存在、属性存在、现象存在和关系存在产生相应的影响，也必然会对不同层面生命体的存在和生存的功能属性、运动属性、变化属性等产生相应的作用和影响，进而也会对相应人生生命体的存在、生存所经历

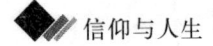

的程序、步骤和时间产生相应的作用和影响。除了人心对人生不同层面生命体的存在和生存的过程产生作用和影响之外，人生生命体不同层面的存在过程和生存过程也会对相应人生心理层面生命体的本质存在、属性存在、现象存在和关系存在产生相应的作用和影响。

关于人心与人生生命体活动过程之间的关系主要体现在：由于人生生命体的生理活动、心理活动和行为活动都与人生心理层面生命体之间具有各种相应的直接和间接的关系存在，所以人生心理层面生命体的本质存在、属性存在、现象存在、关系存在不但会对人生心理层面生命体活动所经历的程序、步骤、时间产生各种直接和间接的影响，同时人生不同层面生命体的活动过程同样也会对相应人生心理层面生命体的不同层面的存在产生各种直接和间接的影响。

以上我们从不同的角度出发，对人心与人生的关系进行了相应的论述和说明，从中我们认识到：人心不仅是人生的一部分，同时也会对人生生命体的存在、生存及其活动产生相应的直接和间接的影响，而且人生生命体的存在、生存、活动及其运动、变化也会对相应人生生命体的"人心"的不同存在产生相应的作用和影响。也就是说"人心"与人生之间具有全方位的关系存在。

三、对人心与人生的主要因素

前面我们对"人心"与人生的关系进行了论述和说明，并认为"人心"与人生之间具有紧密相连、相辅相成、协调统一的全方位的关系存在，而且不同关系存在还将受到各种因素的作用和影响，并处于不停的运动、变化之中，那么"人心"与"人生"的关系存在又将受到何种因素影响，相关影响又是如何形成的？由于人生生命体具有自然属性、社会属性和自我属性的属性存在，并生存于自然和社会中，这也就决定了"人心"与人生之间关系必然受到"自我"、"社会"、"自然"等相关因素的作用和影响。

其中，源于自我的影响因素主要包括：源于人生生理层面生命体的影响因素、源于人生心理层面生命体的影响因素和源于完整层面生命体的影响因素。因为这些影响因素都会对人生心理层面生命体的本质存在、属性存在、现象存在和关系存在产生相应作用和影响，特别是对人生心理层面生命体所形成的各种认识、知识和信仰等观念产生影响的过程和结果将直接和间接地对人心与人生之间的关系的存在状态、存在方式及二者关系是否和谐统一等产生作用和影响，进而对"人心"与人生的关系产生相应的作用和影响。

社会对"人心"与人生之间关系存在的影响主要体现在：由于人生是在人类社会里进行存在、生存、活动的人生，所以在人生过程中人生生命体的存在、生存及生命活动必然会受到社会大众的作用和影响，这种影响主要体现在：社会大众所形成的社会"心理"活动、社会行为活动以及社会心理活动和行为活动的活动过程及活动结果都会对"人心"的本质存在、属性存在、现象存在、关系存在产生相应的作用和影响，同时也会对人生生理层面生命体和完整层面生命体的存在、生存、活动和人生的过程产生相应作用和影响；除此之外，社会环境也会对"人心"的自我属性、社会属性和自然属性以及对自我、对社会、对自然的感知、认识、行为心理活动及其所形成的观念等产生相应作用和影响，进而影响到"人心"与人生之间的关系存在。

自然对"人心"与人生关系的影响主要体现在：一方面，"人心"和"人生"都从属于自然，都是自然的一部分，而且"人心"和"人生"都会受到自然环境的作用和影响，进而影响到"人心"与人生之间的关系存在；另一方面主要体现在"人心"和"人生"都具有相应的自然属性，这种自然属性的存在及其运动变化必然会对"人心"与人生的关系产生相应作用和影响等。

以上我们从源于人生生命体的内在影响因素、源于社会的影响因素和源于自然的影响因素出发，对人心与人生之间关系的影响因素进行了相应的论述和说明。从中我们可以认识到：自我因素、社会因素和自然因素对"人心"与人生之间的关系存在的影响是直接且有效的，所以要改善"人心"与人生的关系，就应该从人生与自我的心理与生理关系出发，从人生与社会、自然的关系出发，对自身、对社会、对自然有一个正确的认识，并结合自我、社会、自然的实际情况建立一个正确的人生观、社会观、自然观，并围绕着相应的人生目的展开相应人生生命体的活动。在众多影响因素中，"人心"的观念对人生的影响是十分明显的，关于这个方面的问题，我们将在"观念与人生"一文中进行相应的论述和说明。

# 第十二章 人生的目的

长期以来,人类对人生的目的的思考和探讨就一直处于比较活跃的状态。有的观点认为:人生的目的就是为了生活,而生活就是吃喝玩乐;有的观点认为:人生的目的就是避免痛苦,追求快乐;有的观点认为:人生的目的就是向上帝赎罪,并在赎罪中完善自我,死后能够进入天堂;有的观点认为:人生的目的就是不断去追求自身的需求和欲望的满足;有点观点认为:人生就没有任何目的存在。类似以上的观点还很多,关于人生的目的之所以能够长期吸引人们带着浓厚兴趣去思考和探讨,是因为人生的目的与每个人的人生信仰、人生道路、人生活动、人生命运等都有紧密的关系存在,并贯穿于人生的始终。对人生而言,人生的目的不但是人生信仰的体现,同时也是形成人生心理活动和行为活动的思想动力。

面对以上各种不同的观点,我们暂且不去对其正、误进行评判,我们还是先从人生目的的定义开始进行探讨,然后再对人生的目的以及影响人生目的的因素进行讨论和说明。

一、关于人生目的的定义

由于人们对"人生的目的"至今尚未有明确的定义,所以要对"人生的目的"进行论述和说明,首先我们还需要对什么是目的进行明确,然后再将其与"人生"一词进行综合,得出人生的定义。关于"人生",我们已在本篇第一章"人生是什么"一文中作了相应的论述和说明,并认为人生就是指人生生命体在生存过程中所具有的存在及其活动的统一。

那么什么是"目的"呢？关于"目的"一词，目前比较有代表性的定义主要有以下几种：

《辞海》对目的的定义为：目的是人在行动之前根据需要，在观念上为自己设计要达到的目的或结果。目的贯穿实践过程的始终。它的产生和实现必须以客观世界为目的，同时不受一定历史条件的制约。目的有正确和错误之分，只有符合客观规律和历史发展趋势的目的才能实现。

《汉典》对目的的定义为：[1]行为和努力最终达到的地点或境界；[2]奋斗的目标。

《百度》对目的的定义与《汉典》的相同。

根据以上所述，从目前人们对"目的"的不同定义中，我们可以得知：以上对"目的"的定义都是针对人类某些心理活动现象所形成的具有倾向性感知体验的心理活动现象进行总结所得出的结论。从中也反映出"目的"是人类心理活动形成的具有倾向性感知体验的心理活动现象，而且这种心理活动所形成的倾向性对人生相应的活动具有指导性作用和影响，是人类心理活动所形成的具有目标性和倾向性的心理活动现象。根据以上论述和说明，我们不妨对"目的"一词作如下定义，目的是在相应的观念引导下，针对相应事物进行心理活动所形成的针对相应目标所作的规划和设定。由于人生是人生生命体从质变性的产生到质变性死亡过程中，相应人生生命体存在、生存、活动及其过程的统一。我们不妨对"人生的目的"作如下定义：人生的目的是指人类生命体在相应倾向性心理活动状态下，针对人生生命体的存在目标、人生生命体的生存目标、人生生命体的活动目标和人生过程目标进行规划、设定的结果。它包括了人生生命体存在的目的、人生生命体生存的目的和人生生命体活动的目的以及人生过程的目的。

根据以上定义，我们对"人生的目的"的定义作如下解读和说明。

1、人生的目的属于人类心理活动现象的范畴，是针对人生生命体的存在、人生生命体的生存、人生生命体的活动、人生过程进行心理活动和行为活动所形成的心理活动现象。

2、人生的目的是具有倾向性感知体验的心理活动现象，在无倾向性感知体验的心理活动现象下是不可能形成目的的。具有倾向性感知体验的形成是相应人生生命体在自我感知属性的作用下进行心理活动和行为活动所形成的具有趋利避害的心理活动现象，也就是说，对人生来说，具有倾向性感知体验的心理活动现象就具有趋利避害的属性存在。

3、形成人生目的的主体是相应人生生命体，而形成人生目的心理活动对象则是相应人生生命体的存在、生存、活动及其过程。也就是说，人生的目的是人生生命体针对人生生命体的存在、生存、活动和人生过程所形成的相应人生目的的集成。对人类生命体来说，每个人的人生目的都具有相应针对性和时空性。从针对性来看，它包括了人生的一切存在。从时空性来看，由于人生的内涵及人生的心理活动和行为活动都处于不停的运动变化之中，所以人生的目的将伴随着时间、空间的变化而变化，只不过有的变化比较慢，有的变化比较快，有的变化比较明显，有的变化却不明显，有的是过去的人生目的，有的是当前的人生目的，有的是未来的人生目的，有的是短期的人生目的，有的是长期的人生目的等。从不同类别、不同层面的人生目的之间所具有的关系看，在一定条件下，人生生命体的存在目的、生存目的、活动目的以及人生过程的目的之间，它们有的具有一致性，有时则处于相互对立的状态；有的又处于互不相关的状态；有的是一致中存在着对立，对立中存在一致的关系等。从人生目的对人生的重要程度来看，由于人生生命体的存在和生存是人生生命体活动和人生过程的基础前提，所以，对一般人来说，人生生命体存在和生存目的的重要性要高于人生生命体活动的目的和人生过程的目的。由于人生是在人生生命体的存在和生存基础上形成的，这也就决定了人生目的的基础是人生生命体存在的目的和生存的目的（关于这方面的问题，我们将在后续文章中进行相应的讨论和说明），但总体来说，我们可以从人生的内涵出发，将人生的目的分为：人生生命体存在的目的、人生生命体生存的目的、人生生命体活动的目的及人生过程的目的。

4、由于"人生的目的"属于在人类心理活动和行为活动过程中所形成的心理活动现象存在的范畴，所以人生目的的体现往往会伴随相应人生生命体的心理活动和行为活动的产生而产生，保持而保持，转化而转化，消亡而消亡，也就是说，没有相应的心理活动和行为活动也就不会有相应人生目的的形成。例如：人生生命体在无感知状态下是不会有人生目的的形成。

二、关于人生的目的

由于人生的目的是人生生命体针对人生进行心理活动和行为活动所形成的具有倾向性的心理活动现象，由于人生的心理活动具有相应自然属性、社会属性和自我属性的存在，在自然属性、社会属性和自我属性的作用下，人生的目的往往就会围绕着人生生命体的存在、人生生命体的生存、人生生命体的活动和人生的过程而展开，其中，针对人生生命体存在和生存的目的往往是围绕着延续和保持人生生命体存在和生存的时间及其生存质量的提升而展开的，针对人生生命体活动的目的往往又会在自然、社会和自我属性作用下，围绕着减少人生生命体存在、生存、活动以及人生过程的痛苦和增加人生生命体存在、生存、活动及人生过程的幸福而展开。鉴于人生对人生生命体存在、生存时间的长短、质量的高低以及对痛苦与幸福的判断往往是通过相应人生所形成的感知体验的倾向性进行体现的，而人生目的的形成是人生生命体在相应具有倾向性观念作用下形成的，在不同倾向性作用下，人生生命体会形成不同的世界观、社会观、人生观和行为观，在不同的观念作用下，相应人生生命体对活动目的的质量及其所形成的痛苦和幸福的判断结果都会有所不同。

根据以上相应的论述和说明，我们认识到：针对人生生命体存在和生存的目的以及针对人生生命体活动的目的和针对人生过程的目的都属于人类心理活动现象的范畴，它是相应人生生命体针对相应人生目标进行设定和规划的结果，它并不属于人生生命体的本质存在。这里需要强调，并不是所有的人生都会有系统人生目的的形成。对于不同的人生生命体来说，有的人生目的是片段性的，而有的人生目的是系统性的；有的人生目的是在感性状态下形成的，而有的则是在理性状态下形成的；有的人生目的是在意识状态下形成的，有的是在潜意识状态下形成的，有的则是在感知宁静状态下形成的。对于那些只有片段性人生目的的人生生命体来说，也并不意味着他们没有人生目的，除非人生生命体一生下来就不具有能够形成感知体验的心理存在。

由于人生的一切感知、认识、行为心理及行为活动都是在人生生命体存在和生存基础上所进行的活动，而且人生生命体的存在、生存、活动和人生过程之所以能够形成相应感知体验都是基于人生生命体具有相应感知能量生命体的存在所致，其中的原因，我们已在《人本、人性、人心》一书中作了相应的论述和说明，在此就不重复了。

由于人生的感知、认识、行为心理和行为活动等生命活动都具有"人类的"（社会的）感知属性和"自我"的感知属性以及"自然"的运动存在，人生生命体在相应"社会"感知属性、"自我"感知属性和"自然"运动属性作用下，相应人生生命体就具有区别于自然界中其他非人类生命体所具有的共有感知功能属性和区别于社会中其他人类生命体的感知功能属性。

致使相应人生生命体在进行一切心理和行为活动时，会从心里把自身视作有别于自然界中非人类生命体和有别于其他人类生命体的个体，并将自身当作人生生命活动的主体。

由于人生的"自我"属性是建立在自然属性、社会属性基础上所具有的分别属性，所以人生的"自我属性"必然会受到自然属性、社会属性的影响，人生生命体的活动也是在自然属性、社会属性、自我属性的作用下所进行的人生生命体的活动。当人生生命体针对人生生命体的存在、生存进行相应的活动时，人们往往会把相应的目标设定、规划在保持、延续自我人生生命体的存在和生存时间和提升人生生命体的存在和生存质量之上；而针对人生生命体的活动时，人们往往把相应人生目标设定、规划在趋利避害之上。由于对人生生命体来说，趋利避害背后的动因是减少人生生命体存在、生存、活动及其人生过程的痛苦，增加人生生命体存在、生存、活动及其过程的幸福之上，所以人生活动的目的往往是着眼于减少人生的痛苦，增加人生的幸福。

在人生生命体所具有的自然属性、社会属性和自我属性作用下，人生生命体的心理活动和行为活动都具有趋利避害的倾向性，从人生生命体针对人生生命体的存在、生存进行目标的规划、设定来看，人生生命体所具有的趋利避害的倾向性，一般都是围绕着延长和保持自身生命体的存在和生存时间的延长，避免生命体存在和生存的丧失，回避人生生命体存在和生存质量的降低，提升或保持人生生命体的存在、生存的质量之上。

从人生生命活动这个方面看，人生生命体对活动目标所进行的设定和规划中，有的是对某个特定人生活动目标进行的，而有的则是对活动过程、活动结果所要达成目标进行的，而且不同的人针对同一活动或同一个人在不同的时空条件下针对同一活动所形成的目的是不一致的。但是无论如何，他们对人生生命体活动目的的设定、规划都具有趋利避害的倾向性，而"利"与"害"都是人类生命体从自身感知体验出发，针对相应事物进行分别、判断的结果。其中，对"利"的判定标准往往是指能够使自身获得满足具有偏好倾向性感知体验的存在，而"害"的判定标准往往是立足于给自身带来厌恶倾向性感知体验的存在，也就是说，人生生命体所进行的趋利避害活动主要是围绕着能够给相应人生生命体增加幸福、减少痛苦而展开的活动。

从人生的过程来看，人生过程的目的是指人生生命体针对人生过程进行心理活动所形成的对人生过程目标进行设定和规划的结果，一般情况下，它已融入到相应人生生命体的存在、生存、活动的目的之中。

从以上论述和说明中我们认识到：人生的目的虽然各有不同，但是，它们都是围绕着保持、延续人生生命体存在、生存的时间和提升存在和生存的质量和减少人生的痛苦和追求幸福价值最大化进行规划、设定的结果。

鉴于减少人生的痛苦和增加人生的幸福的人生生命活动的目的的形成前提是人生生命体还处于生存状态。对人生生命体来说，在自然属性、社会属性、自我属性的作用下，人生生命体的存在和生存处于不停的运动、变化之中，所经历的程序、步骤和时间周期也具有相应的属性存在，而且人生生命体的生理、心理和行为活动都是在人生感知有机生命体处于生存状态下进行的，所以人生面对自己人生生命体存在和生存的目的时，除了关注处于生存阶段人生生命体的存在、生存目标之外，还将质变性的死亡之后的心理层面生命体的存在和生存作为关注的重点，一般来说，关于人生生命体存在和生存目标的设定和规划是在人生终极信仰指导下形成的设定和规划，对人生生命体而言，有关人生生命体的存在和生存的终极信仰又是建立在对人生生命体本质存在的终极信仰形成的基础上形成的，所以人生生命体存在和生存的目的的形成与人生生命体终极信仰之间具有紧密的关系存在。对人生来说，在不同的人生终极信仰下，人们对人生生命体存在和生存目的设定、规划的结果是不相同的，也就是说，具有不同人生终极信仰的人对人生生命体存在和生存目标的设定和规划的结果往往会因为人生终极信仰的不同而不同。关于人生终极信仰的论述，我们将在第二篇"论信仰"的相关文章中加以论述和说明，在此就不展开了。

对人生来说，人生的目的虽然不是本质的存在，但并不是不存在，它是人生心理层面生命体针对人生进行心理活动和行为活动所形成的本质属性的心理活动现象的存在，那些试图以人生目的不属于本质存在为由来否定人生目的的存在，或者说认为人生并没有什么目的存在的观点其实都是错误的。这类观点的错误在于，持类似观点的人往往是将人生心理层面生命体的本质存在与本质的属性存在、现象存在混为一谈。对人生心理层面生命体来说，有本质存在必然就会有相应具有感知的功能属性、运动属性和变化属性等本质的属性存在、本质的现象存在和本质的关系存在。虽然相应的感知属性存在、现象存在和关系存在不等同于本质存在，但它们与本质存在之间具有必然的关系存在。犹如水的本质是能量的存在，但是既然是水，就会具有相应的有别于其他类别能量体的本质属性、本质现象和本质关系的存在，若失去水的本质属性存在、本质现象存在和本质关系存在之后，那么水也将不是水。即使要人为的使水变为其他类型的能量体存在，也必须认识和利用水的本质属性、本质现象和本质关系存在将其进行改变和转化。从以上论述和说明之中，我们认识到人生的目的虽然不属于人生生命体的本质存在，但却是存在的，是属于人生心理层面生命体本质属性的现象存在。对某些人来说，当他处于无感知宁静类心理活动状态下针对人生生命体的存在、生存、活动和人生过程时，他就不会形成对人生目标进行设定和规划的心理活动，于是乎就会认为人生并无目的存在的观点，其实这种观点也是错误的，因为在无分别和感知宁静类心理活动状态下的人生过程并不能代表整个人生，而只是处于某种特定时空条件下和特定心理活动状态下的人生。从人生的过程来看，我们可以把人生的过程进行无限的划分，那么人生在不同的过程中，因为人生生命体所处的不同的存在、生存及活动阶段因时空的变化所形成的人生目的也会发生相应的运动、变化。例如：在疾病状态下，人们去治病的目的是为了恢复健康，因为健康状态下不但能够使生命得以保持，并能减少疾病带来的痛苦，但是在去医院看病的路上的目的是为了去医院，去医院的目的是为了治病，治病的目的又是为了减少疾病带来的痛苦。

　　人生生命体在不同存在阶段、生存阶段和活动阶段所形成的人生目的是不一样的，但是无论是否一样，它们都具有共有的前提和属性，从前提来看，都必须具有人生生命体的存在，并处于生存状态。从属性看，对目标和结果的定位和规划都具有感知体验的倾向性存在，而这种倾向性感知体验的倾向性又是在人类生命体自然属性、社会属性和自我属性的统一作用下形成的，都具有趋利避害的倾向性，只不过对不同的人生生命体来说，由于他们对活动对象和自身的认识、理解、信仰等观念都会有所不同，所以他们所形成的倾向性也并不相同，从而导致对相应人生目标的设定和规划的结果也不相同。例如：有的人在相应信仰作用下，为实现人生的某些目的，会选择牺牲眼前的幸福，甚至是牺牲某个阶段乃至今生的幸福，而有的却只着眼于眼前的幸福，而不顾及其所导致的后果，有的人甚至认为人生是无目的的生存、无意义的存在而随波逐流。这里需要说明的是，由于人类并非只是生存在幸福和痛苦之中，有时还生存在非幸福非痛苦的感知体验中，所以有的人往往会将人生的目的设定和规划在非幸福非痛苦的生存及活动状态之上，对人生来说，非幸福、非痛苦的生存及活动状态有的源于人生生命体内在的作用，有的源于人生生命体外在的作用，有的源于人生生命体的内、外相互作用的结果，但是，这种状态对一般的人来说是不稳定的，因为运动是人生心理的本质属性存在。

从以上论述和说明中，我们认识到：人生的目的是由人生存在的目的、人生生存的目的、人生活动的目的和人生过程的目的共同组成的。其中，对人生生命体存在及生存的目的是围绕着保持、延续人生生命体存在及生存的时间和提升人生生命体存在及生存的质量，关于人生生命体活动的目的是为了减少人生的痛苦，增加人生的幸福。人类在人生目的进行规划、设定时，往往又是基于对自身存在、生存及活动对象所形成的知识、认识、信仰等观念为基础而形成的，而且在不同的认识、知识、信仰的观念指导下，人们对人生生命体的存在、生存周期的长短及其质量高、低、好、坏的衡量和对痛苦、幸福的认识是不一样的，有的甚至是相反的。

三、关于人生目的的形成

在前面的论述和说明中我们认识到：人生的目的属于人生心理本质属性的现象存在，它是人生心理层面生命体所具有的感知属性伴随相应人生心理层面生命体进行活动而形成的具有感知体验的心理活动现象存在。人生的目的又是如何形成的呢？下面我们就对人生生命体存在和生存目的的形成、人生生命体活动目的的形成和人生过程目的的形成出发，分别进行相应的论述和说明。

1、关于人生生命体存在和生存目的的形成

人生生命体的存在及生存包括了人生心理层面生命体的存在和生存、人生生理层面生命体的存在和生存和人生完整层面生命体的存在和生存。在前面的相关论述中我们认识到：在一定的时空条件下，不同的人或同一人在不同的人生过程中，对人生生命体的存在和生存所形成的人生的目的是不一致的，有的人能够针对人生生命体的存在和生存形成系统性的人生目的，而有的人只会形成片断性或零散性的人生目的。关于人生生命体的存在和生存目的的形成，我们可以作如下推论和说明：

在一定的时空条件下，相应人生生命体针对人生生命体存在和生存的目标进行规划设定时，就会以自身对人生生命体的存在和生存的知识、认识、理解、信仰等观念为依据，针对相应的人生生命体存在和生存的目标进行设定和规划，相应规划和设定的结果就是相应人生生命体对人生生命体存在、生存的人生目的。

若相应人生生命体所依据的知识和观念具有系统性和稳定性的特点，那么相应人生生命体在针对人生生命体进行相应存在、生存的目标设定和规划时，就会形成相应具有系统性和稳定性的人生目的。由于所形成的相应人生生命体的存在、生存的目的具有明确性、统一性和系统性，所以所形成的相应人生生命体的存在和生存的目的之间就会具有协调统一的相关性存在。

若相应人生生命体对人生生命体的存在、生存只具有模糊的、不系统的、片断的知识、认识、理解和模糊不清的观念和信仰，那么他对人生生命体存在、生存的目标进行设定和规划时所形成的人生生命体的存在和生存的目的也将是零乱的、片段的、非系统性的和不稳定的。

从以上相应的论述和说明中，我们认识到：有的人生生命体在形成人生生命体存在和生存目的过程中所依据的是对人生生命体存在和生存具有系统性的知识、认识、理解、信仰等知识观念为基础，形成具有系统性、明确性人生生命体存在、生存的目的，而有的所依据的则是散乱、非系统性、模糊的知识、观念，形成非系统性人生生命体存在、生存的目的。在后续的有关"人生的信仰"的论述中我们会认识到：对人类来说，不同类别的信仰之间存在着根本性的差别，而不同差别的根本原因是由人们对人生终极信仰的不同所导致的，人生终极信仰的不同又是基于人们对人生生命体本质的认识不同所导致的，具有不同人生终极信仰的人所形成的人生生命体的存在和生存的目的是不一样的，但是无论有多大区别，一般情况下都是围绕着人生生命体存在和生存的保持、周期的延长和存在、生存质量的提升而展开的。这里之所以强调是在一般情况下是因为还有非正常情况的存在。例如：在某种极端信仰的指导下或处于心理疾病状态下，有的人会形成尽早结束自己生命体的存在和生存来逃避当下的痛苦和恐惧的想法，以此作为人生生命体存在、生存的人生目的。

2、关于人生生命体活动目的的形成

人生生命体活动的目的是指人生生命体针对人生生命体的活动目标进行设定和规划的结果。从人生生命体活动主体出发，我们可以将人生生命体活动目的分为人生生理活动的目的、人生心理活动的目的、人生行为活动的目的。从人生生命体的活动对象关系出发，我们又可将人生生命体活动目的分为：针对自我人生生命体活动的目的、针对社会活动的目的、针对自然活动的目的。从活动的动机来看，又包括了：为了人生生命体存在的活动目的、为了人生生命体生存的活动

目的、为了人生生命体活动的活动目的和为了人生过程的活动目的等，但是无论怎么划分都是活动主体和活动对象的统一，为了便于对人生生命体活动目的的形成作进一步的论述和说明，下面我们就分别从人生生命体活动对象出发，对人生生命体活动目的的形成进行相应的论述和说明。

(1) 关于人生针对自我人生生命体活动目的的形成

人生针对自我人生生命体的活动目的是指人生生命体针对自我人生生命体的存在、生存、活动及人生过程进行活动时，对相应活动目标进行设定和规划的结果。它包括了针对自我人生生命体存在的活动目的、针对自我人生生命体生存的活动目的、针对自我人生生命体活动的活动目的、针对自我人生过程活动的活动目的。针对自我人生生命体生命活动的人生目的的形成是建立在对人生生命体不同层面的生理活动、心理活动和行为活动有所感知、认识、理解、信仰等基础上，结合自身对活动需要、需求、欲望和行为动机基础上，对相应活动过程和活动结果的目标进行设定、规划的结果。也就是说，针对自我人生生命体活动目的形成，是人生生命体针对自我人生生命体的存在、生存、活动以及人生过程进行生理活动、心理活动和行为活动时，对相应活动目标进行设定、规划的结果。

(2) 关于人生针对社会活动目的的形成

人生生命体针对社会进行的活动是指活动者以社会存在为活动对象进行生理活动、心理活动和行为活动的总和。由于人类社会是在一定时空条件下具有一定关系存在的不同人生生命体的共同存在及其活动的统一。从形成社会的组织结构层面上看，它包括了家庭社会、组织社会、区域社会、民族社会、国家社会、国际社会及人类社会等不同形式的社会存在。关于社会的论述，我们已在本篇第七章"社会与人生"一文中作了相应的论述，在此就不重复了。关于人生生命体针对社会活动的活动目的的形成，我们可以作如下推论：在一定时空条件下，活动者依据自身在社会中所处的状况进行分别、判断，以及活动者对社会和对自我形成相应的知识、认识、理解、信仰及其他观念，结合活动者对相应活动的需要、需求、欲望，对相应的社会活动的目标进行设定和规划的结果。由于人生生命体对社会所进行的活动包括了对社会所进行的生理活动、心理活动和行为活动，所以人生生命体针对社会活动的目的也就包括了针对社会进行的生理活动的目的、心理活动的目的和行为活动的目的。其中，人生针对社会进行生理活动目的的形成是当相应人生生命体针对社会的不同存在进行生命活动过程中，活动者根据自身对社会活动所形成的需要、需求、欲望等，结合活动者对社会所形成的认识、知识、理解、信仰等，针对相应活动的活动目标进行设定和规划的结果，由于人生生命体的生理活动一般是在潜意识或无意识状态下的活动，所以在一般情况下，人生生命体对自我、社会、自然所进行的生理活动目的形成，都是活动之后人们对其进行总结的结果，并非实际意义上的规划、设定。

从以上相应的论述和说明中我们认识到：由于活动者自身也是社会中的组成部分，所以人生针对社会进行活动目的的形成也是在社会大众共同活动基础上形成的。人生针对社会活动目的的形成是在社会活动大趋势之下所形成的针对社会活动的活动目的，他必然会受到社会活动大趋势的作用和影响，犹如我们个人都是形成大海之中的一滴水，他与其他水滴的相互作用是在大海活动的基础上形成的活动，他不可能摆脱大海而与其他水分之间形成相互作用。

（3）关于人生针对自然进行活动目的的形成

人生针对自然进行的人生活动是指人生生命体针对自然中非人类的存在进行各种生理、心理、行为活动的总和。

由于自然中非人类的存在是人生生命体存在、生存和活动的前提背景和条件，人生生命体是不可能脱离自然而存在、生存和活动的，人生生命体针对自然活动也是以自然界中非人类的存在为活动对象进行的人生生命体的活动。人类正是学会了认识自然、利用自然为人类自身服务，人类才得以保存，才有了今天的发展。人生生命体针对自然的人生活动目的的形成也是依据人生生命体对自然的相应存在进行生命活动时，根据自身对相应活动对象所形成的知识、认识、理解、信仰等，结合自身对相应生命体活动的需要、需求、欲望所形成的对相应活动目标进行设定、规划而形成的。

以上我们对人生生命体活动目的的形成进行了概括性的分析和说明，在相应的分析和说明之中我们认识到：人生生命体活动目的的形成是活动者对相应活动形成相应的需要、需求、欲望之后，结合自身对活动对象和活动者自身所具有的知识、认识、理解、信仰等观念对相应的活动进行分析、判断基础上对相应活动目标进行设定、规划而形成的。这里需要说明的是，人生生命体活动目的是人生对相应活动目标进行设定和规划的结果，至于通过活动能否实现相应活动目的则要取决于活动目标设定和规划是否合适、合理，同时还取决于活动者对所进行活动的活动主体的内在条件和外部条件情况。

3、关于人生过程目的的形成

人生过程的目的是指相应人生生命体针对人生生命体的存在过程、生存过程、活动过程进行心理和行为活动形成的对相应过程的目标进行设定和规划的结果。由于人生的过程是对人生生命体存在、生存和活动所经历的程序、步骤和时间的体现，它融入于人生生命体的存在、生存和相应生命活动之中，所以我们可以从人生的内涵出发将其分为：人生生命体存在过程的目的、人生生命体生存过程的目的和人生生命体活动过程的目的。人生过程目的是这样形成的：当相应人生生命体针对人生生命体的存在过程、生存过程和活动过程形成相应需要、需求、欲望的基础上，结合自身对人生过程的知识、认识、理解和信仰等对相应人生生命体的存在过程的目标、生存过程的目标、活动过程的目标进行设定和规划，从而形成了人生过程的目的。

根据以上我们对人生目的的论述和说明，我们认识到：对每个人来讲，在不同的心理和行为活动状态下和在相应时空条件下，针对人生生命体的存在过程、生存过程、活动过程所形成的相应的目的是不可能完全一致的，虽然从本质来讲，人生的目的并不是本质的存在，是人生心理活动的结果，在不同的人生的知识、认识、理解、信仰等观念背景下，人们对人生的目的理解也将是不一致的，尽管这样，人生目的的形成对相应人生生命体的存在、生存、活动和对人生过程的作用和影响都是极其重要的，它不但会影响到相应人生生命体人生观和行为观的形成，还影响到相应人生生命体的活动取向。

从人生心理活动的形式出发，我们可以将人生目的的形成分成主动型心理活动状态下形成的人生目的、被动型心理活动状态下形成的人生目的和互动型的心理活动状态下形成的人生目的。

其中，主动型心理活动状态下形成的人生目的是指活动者是以主动的心理和行为方式，对人生的目标进行设定和规划所形成的人生目的。这类人生目的形成是活动主体在相应需要、需求、欲望引导下，结合活动者对自身及活动对象形成相应的认识、理解、知识和信仰等，以主动的方式针对人生生命体的存在、生存、活动及人生过程的目标进行规划设定形成的。被动型人生目的的形成是活动主体在被动的心理、行为活动状态下，在各种因素作用下，针对人生的存在、生存、活动过程的目标进行设定、规划形成的。这类人生目标的形成是在被动心理和行为活动状态下形成相应的需要、需求和欲望基础上，结合活动者对活动主体和活动对象所形成的相应知识、认识、理解、信仰等，针对相应的活动目标进行设定和规划所形成的。

互动型心理活动状态下人生目的形成是指人生目的的形成是相应活动主体在主动和被动相结合的心理活动状态下，通过循环反复的心理活动，再一次或多次对相应人生目标进行设定和规划而形成的人生目的。

由于人生生命体存在、生存及其活动的目的都是通过一系列的心理活动形成的，属于心理活动现象的范畴，人生心理活动都是在相应活动属性下进行的活动，所以只要对人生生命体处于生存状态下进行感知、认识、行为心理活动必然就会形成相应有关人生的目的。对每个人来说，它们与人类大众都具有分别属性和共有属性的存在，而在共有属性中，人生的目的也将伴随相应感知体验的形成而形成，所以人生的活动属性就是人生共有属性和个别属性的结合。在自我属性作用支配下，人生的目的又会受到自身对人生的知识、认识、理解和信仰等观念的影响而形成不同的人生目的。但是无论怎么说，人生的目的都具有一定倾向性，并以趋利避害的属性进行相应生命活动。对具有不同人生终极信仰的人生生命体来说，他们对"利"与"害"的评价的结果是不一致的，所以他们的人生目的也具有不同的属性存在，其主要表现为：对那些以唯"肉体"为人生本质存在、为人生终极信仰的人来说，在相应人生信仰的指导下，他们对人生生命体的存在、生存和活动目标的设定和规划往往会立足于追求人生生理层面生命体的存在和生存周期的延长和质量的提升，以及减少源于生理层面生命体的痛苦和增加源于生理层面生命体的幸福之上。对那些以"人心和肉体"均为本质存在为人生终极信仰的人来说，他们对人生目标的设定和规划往往会立足于延续自身生理层面生命体存在和生存的时间周期和质量提升，同时还会追求心理层面生命体存在和生存周期的延长和质量的提升，并以追求减少源于生理层面生命体和心理层面生命体的痛苦和增加源于生理层面生命体和心理层面生命体的幸福之上。对那些以唯"人心"为人生本质存在的终极信仰者来说，他们面对人生生命体的存在、生存的人生目的时，往往会立足于维持自身生理层面生命体存在和生存周期的延长和质量的提升之上，而忽视生理层面生命体存在和生存周期的延长和质量的提升，对于自己人生生命体活动的目的也主要是立足于减少源于心理的痛苦和增加源于心理的幸福之上，而忽视源于肉体的痛苦和幸福。对那些以"人心"和"肉体"均为非人生本质存在、为人生终极信仰者来说，他们对人生目标的设定和规划往往会立足于人生并无任何目的和意义的存在，并将人生的目的视为不是真实的存在。

四、影响人生目的的主要因素

根据以上我们对人生目的的论述和说明，我们认识到：并非所有人生生命体面对人生生命体的存在、生存、活动和人生的过程都会有相应人生目的的形成，对于那些对人生持不同认识、知识、理解和终极信仰的人来说，它们对人生生命体的存在和生存目标的设定和规划的结果是不一致的。对人生生命体来说，相应人生目的的形成不但会受到源于人生生命体自身内在因素的影响，也会受到源于人生生命体外在因素的影响，也会受到二者之间所具的各种关系存在的作用和影响。下面我们就对影响人生目的的主要因素分别作如下论述和说明。

1、源于人生生命体内在的影响因素

由于人生生命体的存在包括了人生心理层面生命体的存在、生理层面生命体的存在和完整层面生命体的存在，由于人生目的属于人生心理活动现象的存在，所以人生心理层面生命体的本质存在、属性存在、现象存在和关系存在都会对人生心理活动现象及其所形成的感知体验产生相应的作用和影响，从而对人生目的形成过程、形成结果及其能否实现等产生直接和间接的影响。我们可以将影响人生目的的内在因素分为源于心理层面的因素、源于生理层面的因素和源于心理与生理相结合层面的因素。其中"心理"层面的影响因素对人生目的影响主要体现在人生心理层面生命体的本质存在、属性存在、现象存在和关系存在状态及其所导致的健康状况等以及相应人生心理所形成的对人生的知识、理解以及对人生的信仰、人生价值观、人生行为观等都会对相应人生的目的产生各种直接和间接的影响。

人生生理层面对人生目的影响主要体现在：人生生理层面生命体的本质存在、属性存在、现象存在、关系存在及其所导致的健康状况、年龄状况及人的生理活动能力等都会对人生的目的的形成过程和形成结果以及能否实现等产生各种直接和间接的影响。

心理和生理相结合层面对人生目的的影响主要体现在人生生理和心理的结合情况会对人生生命体的健康状况、心理活动属性、生理活动属性、行为活动属性等产生各种直接和间接的影响，从而会对人生心理活动的属性、活动的方式、活动的过程及活动的结果等产生相应的作用和影响，进而会对人生目的的形成过程和形成结果及其能否实现产生各种相应的直接和间接的影响。

2、源于人生生命体的外在影响因素

源于人生生命体外在的影响因素包括了源于社会的影响因素和源于自然的影响因素。其中，源于社会的影响因素主要体现在：一方面，由于人生生命体是在一定的社会环境条件下进行存在、生存、活动的，每个人在社会中犹如在大海之中的一滴水，只要他在大海之中存在就摆脱不了大海的作用和影响，所以每个人在社会中必然会受到社会大众的世界观、社会观、人生观等社会心理状况以及社会的科学、教育、文化、信仰等社会文化环境因素、社会政治环境因素、社会经济环境因素以及社会心理因素等一系列人与人、人与物之间关系因素影响，从而影响到人生生命体对人生目的设定、规划的过程和结果；另一方面，由于每个人都是社会的一份子，每个人在社会所处位置、地位以及与社会环境的协调情况以及对社会的认识、理解、信仰等也会对相应人生目的的形成过程和形成结果及其能否实现等产生相应的作用和影响。除此之外，人生生命体所具的社会属性的存在也会对相应人生目的形成过程和结果及能否实现等产生相应的作用和影响。

关于源于自然的对人生目的的影响主要体现在：由于人是自然的人，人生生命体的存在、生存及活动必然依托于自然而进行，所以人生所处自然界的气候、特产等自然环境必然会对人生的需要、需求和欲望以及人生生命体自身产生相应的影响，进而对人生的目的形成过程和形成结果，以及能否实现等产生相应直接或间接的作用和影响。除此之外，由于人是自然的人，人类生命体的自然属性的存在也会对人生目的的形成过程和形成结果产生相应的直接和间接的影响。例如：人生生命体中自然的运动属性的存在就会使相应人生的目的的形成、保持和转化处于不停的运动变化之中。

前面我们对什么是人生的目的、人生目的的形成以及对人生目的影响因素进行了相应的论述和说明，在相应的论述和说明中，我们认识到：人生的目的是人生生命体针对人生所形成的具有倾向性感知体验的心理活动现象的存在。它是人生生命体在对人生所形成的知识、认识、理解和信仰等观念作用下以及对人生所形成的相应需要、需求、欲望等作用下所形成的对人生生命体的存在、生存、活动和人生过程的目标进行设定和规划的结果。

第一篇 论人生

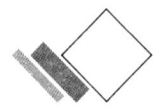 第十三章　人生的意义和价值

在现实社会中，有关"人生的意义"和"人生的价值"的问题也是人类正在不断争论和探讨的焦点和热点，在不停的争论中形成了不同的观点。其中，有的观点认为：人生既没有意义，也没有价值；有的观点认为：人生充满意义和价值，人生本身就是在意义和价值之中，人生的意义和价值就是人生本身，而且人生的一切存在及其活动都是有意和价值存在的；有的观点认为：人生的意义在于快乐，而吃喝玩乐就是快乐的表现，而且人生的价值就是实现人生的快乐。类似以上的观点还很多，为了便于我们对人生的意义和价值作一个本质性的探讨和论述，下面我们就从"人生的意义"、"人生的价值"的定义出发，对"人生的意义和价值"进行相应的论述和说明。

一、关于"人生的意义"和"人生的价值"的定义

1、关于"人生的意义"的定义

由于至今人们对"人生的意义"一词尚无明确的定义，所以我们不妨从目前人们对"意义"一词中具有代表性的定义出发，结合前面我们对人生的定义，对人生的意义进行定义。

目前人们对"意义"一词具有代表性的定义主要有几种：

《汉典》把意义的定义为：

1 意义是语言文字或其他信号所表示的内容；

2 意义是价值、作用；

3 意义是内容；

4 意义是美名、声誉。

《百度百科》对"意义"一词的定义与《汉典》的相同。

从以上的定义中我们可以得知：关于人生的意义一词中的"意义"的内涵所指与传统对"意义"一词定义中的意义是价值、作用具有相似之处，那么什么是作用呢？《辞海》对"作用"的定义是"意义是人或事物在一定的环境条件下产生影响或变化的功能性"，而在本文中，意义特指某种存在对相应事物的作用和影响。若把意义与前面我们对"人生"的定义进行结合，就形成了"人生的意义"的定义。根据前面我们在相关文章中对人生的论述和说明，并认为人生就是指在生存的过程中，人生生命体所具有的存在及其活动的统一，所以我们不妨对"人生的意义"作如下定义和说明。

人生的意义是指人生生命体在生存过程中所具有的存在及其活动对相应事物所产生的作用和影响。也就是说，人生的意义就是相应人生生命体存在、人生生命体生存、人生生命体活动和人生的过程对自我及外在活动对象所形成的作用和影响，它包括了人生对自我的意义和人生对外在活动对象的意义。

根据以上定义，我们可以对人生的意义作如下解读：

从形成人生意义的主体看，它包括了源于相应人生生理层面生命体形成的人生的意义、源于人生心理层面生命体形成的人生的意义、源于人生完整层面生命体形成的人生的意义；从活动对象看，它包括了相应人生对自我的人生意义、相应人生对社会的人生意义、相应人生对自然的人生意义。

从人生所形成的作用和影响的结果看，有的作用和影响是有益的，有的则是有害的，有的是既无益也无害的，而有的则是既有益也有害的等，所以可以把人生的意义分为具有正面的人生意义、具有负面的人生意义和既无正面也无负面的人生意义，以及既有益又有害的人生意义。

关于"正面"意义和"负面"意义的判断是以能否实现相应人生目的为参照对象来进行分别、判断的结果，是以人生的意义与人生目的的实现之间是否一致为依据进行分别、判断的结果，由于不同的人对同一事物和不同事物或同一个人在不同的时空条件下对同一事物所形成的人生目的是不相同的，所以当人们在以不同的人生目的为参照对象时，相应的人生生命体对相同和不同作用和影响进行分别、判断的结果也会有所不同，所以对相应人生意义性质和大小的判断结果也会有所不同。鉴于人生生命体都具有自我属性、社会属性和自然属性的存在，所以处于不同存在、生存及活动状态下的人生生命体在不同的社会条件和自然环境下，同一人生生命体或不同人生生命体对相应事物所形成的分别、判断的结果往往也会不一致。也就是说，人生生命体对人生意义性质和大小的分别、判断也将受到自我人生状况、社会环境状况和自然环境状况的作用和影响，人生生命体对人生意义"正面"和"负面"性质的界定，往往会从人生对自身的作用与影响、对社会的作用与影响和对自然的作用与影响的角度出发，结合相应的人生观、社会观和自然观等进行分别、判断形成，所以对人生意义的"正面性"和"负面性"的界定是以相应人生生命体的价值观为依据进行判定和衡量的。

那人生的价值又是什么呢？为了便于对"人生的价值"进行探讨，下面我们还是从"人生的价值"的定义开始。

2、关于"人生的价值"的定义

关于"人生的价值"，目前尚无明确的定义，下面我们就从"价值"的定义出发，结合前面对"人生"的定义来对"人生的价值"进行定义。

目前关于"价值"一词的定义主要有以下几种：

《辞海》对"价值"的定义有：

[1] 价值是凝结在商品中的一般的、无差别的人类劳动，商品的二因素之一，是商品生产、生产者之间交换产品的社会联系的反映，不是物质的自然属性。

[2] 价值引申为意义。

《汉典》对价值的定义有：

[1] 价值就是价格。

[2] 价值是商品的一种属性，其大小取决于生产这件商品所需的社会必要劳动时间的多少。

[3] 价值是指积极作用。

《维基》对价值的定义：

价值泛指客体对于主体表现出来的积极意义和有用性。可视为是能够公正且适当反映商品、服务或金钱等值的总额。

《百度》对价值的定义：

价值来源于自然界，并随着人类的进化而进化，随着社会的发展而发展，价值的终极本源只能是运动着的物质世界和劳动着的人类社会。但是对于人类社会，不同的人对价值的理解也是不同的。

从以上所列举的对"价值"一词不同的定义中我们认识到：目前人们对"价值"的各种定义大多都是立足于从人类生产、劳动与商品之间的关系，以及从人类对相应事物所形成的有利的意义出发所下的定义，那么我们势必会问，那些没有人类劳动参与的事物就没有价值了吗？（例如：阳光、空气等非人类参与创造的存在对人类难道就没有价值了吗？）有利的是有价值的，难道无利的就没价值了吗？而且有利和有害的价值又该如何进行界定？结合我们前面对"意义"一词的定义，我们可以认识到："价值"是相应事物对相应对象作用和影响的性质和大小的衡量。结合前面我们对人生的定义，我们不妨对人生的价值作如下定义：

相应人生对自我和外在事物会形成作用和影响，人生的价值就是以人生目的的实现为依据，对这些作用和影响的性质和大小进行衡量的结果，也就是以相应的人生目的为依据对人生意义的性质和大小的衡量，它包括了人生对自我的价值、人生对社会的价值和人生对自然的价值。

根据以上定义，我们不妨对人生的价值作如下解读：

从定义中我们可以认识到"人生的价值"是具有针对性的，从形成作用和影响的主体来看，它包括了相应人生生命体存在的价值、人生生命体生存的价值、人生生命体活动的价值和人生过程的价值，从人生作用和影响的对象出发，则包括了人生对自我的价值、人生对社会的价值和人生对自然的价值。

从人生作用和影响的性质来看，则包含了有利的人生价值（就是我们常说的正面的人生价值）、有害的人生价值（就是我们常说的负面的人生价值）、既无利也无害的人生价值（就是我们常说的无价值的人生价值）、既有利也有害的人生价值（就是既有正面，也有负面价值的人生价值）。关于价值的有利性和有害性的分别和判断往往取决于相应人生生命体对自我人生目标规划设定的情况和相应人生目的实现的作用和影响情况，以及对相应作用影响的分别、判断的结果（尽管相应的分别、判断的结果不一定真实），而人们对事物进行分别、判断的结果则往往取决于人们对相应事物的认识、理解以及所具有的信仰等不同层面观念的存在。

从人生对相应活动对象所形成的作用和影响的大小的衡量的结果出发，我们可以将人生的价值分为具有较大价值的人生价值、具有中等价值的人生价值、具有较小价值的人生价值和无价值的人生价值等。由于价值大小的衡量结果是相对的，而且对具有不同世界观、社会观和人生观的人来说，他们所关注的重点是不一致的，所以他们对同一事件所形成的人生价值的性质和大小衡量的结果也将是不一致的。

以上我们对"人生的意义"和"人生的价值"进行了相应的定义和说明，从中我们可以认识到：人生的意义和价值之间具有紧密的关系存在。下面我们就对人生的意义和价值作进一步的论述和说明。

二、关于人生的意义和价值

人生的意义是指人生生命体在生存过程中对自身和外在活动对象所形成的作用和影响，而人生的价值则是指以相应人生的目的为依据对人生意义的性质和大小的衡量。

由于人们对人生意义的性质的衡量是以人生的目的为依据进行的，并把有利于人生目的实现的意义称为正面价值的人生意义，把有损于人生目的实现的意义称为负面价值的人生意义。由于人生目的的形成是建立在人生生命体对人生和人生活动对象所形成的认识、知识、理解及信仰等基础上，结合自身的需要、需求、欲望及行为动机等对相应目标进行设定和规划而形成的。从人生作用和影响的对象出发，我们将人生的意义和价值分成了人生对自我的意义和价值、人生对社会的意义和价值、人生对自然的意义和价值。从人生的内涵出发，又可以将人生的意义和价值分为：人生生命体存在的意义和价值、人生生命体生存的意义和价值、人生生命体活动的意义和价值、人生过程的意义和价值。下面我们就分别从人生对自我、对社会、对自然的意义和价值出发，结合人生的内涵，对人生的意义和价值作进一步的论述、说明。

1、关于人生对自我的意义和价值

由于人生是人生生命体在生存状态下所具有的存在及其活动的统一。人生对自我的意义是指人生对自我人生生命体的存在、生存、活动及人生过程的作用和影响。它包括了人生对自我存在的意义、人生对自我生存的意义、人生对自我活动的意义和人生对人生过程的意义。人生对自我存在的意义可以进一步分为人生对自我整体层面生命体存在的意义、人生对自我生理层面生命体存在的意义和人生对自我心理层面生命体存在的意义等，而且针对以上不同层面存在的意义又可以进一步分为：人生对相应层面生命体的本质存在的意义、人生对相应层面生命体的属性存在的意义、人生对相应层面生命体的现象存在的意义和人生对相应层

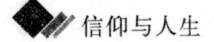

面生命体的关系存在的意义。

人生对自我生存的意义包括了人生对自我整体层面生命体生存的意义、人生对自我生理层面生命体生存的意义和人生对自我心理层面生命体生存的意义。

人生对人生生命体活动的意义是指人生对自我生命体进行活动的作用和影响。它包括了人生对自我生理层面生命体活动的意义、人生对自我心理层面生命体活动的意义和人生对自我完整层面生命体活动的意义，即人生对自我生理活动、心理活动和行为活动的意义。

人生对人生过程的意义是指人生对自我人生过程的作用和影响，它包括了人生对人生生命体存在过程的意义、人生对自我人生命体生存过程的意义、人生对自我生命体活动过程的意义。

人生对自我的作用和影响的性质及其大小的衡量也就是人生对自我的人生价值。从"人生目的"的相关论述中，我们认识到：人生的目的虽然各不相同，但都具有保持和延续自身生命体存在和生存时间以及对存在、生存质量的提升和减少痛苦、增加幸福的属性存在，所以从人生对自我的意义看，人生价值的判断衡量依据，就是是否有利于相应人生目的的实现，并将有利于自我生命的延续、提升自我生命体存在、生存的质量和有利于减少自我的痛苦、增加自我幸福的人生的意义视为是对自我具有正面的人生价值，将有悖于人生目的实现的人生的意义则被视为是对自我具有负面的人生价值。将人生的目的的实现与人生意义无关系的人生价值视为无价值的人生价值。对人生生命体来说，除了人生生命体的存在、生存、活动及人生的过程对自我的人生形成相应的"有利"、"有害"或"无利也无害"或"有利也有害"的作用和影响之外，人生生命体所生存的社会及自然环境也会对自我的人生形成相应的"有利"或"有害"、"无利也无害"，以及"有利也有害"的作用和影响。由于对每个人生生命体来说，相应的人生都是由相应人生生命体的存在、生存、活动及其过程统一而成的，所以人生对自我人生的意义的性质和大小的衡量，我们还可以通过是否有利于人生生命体存在、生存、活动，以及是否有利于人生的存在过程、生存过程、活动过程出发，对其进行衡量。例如：我们可以从人生生命体相应的存在、相应的生存、相应的活动和相应的过程是否有利于自我人生目的的实现出发，将有利于自我人生目的实现的人生意义视为是对自我有正面价值的人生意义，反之则视为是对自我有负面价值的人生意义，将既无利于自我人生目的的实现，也无害于自我人生目的的实现的人生意义视为是对自我无价值的人生意义，把既有利于自我人生目的的实现，也有害于自我人生目的实现的人生意义视为是对自我既有利也有弊价值的人生意义。

对人生生命体来说，一般情况下，若人生生命体的存在、生存、活动和人生过程有利于自我生理层面生命体和心理层面生命体本身，并使二者之间能够和谐统一，那么对相应人生的作用和影响就会有利于人生生命体存在和生存时间的延长和质量的提升，并有利于减少人生的痛苦和增加人生幸福的感知体验，那么这样的人生对自我的意义就是具有正面人生价值的人生，反之则属于负面人生价值的人生。由于人生生命体是生理层面生命体和心理层面生命体相互结合、协调统一的结果，而且人生的意义和价值又是通过自我人生生命体的存在、生存、活动和人生过程进行体现的。我们可以将人生对自我的意义和价值分为人生生命体的存在对自我的意义和价值、人生生命体的生存对自我的意义和价值、人生生命体的活动对自我的意义和价值、人生的过程对自我的意义和价值。

在现实生活中，对那些不能对人生的目标进行准确地规划和设定或者因为不能够正确地理解、认识的人来说，虽然他们为了实现相应的人生目的而不断努力的结果却是事与愿违，并使人生对自我的价值是负面的，而不是正面的价值。例如：有的为了实现自身生命体的存在和生存的保持、延续以及存在和生存质量的提升却因为对自我的生命状态不了解，虽然他们的目的是为了保持和延续自我生命体的存在和生存和质量的提升，但是他们所进行的活动却是些有害于生命的延续和生存质量提升，结果事与愿违。当相应人生生命体在进行既有利也有害的活动时，当所做的是危害大于有利的活动时，活动者越努力，结果反而离目标越远，致使我们所追逐人生目的的努力所导致的却是事与愿违的结果，从而使相应人生生命体活动意义的价值是负面的。由于我们人生生命体活动的方向、方法不当，我们的辛劳并不能使我们人生意义的价值获得提升，而是适得其反，结果不但会使活动者的存在和生存周期缩短和质量下降，还会使活动者自身在痛苦中挣扎，这也是现实社会中很多人的人生写照。

2、关于人生对社会的意义和价值

人生对社会意义是指人生对社会中的不同存在所产生的作用和影响。人生对社会价值则是对相应人生对社会的意义的性质和大小进行衡量的结果。

社会是具有一定关系的人生生命体共同存在及其活动的统一，从社会的组织结构出发，我们将社会分成了：家庭社会、组织社会、民族社会、区域社会、国家社会、国际社会和人类社会等不同层面的社会。从本质上讲，由于每个人的人生生命体都具有自我的分别属性、社会的共有属性和自然的共有属性存在的能量运行体系。不同人生生命体在自我的分别属性、社会属性、自然属性的属性作用下，会使每个人的人生也具有自我属性、社会属性和自然属性的存在，这也就决定了人生对社会的作用和影响也具有自我属性、社会属性和自然属性的属性存在。从自我属性出发，人生生命体的存在、生存及其活动往往都是从自身认为有利的感知体验出发，在社会之中进行相应具有倾向性的生命活动。若相应的人生有利于社会的进步、发展及和谐统一，那么人生对社会意义的价值就是正面的，而且对社会所产生的作用和影响越大，人生对社会意义的价值就越高；反之，如果人生对社会的意义是负面的，那么人生对社会的意义越大，相应的人生对社会的负面价值就越大。那些不利于相应社会发展、进步及社会和谐统一的人生对社会的意义是负面价值的人生意义；而有利于社会发展、进步及社会和谐统一的人生的意义是正面价值的人生意义。由于社会中，人与人之间具有相互依存、相互作用、相互影响、协调统一的关系存在，所以在一个社会团体中，若每个人都只是从有利于自己的利益出发，而忽视其他人的利益，那么将会损伤到社会中人与人之间关系的和谐统一，从而给社会中其他人生生命体产生有害的作用和影响，那么相应的人生对社会的意义也将是负面价值的人生意义；反之，若每个人在人生过程中能够关注到社会中其他人的利益，那么他对相应社会团体中的意义也就有利于社会的进步、发展及和谐统一，那么相应人生对社会的意义就是正面的。

由于不同的人在相应社会组织中所处的角色不同，所以相应人生对不同层面社会的意义和价值也不相同。从社会中人与人之间所具有的关系看，有的关系是先天形成的，有的则是后天形成的。在一般情况下，人生在相应社会中所处地位和关系越重要，那么他对相应社会的意义和价值也就越大。例如：一般情况下，人生生命体对家庭社会的意义和价值要高于对组织社会的意义和价值，对组织社会的意义和价值要高于民族社会的意义和价值，对民族社会的意义和价值要高于国家社会的意义和价值，对国家社会的意义和价值要高于对国际社会的意义和价值，对国际社会的意义和价值要高于对人类社会的意义和价值。由于要保持社会的稳定除了要使社会中人与人之间的关系具有向心力之外，还要有维护团体存在的能够抵抗外来破坏的自卫力量。一般情况下，社会内部的向心力主要是源于社会中相应人生生命体所具有的共同的利益和具有一致的人生信仰和人生价值观，以及有利于大多数人的人生目标实现的政治、经济、法律等方面的文化、制度，并使其成为维护和保持社会存在的力量。这种力量有的源于相互吸引的内在力量，有的则源于外在压力的转化，虽然压力不等同于向心力，但是在某种条件下却会转化成向心力，所以社会组织结构的保持和延续过程中，要立足于使社会向心力提升的同时，还要保持适当的外在力量的约束，方能保持向心力的稳定。若社会的维持只是通过源于外在的压力来约束而忽视内在向心力的提升，那么相应的社会也将是不稳定的。因为当压制力到达一定程度后，反抗力就会提升，当反抗力高于压制力的约束时，就会使社会产生分裂，甚至引起社会的动乱和仇恨。

人生对社会价值性质的取向及其大小的衡量主要取决于相应人生生命体的需要、需求、欲望、行为动机和价值取向及其在社会中的角色和对社会作用和影响能力的大小等。例如：人生若能够在家庭社会中形成和谐统一的关系，而且相应人生生命体的需要、需求、欲望、行为动机和价值取向是有利于家庭社会的保持和延续或者使家庭内部成员的痛苦减少、幸福提升，那么相应的人生对家庭的人生意义就是正面价值的，此时相应人生对家庭的作用和影响的能力越强，就越能够与家庭社会形成良性互动，对家庭社会意义的价值也就越大或越强。

若相应人生在社会中关注自身团体的利益的同时，也能够关注到其他团体的利益，或者能够使自身所处的团体利益与其他团体的利益之间具有一致性，那么相应团体之间的冲突就会减少，也会使相应团体的幸福增加、痛苦减少，从而使维护相应社会稳定的成本大幅减少。若一个国家内部不同民族、不同团体都能考虑到其他团体和民族的利益，并使不同民族、团体的利益一致时，相应的国家社会就会更加有生命力、更加稳定，治理国家的成本也将大幅减少，从而给相应国家社会中的人民带来的幸福价值也将更大。从国与国之间来看，若国家之间在关注自身利益的同时，也能关注到别国的利益，那么国与国之间的关系就会走向和谐，并有利于国际社会和平和稳定，和平的国际社会环境给不同国家带来的稳定和国民幸福价值的提升是很有利的。在这种背景下，相应人生对社会的意义和价值也不会因为生存的社会团体不同而产生对冲，以上论断反之亦然。需要说明的是，这里所说的利益包括了政治、经济等方面的物质利益和精神利益。

遗憾的是，在现实生活中，人们都从自身所处的社会组织结构与自身的关系情况出发，将利益的关注点都集中在与自身关系较为紧密的团体之上，而忽视其他社会组织的利益，从而导致社会中不同家庭之间、组织之间、民族之间、国家之间和国际团体之间为了个人或所处团体的利益而处于不停的争斗之中，相应人生对社会意义和价值就是负面的，从不同的组织的角度看，结果是不一样的，可能在某个组织结构中具有较大的正面价值的同时，对其他社会组织却是具有负面的意义和价值。

对某些人而言,他对社会的意义和价值是超越某个特定社会组织的。例如:对某个政治领袖而言,其对国家组织层面的意义和价值往往高于其对家庭社会层面的意义和价值;又如某些科学家和思想家,他们的人生所致力于的是对人类科技和思想的进步及智慧的提升,所以他们对整个人类来说都是具有正面的意义和价值。

若人生对相应社会组织的意义是正面的,并有利于人生的自身、相应的团体社会、相应的国家社会、相应的国际社会和人类社会的发展和进步,那么相应人生的意义和价值就会对整个人类都是正面的,不幸的是在现实生活中,社会中的个人或团体为了获得自身的物质利益和精神利益而处于不停的争斗之中,他们往往把那些可以超越相应社会组织的公共利益占为己有,将掠夺他人利益和战胜他人的能力视为是为自身谋利的手段和工具。例如:许多可以用于为全人类做贡献的科技成果往往会被某个组织、社会占为己有,作为与其他社会团体进行争斗的工具。这些情况从表面看是为了争夺利益,甚至是由于优胜劣汰的竞争法则所致,但是从根本上来说,这些都是人心被错误的观念所误导和愚弄所致,正是因为人类处于愚昧和迷茫的状态,人们才会专注于用掠夺的方式或征服他人的方式来获取利益,而不是立足于用心去经营发展我们人类自身。对那些用牺牲别人的方式去获得自身生存的人来说,往往是由于他们没有正确的人生的目的、意义和价值的观念所致。若人类社会能够把人类所具有的智慧共同致力于通过生产、创造的方式去保持生命的存在、生存的时间和生存质量的提升,以及减少社会大众的痛苦,增加社会大众的幸福之上,那么人类社会将会变得更加和谐、安全和幸福,也不至于使人类社会处于不停的竞争、争夺和战争之中。人类的各种争斗不仅会给社会带来各种物质的浪费和精神的痛苦,同时还在浪费着各种维护安全的资源,所谓维护人类社会的安全费用的使用并不有利于人类社会的安全,而只是对人类不安全心理的安慰和树立安全感的表现而已。社会团体的自卫力量并不能从根本上解决人类社会的安全问题,也不利于大众幸福价值的提高和痛苦的减少。形成人类社会问题的根本原因大多都是源于人们对社会、对自我的认识、理解不够以及对人生的信仰的不正确或不全面所致。

根据以上论述我们可以得知:人生对社会的意义和价值的性质主要取决于是否有利于相应社会团体中人生生命体的存在和生存的保持和延续的时间和质量的提升,以及是否有利于相应社会团体中的人生幸福价值的提升和痛苦的减少,并把它们作为人生目的的实现。若有利于社会大多数人的人生目的能够得以实现，那么对社会而言，相应人生的意义和价值就是正面的，反之则是负面的，而社会团体幸福价值的提升和痛苦的减少取决于是否能够让绝大多数的人获得幸福价值的最大化。关于幸福价值的衡量我们将在《走向幸福》一书中作系统的论述和说明，在此暂不展开讨论了。

3、关于人生对自然的意义和价值

由于人生生命体是自然的产物，所以维持和延续人生生命体的存在、生存及活动就必须从自然之中获取各种能量。自然在对人生进行作用和影响的同时，人生也会对自然产生相应的作用和影响，当人生生命体在自然中存在、生存及活动时，就会对自然产生相应的作用和影响，若人生生命体的存在、生存、活动和人生过程对自然的作用和影响有利于对自然环境的改善，并能够使人生生命体与自然之间形成和谐共处、协调统一时，我们就将相应人生对自然的作用和影响界定为人生对自然具有正面价值的意义，相应的人生对自然的意义也是正面价值的人生意义。若人生生命体的存在、生存、活动和人生过程所导致的是使自然环境受到破坏，并使人生与自然之间的关系也处于恶性循环的状态，那么相应人生对自然的意义和价值就是负面的。遗憾的是，在现实生活中，由于人们不明白，也认识不到自然与人生的关系的重要性，或者虽然认识到自然对人生的重要性，却在大众和自身的贪婪和欲望的心理支配下，利用自然具有不会或难于和我们人类争利的特点，理所当然地视自然为人类所有之物，并从自然中贪婪的索取，全然不顾自然环境的破坏和自然环境被破坏后会导致的后果。在现实生活中，人类的发明往往是源于对自然的认识和利用，然后又通过各种发明再对自然、社会和人生生命体进行活动，而大多数的活动都是为了便于人们向自然索取而展开，却很少为自然服务，所以在这种情况下，人生对自然的意义大多都是具有负面价值的人生意义；反之，若人生能够正确的认识自我、认识自然以及自我与自然的关系，并使自然环境得以改善，使自我与自然之间、社会与自然之间的关系处于和谐统一的状态，那么相应人生对自然的意义就是正面价值的人生意义。

以上我们对人生对自我的意义和价值、人生对社会的意义和价值、人生对自然的意义和价值进行了相应的论述和说明，从中我们认识到：人生的意义是由人生对自我的意义、人生对社会的意义及人生对自然的意义几个方面共同组成的，而人生的价值则是对人生意义的性质和大小进行衡量的结果，从人生意义的性质出发，人生的价值包括了"正面的价值"、"负面的价值"和"无价值"以及"正面价值和负面价值共同存在的价值"等。要使人生的价值走向最大化，就应该把有利于自我、有利于社会、有利于自然的意义进行协调统一，并在相应的人生过程中，以较高的智慧和进取的心态去对自我、对社会、对自然进行相应的具有正面价值的活动。若人生只考虑自我的意义和价值，而忽视对社会和对自然的意义和价值，那么这样的人生就会被视为自私自利的人生，这样的人生过程和结果在短时期内虽然对自身的意义会有显著的提高，但是由于对社会、对自然的意义可能就是负面的，综合起来看，人生的意义和价值就不会大，甚至是负面价值的人生意义，若忽视自我和自然，只重视社会意义和价值的人生往往也是一个痛苦的人或是精神不健全和违反人性的人，其人生价值也不会高，所以一个健康、全面的具有正面价值意义的人生才是一个能够平衡好对自我、对社会和对自然具有正面意义和价值的人生。

三、关于人生不同层面意义和价值之间的关系

根据以上的论述和说明，我们可以得知：人生的意义和价值包括人生对自我的意义和价值、人生对社会的意义和价值和人生对自然的意义和价值三个层面，它们共同形成了人生的意义和价值，那么三者之间又有什么样的关系存在呢？我们应该如何处理三者之间的关系才能使人生更有意义和价值呢？为了对这两个问题进行相应的论述和说明，我们不妨对三者的关系作如下总结和说明：

1、对人生来说，由于人生生命体的生命活动都是以自我为核心进行活动的，所以对一般的人而言，他们在对人生的意义和价值进行分析、判断时，他们往往会认为人生对自我的意义和价值的重要性要高于对社会的意义和价值，而对社会的意义和价值的重要性又高于对自然的意义和价值，由于不同的人对人生的意义和价值的分析、判断的标准是不一致的，所以相应的判断结果也将是不一致的。例如：对某些人来说，他们往往认为在人生的意义和价值中最重要的是对社会或者对自然的意义和价值，而不是对自我的意义和价值。

2、人们对人生意义和价值大小的判断和衡量主要是从人生对相应作用和影响对象所产生的作用和影响的性质、时间、强度、数量以及对相应人生的重要程度等多方面进行衡量的。

3、人生对加之于其上的作用和影响对象的重要程度和影响强度的分别、判断

往往又受到相应人生的信仰、知识、文化背景以及人生所处社会条件和自然条件的作用和影响，因为在不同的人生信仰、知识、文化背景和不一致的需要、需求和欲望下，在不同的自然条件下，人生对自然、对社会、对自我重要程度的分别、判断的结果也将不一致。

4、人们对人生意义和价值的分别、判断除了受到人生自身的作用和影响之外，还会受到相应对象的作用和影响，并得出不同人生意义和价值判断的结论。

根据以上论述和说明我们认识到：要使人生的意义和价值走向最大化，就应该对自我、对社会、对自然进行正确认识、了解，树立正确的人生目的、人生意义、人生价值观以及正确的世界观和社会观，并使相应人生对三者意义的价值都走向最大化，但是在现实生活中是很难达到的。人生在对自我、社会、自然进行作用和影响过程中，往往会使三者之间形成一定的对冲关系，所以要使人生意义的价值走向最大化就要尽量使人生对自我的意义和价值、对社会的意义和价值和对自然的意义和价值都处于正面的，并使其协调一致，并使三者的人生意义和价值都走向最大化，在使三者都具有向正面意义基础上，将三者之间的关系协调一致，并使相应的价值都走向最大化，使负面价值的意义走向最小化，方能实现人生意义和价值走向最大化。

由于人生生命体的活动往往是在相应人生心理活动的支配下进行的活动，人生的心理和行为活动一般都是在一定需求、欲望及行为动机支配下进行的活动，而人生行为动机往往又会受到人的性格、人格、信仰、知识及其他观念影响，所以要使人生的意义和价值走向最大化，就要从提升自我的人生观、社会观和世界观开始，提升自身的对自我、对社会、对自然的正确认识和理解，并围绕着具有正面价值意义的人生目的努力进取方能实现。

信仰与人生

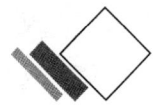 第十四章 人生的命运

关于"人生的命运"的问题也是千百年来人们在不断探寻的问题,人类在对有关人生命运进行探寻的过程中形成了不同的观点,其中有的观点认为:"人生的命运是由天注定的,可以用术数及占卜等方法来预测人生的命运";有的观点认为:"人生的命运虽然由天注定,但却可以更改";而有的观点则认为:"人生的命运是人为的,完全可以由自身所控制或掌握"。随着人生命运不同观点的形成,也导致哲学界、宗教学界为此而争论不休,并形成不同的"人生的命运观"。在众多的观点中,目前比较具有代表性的哲学观点主要有:儒家的天命观、道家的自然命立论、佛家的因果论、基督教的上帝决定论、伊斯兰教的前定论、古典物理学的机械决定论、量子力学等现代科学的非决定论及中性理论、马克思的历史决定论等。

面对有关人生命运的不同观点,我们势必会问:什么样的观点才是正确的人生命运观?我们应该如何看待和面对人生的命运?回答这些问题正是本文的意图所在,为了便于对人生命运的问题进行解答,我们首先需要对人生的命运作一个明确的界定,以便在后续的论述和探讨中能够有一个统一、明确的定义。

一、人生的命运是什么

虽然目前人们对人生命运观点的争论比较多,但都没有形成一个较为明确、统一的定义,目前人们对命运的定义主要有以下几种:

《汉典》对命运的定义为:命运是事情的预先注定的进程,指生死、贫富和一

切遭遇。

《维基》对命运的定义为：命运字面上意义是指生命的经历。命指生命，运即经验历程。

《百度》对命运的定义为：

[1]指生死、贫富和一切遭遇。

[2]比喻发展变化的趋向。例如：关心国家的前途和命运。

[3]命运是人与人的运动轨迹的总论，是共性的概括。

从以上不同的定义中，我们深感以上不同的定义均未能够对"人生的命运"进行本质和全面的表达，为了对人生的命运进行本质性的全面表达，我们不妨从前面对人生的定义出发，再结合目前人们对有关人生命运的相关定义和论述所表达的观点，将人生的命运作如下定义：

人生的命运是指人生运行轨迹、运行过程、运行结果的统一。它包括了人生生命体存在的命运、人生生命体生存的命运、人生生命体活动的命运以及人生过程的命运。

为了便于我们对"人生的命运"定义作进一步的理解，下面我们就对"人生的命运"的定义作如下解读和说明。

定义中的"人生的运行轨迹"是指相应人生生命体的存在、生存、活动在人生过程中所经历路线、道路的体现。

定义中的"人生的运行过程"是指相应人生生命体的存在、生存、活动在人生过程中所经历程序、步骤和时间的体现。

定义中"人生的运行结果"是指相应人生生命体的存在、生存、活动的运动、变化在人生过程中所形成的结果的体现。

二、关于人生的命运

根据以上我们对人生命运的定义，结合作者在前面相关文章中对人生的相关论述和说明，我们可以从人生命运的组成和人生的内涵出发，对人生的命运进行相应的论述和说明。

基于以上我们对人生命运的定义和说明，我们认识到人生的命运是由人生的运行轨迹、人生的运行过程以及人生的运行结果统一而形成的。我们也可以从人生的内涵出发，将人生的命运分为人生生命体存在的命运、人生生命体生存的命

运、人生生命体活动的命运、人生过程的命运。下面我们就对人生的命运作如下论述和说明：

1、关于人生的运行轨迹

人生的运行轨迹是指人生的运行过程所经历的路线、道路的体现，它包括了相应人生生命体存在的运行轨迹、相应人生生命体生存的运行轨迹、相应人生生命体活动的运行轨迹、相应人生过程的运行轨迹。

其中，人生生命体存在的运行轨迹是指人生生命体在生存过程中，不同层面生命体的存在从产生、保持、转化到消亡的运行过程中所历经的路线、道路的体现。由于人生生命体的存在包括了人生生命体生理层面生命体的存在、心理层面生命体的存在、完整层面生命体的存在。在不同层面生命体的存在中，相应人生生命体的本质存在是其他一切存在的根本，是相应属性存在、现象存在和关系存在的前提基础，人生生命体的属性存在、现象存在和关系存在都是相应人生生命体的本质存在进行运动、变化结果的体现和呈现。在人生过程中，人生生命体的一切存在的运行都是按一定的属性进行不停的运动、变化、活动的，促使人生生命体的存在发生运动、变化的原因既有内因的作用，也有外因的作用，是相应人生生命体内因和外因相互作用、协调统一的结果。由于人生生命体从质变性的产生到质变性的死亡过程中，不同层面的生命体都处于不停的运动、变化之中，相应层面生命体的运动、变化会导致相应层面生命体存在的量变性产生、保持、转化和消亡。从本质看，由于人生生命体是源于自然和归于自然的一个能量运行体系，从属性看，人生生命体的能量进行体系具有自然属性、社会属性和自我属性的存在，这也就决定了人生不同层面生命体的存在也具有自然的、社会的和自我的功能属性、运动属性和变化属性的存在，而且不同存在在人生生命体的生存过程中，其运行规律也是相应人生生命体自然属性、社会属性和自我属性统一而形成的。这也就决定了人生生命体存在的运行轨迹必然是由相应人生生命体中不同层面的能量和能量运行体系的性质、组织结构为主导，并受到其所生存的社会环境和自然环境的作用和影响形成的。也就是说，人生生命体存在的运行轨迹的形成是由相应人生生命体的内在因素为主导，并受到外部的社会因素和自然因素的作用和影响而形成的。

关于人生生命体生存的运行轨迹是指人生生命体从质变性的产生到质变性的死亡过程中，人生不同层面的生命体从产生到死亡的运行过程中所经历的运行路线、道路。在前面的相关文章中，我们对人生生命的生存进行了论述和说明，从中我们认识到：从宏观层面看，人生完整层面生命体从质变性的产生到质变性的死亡的生存过程中必然按生、老、病、死的运行轨迹进行运行，也可以将其进一步分为：诞生前阶段、诞生阶段、诞生后的儿童阶段、少年阶段、青年阶段、壮年阶段、衰退阶段、死亡阶段。从微观层面看，人生生命体在质变性产生到质变性死亡过程中必然经历相应的量变性的产生到量变性死亡的产生、保持、转化的运行轨迹。人生完整层面生命体的生存与死亡轨迹是由生理层面生命体与心理层面生命体相互结合后形成生存、相互分离形成死亡的运行轨迹所决定的，而且不同层面人生生命体生存与死亡的运行轨迹又是由更加微观层面生存的运行轨迹集合而成的。

人生生命体活动的运行轨迹是指人生生命体从质变性的产生到质变性的死亡的生存过程中，人生不同层面生命体进行生命活动所历经的路线、道路的体现，它包括了相应人生生命体生理活动的运行轨迹、心理活动的运行轨迹和行为活动的运行轨迹。其中，人生生命体的生理活动的运行轨迹是指在人生过程中，生理层面生命体的活动从产生到消亡的运行过程中所经历的路线、道路的体现。从形成人生生理活动运行轨迹的内因看，人生生命体生理活动运行轨迹的形成是由相应人生生理层面生命体中不同层面的能量体和能量运行体系及其所具有的功能属性、运动属性、变化属性等相互作用、相互影响、协调统一的结果；从形成人生生理活动轨迹的外因看，由于人生生理层面生命体是自然的产物和社会的产物，所以相应人生生理层面生命体的生理活动的运行轨迹是受到自然因素和社会因素的作用和影响而形成的，而且相应生理活动的轨迹还将遵循相应的自然属性、社会属性和自我属性。

人生心理活动的运行轨迹是指相应人生生命体从质变性产生到质变性死亡的生存过程中，不同层面的心理活动从产生到消亡的运行过程中所经历的路线、道路的体现。从人生心理层面生命体的活动形成的内因看，相应人生心理活动的运行轨迹是由形成相应人生心理层面生命体的感知能量和能量运行体系及其所具有的功能属性、运动属性、变化属性等相互作用、相互影响、协调统一而形成的，并在相应活动的运行过程中具有相应的自然属性、社会属性和自我属性的存在。从形成相应心理活动运行轨迹的外因看，则是相应人生心理层面生命体受到源于自然因素和社会因素的作用和影响形成的，这是由于这些因素能够直接和间接地对形成人生心理层面生命体的感知能量体和能量运行体系产生作用，从而导致相应人生心理活动运行轨迹的形成。

相应人生生命体行为活动的轨迹是指人生生命体从质变性产生直至质变性死亡的生存过程中，人生生命体所进行行为活动时从相应行为活动的产生到消亡的运行过程所经历的路线、道路的体现，由于人生生命体的行为活动是相应人生心理层面生命体和生理层面生命体共同存在、相互作用、相互影响、协调统一而形成的活动，而且人生生命体的活动一般都是在具有感知体验心理活动的作用和影响下形成的。鉴于人生生命体的活动具有自然属性、社会属性和自我属性的性质存在，所以从人生行为活动的运行轨迹的形成的内因看，是由形成人生生命体中生理层面生命体和心理层面生命体的能量体和能量运行体系在相互作用、相互影响、协调统一的作用下，并在相应的自然属性、社会属性和自我属性相互作用、相互影响、协调统一的作用下形成的，从形成人生行为活动运行轨迹的外因看，人生行为活动的轨迹是在相应人生生命体受到自然环境因素和社会环境因素的作用和影响下形成的。一般情况下，人生生命体的行为活动的轨迹是由人生生命体内在因素与人生生命体之外的自然因素和社会因素之间相互作用、相互影响、协调统一而形成的。

关于人生过程的运行轨迹是指人生生命体从质变性产生到质变性死亡的生存过程中，人生的运行过程所经历的路线和道路的体现。它包括了相应人生生命体存在过程的运行轨迹、人生生命体生存过程的运行轨迹以及人生生命体活动过程的运行轨迹。由于人生的过程已融入于相应人生生命体的存在、生存、活动之中，为了减少重复，在此就不展开讨论了。

以上我们从人生的内涵出发，对人生生命体的不同存在运行轨迹进行了相应的论述和说明，从中我们可以认识到：人生生命体存在运行轨迹是由形成人生生命体的不同层面的能量体和能量运行体系本身及其所具有的自然属性、社会属性、自我属性之间处于相互作用、相互影响、协调统一的情况下，受到源于社会因素和自然因素的作用和影响而形成的。

2、关于人生的运行过程

人生的运行过程是指人生生命体从质变性产生到质变性死亡的生存过程中，人生生命体的存在、生存、活动按相应的运行轨迹进行运行的过程中所经历的程序、步骤和时间的体现。它包括了人生生命体存在的运行过程、人生生命体生存的运行过程和人生生命体活动的运行过程。其中，人生生命体存在的运行过程是指人生生命体在生存过程中，人生生命体所具有的存在从产生到消亡的运行过程中所经历的程序、步骤和时间的体现。

人生生命体生存的运行过程是指人生生命体从质变性生存到质变性死亡的生存过程中，不同层面生命体从产生至死亡的生存运行过程中，按相应生存运行轨迹进行运行的过程中所经历的程序、步骤和时间以及运行状态的体现，它包括了人生整体层面生命体生存的运行过程、生理层面生命体生存的运行过程和心理层面生命体生存的运行过程。

人生生命体活动的运行过程是指人生生命体在生存状态下，人生生命体不同层面的生理活动、心理活动和行为活动按相应的运行轨迹进行运行的过程中所经历的程序、步骤和时间的体现。它包括人生完整层面生命体活动的运行过程、人生生理层面生命体活动的运行过程、人生心理层面生命体活动的运行过程。

3、关于人生的运行结果

人生的运行结果是指人生生命体从质变性产生到质变性死亡的生存过程中，人生生命体的存在、生存、活动及人生过程按相应的运行轨迹进行相应的运行，使相应人生生命体的存在、生存及活动所发生的运动、变化的体现。它是人生不同层面生命体的不同存在、生存、活动之间相互作用、相互影响、协调统一的结果。它包括了人生生命体存在的运行结果、人生生命体生存的运行结果、人生生命体活动的运行结果、人生过程的运行结果。其中人生生命体存在的运行结果是对人生生命体中不同层面的存在按相应的运行轨迹和运行结果进行运行时，相应存在所发生的运动、变化的体现。

相应人生生命体生存的运行结果是指人生不同层面生命体的生存按相应运行轨迹、运行过程进行运行，使相应人生生命体的生存所发生运动、变化的体现。它包括了相应人生生理层面生命体生存的运行结果、相应人生心理层面生存的运行结果、相应人生完整层面生命体生存的运行结果等。

人生生命体活动的运行结果是指相应人生不同层面生命体的活动按相应的运行轨迹、运行过程进行运行，使相应人生生命体的活动所发生的运动、变化的体现。它包括了相应人生生命体的生理活动的运行结果、心理活动的运行结果、行为活动的运行结果等。

三、影响人生命运的因素

从我们在前面对人生的论述和说明中认识到:影响人生命运的因素比较多,有的影响源于人生生命体内部,有的影响源于相应人生生命体外部,有的则是源于二者之间相互结合的影响,为了便于说明,下面我们就对影响人生的因素作如下概括性总结和说明:

前面我们从人生的运行轨迹、运行过程和运行结果出发,对人生的命运进行了相应论述和说明,从中我们认识到:人生的命运是由人生运行轨迹、人生运行过程和人生运行结果统一而成的,而且人生的命运是由内在因素和外在因素相互作用下形成的。下面我们就分别从影响人生命运的内在因素、外在因素和内、外结合因素出发,对影响人生命运的因素进行相应的分析和说明:

1、关于影响人生命运的内在因素

影响人生命运的内在影响因素是指源于人生生命体内部对相应人生命运形成影响的因素,它主要包括源于人生生理层面生命体的影响因素、源于人生心理层面生命体的影响因素以及源于人生完整层面生命体的影响因素等,其中源于人生生理层面生命体的影响因素,又可以根据人生生理层面生命体中不同层面的组成和存在等作进一步的细分,例如:可将源于人生生理层面生命体的影响因素进一步分为源于八大功能系统层面的影响因素、源于功能器官层面的影响因素等。

在源于人生生理层面生命体的影响因素中有的是由先天遗传变异形成的,有的则是在后天受到内在因素和外部因素的作用和影响而形成的。

源于人生心理层面生命体的影响因素是指人生心理层面生命体的存在、生存及其活动状况等对人生命运所形成的影响因素。由于形成人生的心理的感知能量体和能量运行体系及其所具有的自然属性、社会属性和自我属性之间相互作用、相互影响、协调统一形成了人生心理功能属性的基本面。形成人生心理层面生命体本质存在的感知能量体和能量运行体系的存在是形成相应人生心理的功能属性、运动属性和变化属性的前提,所以形成人生心理层面生命体的能量性质、组成、结构形式及其所形成的人生心理层面生命体的功能属性、运动属性和变化属性都会对人生心理层面生命体的运行形成各种具有根本性的影响,进而对相应人生的命运产生影响,除此之外,人生心理活动过程中所形成的感知、认识、信仰、价值观、行为观、心理活动习惯等都会对相应的心理活动的运行轨迹、运行过程和运行结果产生相应的作用和影响，进而对人生的命运产生相应的作用和影响。

源于人生完整层面生命体对人生命运的影响是指人生完整层面生命体的存在、生存、活动和人生过程对人生的运行轨迹、运行过程和运行结果产生相应的作用和影响。人生完整层面生命体对人生命运的影响主要体现在：人生完整层面生命体中生理层面生命体与心理层面生命体的相互结合情况及其二者之间相互作用、相互影响、协调统一形成的性格、人格、性别、人种、健康状况等，都会对相应人生的运行轨迹、运行过程和运行结果产生相应的作用和影响。

从本质上看，人生生命体是由生理层面生命体和心理层面生命体相互结合而成的能量运行体系。其中，生理层面生命体的功能属性、运动属性和变化属性的基本面是由亲代生命体在遗传、变异的作用下形成的，而且相应人生生理层面生命体的存在、生存、活动的规律也是在先天条件下形成的，这就决定了人生生理层面生命体的运行轨迹、运行过程和运行结果的基本面是在先天的遗传变异作用下，在人生生理层面生命形成的过程中形成的。

源于人生生理层面生命体对人生命运的影响还体现在：随着人生按一定运行轨迹和运行过程进行运行时，其运行结果必然会使人生生理层面生命体及心理层面生命体及其结合互动情况发生相应的运动、变化，并使相应人生生理层面生命体的不同存在、生存、活动状况等发生相应的运动、变化，进而使相应人生的运行轨迹、运行过程和运行结果发生变化和改变。

在一定时空条件下，人生生理层面生命体的活动是按一定的运行轨迹（或方向），按一定的运行过程进行运行，并产生相应的运行结果。由于在人生生理层面生命体在运行过程中还不停地受到源于自身的心理、生理等情况的变化以及源于所处社会环境条件和自然环境条件的作用和影响。也就是说，从生理层面生命体的角度看，人生的命运虽然是按一定的运行轨迹和运行过程进行运行的，但是由于会受到源于自身、源于社会和源于自然的作用和影响，会使它的运行轨迹、运行过程和运行结果在一定范围内发生波动，甚至会发生质变性的运动和变化。例如：某些突发事件的发生会使人生生理层面生命体产生不可预期的作用和影响。

在人生过程中，形成人生心理层面生命体的能量体和能量运行体系是以相互吸引的方式而存在，内部不同能量组成及其结构的变化也会使人生心理层面生命体的感知功能属性发生相应的运动、变化，这也就决定了人生心理层面生命体不但受到形成人生心理层面生命体的能量性质、能量组成及其结构方式等基本情况的作用和影响，也会受到作为人生心理层面生命体载体的人生生理层面生命体的情况和源于社会和源于自然的因素的作用和影响，进而对相应人生生命体存在、生存、活动的运行轨迹、运行过程及运行结果产生相应的作用和影响。

人生心理层面生命体对人生命运的作用和影响还体现在：由于人生的心理活动是在一定功能属性、运动属性、变化属性作用下，按一定的运行轨迹、运行过程进行相应的运行，并形成相应的运行结果，而且相应人生的运行过程和运行结果又会使人生心理层面生命体发生相应的运动、变化。例如：在人生过程的不同阶段，人生的心理活动的运行轨迹、运行过程和运行结果也会发生相应的运动、变化。

由于相应人生心理层面生命体和生理层面生命体的基本层面是在先天生命体的形成过程中形成的，并受后天源于自我、源于社会、源于自然因素的作用和影响，这也就决定了人生完整层面生命体命运的基本面也将由先天所决定，并且受到后天源于自我、源于社会、源于自然因素的作用和影响。由于人生生命体不但具有自我的个别属性，还具有社会的共有属性、自然的共有属性的存在，这也就决定了人生的命运也具有自我的分别属性、社会的共有属性和自然的共有属性的存在。

关于人生完整层面生命体对人生命运的影响还体现在人生完整层面生命体的行为活动对人生命运的作用和影响，由于人生行为活动是人生心理层面生命体和生理层面生命体之间相互作用、相互影响、共同活动的结果，所以人生生命体行为活动的能力、活动方式、活动态度等都会对人生的运行轨迹、运行过程和运行结果产生相应的作用和影响。

除此之外，人生生命体在行为活动过程中所形成的人生目的、人生意义及人生价值观、行为观以及社会观、世界观等观念存在也会对人生的命运产生相应作用和影响。人生行为活动中有的属于具有行为目的和行为动机的活动，而有的却属于无行为目的和行为动机的活动，但是无论哪一种行为活动，它们都是在人生行为心理活动作用下形成的人生生命活动，所以当人生面对相应活动对象进行行为活动时，必然会受到人生对相应活动对象所形成的知识、认识、理解、信仰以及相应的行为动机和行为方法的作用和影响，进而对相应人生的命运产生相应的作用和影响。

从以上分析和说明中，我们认识到：源于人生生命体内在的影响因素对人生命运的影响是根本性的影响因素。

2、关于影响人生命运的外部影响因素

影响人生命运的外部因素是指源于人生生命体之外对人生命运产生作用和影响的因素,它包括了源于自然的影响因素、源于社会的影响因素以及源于自然和社会相结合的影响因素。

其中源于自然的影响因素是指人生所处的自然环境中能够对相应人生的命运产生各种直接和间接作用和影响的因素。由于人生生命体属于自然的一部分,它源于自然,归于自然,并在自然环境中按照相应的自然属性进行运行。自然对人生命运的影响主要体现在:一方面,在人生过程中,相应人生生命体在自然中虽然处于相对独立的运行状态,但却不停地以各种方式与自然界中的不同层面能量体进行着能量新陈代谢的活动,并使人生生命体发生相应运动和变化,并对相应人生的命运产生相应作用和影响,这类作用和影响主要是使人生生命体的内部存在发生运动、变化而形成的。另一方面,人生的命运还将受到所处的自然环境与人生生命体之间形成相互作用、相互影响、协调统一的状况等形成相应的作用和影响。例如:人生生命体所生存的自然环境的物产、气候以及其他自然环境条件都会对人生的命运产生相应的作用和影响。

社会对人生命运的影响主要体现在:由于人生生命体是通过亲代在遗传变异的功能属性作用下形成的,并在相应的社会中存在、生存及活动,所以社会对人生命运的影响因素主要包括了先天形成的影响因素、后天形成的影响因素,以及先天与后天相结合的影响因素。其中社会对人生命运影响的先天因素主要体现在:人生生命体在形成过程中受到亲代生理层面生命体及自身心理层面生命体的遗传、变异的作用和影响,人生生命体的健康状况、人种、性别情况以及诞生时家庭区域、国家、民族、时代情况等都会对相应人生的命运产生相应的作用和影响。社会对人生命运所形成的后天的影响是指人生生命体在诞生之后在社会中存在、生存及活动过程中,社会的不同存在对人生的命运所形成的作用和影响,这类影响主要体现在:社会文化、社会信仰、社会背景、社会关系、社会地位等会对相应人生命运形成相应的作用和影响。在诸多影响中,有的是有利的影响,有的是有害的影响,有的则是既无利也无害的影响,有的则属于既有利也有害的影响。例如:人生所处的社会的战争与和平状态对人生命运的影响,社会科学文化对人生命运的影响,社会宗教、社会制度对人生命运的作用和影响等。

关于源于自然与社会相结合对人生命运的影响因素主要体现在:自然与人类社会之间在相互作用、相互影响、协调统一的情况及其所形成的关系存在等对人

生的命运所形成的作用和影响。例如：社会与自然之间相互作用、相互影响、协调统一所形成的社会与社会关系的和谐情况对人生的命运产生相应作用和影响，若人生所处的社会是一个人与自然和谐共处的社会，那么相应社会与自然的关系情况对人生的命运的作用和影响将是正面的作用和影响，反之则对人生的作用和影响将是负面的作用和影响。

3、影响人生命运的内外结合因素

影响人生命运的内外结合因素是指源于人生生命体本身与人生生命体外部的自然、社会之间相互作用、相互影响、协调统一的情况对相应人生的命运产生作用和影响的因素。

由于在人生过程中，人生生命体是在相应自然和社会中进行相应存在、生存及活动的，所以人生生命体与自然和社会之间形成的互动必然会形成相应的关系存在，而且相应关系存在必然会直接和间接地对相应人生的运行轨迹、运行过程、运行结果产生相应作用和影响。在人生过程中，若自我、社会、自然之间能够和谐统一，那么三者之间结合的情况对人生命运的作用和影响将是正面、有利的作用和影响，反之则会对人生的命运形成负面有害的作用和影响，除此之外，相应人生生命体与自然和社会之间所形成的不同关系存在的运动与变化也会对相应人生的命运产生相应的作用和影响。

以上我们对什么是人生的命运、人生命运的内涵以及影响人生命运的因素等进行了相应分析和说明，从中我们认识到：人生的命运是人生运行轨迹、运行过程和运行结果的体现，人生运行轨迹是人生生命体本质存在及其所具有的自然属性、社会属性、自我属性之间相互作用、相互影响、协调统一的基础上，受到社会和自然的作用和影响下形成的。当人生的运行轨迹形成后，在相应的运行过程中还不停地受到源于自我、源于社会、源于自然的影响，并使相应人生的运行轨迹、运行过程和运行结果发生相应的运动和变化，所以我们可以说人生的命运是"有常"中带有"无常"，"无常"中却不失"有常"的运行状态。也就是说，人生的命运可以进行局限性的预测，却不能完全预测，也无法测准，因为影响命运的因素很多，而且还不时地受到相应时空条件下自然因素、社会因素、自我因素及其关系因素的作用和影响。

四、关于人生命运的几个问题的思考

1、有的观点认为"人生的命运是由天注定的，不可更改的"，这种观点是否正确？

作者认为由于这个观点过于强调了先天因素对人生命运的影响，而忽视后天因素及自我主观能动性对人生命运的影响，所以这种观点虽然有一定道理，但是它具有明显的片面性和局限性。

2、中国的儒家相信命运的存在，而墨家和法家都不同意命运的存在，这两种观点谁对？

人生的命运是存在的，就看人们如何界定命运。以上两种观点中，儒家过多地突出人生命运的不变性，从而忽视了人生命运的变化性，最终形成命运宿命论，而墨家和法家则是过多强调命运的变化性，而忽视了人生命运的相对稳定性，最终形成命运无常论，所以以上两种观点都是片面性的。

3、命运的好与坏是如何衡量的，幸与不幸又是如何产生的？

人生命运好与坏的衡量标准主要是是否有利，并能够实现相应的人生的目的以及在实现人生目的过程中是否顺利来进行判定的。其中，能够有利于人生目的的实现，并能顺利实现人生目的的人生则视为是幸运或顺利的人生命运，若不能够实现人生目的或实现人生目的需要付出比常人高的代价的人生则视为不幸运或不顺利的人生命运。

4、人生的命运是否可以预测？

从人生命运的相关论述和说明中，我们可以认识到：人生的命运是有常中带有无常，无常中不失有常的状态，所以人生的命运在某种程度上是可以预测的，但却不可能完全准确预测，预测的准确性主要取决于预测者的综合能力，除此还受预测时间的长短以及所受到的作用和影响的变化情况。例如：我们可以预测到人生正常的年龄不会超过150岁，但却无法预测人生生命体具体产生与死亡的准确时间，我们可以预测到当天可能发生的事，但我们却无法预测到10年后某天所发生的事，我们容易预测正常自然环境和社会环境下人生短期的运行情况，却无法预测动乱的社会、自然环境的突变情况下的相应人生的命运。

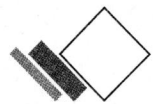# 第十五章 命运与人生

在"人生的命运"一文中,作者对"人生的命运"作了相应的论述和说明,并认为人生的命运是人生的运行轨迹、运行过程、运行结果的统一。从相关的论述中我们认识到:人生的命运是在相应人生生命体本身及其所具有的自然属性、社会属性和自我属性的协调统一下,受到源于自我、源于社会、源于自然的作用和影响下形成的。在人生过程中,人生命运还会在源于自然、源于社会和源于自我的作用和影响下,处于不断的运动、变化之中。对人生而言,人生运行经历什么样的路线和道路,人生在相应路线和道路上经历什么样的运行过程,相应的运行过程是否顺利,人生运行结果是否有利于相应人生目标的实现等都是人生命运的体现。那么我们势必会问:人生的命运与人生之间又有什么样的关系存在呢?为了对以上问题进行解答,我们就从人生的命运与人生生命体的存在、人生的命运与人生生命体的生存、人生的命运与人生生命体的活动、人生的命运与人生的过程出发,对人生的命运与人生之间的关系进行相应解读和说明。

一、人生的命运与人生生命体的存在

人生生命体的存在是指人生生命体从质变性形成开始到质变性死亡的生存过程中,人生生命体所具有的本质存在、属性存在、现象存在和关系存在的总和,而人生命运则是人生生命体从质变性的产生到质变性的死亡过程中,人生所历经的运行轨迹、运行过程、运行结果的统一。人生的命运包括:人生的运行轨迹、人生的运行过程、人生的运行结果三个层面。下面我们就从人生命运的内涵出发,对

人生命运与人生生命体存在之间的关系进行相应的论述和说明。

1、人生的运行轨迹与人生生命体的存在

人生的运行轨迹是指人生生命体从质变性产生到质变性死亡的过程中，相应人生所经历的路线、道路的体现。它与人生生命体存在之间的关系主要体现在：一方面，人生的运行轨迹是相应人生生命体的不同存在之间相互作用、相互影响、协调统一的结果，是相应人生生命体存在的一部分，而且相应的人生运行轨迹又会对人生生命体存在的产生、保持、转化、消亡的形成产生相应的作用和影响，也会对其存在的周期、存在的方式、存在的状态产生相应的作用和影响，还会对相应存在的产生到消亡所经历的程序、步骤和时间等产生相应的作用和影响。人生的运行轨迹在对人生生命体的存在产生相应作用和影响的同时，相应人生生命体存在的产生、保持、转化及消亡的运动、变化的过程又会对后续人生的运行轨迹产生相应的作用和影响，并使人生的运行轨迹发生相应的运动和改变。例如：随着人生生命体中不同存在的形成及其运动、变化的发生，可能会使人生生命体从健康的运行状态走向病魔缠身或其他不幸的运行状态，并使相应人生的运行轨迹发生相应的运动、变化，进而使相应人生的命运发生质变性的改变而走向不幸；相反，也可能使人生生命体从病魔缠身或其他不幸的运行状态转化为健康或正常幸运状态，使相应人生的命运从原来的不幸走向正常或幸运。

对人生生命体的不同存在来说，由于相应层面生命体的属性存在、现象存在和关系存在是伴随着相应人生生命体的本质存在的形成而形成、保持而保持、运动而运动、变化而变化，所以相应人生的命运对人生生命体存在的影响和人生生命体的存在对人生命运的影响，都是通过相应人生生命体不同层面的本质存在之间相互作用、相互影响、协调统一而形成的。

2、关于人生的运行过程与人生生命体的存在

人生的运行过程是指人生生命体从质变性产生到质变性死亡的生存过程中，相应人生在相应运行轨迹上进行运行时所经历的程序、步骤和时间的体现。由于人生生命体的运行过程是相应生命体在相应运行轨迹上运行的，所以相应人生生命体的不同存在也将伴随着相应人生在人生运行轨迹上产生、保持、转化和消亡，并使人生生命体的存在产生相应的运动、变化。由于人生生命体相应存在的运动、变化的形成是在源于人生生命体中的不同层面能量体和能量运行体系之间相互作

用、相互影响、协调统一下形成的，并受到源于社会、源于自然的作用和影响，所以人生的运行过程对人生生命体相应存在的产生、保持、转化和消亡的作用和影响是直接的、有效的，相应人生在相应的运行轨迹上进行运行时所经历的程序、步骤和时间的不同也会形成不同的人生生命体的存在，它不但决定了相应人生生命体不同存在能否形成，同时还决定了相应存在的形成方式、保持时间、变化规律、消亡属性等；从另一方面看，人生不同层面生命体的存在的产生、保持、转化、消亡也会对相应人生的运行过程产生相应的作用和影响，并对后续人生的运行轨迹、运行过程和运行结果产生相应的作用和影响。

3、人生的运行结果与人生生命体的存在

人生的运行结果是指人生生命体从质变性产生到质变性死亡的生存过程中，不同层面的人生生命体在相应运行轨迹上，按一定的运行程序、步骤和时间进行运行时，使人生不同层面生命体形成运动与变化的结果，它包括了人生生理层面生命体的运行结果、人生心理层面生命体的运行结果、人生完整层面生命体的运行结果以及相应层面生命体的本质存在、属性存在、现象存在和关系存在的运行结果。人生运行结果与人生生命体存在的关系是通过人生生理层面生命体的存在、心理层面生命体的存在和整体层面生命体的存在的运动、变化进行体现的。

人生的运行结果对人生生命体存在的作用和影响主要体现在：一方面，人生的运行结果既是其他相应存在的灭亡，又是新的存在的产生，它不但决定了新的相应存在的性质，还会对相应存在的后续运行规律、运行状态及运行的变化和改变产生相应的作用和影响；另一方面，人生的运行结果对人生完整生理层面生命体的存在、八大功能系统层面的存在、功能器官层面的存在、细胞层面等不同层面存在产生作用和影响的同时，还会对相应存在的保持、转化、消亡及其所遵循的规律产生相应作用和影响，人生生理层面生命体的运行结果正是相应生理层面生命体在相应功能属性、运动属性和变化属性的作用下，在源于人体内部因素和外部因素的作用下，在一定的运行轨迹上进行运行活动所形成的。

人生的运行结果对人生心理层面生命体存在的影响主要体现在：一方面，伴随着人生的运行结果的运动、变化的发生，人生心理层面生命体的不同存在也会发生相应的运动、变化，相应人生心理不同存在的产生、保持、转化和消亡的形成都是人生心理层面生命体中不同层面的本质存在进行运行活动的结果；另一方面，随着人生心理层面生命体存在的运动、变化，也会对后续人生的运行轨迹、运

行过程、运行结果产生相应的作用和影响，进而又对相应人生心理层面生命体的存在产生相应的运动、变化。

人生的运行结果对人生完整层面生命体存在的作用和影响主要体现在：一方面，人生完整层面生命体的不同存在的产生、保持、运动和变化都是相应人生生命体在相应运行轨迹上按一定运行过程进行的；另一方面，随着人生完整层面生命体中相应存在的产生、保持、转化，又会使相应人生后续的运行轨迹、运行过程和运行结果发生相应的运动、变化。例如：随着人生年龄的变化，人生生命体的功能属性及其所体现出的健康状况一般会由弱变强，再由强变弱，从而使相应人生生命体的运行轨迹、运行过程、运行结果发生相应的运动、变化。

以上我们对人生的命运与人生生命体的存在关系进行了相应的论述和说明，从中我们可以认识到：人生命运本身就是相应人生生命体存在的一部分，是人生生命体不同存在在相应的自然、社会环境条件下相互作用、相互影响、协调统一的结果，同时人生的命运又会对相应人生生命体存在的形成、保持、转化、消亡以及相应存在方式、存在状态、存在周期、存在质量等产生相应作用和影响，随着人生生命体不同存在的运动、变化也会对相应人生的命运产生相应的作用和影响，进而使相应人生的后续运行轨迹、运行过程、运行结果形成相应的作用和影响。

二、人生的命运与人生生命体的生存

人生生命体的生存是指人生生命体的功能属性、运动属性、变化属性得以保持，新陈代谢活动还在继续的生命存在状态。它包括了人生完整层面生命体的生存、生理层面生命体的生存和心理层面生命体的生存。下面我们就从人生的运行轨迹、人生的运行过程和人生的运行结果出发，对人生的命运与人生生命体的生存之间所具有的关系进行相应的论述和说明。

1、人生的运行轨迹与人生生命体的生存

人生的运行轨迹与人生生命体生存之间的关系主要体现在：在人生过程中，人生生命体的存在是人生生命体生存的前提和基础，没有人生生命体的存在就没有人生生命体的生存，而人生运行轨迹又是以人生生命体存在和生存为基础而形成的，没有人生生命体的运行存在和生存的人生是不存在的，所以无论是人生完

整层面生命体的生存、生理层面生命体的生存和心理层面生命体的生存都是在人生生命体在相应的运行轨迹上历经相应运行过程的体现。对人生而言,人生生命体从质变性产生到质变性死亡的生存过程中,相应人生完整层面生命体、生理层面生命体和心理层面生命体都存在着量变性生存与死亡的活动,无论是人生整体层面生命体、生理层面生命体、心理层面生命体量变性生存与死亡活动发生,还是质变性生存与死亡的发生,都是在相应运行轨迹上进行运行的,而且相应运行轨迹的运动、变化又会对相应人生生命体的生存方式、生存周期、生存质量产生相应的作用和影响,而且相应人生生命体中不同形式的生存与死亡又会使后续人生的运行轨迹发生变化和改变,进而使相应人生的命运发生相应的运动和变化,所以人生的运行轨迹对人生生命体的生存来说是十分重要的,而且不同层面生命体生存和死亡的运动、变化也同样会使相应人生的运行轨迹发生相应的变化和改变。

2、人生运行过程与人生生命体的生存

人生生命体的运行过程对人生生命体生存的影响主要体现在:由于人生生命体从质变性产生到质变性死亡的生存过程中,人生不同层面生命体所形成的量变性的生存和死亡活动的发生都是在相应人生运行轨迹上历经相应的运行程序、步骤和时间而形成的,而且相应人生的运行轨迹上的历经及运行过程会对人生不同层面生命体的生存状态、生存方式、生存周期、生存质量等产生相应的作用和影响,与此同时,伴随着人生生命体生存的运动和变化,也会对相应人生生命体的运行轨迹、运行过程、运行结果产生相应的作用和影响,并使相应人生生命体的命运发生相应的运动和改变。例如:随着人生生命体生存年龄的变化,会使相应人生生命体的运行轨迹、运行过程、运行结果发生相应的变化和改变。

3、人生的运行结果与人生生命体的生存

人生的运行结果是指在人生过程中相应人生在相应的运行轨迹上历经相应的运行过程使人生所发生的变化和改变的体现。人生的运行结果与人生生命体生存之间的关系主要体现在:一方面,人生生命体的生存过程本身就是人生运行轨迹、运行过程和运行结果的体现。人生的运行结果不但会对相应人生生命体生存的发生及其生存状态、生存过程、生存质量、生存周期等产生相应作用和影响,还会对人生生命体的生存能力、生存质量、生存周期、生存方式等产生相应的作用和

影响；另一方面，随着人生生命体生存方式、生存过程、生存质量的运动和变化，又会对相应人生的运行轨迹、运行过程、运动结果形成相应的作用和影响，并使相应人生命运处于相应的运动和变化之中。结合前面相关的论述和说明，我们认识到：一方面，人生的命运是在人生生命体处于生存状态的前提下形成的，生存是人生命运存在的前提和基础，而人生的命运又会对相应人生生命体生存的形成、生存方式、生存状态、生存周期、生存质量等产生相应的作用和影响；另一方面，随着人生生命体生存方式、生存周期、生存质量的运动、变化，也会对相应人生的运行轨迹、运行过程、运动结果产生相应的作用和影响，进而对人生的命运产生相应的作用和影响。

三、人生的命运与人生生命体的活动

在相关论述中，我们将人生生命体的活动分成了人生生命体的生理活动、心理活动和行为活动，它是人生生命体中不同层面的能量体和能量运行体系受到源于相应人生生命体内部和外部的能量体及能量运行体系的作用和影响所形成的活动。下面我们就从人生命运的内涵出发，对人生的命运与人生生命体的活动的关系进行相应的论述和说明。

1、人生的运行轨迹与人生生命体的活动

人生运行轨迹与人生生命体活动之间关系主要体现在：一方面，人生生命体的活动是伴随着相应人生生命体在相应运行轨迹中进行活动的，由于人生生命体的活动是人生运行的前提基础，没有人生生命体活动就不存在人生的运行，而人生的运行轨迹存在的前提条件是必须有人生运行的存在。由于人生的运行轨迹是在人生过程中人生生命体及其自然属性、社会属性和自我属性之间相互作用、相互影响、协调统一的情况下，受到源于自然、源于社会、源于自我的作用和影响而形成的，是对人生运行所遵循的基本路线、道路的反映，人生的运行轨迹不但决定着相应人生生命体生理活动、心理活动和行为活动所遵循的基本的路线、道路，同时还会对相应人生生命体的相应活动所具有的属性产生相应的作用和影响。

另一方面，由于人生生命体的生理活动、心理活动和行为活动是人生命运存在的前提和基础。人生不同层面生命体本质存在的性质、组成、结构等决定了人

生生命体的本质属性，相应人生生命体的本质属性的存在必然对人生的心理、生理和行为活动的功能属性、运动属性、变化属性产生相应的作用和影响，进而对人生生理层面生命体、心理层面生命体和完整层面生命体的运行轨迹、运行过程和运行结果产生相应的作用和影响。人生生命体的活动对人生命运产生的作用和影响有的是在无感知体验的生命活动下产生的，而有的则是在具有感知体验活动的作用和影响下形成的，例如：人生生命体在相应的认识、知识、信仰等观念的作用和影响下，会对人生运行轨迹的选择形成相应的作用和影响。在人生的运行过程中，人生生命体的生理活动、心理活动和行为活动必然会对人生不同层面生命体运行轨迹、运行过程和运行结果产生相应的作用和影响，并使相应人生的命运发生相应的变化和改变，而被转化和改变了的人生的命运又会对后续人生运行轨迹、运行过程和运行结果产生相应的作用和影响。

2、人生的运行过程与人生生命体的活动

人生的运行过程是指在人生过程中，相应人生按一定运行轨迹进行运行时所经历的程序、步骤及时间的体现，由于人生生命体的活动是相应人生生命体中的能量体和能量运行体系受到人体内部和外部不同能量体和能量运行体系的作用和影响下形成的。

人生的运行过程对人生生命体活动的作用和影响主要体现在：人生生命体的活动是在人生运行过程中进行的，人生的活动必然会受到人生运行过程的作用和影响，这种作用和影响是不以人们的意志为转移的，而且人生的运行过程本身属于相应人生生命体活动过程。随着人生运行过程的运动和变化，人生生命体生理、心理、行为活动的活动能力、活动方式、活动质量等也将随之发生改变。例如：人生生命体在不同年龄阶段，人生生命体的活动将会呈现出相应运行阶段的功能属性、运动属性和变化属性等。另一方面，伴随着人生生命体的生理活动、心理活动和行为活动的发生，也会使相应人生生命体的不同存在发生相应的改变，进而使相应人生的运行过程发生变化和改变。

3、人生的运行结果与人生生命体的活动

人生的运行结果是指人生生命体从质变性产生到质变性死亡的生存过程中，人生不同层面生命体按一定的运行轨迹历经相应的运行过程，使人生发生变化和改变的体现。由于人生生命体的活动是以人生运行为基础背景而进行的活动，所以人生的运行结果对人生生命体活动的影响就是不可避免的，犹如人生的命运是大海的潮起潮落，而人生生命体的活动则是浮于海中船上的水手的活动一样，无论水手与船怎么活动都离不了大海的波动。

在人生运行结果对相应人生生命体的活动产生相应作用和影响的同时，人生生命体活动的形成、活动的保持、活动的变化、活动的消亡、活动的结果等又会对相应人生运行轨迹、运行过程、运行结果产生相应的作用和影响。

以上我们从人生命运和人生活动的内涵出发，对人生的命运与人生活动的关系进行了相应的论述和说明，从中我们可以认识到：人生的命运其实就是对人生运行活动的轨迹、运行活动的过程、运行活动的结果的统一，人生的运行本身就是人生活动的集中反映。人生的命运在对人生生命体活动产生作用和影响的同时，人生生命体的活动也会对相应人生的命运形成相应的作用和影响。

四、人生的命运与人生的过程

人生的过程是指在人生过程中人生生命体的存在、生存、活动所经历的程序、步骤和时间的体现，它包括了人生生命体存在的过程、人生生命体生存的过程和人生生命体活动的过程。由于人生的过程融入在相应人生生命体的存在、人生生命体的生存、人生生命体的活动之中，关于人生命运与人生过程的关系，我们可以作如下论述和说明：

1、人生的运行轨迹与人生的过程

人生的运行轨迹与人生过程之间关系包括了人生的运行轨迹与人生生命体存在过程的关系、人生的运行轨迹与人生生命体生存过程的关系、人生运行轨迹与人生生命体活动过程的关系。

人生运行轨迹与人生生命体存在过程之间的关系主要体现在：人生生命体的存在过程是人生生命体运行轨迹存在的基础和前提，而且人生的运行轨迹也是相应人生生命体存在过程中所经历路线、道路的体现，所以人生的运行轨迹对人生生命体存在过程的存在形成、存在方式、存在时间等都会产生相应的作用和影响，与此同时，相应人生生命体的存在过程也会对相应人生的运行轨迹产生相应的作用和影响。随着人生生命体存在过程的运动和变化，也会使相应人生的运行轨迹发生相应的运动和变化。

人生的运行轨迹与人生生命体生存过程之间的关系主要体现在：一方面，人生生命体生存过程是人生运行轨迹存在的前提基础，人生的运行轨迹不但会对人生生命体生存所经历的程序、生存的步骤和时间的长短产生直接和间接的影响，还会对人生生命体生存的生存质量、生存方式等形成相应的作用和影响；另一方面，随着人生生命体生存过程的运动、变化，也会使相应人生的运行轨迹发生相应的运动和变化。

人生运行轨迹与人生生命体活动过程的关系主要体现在：正是有人生生命体的活动过程的存在才有了人生生命体运行轨迹的形成，人生的运行轨迹不但对人生的生理、心理、行为活动的活动方式、活动属性、活动功能等产生各种直接和间接的影响，同时相应人生生命体活动过程也将随相应人生运行轨迹的运动而运动、变化而变化，而且伴随着人生生命体活动过程的运动和变化，也会对相应人生的运行轨迹形成相应的作用和影响，进而使相应人生的运行轨迹产生相应的运动和变化。

2、人生的运行过程与人生的过程

人生运行过程与人生过程之间的关系主要体现在：人生过程的存在是人生运行过程的基础前提，人生的运行过程从属于人生的过程。在人生过程中，人生的运行过程不但会对相应人生生命体的存在过程、生存过程、活动过程产生各种直接和间接的影响，而且还会对相应人生生命体存在、生存和活动的质量及其属性产生相应的作用和影响。

人生命运的形成是人生生命体不同层面能量体和能量运行体系在相互作用、相互影响、协调统一的情况下，受到源于自我、源于社会和源于自然能量体和能量运行体系的作用和影响下形成的，所以人生生命体相应的存在过程、生存过程和活动过程也会对相应人生生命体的运行过程产生相应作用和影响，进而对相应人生的运行轨迹、运行过程、运行结果产生相应的作用和影响。

3、人生的运行结果与人生的过程

人生的运行结果与人生的过程之间的关系主要体现在：一方面，人生的运行结果不但会对相应人生生命体存在过程、生存过程、活动过程产生各种直接和间接的作用和影响，同时还会对人生生命体的存在过程、生存过程和活动过程的存在、生存、活动的方式、周期、质量、属性等产生相应的作用和影响，进而对后续的人生过程形成相应的作用和影响。与此同时，随着人生过程的运动、变化，也会使相应人生的运行轨迹、运行过程、运行结果产生相应的作用和影响，并使其处于相应的运动、变化之中，并对未来人生的运行轨迹、运行过程、运行结果产生相应的作用和影响。

对人生而言，当下人生过程命运是过去人生运行的结果，同时也是未来人生命运的起点，人生的命运不但对当下人生的运行产生相应作用和影响，同时也会对未来人生的运行产生相应的作用和影响。人生命运对相应人生生命体的存在、生存、活动产生相应作用和影响的同时，人生生命体的存在、生存、活动也会对相应人生的命运产生相应的作用和影响。

以上我们对人生的命运与人生的关系进行了论述和说明，从中我们认识到：人生的命运不但具有自然属性、社会属性的存在，还具有自我属性的存在，他在受到自然和社会影响的同时，也受到人生生命体自身不同存在的作用和影响，人生命运的好与坏不但取决于自然和社会，同时还取决于自身生命体的情况及其自身价值取向等，而自身活动取向的正确与否又与人生观念的正确与否以及对相应活动对象和自身的认识、行为能力的大小（即人生的智慧）有直接和间接的关系存在，所以说，人生的命运是先天自然属性、社会属性和自我属性的统一，以及后天对自然、对社会和对自我的感知、认识、行为的能力等方面决定的，从以上论述和说明中我们认识到：对人生命运而言，无论是命运先天决定论，还是命运自我决定论，这两类人生命运观其实都是错误的。

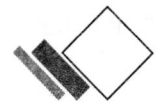

第十六章　观念与人生

在前面的相关论述中,我们多次提及:人生的观念对人生的目的、人生的意义、人生的价值、人生的活动、人生的命运等方面都具有比较明显的作用和影响。那么人生的观念是什么?它与人生之间又有什么样的关系?它又是如何对人生形成影响的等问题就摆在了我们的面前,为了便于说明,我们还需要从"人生的观念"是什么说起。

一、关于人生的观念

要对人生的观念进行说明,首先我们需要从"人生的观念是什么"开始进行探讨。

1、人生的观念是什么?

关于人生的观念是什么?虽然目前人们对"观念"一词的定义比较多,但至今尚未对"人生的观念"一词形成明确的定义。对于"观念"一词,作者已在《人本、人性、人心》一书中,从人类生命体的本质出发,对"观念"一词进行了较为明确的定义,将"观念"一词定义为:"观念是指人类在进行心理活动和行为活动过程中,针对相应心理活动和行为活动的活动对象,以及相应活动过程、活动结果和心理、行为活动本身所形成的具有针对性、稳定性的心理活动现象。"那么人生的观念是什么呢?我们不妨结合前面我们对"人生"的定义及作者在《人本、人性、人心》一书中对"观念"的定义，将二者进行综合，对"人生的观念"一词作如下定义：

人生的观念是指在人生过程中，相应人生生命体针对相应的心理和行为活动对象、活动过程、活动结果以及心理和行为活动本身，进行心理活动和行为活动过程中所形成的具有针对性、稳定性的心理活动现象。

从以上定义中我们认识到：人生的观念是人生生命体在人生过程中所形成观念的集成，而不是人类大众共同形成的观念存在；另一方面，人生的观念将伴随着相应人生生命体心理活动和行为活动的形成而形成、保持而保持、变化而变化、消亡而消亡，为了便于进一步对人生的观念进行论述和说明，我们不妨对人生的观念作如下分类和说明。

2、关于人生观念的分类和说明

由于人生的观念是相应人生生命体在人生过程中进行心理活动和行为活动的结果，它是伴随着相应人生生命体进行感知、认识、行为心理活动和行为活动而形成的心理活动现象，所以我们可以从人生不同的行为心理活动和行为活动出发，将人生的观念分为感知类观念、认识类观念和行为心理活动类观念和行为活动类观念；也可以从心理活动对象出发，将人生的观念分为针对自然的观念、针对社会的观念、针对自我的观念以及针对自然、社会、自我相互关系存在的观念等；另外，我们还可以从人生心理活动和行为活动对象的不同出发，将人生的观念分为：针对活动对象的本质存在的观念、属性存在的观念、现象存在的观念和关系存在的观念。从形成观念时的心理活动状态出发，将人生的观念分为：潜意识类心理活动状态下形成的观念、意识类心理活动状态下形成的观念、感知宁静类心理活动状态下形成的观念。

类似以上的分类还很多，在此就不展开了。为了便于说明，下面我们就从心理和行为活动对象的分类出发（即从自然、社会、自我出发），对人生的观念进行相应的说明。

关于人生对自然的观念是指相应人生生命体在人生过程中，针对自然的不同存在进行心理活动和行为活动时所形成的观念存在。它包括了人生对自然中不同类别存在的观念及对自然不同类别的本质存在的观念、属性存在的观念、现象存在的观念、关系存在的观念，以及对人生与自然之间关系存在的观念。其中，人生与自然之间关系存在的观念包括了对人生生命体的存在与自然之间关系存在的观念、人生生命体的生存与自然之间关系存在的观念、人生生命体的活动与自然之间关系存在的观念、人生的过程与自然之间关系存在的观念等。

人生对社会的观念是指人生生命体在生存状态下，针对社会的不同存在进行心理活动和行为活动所形成的观念存在。它包括了人生对社会的不同存在的观念和人生与社会关系存在的观念。其中，人生对社会的不同存在的观念包括了人生对社会本质存在的观念、对社会属性存在的观念、对社会现象存在的观念、对社会关系存在的观念，以及对人生与社会之间关系存在的观念等，其中对人生与社会之间关系存在的观念包括了人生对人生生命体的存在与社会之间关系存在的观念、人生生命体的生存与社会之间关系存在的观念、人生生命体的活动与社会之间关系存在的观念、人生对人生的过程与社会之间关系存在的观念等。

人生对自我的观念是指在人生过程中，相应人生生命体针对自我进行心理活动和行为活动形成的各种观念的存在。它包括了针对自我人生的观念、针对自我人生目的的观念、针对自我人生意义的观念、针对自我人生价值的观念、针对自我人生命运的观念等，其中，针对自我人生的观念又可分为：针对自我人生生命体存在的观念、针对自我人生生命体生存的观念、针对自我人生生命体活动的观念、针对自我人生过程的观念。

其中，人生针对自我人生生命体存在的观念又包括了针对自我人生生命体本质存在的观念、属性存在的观念、现象存在的观念、关系存在的观念，以及相应人生生命体存在目的的观念、相应人生生命体存在意义的观念和相应人生生命体存在价值的观念等。

关于针对自我人生生命体生存的观念又包括了针对自我人生生命体生存本质的观念、属性的观念、现象的观念、关系的观念、关于自我人生生命体生存目的的观念、人生生存意义的观念、关于人生生命体生存价值的观念等。

针对自我人生生命体活动的观念我们又可以将其分为：针对自我人生生命体生理活动的观念、心理活动的观念、行为活动的观念以及针对自我人生生命体活动目的的观念、活动意义的观念、活动价值的观念、活动命运的观念等。

针对自我人生过程的观念又包括了针对自我人生生命体的存在过程的观念、针对自我人生生命体生存过程的观念、针对自我人生生命体活动过程的观念，以及针对自我人生过程的价值观念、针对自我人生过程目的的观念、针对自我人生过程意义的观念、针对自我人生过程命运的观念等。

人生对自我的观念除了以上所述的观念之外，还包括了人生对自然与自我之间关系存在的观念、社会与自我之间关系存在的观念，自然、社会、自我相互关系存在的观念等。关于人生的观念，我们还可以根据不同活动对象及活动主体及活动过程、活动方式、方法等，并结合活动主体及活动对象的不同类别的存在进行无限的细分，但不论怎么分，都属于相应人生生命体心理活动现象的存在。

3、关于人生观念的形成

前面我们对人生的观念进行了定义、分类和说明，那么人生的观念又是如何形成的呢？关于人生观念的形成，可以根据作者在《人本、人性、人心》一书中对人类心理现象形成的论述和说明为基础，对人生的观念的形成作如下推论和说明：

一类情况是：人生生命体是自然和社会的产物，并具有相应的自然属性、社会属性和自我属性，这就决定了为了维持相应人生生命体的生存，就必须针对自然、针对社会、针对自我进行一系列的生命活动，人生生命体在进行相应生命活动过程中，就必须面对自然、面对社会、面对自我，并对自然、社会和自我进行相应的心理活动和行为活动，在相应心理和行为活动过程中就会形成相应具有分别、判断功能的感知体验，当具有明确性、针对性的感知体验形成，并进一步成为具有稳定性的感知记忆后，人生就会对相应心理活动和行为活动对象形成相应的分别、判断等一系列的心理活动，这样就形成相应的观念。相应观念形成后，又会在长期的心理活动作用下发生变化和改变而形成新的观念，而有的观念却能够以长期的记忆形式存在。当人们在相应心理和行为活动过程中，把相应的感知记忆激活后，就会使相应的观念呈现出来。从某种角度来看，我们可以说人生的观念就是在生存过程中，相应人生生命体进行心理和行为活动过程中所形成的具有针对性、明确性的感知体验在人生心理层面生命体中凝固。

第二类情况是：当人生生命体针对相应事物进行的心理活动和行为活动是借助相应概念和原有的相同或相似观念为依据进行的活动，在此类活动中，相应人生生命体会通过逻辑、推理等心理活动方式进行一系列的心理和行为活动，并形成相应的观念。例如：人生的价值观、人生的信仰、人生的道德观等观念的形成。

第三类情况是：随着人生各种不同观念的形成，和相应人生对外界和自身体验活动的增多，人们就会反过来对自己原有的观念进行重新审视，在此过程中，在各种心理活动的反复作用和影响下，又会形成相应新的观念。例如：现代的人生观、价值观、消费观和行为观等观念都是从古代的人生观、价值观、消费观和行

为观演化而来。

当人生对自我的观念形成之后，在自我属性的作用下，相应人生生命体就会围绕着自身的观念展开相应的心理和行为活动，随着时间的推移，相应心理活动和行为活动体验的增多，相应人生生命体针对自然、针对社会、针对自身也会形成相应的观念，例如：自然观、社会观、政治观、道德观、生存观、生活观和行为观等方面的观念的形成。

从以上我们对人生观念形成的相应论述和说明中我们认识到：人生观念的形成是建立在对相应心理活动对象和活动者本身形成感知、认识和相应观念基础上形成的，而感知、认识、观念则是建立在对事物直接和间接感知、认识、分别、判断和对相应感知、认识、分别、判断进行总结的基础上形成的，所以人生观念的正确与否就取决于人们对相应心理活动对象所形成的认识、知识、理解，原有观念是否正确，相应心理和行为活动的方法、过程和结果是否能够正确、真实地对心理、行为活动的活动对象和活动本身进行反映和表达。

4、关于人生的观念正确与错误的衡量

人生的观念是人生对心理、行为的活动对象、活动主体及活动本身进行心理活动和行为活动所形成的。那么相应人生的观念正确与错误又是如何衡量的呢？从人生观念的形成过程出发，我们认识到：人生的观念中有的是对心理活动对象进行分别、判断活动形成的观念，有的是对人、活动主体与活动对象之间关系存在进行心理和行为活动形成的观念。人生对事物进行分别、判断的观念是对心理活动对象进行心理活动和行为活动形成的对相应活动对象进行分别、判断的结果。这类观念的正确与错误取决于活动者能否对相应活动对象进行准确、完整的分别、判断，我们将能够准确、完整地对认识对象进行正确分别、判断的观念称为正确的观念，将不能准确、不够全面或错误地对认识对象进行分别、判断的观念称为错误的观念。对活动主体与活动对象之间关系形成的观念来说，由于相应观念的正确与否取决于人生主体对人生目的的情况以及对人生意义和人生价值观的情况，以及对人生与自然和社会关系存在认识的正确与否。我们将能够正确地对人生和认识对象之间的关系进行反映，能够有利于自身、社会、自然发展及和谐共处的观念称为正确的观念，否则视为错误的观念。

二、人生的观念与人生

在前面的相关论述中，我们认识到：人生的观念是在人生过程中，人生生命体针对相应的心理活动对象进行心理和行为活动所形成的具有针对性和稳定性心理活动现象的存在，那么我们势必会问：人生的观念与人生之间具有什么样的关系存在呢？

由于人生的观念是人生生命体针对相应心理活动和行为活动对象进行心理活动和行为活动所形成的观念存在，相应心理和行为心理活动的目的就是为了对相应感知、认识、行为活动对象获取正确的知识，并以此为依据进行正确的心理活动、行为活动，以此实现相应人生的目的，所以人生观念的正确与否对人生生命体活动目的、活动意义和活动价值的判定和选择将起到决定性的作用，并对相应人生目的的实现产生相应作用和影响。正确的观念对人生生命体活动的作用与影响将具有正面价值的意义，并且能够促进相应人生生命体存在目的、生存目的、活动目的的实现，而错误的观念将会误导人生生命体在进行心理活动和行为活动时做出错误的判断和选择，并使人生生命体所进行心理和行为活动的过程和结果远离相应人生目的、人生意义和人生价值的选择和人生目的的实现，甚至会形成事与愿违的后果。关于人生的观念与人生之间的关系，我们不妨分别作如下总结和说明：

1、人生对自然的观念与人生

由于人生包括了人生生命体的存在、生存、活动和人生的过程，人生对自然的观念对人生的影响，我们可以作如下说明：

人生针对自然的观念和人生与自然之间关系存在的观念的形成不但能指导或误导人生对自然的认识和利用，并对自身对自然进行心理和行为活动的活动态度、活动方法及其活动路线、道路的选择，对自然的活动过程是否顺利、活动的结果是否有利于自然和相应人生目的、意义和价值的实现产生相应的作用和影响。若人生生命体对自然的观念，以及对人生与自然之间关系存在的观念是正确的，相应人生生命体面对自然进行心理活动和行为活动时，相应观念就会有利于相应人生生命体正确地对相应活动目标进行设定、规划，并且以正确、客观的态度和方法进行心理活动和行为活动，进而有利于相应人生目的的实现，而且相应的观念越正确、越全面，那么相应的观念对人生目的的规划、设定和实现则会更加有效，进而对人生生命体的存在、生存、活动和人生的过程产生正面、有利的作用和影响；相反，若人生对自然和自然与人生之间关系存在所形成的观念是错误的或是片面的，那么在相应错误或片面观念的作用下，当人生面对自然和自然与人生进行心理和行为活动时，相应的观念就会误导相应人生对目标进行设定、规划，并以错误、片面的态度和方法对自然和人生与自然进行相应的心理和行为活动，进而对人生生命体的存在、生存、活动目的的实现产生负面、有害的作用和影响。也就是说，人生错误的自然观念的形成对相应人生的目的、意义和价值的实现将起到负面的作用和影响，它既不利于相应人生生命体的存在，也不利于人生生命体的生存和人生生命体的活动目的的实现，也不利于相应人生目的、人生意义和人生价值的实现，反而起到阻碍、消极的作用和影响。

2、人生的社会观念与人生

人生的社会观念是指在人生过程中，人生生命体针对社会的存在，以及社会与人生之间的关系存在进行心理和行为活动所形成的观念存在。由于人生生命体是自然的产物，同时也是社会的产物，并在社会中存在、生存及活动，所以相应人生生命体对社会不同存在的观念，以及人生与社会之间关系的观念的形成，会对人生认识社会、了解社会，以及对社会进行各种心理和行为活动的活动态度、活动方法，对相应活动目标的设定和规划，以及对相应人生生命体对人生的目的、意义、价值观念的形成具有指导性的作用和影响，人生的社会观对人生的作用和影响主要体现在：若人生对社会的存在以及对人生与社会之间关系存在的观念是正确的观念存在，那么在相应观念指导下，就会有利于相应人生生命体对心理及行为活动的活动态度和活动方法的选择，也有利于对相应人生目标进行正确的规划、设定，进而有利于相应人生目的的实现。人生对社会正确观念的形成不但对人生目的的实现具有正面的意义和价值，还会使相应人生生命体与社会之间形成良好的互动运行状态，有利于人生生命体在社会中的存在和生存时间及存在和质量的提升，并能减少人生在社会中的痛苦，增大人生在社会中的幸福价值，并对人生在社会中的命运提升具有正面的意义；相反，若人生对社会的存在观念和人生对人生与社会关系存在的观念是错误的，那么相应错误的社会观念就会对相应人生生命体对社会进行心理和行为活动时形成误导，从而使自身在社会中所进行的人生生命体活动的结果远离相应人生目标的实现，甚至产生事与愿违的结果，错误的人生与社会之间关系存在观念的形成也会使相应人生生命体与社会之间的关系处于恶性循环的状态，结果既不利于人生生命体的存在、生存及活动，也将会误导人们以错误的态度、错误的方式和方法对社会进行活动，并有害于相应社会的存在、延续及活动等。

3、人生对自我的观念与人生

人生对自我的观念是指在人生过程中，人生生命体针对自我的人生进行心理和行为活动过程中所形成的观念存在。

人生对自我人生生命体存在的观念、对自我人生生命体生存的观念、对自我人生生命体活动的观念以及对自我人生过程的观念不但会对人生对相应人生生命体的存在、生存、活动和人生过程的心理活动、行为活动的活动态度、活动方法的选择起到指导性的作用和影响，还会对相应人生生命体的心理活动、行为活动的活动过程和活动结果产生直接和间接的作用和影响。除了相应人生对自我人生的观念会对人生产生各种相应直接和间接的影响之外，相应人生对自我人生生命体的存在、生存、活动和人生的过程的作用和影响的结果又会对自我人生的观念产生相应的作用和影响，也就是说，随着人生生命体的存在、生存、活动和人生过程的运动和变化，也会使人生对自我人生的观念产生相应的运动和变化。

如果相应人生生命体对自我人生的观念是正确的，相应人生生命体针对自我进行心理和行为活动时，就会以正确的态度、方法进行活动，进而有利于人生目的、人生价值和人生意义的实现。若人生是在错误的观念的误导下，人生生命体面对自我进行心理和行为活动时，就会促使相应人生生命体以错误的态度、错误的方法进行错误的生命活动，进而有害于相应人生的目的、人生的意义、人生的价值的实现。

4、人生对自然、社会、自我之间关系存在的观念与人生

人生对自然、社会和自我之间关系存在的观念主要包括了人生对自然与社会之间的关系的观念、人生对自我与社会之间关系存在的观念、人生对自我与自然之间关系存在的观念和人生对自我、社会、自然之间相互关系存在的观念等，这些观念与人生的关系主要体现在：随着人生对自然、社会、自我之间不同层面关系存在的观念的形成，不但使人生面对自然、面对社会、面对自我进行心理和行为活动时，能够考虑人生与社会、人生与自然、自然与社会所具有的关系存在而

不是孤立的存在，还会对人生的活动过程、活动结果形成相应作用和影响，正确的观念会使人生面对社会、面对自然进行心理和行为活动时，有助于完善人生对自我与自然之间、自我与社会之间、自然与社会之间的关系，还会使人生面对自然和社会进行活动时，在考虑自身因素的同时，也将考虑到自然因素、社会因素的存在，并有助于人生利用相应观念对人生目的的制定和对相应活动态度、活动方法的选择得到提升，并有利于相应人生目的的实现；相反，若人们对社会与自然、自我与自然、自我与社会等关系存在的观念是错误的，那么就会对相应人生生命体进行相应的心理和行为活动产生误导，并对相应人生对人生目标、人生意义、人生价值的规划设定和相应人生目的的实现产生不利的作用和影响。

从以上相应的论述和说明中我们可以认识到：对人生而言，无论是人生的自然观、社会观，还是人生观，它们对人生的作用和影响都是至关重要的，这些观念不但对人生后天的运行轨迹、运行过程和运行结果产生相应的作用和影响，同时还对人生的信仰、人生的价值观、人生目标的制定、人生活动的活动态度、活动方法等的选择产生直接和间接的影响，进而对人生目的能否实现起到至关重要的作用和影响。

三、关于观念与人生几个问题的思考

1、人生的观念、人类的观念和人生观之间有什么样的关系？

在现实生活中，我们经常把人生的观念与人生观和人类的观念混为一谈，其实三者之间是有区别的，其中人生的观念所指的是某个特定的人生生命体在人生过程中针对心理和行为活动对象和活动所形成的相应观念存在，它包括了人生对自然的观念、人生对社会的观念、人生对自我的观念以及人生对自然、社会、人生之间所具有的关系存在的观念等；人生观则是指相应人生生命体针对人生所形成的观念存在，人生观从属于人生的观念，它只是人生观念的一部分。人类的观念则是人类在生命活动中所形成的各种观念的集合，它包括了人类历史的观念的集合和对人类现实观念及对人类未来的观念的集合，人生的观念从属于人类的观念。

2、有的观点认为："对于人生而言，观念决定命运，视点决定起点，起点决定终点"，这种观点是否正确？

这种观点有一定的道理，但并不全面，因为观念虽然能够对人生活动目标的设定、规划以及人生活动道路、活动方法、活动态度选择的正确与否起到至关重要的作用，并对人生活动的命运产生重要的作用和影响，相应的作用和影响主要体现在人生生命体活动轨迹上，而人生的命运所体现的是人生生命体的存在、生存、活动、人生过程的运行轨迹、运行过程和运行结果，人生的命运除了会受到自我的作用和影响之外，还将受到自然、社会和自我的作用和影响，而观念仅只是自我心理活动中具有感知的心理活动现象。由于影响人生命运的因素比较多，其中观念对人生命运（特别是后天的人生命运）的影响是比较明显的，所以观念决定人生命运的观念虽然有一定道理，但是，是不全面的，有被夸大之嫌。

关于"视点决定起点，起点决定终点"的观点，就作者看来也是由于片面夸大了"视点"（即观念）和"起点"（即运行轨迹的方向）对人生命运的作用而得到相应结论，对人生的命运而言，虽然人生的观念对人生的命运具有较大的影响，但是人生命运所受到的其他因素的影响并不会随着人们的意志而转移，因为个人的属性是建立在自然属性和社会属性基础上形成的，并受自然与社会属性的支配，更何况人生的观念还在自然属性、社会属性、自我属性的作用下处于不断地运动、变化之中。

信仰与人生

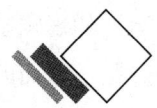 第十七章 智慧与人生

  在前面相关文章的论述和说明中我们认识到：对人生而言，影响人生的因素主要有源于自然的因素、源于社会的因素和源于自我的因素。当人生生命体在自然中和社会中存在、生存、活动过程中，人生生命体可以通过认识自然、认识社会、利用自然、利用社会，并针对自然和社会进行相应的生命活动为人生服务。面对自然的力量，人类无法抗拒，因为我们每个人都从属于自然，并受自身所具自然属性和受到源于自然的力量所支配。面对社会，每个人都是社会的产物，也都从属于社会，每个人都是以相对独立的个体在社会中存在、生存和活动，并受社会力量的约束和推动。

  由于每个人生生命体都具有自我属性、社会属性、自然属性的存在，每个人在自然和社会之中存在、生存、活动时，犹如将一块浮冰置于大海之中，大海就是自然，浮冰就是人类社会，而形成浮冰的水分子就是个人，虽然浮冰之中的不同水分子之间以及浮冰与海水之间都是以氢键的形式形成各种直接和间接的关系存在而被联系在一起，使浮冰中的水分子之间以及浮冰与大海之间的其他水分子之间产生关联成为一个共同体。浮冰之中的水分子虽然处于相对独立的状态，但是还会受到浮冰的作用和影响，并随浮冰而动，浮冰又必然在大海的作用和影响下随大海而动。由于人生生命体具有感知功能属性的存在，所以在人生过程中，每个人在面对自然、面对社会、面对自我时，能够根据自身的感知体验对自身生命体的存在、生存及活动的态度、方式、方法以及人生运行的道路进行判断、选择，并根据自身的判断、选择进行相应的活动。对人生来说，不同的选择就会使相应

的人生具有不同的命运。

在人生过程中，虽然人生受到自然、社会的作用和影响都比较大，但是却往往会被人类所忽视，这是因为人们已将其视为习以为常或理所当然的存在，虽然人生也会影响自然和社会，但总的来说，人生受自然和社会所支配的力量要远远大于个体对社会和对自然的力量，当人生所处的自然环境及社会环境因素确定之后，影响人生的核心的因素就是建立在自然因素和社会因素基础上的自我的因素。其中，自我的因素又包括了源于自我生理层面生命体的因素、源于自我心理层面生命体的因素和源于自我完整层面生命体的因素。源于自我的影响因素中，有的是先天形成的因素，有的是后天形成的因素。在先天形成的因素中，有的是通过自我人生生命体自身进行体现的，有的则是通过人生生命体与自然和社会之间所具有的关系进行体现的。其中，通过人生生命体自身进行体现的先天因素包括了：生理层面生命体的先天因素、心理层面生命体的先天因素及完整层面生命体的自身的先天因素，其中，生理层面生命体的先天因素是由亲代生殖细胞在一定的自然条件及社会条件下，在母体之中，在遗传、变异功能属性作用下，进行不同层面的新陈代谢活动而形成的。人生生理层面生命体先天对人生的影响因素是不能被自身意志所左右的，只能直接或间接地受到自然因素、社会因素和自我心理因素的作用和影响。对源于心理层面生命体的先天因素而言，人生心理层面的因素是在维持自身生命体存在、生存前提下，通过长久熏陶形成的对过去记忆的保持和延续（关于记忆的相关论述，作者已在《人本、人性、人心》一书中作了系统的论述），由于人生心理层面生命体的记忆是相应感知能量生命体的存在、运行状态的保持和延续，人生心理层面生命体是经过长期的形成、保持、转化的结果，所以在人生生理层面生命体形成之后，在诞生之前，心理层面生命体与生理层面生命体结合后，人生生命体才有可能会对相应作用和影响活动做出有感知体验的反应和活动，在人生生命体形成之后，到诞生之前，相应的作用和影响也是在母体的能量环境中进行的。

从以上相关的论述和说明中我们认识到：人生生命体内在的先天影响因素对相应人生的作用和影响是根本性的。它决定了对人生生理层面生命体基本层面的功能属性、运动属性、变化属性，并形成了人生命运的基本面。例如：先天的遗传、变异决定了相应人生生命体属于什么人种、什么民族、先天性的健康和健全状况等。

关于自我、自然、社会之间先天的关系对人生的影响，主要是指人生生命体从产生到诞生的过程中，人生生命体与相应自然和社会就会形成相应先天性关系存在，相应的关系存在必然会对相应人生生命体产生先天性的作用和影响。例如：相应人生生命体出生在什么样的社会、出生在什么样的家庭以及天生所赋予的信仰等，这些因素都会对相应人生的命运产生直接和间接的作用和影响。

当人生生命体诞生后，人生生命体在面对自然、面对社会、面对自我进行一系列的生理活动、心理活动和行为活动的过程中，活动的功能属性、运动属性、变化属性及其命运的基本面虽然是先天形成的，但是人生生命体在后天进行心理和行为活动时，相应人生生命体对自身心理和行为活动的活动目的、活动价值取向以及活动态度、活动方法、活动方式的选择等都以人生在心理和行为活动过程中所形成的感知体验为依据，进行一系列的分别、判断、选择等心理活动所形成的具有倾向性感知体验的支配下进行的。也就是说，人生生命体在后天所进行的心理和行为活动虽然受到自然环境、社会环境和自我先天基本层面的状况的影响，但是人生在面对自然、面对社会、面对自我进行心理和行为活动时所形成的活动目的、活动目标、活动道路、活动方法、活动方式、活动的价值观、行为观等是在自己的感知、认识、行为心理作用下，做出相应的判断和选择而得到的。在现实生活中，不同的人或同一个人在不同的条件下，面对相同的事物进行心理和行为活动时，由于有的人对相应活动目标、目的、方法、路线、道路、时机等选择得当，对于实现相应的人生目标就比较容易，若选择不当，就会形成事与愿违、适得其反的结果。于是我们就会问这是什么原因造成的呢？目前大多数的回答是：因为他们命运好或不好以及努力和不努力的原因所致，有的甚至将其归于神灵或上天给相应人生的福报或惩罚所致。尽管这些观点片面且局限，但是，从另一方面也揭示了命运的好、坏和努力、不努力对人生目标的实现之间具有直接和间接作用和影响。正因为如此，人们往往才将命运作为人生重点考量的问题之一，并为此发明了许多玄学的理论和实践，在比较突出的众多理论中，有的观点认为人生的命运是由先天注定的，与后天无关，进而走向宿命论；有的观点强调后天的努力，而忽视先天因素对命运的作用和影响；而有的观点则是过度强调后天努力对命运的作用，结果做出许多违背自然、违背社会及违背自我生命规律的事。人生生命体在进行生命活动时，会受到行为需求、行为欲望、行为动机、行为目的等心理的作用和影响，而行为心理又会受到人生生命体进行感知、认识、判断和选择等心理体验的作用和影响，对于这个事实，无论是过度强调先天对人生命运影响的命运论，还是过度强调后天努力的命运论，都是回避不了的。也就是说，决定人生后天命运的变化除了受到自然、社会环境的因素和自我的生理因素的影响之外，还取决于自身心理对事物进行相应感知、认识、行为活动的能力的大小和强弱，这个能力的大小和强弱就是我们所说的智慧，我们可以说智慧对人生的影响是至关重要的，因为每个人面对自然、面对社会和面对自我的能力是十分有限的，但是对具有不同智慧的人来说，他们对人生的运行轨迹、运行过程、运行结果所达到的目标及其对态度、方法的选择等都是不一致的，因而其相应人生的命运也是不一致的。关于人类智慧的问题，作者已在《人本、人性、人心》一书中作了相应的论述，为了便于对智慧与人生的关系进行说明，下面我们就结合作者在《人本、人性、人心》一书中对人类智慧的论述和说明，对人生的智慧、智慧与人生之间的关系作如下相应的论述和说明。

一、关于人生的智慧

人生的智慧是指相应人生生命体所具有的能够对相应心理和行为活动的活动对象和活动本身进行准确、快速地感知、认识、行为心理活动和行为活动的能力的体现。它属于人生心理层面生命体所具有的功能属性的范畴。

人生的智慧是对相应人生心理层面生命体在进行感知活动、认识活动、行为心理活动和行为活动中所具有的功能属性的衡量，也就是人生心理活动所具有的功能属性的体现。

从人生心理的功能属性出发，我们把人生的智慧分类为感知活动的智慧、认识活动的智慧、行为心理活动的智慧、行为活动的智慧。其中，人生感知活动的智慧是指感知活动者在感知活动过程中，具有能够准确、清晰、快速、全面地对感知对象及感知本身进行感知的能力。结合人生心理活动的分类，我们将人生感知活动的智慧分类为潜意识类、意识类、感知宁静类状态下的感知活动智慧。

人生认识活动的智慧是指人生在认识活动过程中，认识活动者所具有的准确、快速、全面地对认识活动对象，以及认识活动本身进行认识的能力。我们同样还可以将人生认识活动的智慧分为：潜意识类心理活动状态下认识活动智慧、意识类心理活动状态下认识活动智慧、感知宁静类心理状态下认识活动智慧。由于认识活动往往是在感知活动基础上形成的，所以人生感知智慧的高低也是认识智慧高低的基础。

人生行为心理活动的智慧是指人生在不同的心理活动状态下进行行为心理活动时，具有和能够对行为心理的活动对象和行为心理活动本身进行准确、快速、全面地进行行为心理活动的能力。由于人生行为心理活动是建立在感知、认识基础上形成的，所以人生感知和认识智慧的高低往往决定了人生行为心理智慧的高低，人生行为心理智慧的高低主要体现在：人生能否准确快速地对行为心态、行为态度、行为需求、行为欲望、行为动机、行为目的、行为方法等进行判断和选择之上，我们同样可以将人生行为心理活动的智慧分为潜意识类心理活动状态下行为心理活动智慧、意识类心理活动状态下行为心理活动智慧、感知宁静类心理活动状态下行为心理活动智慧。

人生行为活动的智慧是指人生在行为心理活动支配下，具有快速、准确、全面地进行相应行为活动的能力。从人生心理活动方式和状态出发，我们将人类行为活动的智慧分为：潜意识类心理活动状态下行为活动的智慧、意识类心理活动状态下行为活动的智慧、感知宁静类心理活动状态下行为活动的智慧。人生行为活动是以心理活动和生理活动为基础而形成的活动，是建立在相应感知、认识、行为心理活动基础上而形成的活动，所以人生在相应的行为活动中又会有各种相应感知、认识、行为心理和行为活动的形成。

除了以上对人生智慧的分类外，我们还可以从感知、认识、行为活动的速度、准确和全面性出发，对人类的智慧作进一步的划分。例如：将智慧分为一般智慧、十分智慧、特别智慧、小智慧、大智慧等。

从以上的论述及说明中我们可以得知，人生对智慧的衡量标准是相对的，是在相互比较下形成的，某个人是否有智慧要看比较对象是什么对象，比较的内容是哪方面的内容，而且还要看比较的时空条件和比较方式、方法是什么等。在一般情况下，有的人在某些方面表现出具有较高的智慧，而在其他方面却显得比较愚钝。

对于人生来说，有的智慧的是先天形成的，而有的智慧则是后天形成的。其中，先天形成的智慧是指在一定条件下，相应人生的心理层面生命体形成之后，伴随着相应人生心理层面生命体的感知能量生命体的运动、变化，以及不同层面的能量体和能量运行体系进行新陈代谢活动以及内部运动变化，使相应的能量运行体系的结构功能属性、运动属性、变化属性发生改变和转化从而使相应的感知、认识和行为心理活动的活动能力得以提升或降低，并以记忆的形式贮存在相应的能量体和能量运行体系之中，在某种特定条件下，相应感知、认识、行为心理和行为活动的功能属性会呈现出来。在人生先天性智慧的形成过程中，除了取决于心理层面生命体单独存在所具有的智慧之外，还取决于人生生命体在母体过程中心理与生理之间结合、互动、统一的情况，有的结合会使相应人生更加智慧，有的则相反。

人生后天形成的智慧是指人生生命体诞生之后的人生过程中，人生生命体在进行一系列的生理、心理和行为活动时，能够使相应人生感知、认识、行为心理活动和行为活动的准确性及活动速度得以提升而形成的智慧。在后天人生智慧的形成过程中，影响人生智慧形成的因素中，有的源于人生生命体内在的因素，有的是源于人生生命体之外的因素和源于人生生命体内外相结合的因素。其中，影响人生后天智慧形成的内在因素包括：源于形成人生生理层面生命体的影响因素、源于形成人生心理层面生命体的影响因素、源于人生心理层面生命体和生理层面生命体相互结合的影响因素。

从影响人生智慧的外在因素来看，影响人生智慧的外在因素主要包括了源于自然的影响因素、源于社会的影响因素，以及源于自然和社会相结合的影响因素。

关于影响人生智慧内部与外部相结合的影响因素主要体现在：二者之间的结合情况和相互作用、相互影响、协调统一的情况也会对人生生命体不同层面心理活动和行为活动的智慧产生相应直接和间接的影响。

从以上对人生生命体智慧影响因素的分析中，我们可以认识到：影响人生智慧的因素比较多，有的属于先天因素，有的则属于后天因素。在先天因素中，心理层面生命体的先天因素由于无法被人生生命体借助五官进行实证，所以显得较为神秘，它往往会与宗教紧密相连，而生理层面的因素中，有的已被现代科学所实证。在后天的因素中，在自然和社会因素的影响下，人的智慧要么被现实所蒙蔽使人走向愚昧，要么被现实所引导而使人变得更加睿智。

由于人生生命体在感知、认识、行为活动中的自然环境、社会环境及自我的先天状况是人们无法选择的，但是面对自然、面对社会和面对自我的态度、方式和方法的分别、选择、判断的活动却可以借助人生的智慧做出相应的分别、判断和选择，分别、判断、选择的质量和正确与否将会直接或间接地影响到人生的命运。人生的智慧又是如何对人生形成相应作用和影响的呢？为了便于说明，下面我们就分别从智慧与人生生命体的存在、智慧与人生生命体的生存、智慧与人生生命体的活动及智慧与人生过程出发，分别对其进行论述和说明。

二、智慧与人生

1、智慧与人生生命体的存在

智慧与人生生命体存在的关系主要体现在：智慧对人生生命体存在的作用和影响以及人生生命体的存在对人生智慧的作用与影响两个方面。其中，智慧对人生生命体存在的作用和影响主要体现在：由于智慧是对人们能否准确、快速、全面地对心理及行为活动对象、活动主体、活动本身进行感知、认识、行为心理和行为活动能力的体现，它本身就属于人生心理层面生命体的感知功能属性存在的范畴。智慧对人生生命体存在的作用和影响还体现在：人生的智慧不但能够准确、及时地引导相应人生生命体对自我、对社会、对自然存在进行生理、心理和行为活动，并对相应人生生命体的存在产生影响，而且还可通过心理与生理形成良性互动，对相应人生生命体的存在产生相应作用和影响。也就是说，智慧不但使人生生命体能够正确、快速地对自然、对社会、对自我进行感知、认识、行为活动为人生服务以改变自身的存在，而相应的活动又能够通过心理与生理的互动方式、方法的判断、选择来对人生生命体的存在产生相应作用和影响，使相应人生生命体的存在发生相应的运动和变化。

关于人生生命体的存在对人生智慧的影响主要体现在：随着人生生命体中不同层面生命体的存在的产生、保持、转化、消亡，也会使相应人生生理层面生命体和心理层面生命体中不同层面的能量体和能量运行体系的性质、结构以及二者的结合情况及互动关系等产生相应的变化，进而使相应人生心理层面生命体的功能属性、运动属性、变化属性产生相应的运动和变化，进而使人生的智慧发生变化和改变。在人生智慧变化和改变过程中，有的使人生的智慧得到了提升，甚至形成了超越；而有的则是使相应人生的智慧降低，甚至使某些智慧丧失。例如：随着人生年龄的变化，有的会使原有的某些感知方面的智慧降低或消失，而有的则会使认识方面的智慧提升，使行为活动方面的智慧消失等。

2、智慧与人生生命体的生存

智慧与人生生命体生存关系主要体现在：一方面，智慧会影响人生生命体的生存；另一方面，人生生命体的生存反过来也会影响智慧。其中，人生的智慧对人生生命体生存的作用和影响主要体现在：一方面，相应人生生命体是否具有能够准确、快速、全面地对相应活动对象进行心理和行为活动的能力来保持和延续人生生命体的生存时间和提高生存质量。具有不同智慧的人，他们对相应活动对象的活动能力、活动效果不同，所以他们维护、保持、提升人生生命体生存的能力也有所不同。例如：人生的智慧若能够准确、及时地感知自我、认识自我的健康状况，并对自我健康进行有益的活动，那么相应智慧就有利于人生生命体的生存，又如，当人生的智慧能够准确、及时地对人与自然、人与社会、人生心理与生理的关系有一个准确、及时的认识时，人生就有可能在人生道路选择过程中作出准确的判断和选择，便于自身生存目的得以顺利实现，从而减少源于人生心理和生理的痛苦，进而有利于人生生命体生存周期的延长和生存质量的提升，使自我的人生变得比较幸运；与此相反，若人生生命体的智慧不足或是处于相对愚昧状态时，在对自我、对社会、对自然进行心理和行为活动时，由于对活动路线、态度、方法的选择产生错误，或者因为不能正确地认识自然、利用自然、认识社会、利用社会、认识自我、利用自我，而使自身的生理、心理和行为活动不利于人生生命体生存周期的延长和生存质量的提升，并使人生的生存处于不幸之中，进而使自己的生存周期、生存质量受到相应作用和影响；另一方面，人生的智慧还会对自身心理、生理之间的互动情况产生相应的作用和影响，进而对相应人生生命体中生理、心理结合及互动状态产生影响，并对相应人生生命体的生存产生作用和影响。

人生的智慧与人生生命体生存之间的关系还体现在：人生生命体的生存经历、人生生命体不同生存阶段以及人生生命体生存周期的长短和生存质量的互动状况的变化和改变，也会对相应人生智慧的提升和降低产生相应作用和影响。例如：长寿者与短命者由于他们生存周期不一致，所以他们在人生生命体生存过程中对相应人生智慧的作用和影响是不一致的。又如，一个以健康状态生存的人生生命体比一个病魔缠身的人生生命体，他们对人生智慧的态度、面对智慧提升所选择的方法和实践的精力都将是不一致的。人生生命体的生存是否有利于人生智慧的提升不但取决于自我人生生命体的生存情况，同时还取决于人们面对相应事物的认识、态度和活动方法的选择，并受到时空因素和社会环境因素的作用和影响。

3、智慧与人生生命体的活动

人生生命体的活动包括了人生生命体的生理活动、心理活动和行为活动。从活动对象看，它包括了人生对自然的活动、人生对社会的活动和人生对自我的活动。人生智慧对人生生命体活动的影响主要体现在：人生面对自然、面对社会、面对自我进行感知、认识、行为心理和行为活动时，都是在人生心理活动所形成的具有感知体验的心理活动引导下进行活动的。若相应人生的智慧能够促使相应人生生命体准确、及时、快速、全面地进行各种心理和行为活动，那么相应人生生命体在一般情况下，就能够准确、快速、事半功倍地实现自己的心理和行为活动的目的；相反，若不具备能够准确、及时、全面地进行心理和行为活动的能力，一般情况下，人生活动的目的就难以及时、准确、全面的实现，这里之所以强调是一般情况下，是因为在人生的现实活动过程中充满着各种偶然因素的存在。

人生的智慧对人生生命体活动的影响主要是通过人生的感知、认识和行为心理活动所做出的判断、选择的正确与否以及速度的快慢进行体现的。它体现在人们对活动对象、活动主体以及活动对象与活动主体之间的关系进行感知、认识、行为心理和行为活动所形成的相应的判断和选择之上，在这里，我们有必要对人生潜意识类心理活动状态下所具有的感知类智慧作一个相应说明，在现实的人生活动之中，我们往往只把人生的智慧视为是人生在意识类心理活动状态下进行认识和行为心理和行为活动的能力，并错误地将知识和知道等心理现象及活动结果等同于智慧，其实智慧并不属于心理活动现象，而是心理活动所具有的准确、及时进行活动的能力，它属于人生心理所具有的功能属性、运动属性和变化属性的范畴。例如：人生在学习活动过程中，学到多少并不等于智慧，智慧在学习过程中所体现出的是具有的准确、快速、全面地进行学习活动能力的大小，所以在意识类心理活动状态下，人生进行心理和行为活动的过程和结果并不等同于智慧，因为对人生的心理活动而言，潜意识类心理活动状态所蓄集的感知、认识、行为心理、行为活动的数量是意识状态下的三万倍以上，所以这就决定了人生进行心理活动和行为活动过程中，人生在潜意识类心理活动状态下所具有的智慧也是十分强大的，这种智慧往往是通过人生感知类心理活动进行体现的，这就是那些自认为是博学多才之人通过各种意识类分析所得到的结论与某些看似不学无术的清静者对事物判断的结论相比较，往往会居于下风，这就是使博学之人自叹命运不及别人的原因所在。尽管这样，在这里，作者还需要强调自己并非是宿命论者，相反，作者主张要使人生智慧得到提升，还需立足于正确人生道路上精于学习、努力进取，因为它们对于人生智慧的提升是十分重要的。学习和探索可以提升人生的智慧，并能改变人生的命运的现象是有目共睹的，虽然那些在潜意识状态下就能够对事物进行分别、判断的人看似幸运，但这都可能是先天遗传、变异的因素所致，由于人生处于不停的运动变化之中，智慧也不例外，也遵循不进则退的规律，再说，对那些由于潜意识状态下对事物具有较强的感知能力的人来说，他们若不能意识到潜意识状态下心理活动是多变而不稳定的，那么他们将会犯经验主义的错误，而使自己的人生走向被动。

智慧能够对人生活动的准确性、及时性以及活动质量产生相应的作用和影响，人生生命体活动过程和活动结果也会对相应人生心理层面生命体的功能属性、运动属性、变化属性形成相应的作用和影响，进而影响到人生智慧的提升和衰退，从而对人生的命运产生直接和间接的影响。

4、智慧与人生的过程

人生的过程包括了相应人生生命体的存在过程、生存过程和活动过程。智慧对人生过程的影响主要体现在：若人生智慧能够对相应人生生命体真实的存在、生存和活动所经历的程序、步骤和时间准确、快速、全面地进行感知、认识、分别、判断，那么相应智慧就能够正确、快速、全面地引导活动者在人生过程中进行相应人生活动，从而使人生生命体的存在、生存、活动的过程对人生目的实现产生有利影响，反之则会不利于人生生命体的存在、生存及活动过程对人生目的的实现。智慧对人生过程会产生作用和影响，人生的过程对人生的智慧也会产生相应的作用和影响，不同的人生过程对人生的智慧产生的作用和影响是不一致的。例如：人生生命体存在、生存及活动所经历的程序、步骤和时间不同就会使人生心理层面生命体的不同存在产生相应的运动、变化，进而使人生的智慧也发生相应的变化和改变。

以上我们对人生的智慧与人生之间的关系进行了概括性的论述和说明，从中我们认识到：人生虽然无时不受到自然、社会、自我因素的影响，而且也无法回避这些影响的存在，但是人生却可以利用自己的智慧去认识自然、利用自然、认识社会、利用社会、认识自我、利用自我，并选择相应活动方式、活动方法、活动道路为我们的人生服务，从而改变自己的命运。

三、关于智慧与人生的几个问题的思考

1、有的观点认为："人生是痛苦的，但是智慧能够使人生离苦得乐"，这种观点是否正确？

这个观点在佛教之中经常出现，遗憾的是人们对其理解常常有误，人们往往将其误解为人生都是痛苦的，甚至是人生只有痛苦。就作者看来，人生的痛苦和快乐都是人生心理活动所形成的感知体验，它们都属于人生心理活动中具有感知体验的心理活动现象的范畴，并不能完全代表人生，然而释迦牟尼之所以强调人生的苦，并非说人生只有苦，而是认为人生过程中充满了痛苦，或者说痛苦是难于避免的，而且贯穿于人生生老病死的全过程，要使人生能够减少痛苦、消灭痛苦，就必须提升自身的智慧方能实现，因为人生的痛苦大多来源于人生的愚昧，只有人生的智慧提升了，相应人生生命体才能够正确、快速、全面地认识自然、利用自然、认识社会、利用社会、认识自我、利用自我，以实现减少人生的痛苦，增加人生的快乐的人生目的，也就是使人生，乃至人类幸福的价值走向最大化。

2、有的观点认为："智慧决定了人生的命运，而人生的命运也能改变自己的智慧"，这种观点是否正确？

面对以上观点，作者认为："关于智慧决定人生命运的论断"具有一定的片面性和局限性，因为人生的命运是自身自然属性、社会属性、自我属性的统一，并在受到源于自然、源于社会、源于自我的作用和影响下形成的，虽然人生的智慧会对人生的命运具有重要的作用和影响，但却不能从根本上改变人生的命运，关于人生的命运能够改变自己的智慧的观点是正确的，但是只是在一定程度上能够改变，却不能从根本上来改变。

3、有的观点认为："人生的目的就是为了获得智慧"，这种观点是否正确？

就作者看来，"人生的目的就是为了获得智慧"的观点是片面的，因为人生之所以要获得智慧是为了实现人生的目的，而人生的目的虽然各有不同，但都具有延续和保持自我的存在和生存的时间和提升自身存在和生存质量和减少痛苦、增加幸福的属性，所以将人生的目的界定为是为了获得智慧的观点是具有片面性和局限性的观点。我们只能说获取智慧有利于相应人生目的的实现。

第二篇

论信仰

　　对于人类来说，信仰问题是一个重大的课题，人们常说："人类社会的最大问题就是信仰问题。"有的人认为人生的意义和价值就是为自身的信仰而献身；有的人为了自己的信仰不惜牺牲自己和家人乃至亲朋好友的生命；有的人为了信仰不敢伤害任何生命，而有的人为了信仰却不惜对人类大开杀戒，连无辜平民也不放过；有的人似乎就是为了某种信仰而生，也是为了某种信仰而死；有的信仰认为世界是物质的，并没有神、灵的存在；而有的信仰则认为：世界上充满了各种各样的神、灵，就连万物都是由神、灵根据自身心意创造的。有的信仰给人类带来了心灵安慰和人生希望；有的信仰给人类带来的却是心灵恐惧和对人生的绝望；有的信仰带给人类的是宽容和慈爱；有的信仰带给人类的却是仇恨和残杀。如今，信仰的问题已经成为人类社会所必须面对的一个重大而严峻的问题。信仰是什么？为什么人类会因为信仰的不同而进行不停的争斗？信仰是如何形成的？人类该树立什么样的信仰等一系列问题早已摆在了我们的面前，并不断地敲打着我们的心灵，让我们不停地去探寻和思考其中的答案。尽管这样，却很少有人敢于直面这些问题，也很少有人敢于亮明自己的疑问以及与现存宗教信仰不一致的观点。之所以形成这样的局面，是因为人们没有能力对其进行深入的思考和探索，还是因为人们不敢直接面对自身进行深层次的思考的结果，是因为人们惧怕得罪各信仰组织或不可见的神、灵而引火烧身，还是各种原因兼而有之。在人类所面临的各种问题中，信仰的问题是不可回避的。作者在本篇中试图以作者所著的《空间的层面》（中央编译出版社 2012 年）和《人本、人性、人心》（中央编译出版社 2014 年）两部著作当中所建立起的世界本体论和人本、人性、人心的理论体系为基础，对人类的信仰问题作一个深入的探讨，并借此表达作者对人类信仰的

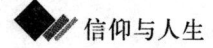

观点。为了对人类的信仰和信仰与人生之间的关系有一个较为深入、明晰的论述和说明，首先，我们还需要从"信仰是什么"开始说起。

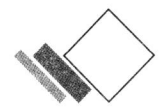 第一章　信仰是什么

　　在《人本、人性、人心》一书中，作者对人类的生命活动进行了论述，并将人类的生命活动分成了人类的生理活动、心理活动和行为活动，又进一步把人类心理活动分成了感知类心理活动、认识类心理活动和行为类心理活动。一般情况下，人类的行为活动是人类心理活动带动生理活动而进行的活动。在相关论述中，我们还把支配人类行为活动的行为心理活动分成了行为心态、行为态度、行为需求、行为欲望、行为动机、行为目的、行为方法、行为意志和行为体验等多个不同层面的活动，而且认为人类心理活动现象（或感知体验）的形成是人类心理层面生命体中的感知能量体所具有的感知功能属性伴随着相应感知能量体进行活动而形成的。人类的感知、认识、行为心理活动等心理活动现象的形成都是建立在相应的潜意识类心理活动状态、意识类心理活动状态和感知宁静类心理活动状态的基础上形成的。人类的行为活动是由人类心理层面生命体与生理层面生命体之间相互作用、相互影响、协调统一而形成的。在人类心理活动中，具有分别、判断、选择等功能的心理活动对人类的行为活动至关重要，因为人类心理活动中形成的分别、判断、选择等心理活动的活动质量及速度等将直接或间接地影响到人类相应的行为需要、行为需求、行为欲望、行为动机的形成，并对相应行为心理和行为活动的目的、意义和价值等观念的形成及所进行的相应行为活动的活动态度、活动方式、活动方法的选择产生直接和间接的影响，进而形成不同的行为活动过程及行为活动结果。那么我们势必会问：人类的分别、判断、选择等心理活动现象又是如何形成的呢？在分别、判断、选择等心理活动过程中所形成分别、判断、选择的依据又是什么呢？我们可以说人类分别、判断、选择的依据首先是相

信自身对活动对象所形成感性知识和理性知识是正确的，其次是相应"自我"的"相信"也是正确的，那么什么是"相信"呢？"相信"这种心理活动现象又是如何形成的等问题又摆在了我们的面前。

我们不难认识到："相信"是具有倾向性感知体验的心理活动现象，它是人类在进行各种心理活动和行为活动过程中，针对活动主体及活动对象所形成的一类心理活动现象。它的形成是依据人们对过去进行感知、认识、行为活动过程中对活动主体及活动对象所形成的感性知识和理性知识进行总结、判断的结果，或是依据人类在一定的感性知识和理性知识下，通过各种逻辑、推理等心理活动加工而成的判断结果，但是，当人们面对相同的活动对象，面临多种分别、判断、选择时，人们又会依据什么做出相应的分别、选择、判断，并进行相应的心理和行为活动呢？在众多可能的选择中，人类为什么总会根据自身的某种倾向性感知体验进行选择，甚至宁愿放弃某些常人看来很有价值的物质和精神利益，却去选择那些别人看来价值更低，甚至会选择对自身形成伤害的活动。或许人们会说，主要是因为不同的人具有不同的价值观所决定。那么我们又会问，人类价值观的价值取向最终又由什么来决定？就作者看来，人类所形成的倾向性选择最终是依据人们对心理、行为活动对象及活动主体所形成的具有根本倾向性的观念。再者，人类面对自身的不同的观念存在又是依据什么观念做出根本性、倾向性的选择？根据作者的观点，当人类面对相应活动对象进行心理和行为活动所形成的各种观念中，具有根本倾向性和指导性的观念就是人类作出相应选择的具有根本性的依据。人类在相应信仰的作用下，对不同活动对象进行各种心理活动和行为活动的过程中，会形成较为稳定的对活动者、对价值的性质和大小进行分别、判断、选择具有根本倾向性和指导性的观念存在。对人类生命体来说，具有不同根本倾向性和指导性观念的人在面临相同的选择时，他们所做出的选择结果或者对同一种事物进行的心理活动和行为活动的性质、大小所形成的价值取向是不一致的。本文就是围绕"人类的信仰是什么"展开讨论。为了便于后续的讨论，首先，我们必须从"人类的信仰"的定义开始进行探讨。

一、关于人类的信仰的定义

本文之所以强调信仰是人类的信仰，而不是其他动物或其他生命体的信仰，是因为本书中所说的"信仰"是针对人类生命体而言的信仰，至于其他类别生命体是否有信仰存在？若有，它们的信仰是什么？这些都不在本书考虑之列，所以本书中所说的"信仰"就是指人类的信仰。

目前关于"信仰"的定义比较多，其中使用比较多的定义主要有以下几种：

《辞海》对信仰的定义为：信仰是对某种宗教或主义极度信服和尊重，并以之为行动的准则。

《汉典》对信仰的定义为：信仰是对某种主张、主义、宗教或某人极其相信和尊敬。

《维基百科》对信仰的定义为：

[1]信仰是指对圣贤的主张、主义或对神的信服和尊崇，对鬼、妖、魔或天然气象的恐惧，并把它奉为自己的行为准则；

[2]信仰是人对人生观、价值观和世界观的选择和持有。

《百度百科》对信仰的定义为：信仰是对某种主张、主义、宗教或某人极其相信和尊敬，拿来作为自己行动的指南或榜样。

从以上不同的定义中我们可以得知：大多数的定义都认为"信仰是对主张、主义、宗教或某人的尊敬，是信仰者的行动指南或行为准则"，同时还把人类的信仰与宗教紧密联系起来。面对以上的定义我们不免会问，人类的主张、主义、宗教是什么？它们又是如何形成的？当人们信仰某人时，他们信仰的是被信仰者的肉体，还是信仰被信仰者的灵魂，还是信仰被信仰者肉体和灵魂背后的思想？宗教等同于信仰吗？若等同，是否不从事宗教活动的人就意味着他们没有信仰？若二者不等同，它们二者之间有何区别和关系存在？类似的问题还很多，从以上不同的定义中我们认识到：目前，人们对信仰的定义大多都是停留在对人类某些心理和行为活动现象进行总结基础上而得出的结论。由于人类的心理活动和行为活动本身也处于不停地产生、运动、变化过程之中，所以那些试图用人类心理和行为活动现象进行总结的方式对人类的信仰进行的定义，其结果是很难从根本上说得清楚人类的信仰是什么，以及信仰与宗教之间具有什么样的关系存在。为了便于对人类的信仰作一个根本性的定义，我们不妨先从人类的信仰必须具备的基本属性说起，就作者看来，人类的信仰应该具备以下几个基本属性：

1、人类的信仰是人类进行心理活动和行为活动过程中形成的观念类心理活动现象。观念是人类在心理活动和行为活动过程中，针对相应的心理和行为活动对象、活动主体及活动本身所形成的具有针对性、稳定性的心理活动现象。

2、信仰是人类观念类心理活动现象中，对相应人生的心理和行为活动具有根本倾向性和指导性的观念存在。具有根本倾向性和指导性的观念一般建立在人们对心理和行为活动对象所形成的各种不同观念基础上，通过一系列心理活动所形成的观念之观念的存在。

3、一般情况下，人类的信仰是人类在心理活动和行为活动过程中所形成的观念之观念存在。从人类的心理和行为活动对象来说主要包括了针对自我存在的心理和行为活动对象、针对社会存在的心理和行为活动对象、针对自然存在的心理和行为活动对象和针对宇宙空间存在（世界的存在）的心理活动和行为对象等。

4、由于人类的观念属于人类心理活动的现象存在，所以人们面对相同的存在，从不同的角度看，就会形成不同的观念，有的观念是直接通过对活动对象进行感知、认识、行为活动形成的；有的观念是在其他观念基础上通过一系列的心理活动而形成的。从信仰所反映的高度来看，有的观念是初级的，有的是高级的，而有的则是属于终极的。其中，初级观念是指人类在初步的感知、认识、行为活动中所形成的具有感性和不系统的观念。高级观念则是在初级观念基础上进行一系列的心理活动和行为活动形成的具有理性和系统性的观念，而终极观念则涉及心理及行为活动对象根本性的问题（如认识对象的本质，认识的对象从哪里来？到哪里去？现在为什么会是这样等具有根本性质的问题）的关于活动对象本质存在的观念，对每个信仰主体来说，他们具有的信仰并非只是唯一的，他们可能同时具有多种信仰。对每个人生生命体而言，面对不同的活动对象，在不同的人生阶段，都会有不同信仰的形成，例如：某个信仰主体对物质的信仰、对精神的信仰、对科学的信仰、对生命的信仰、对政治的信仰、对经济的信仰、对宗教的信仰等都是可能同时存在的，而且还会随着时空的变化而发生改变。

根据以上的论述和说明，我们不妨对"人类的信仰"作如下定义：人类的信仰是人类生命体针对相应的心理和行为活动的活动对象（包括心理和行为活动本身）进行心理和行为活动，在活动过程中所形成的对相关的心理和行为活动具有根本倾向性和指导性的观念存在。从以上定义中我们可以得知：人类的信仰是人类对相应心理活动和行为活动对象的不同存在与相应的心理和行为活动者之间相互作用、相互影响、协调统一的结果。从形成信仰的主体看，可以是个人形成的信仰，也可以是在一定时空条件下社会大众形成的信仰。从形成信仰的对象看，人类的信仰对象是十分广泛的，为了便于说明，下面我们就对人类的信仰进行分类和说明。

二、关于人类的信仰的分类

人类的信仰是人类在心理和行为活动过程中针对相应的活动对象进行心理活动和行为活动过程中所形成的对相关心理和行为活动具有根本倾向性和指导性的观念存在。由于人类心理和行为活动的活动对象、活动主体、活动方式种类繁多，所以形成的信仰也会比较多。除此之外，人类的信仰还会随着时空及人类认知的变化而处于不停的运动、变化。为了便于我们对人类的信仰进行论述，我们有必要对人类的信仰作一个概括性的分类，以便于我们在后续的文章中，对涉及人类信仰的有关问题，进行相应的探讨和论述。下面我们就从形成信仰的活动主体、形成信仰的活动和形成信仰的对象出发，对人类的信仰作一个相应的分类和说明。

1、从形成信仰的主体出发对人类信仰的分类

由于信仰的主体是人，所以我们可以从形成信仰的主体出发，将人类的信仰分为：个人的信仰和社会大众的信仰。其中：个人的信仰是指单个人生生命体针对相应的心理和行为活动对象进行心理和行为活动，在活动过程中所形成的个性化的信仰。

社会大众的信仰是指社会中相应社会群体针对相应的心理和行为活动对象进行心理和行为活动，在活动过程中形成的共有的信仰。由于社会是一定时空条件下具有一定关系存在的人生生命体的共同存在及其活动的统一。在第一篇 第七章"社会与人生"一文中，我们从人与人之间不同的关系存在出发，将社会分为：家庭层面的社会、组织层面的社会（包括正式组织和非正式组织）、民族层面的社会、国家层面的社会、国际层面的社会和人类层面的社会，所以我们也可以将社会大众的信仰进一步分为家庭层面的信仰、组织层面的信仰、民族层面的信仰、国家层面的信仰、国际层面的信仰和人类层面的信仰。

2、从形成信仰的活动出发对人类信仰的分类

由于信仰从属于人类的观念存在，信仰是人类针对相应活动对象进行心理和行为活动的过程中形成的，人类的行为活动也是在人类心理活动的带动下形成的，所以从根本上讲，人类的信仰都是由人类的心理活动形成的。由于人类心理活动主要是通过人类心理活动的活动形成、活动过程、活动结果进行体现，下面

我们就分别从人类心理活动的形成、人类心理活动过程、人类心理活动结果出发对人类的信仰进行分类。

（1）从人类心理活动的形成出发对人类信仰的分类

由于人类的心理活动是人类在相应心理活动背景下进行感知、认识、行为心理活动的总和，而人类的心理活动产生的背景又可以分为潜意类心理活动状态、意识类心理活动状态及感知宁静类心理活动状态，所以我们以从人类心理活动形成时的心理活动背景出发将人类的信仰分为：潜意识类心理活动状态下形成的信仰、意识类心理活动状态下形成的信仰、感知宁静类心理活动状态下形成的信仰、综合性心理活动状态下形成的信仰。

潜意识类心理活动状态下形成的信仰是指在潜意识类心理活动状态下，相应人生生命体针对相应心理和行为活动对象进行心理和行为活动所形成的信仰。虽然人们很少认识到在潜意识类心理活动状态下能够形成信仰，但在现实生活中很多初级观念的形成往往都是在潜意识类心理活动状态下形成的。它包括了人类在潜意识类心理活动状态下进行感知活动形成的信仰、在潜意识类心理活动状态下进行认识活动形成的信仰、在潜意识类心理活动状态下进行行为心理和行为活动形成的信仰。

意识类心理活动状态下形成的信仰是指在意识类心理活动状态下，相应人生生命体针对相应心理和行为活动对象进行心理和行为活动形成的信仰。它包括了在意识类心理活动状态下进行感知活动形成的信仰、在意识类心理活动状态下进行认识活动形成的信仰、在意识类心理活动状态下进行行为心理和行为活动形成的信仰。

感知宁静类心理活动状态下形成的信仰是指在感知宁静类心理活动状态下，相应人生生命体针对相应的心理和行为活动对象进行心理和行为活动形成的信仰。它包括了在感知宁静类心理活动状态下进行感知活动形成的信仰、在感知宁静类心理活动状态下进行认识活动形成的信仰以及在感知宁静类心理活动状态下进行行为心理和行为活动形成的信仰。

综合性心理活动状态下形成的信仰是指人类在不同种类心理活动共同作用下进行心理和行为活动所形成的信仰。它包括了人类在综合性心理活动状态下进行感知活动形成的信仰、在综合性心理活动状态下进行认识活动形成的信仰、在综合性心理活动状态下进行行为心理和行为活动形成的信仰。对人类来说，信仰的形成一般都是在综合性心理活动状态下，对活动对象进行心理和行为活动过程中形成的。

(2) 从人类心理活动方式出发对人类信仰的分类

从形成人类信仰过程中的心理活动方式出发，我们还可将人类的信仰分为：以主动的心理活动方式形成的信仰、以被动的心理活动方式形成的信仰以及以主动与被动相结合的心理活动方式形成的信仰。其中，以主动心理活动方式形成的信仰是指人类以主动的心理活动方式，针对相应心理和行为活动对象进行心理和行为活动所形成的信仰，例如：人类以好奇、主动的心理活动方式通过各种科学探索活动形成的信仰。以被动的心理活动方式形成的信仰是指人类以被动的心理活动方式针对心理和行为活动对象所形成的信仰，例如：由于人生生命体所出生的社会环境、家庭背景等不同给自身带来的相应不同政治信仰和宗教信仰等。以主动与被动相结合的心理活动方式形成的信仰是指活动者是在以主动和被动相结合的心理活动方式形成的信仰。

(3) 从人类心理和行为活动的结果出发对人类信仰的分类

从心理和行为活动的结果出发，我们可以将人类的信仰分为可被实证的信仰和不可实证的信仰。其中可被实证的信仰是指可以被人类通过感觉器官进行实证和检验的信仰，例如：人类对相应活动对象所形成的信仰可以被人类通过感觉器官借助各种物理、化学等实验手段对相应的信仰进行实证的科学信仰。不可实证的信仰是指不能被人类通过感觉器官进行实证的信仰，例如：人类所形成的宇宙空间中是否是物理世界与神、灵共存的信仰。

在日常生活中，人们总是习惯性将可以被人类实证的信仰称为科学的信仰，并将不能被人类实证的信仰与人类的宗教信仰联系在一起，其实这种判定方法是错误的，或者是片面的，因为在科学范畴中也有不可实证的现象存在，在宗教范畴中也有可实证的现象存在。由于人类的感觉器官是以实体物质类能量体为主体而形成的有机生命体，其功能是十分有限的，宇宙空间中能够被感觉器官进行实证的存在毕竟是少数，但是并不意味不能被人类感觉器官进行实证的就不是真实存在。关于科学与宗教的问题，我们将在后续的相关文章中加以论述，在此暂不展开讨论。

3、从形成信仰的活动对象出发对人类信仰的分类

对人类生命体来说，由于可以被人类作为心理活动和行为活动的活动对象是十分广泛的，它可以包括宇宙空间中的一切存在，而在宇宙空间的不同的存在类

别也是十分广泛的。我们可以根据作者在《空间的层面》一书中有关宇宙空间的论述，和《人本、人性、人心》第一篇 第一章 "论存在"的一文中所表达的观点，对宇宙空间的存在从不同存在按如下示意图进行分类（详见2—1关于宇宙空间中不同存在的分类示意图）

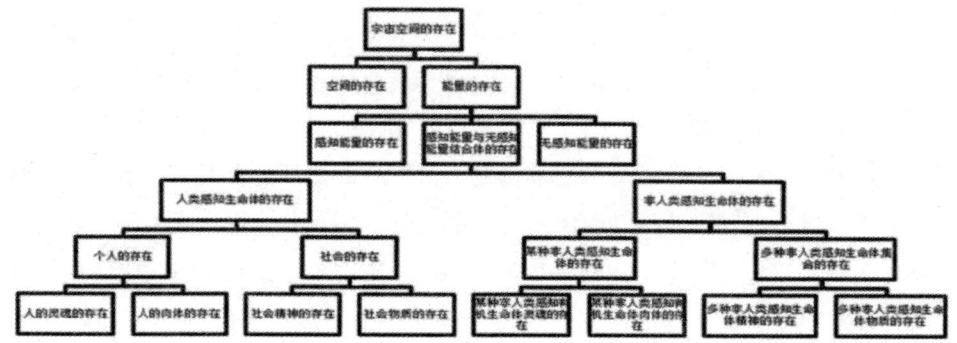

图2—1 关于宇宙空间中不同存在的分类示意图

根据图例中我们对宇宙空间中不同存在的分类，我们可以将人类的信仰分为对宇宙空间存在的信仰、对宇宙空间中空间存在的信仰、对宇宙空间中能量存在的信仰、对无感知能量体存在的信仰、对感知能量体存在的信仰、对感知与无感知能量结合体存在的信仰、对人类感知生命体存在的信仰、对非人类感知生命体存在的信仰、对个人存在的信仰、对社会存在的信仰、对人类灵魂存在的信仰、对人类肉体存在的信仰、对社会精神存在的信仰、对社会物质存在的信仰、对非人类感知生命体存在的信仰、对某种非人类感知有机生命体存在的信仰、对某种非人类感知有机生命体灵魂存在的信仰、对多种非人类感知生命体集合存在的信仰、对多种非人类感知生命体精神存在的信仰、对多种非人类感知生命体物质存在的信仰等。以上所述的信仰，我们可以将其归纳为：对宇宙空间存在的信仰、对自然存在的信仰、对社会存在的信仰及对自我存在的信仰。下面我们就对不同类别的信仰分别说明。

（1）对宇宙空间存在信仰的分类

对宇宙空间存在的信仰是指人类针对宇宙空间的一切存在进行心理和行为活动形成的信仰，它包括了人类对宇宙空间的本质存在的信仰、对宇宙空间属性存在的信仰、对宇宙空间现象存在的信仰和对宇宙空间关系存在的信仰。其中，对宇宙空间本质存在的信仰是人类对宇宙空间存在的终极信仰。

人类对宇宙空间本质存在的信仰是指人类针对宇宙空间的本质存在进行心理和行为活动形成的信仰。长期以来人类在针对世界进行各种心理和行为活动过程中形成的唯物主义、唯心主义、"心"和"物"共存的信仰都属于人类对世界本质存在的信仰。目前在人类关于世界本质的诸多信仰中最具代表性的是唯物主义信仰、唯心主义信仰、"心"和"物"共存的信仰、唯能量的信仰和能量与空间共同存在的信仰等。其中最具代表性的是唯物主义的信仰和唯心主义的信仰。就作者来看，人类对宇宙空间本质存在进行心理活动和行为活动所形成的唯物主义的信仰和唯心主义的信仰都是执著于两端具有极端性质的信仰。唯物主义者和唯心主义者都没有认识到、或者不相信、也许是想回避世界上同时具有感知能量体和无感知能量体的共同存在，也没有认识到宇宙的本质是空间和能量的结合，而是试图用"唯一"的观念去否定其他的本质存在。其中，信仰唯物主义的人试图用所认识到的有关物质世界的存在去否定和解释精神世界的存在，而唯心主义则是用所感知体验到的精神世界存在去否定和解释物质世界的存在。根据作者在《人本、人性、人心》一书中的相关论述我们认识到：形成人类的生理层面生命体的无感知能量体和形成人类心理层面生命体的感知能量体都属于宇宙空间中的两类具有不同功能属性的能量体，这两类能量体的不同属性主要体现在，形成心理层面生命体的能量体具有感知属性，而形成生理层面生命体的能量体则没有，而且二者都是本质的存在，所以那些试图用无感知能量体的存在去否定或解释感知能量体的存在，或以感知能量体及其所形成的感知体验去否定和解释无感知能量体的存在的观点其实都是错误的。

（2）人类对自然存在信仰的分类

这里所说的自然存在是狭义的自然存在，是指宇宙空间中不包含人类存在的一切存在。人类对自然存在的信仰是指人类针对自然界中的不同存在进行心理和行为活动所形成的信仰。它包括了人类对自然本质存在的信仰、对自然属性存在的信仰、对自然现象存在的信仰和对自然关系存在的信仰。同时我们还可以从对自然中不同类别存在的分类出发，将人类对自然存在的信仰进行分类。例如：对自然中不同类别无感知能量体的信仰、对某种（类）非人类感知生命体存在的信仰等。目前人们针对自然界进行心理活动和行为活动所形成的自然科学的信仰都属于人类对自然存在的信仰。

（3）关于人类对社会存在的信仰

人类对社会的信仰是指人类针对社会的不同存在进行心理和行为活动过程中

所形成的信仰。从活动对象出发，它包括了对社会本质存在的信仰、对社会属性存在的信仰、对社会现象存在的信仰、对社会关系存在的信仰。由于社会是一定时空条件下具有一定关系存在的人生生命体的共同存在及其活动的统一。在前面的相关论述中，我们根据人与人之间相互关系所辐射的范围将社会分为：家庭社会、组织社会、民族社会、国家社会、国际社会和人类社会。而人与人之间相互关系存在又可分为物质层面和精神层面的关系存在，由于人类在社会中的物质和精神关系往往是通过对物质财富和精神财富的创造和分配进行体现的，而且对相应财富的创造和分配往往又是通过制定、实践相应的社会制度实现的，人类社会的社会制度又是由社会的政治制度、经济制度及社会保障制度等组成，而且不同的社会制度都会随着时空的变化处于不停的运动、变化之中。对社会存在的信仰中，对社会本质的信仰是人类对社会的终极信仰，是其他社会信仰的基础。对社会属性存在的信仰主要体现在对社会存在运动、变化等方面属性信仰之上，对社会现象存在的信仰主要是对社会文化等现象的信仰，而对社会关系存在的信仰主要包括对社会政治制度的信仰、对社会经济制度的信仰、对社会保障制度的信仰等。其中人类对社会的政治的信仰是指人类在面对相应的社会关系制度进行各种心理和行为活动过程中所形成的信仰。对社会经济制度的信仰是指人们在针对社会经济、经济制度进行各种心理和行为活动过程中形成的信仰。对社会保障制度的信仰是指人类针对社会保障制度进行心理和行为活动所形成的信仰。

（4）人类对自我存在的信仰

人类对自我存在的信仰是指人类针对自我的存在进行心理和行为活动所形成的信仰。它包括了对自我本质存在的信仰、对自我属性存在的信仰、对自我现象存在的信仰、对自我关系存在的信仰。由于人类生命体是由生理层面生命体和心理层面生命体（即肉体和灵魂）共同组成的，对人生生命体而言，形成心理和行为活动的活动主体也是人类生命体之中的心理层面生命体，所以我们还可以从人生生命体的组成出发，将人类对自我存在的信仰分为：对自我生理层面生命体存在的信仰、对自我心理层面生命体存在的信仰、对自我完整层面生命体存在的信仰等，而且不同层面的信仰还可作进一步的细分，并且它们还包括了对相应层面生命体的本质存在的信仰、属性存在的信仰、现象存在的信仰、关系存在的信仰。

我们还可以将人类对人生生命体的存在、生存及其活动统一看待，并将所形成的信仰称为对人生的信仰，它包括了：对人生生命体存在的信仰、对人生生命体生存的信仰、对人生生命体活动的信仰以及对人生过程的信仰。并将对人生生命体本质存在的信仰称为人生的终极信仰。对于人生的信仰，我们将在本篇第五章"人类对人生的信仰"一文中进行深入的论述和说明，在此就不重复了。

以上我们从人类心理活动和行为活动的对象出发，将人类的信仰分成了：对宇宙空间存在的信仰、对自然存在的信仰、对社会存在的信仰、对自我存在的信仰。我们还可以从信仰对人类的意义和价值出发，将人类的信仰分为对人类有正面价值的信仰、对人类有负面价值的信仰、对人类有较大价值的信仰、对人类有较小价值的信仰和对人类无价值的信仰等。

三、人类不同类别的信仰之间的关系

在以上论述中，我们分别从形成信仰的主体、形成信仰的心理活动及形成信仰的活动对象出发对人类的信仰进行了分类，那么人类不同类别的信仰之间又有什么样的关系存在呢？下面我们就对人类不同类别信仰之间所具有的主要关系作如下总结和说明：

1、从信仰主体出发，不论是个人的信仰，还是社会大众的信仰，都是人类心理活动和行为活动的结果，其中社会大众的信仰是建立在个人信仰基础上形成的共有信仰。社会大众的信仰是由于不同个人之间具有相同信仰而形成的信仰。一般情况下，社会大众的信仰往往是在个人信仰形成基础上，通过在社会大众中进行各种教育、传播、沟通，使大众具有统一的信仰而形成的。

2、从形成信仰的心理活动出发，人类在潜意识类心理活动状态下、在意识类心理活动状态下和在感知宁静类心理活动状态下进行感知、认识、行为心理活动以及综合性心理活动都是人类心理层面生命体所进行的活动，所以在不同类别心理活动状态下，以各种不同方式进行心理活动和行为活动所形成的信仰，它们之间都会处于相互作用、相互影响、协调统一的状态，并处于不停的运动、变化之中。

3、从形成信仰的活动对象出发的分类来看，同类活动对象范围大的信仰必然包含着范围较小的信仰，人类的一切信仰的存在都包含在宇宙空间的信仰之中。范围较小的信仰与同类范围较大类别的信仰之间具有相互作用、相互影响、协调统一的关系存在。也就是说整体信仰源于局部信仰，同时整体的信仰又会包含局部的信仰，并对局部的信仰产生作用和影响。

4、在人类对不同存在的信仰中，人类对本质存在的信仰是人类对相应属性存

在的信仰、现象存在的信仰、关系存在的信仰的基础。其他不同存在的信仰都将受到相应本质存在信仰的作用和影响。关于世界本质存在的信仰是人类信仰中内涵最为广泛的信仰。有关人类生命的本质是什么？人从哪里来？到哪里去？今天为什么会这样？今天该怎么做等信仰都是围绕着人生的终极信仰而展开的。

5、由于人类的信仰是一个内涵广泛的概念。不同种类的信仰都是人类针对具有共同属性存在的某一领域、某一学科、某一具体对象进行心理活动及行为活动所形成的信仰，它们都属于相应科学的信仰，只不过这里所说的科学信仰不但包括了传统的实证科学，还包括了非实证或无法实证的科学，而传统的实证科学一般仅只是指那些能够被人类借助感觉器官（五官）所实证的科学，鉴于人类的感觉器官是以有机实体物质能量体为主体形成的，所以能够被人类实证的科学一般仅限于在实体物质能量体和某些能量场类能量体之上。有关科学的讨论我们将在后续文章中加以论述，在此就不展开了。

四、关于人类信仰的几个问题的思考

1、是否信仰都要有崇敬的情感存在？

在对"信仰"一词的传统定义中，虽然有敬仰、崇敬的意味存在，但是其核心问题仍然是相信，信仰是人类针对相应的存在进行心理活动、行为活动所形成的对信仰者的相关心理和行为活动具有根本倾向性、指导性的观念存在，信仰属于人类心理活动现象的范畴，所以信仰并非一定要有崇敬的情感存在。

2、信仰的是否都是真理？真理是否都能成为信仰？

虽然信仰者认为其所信仰的是正确的，但是他们的信仰并非一定正确，虽然信仰者认为他们的信仰是真理，但事实上他们的信仰并不一定就是真理，信仰者是否相信往往与真理本身并无直接的关系存在。至于真理是否都会成为信仰，作者认为真理是存在本身，人类能够认识真理、发现真理、利用真理，并能以认识到的真理为依据形成相应的信仰，但是真理本身不等于信仰。关于信仰与真理的关系我们将在后续"真理与信仰"一章中加以深入的论述，在此就不重复了。

3、"信仰是对圣贤的信任和敬仰"的观点对吗？

目前有的观点认为信仰是对圣贤的信任和敬仰，其实这种观点是错误的，因

为圣贤之所以能被人们称之为圣贤,是因为他的思想、观念能够正确的引导信仰者进行相应的心理和行为活动,并有利于人类的进步,或者是由于圣贤具有认识真理和发现真理的智慧和能力超出一般人而受到人们的信任和敬仰,但是人们信仰和敬仰的往往是圣贤者的思想和观念,并把圣贤的思想和观念作为自身的信仰,我们不能因为他的思想能够使人们形成信仰就将其身体视为信仰的化身,所以那些用圣贤之"身"当作圣贤之"心"的观点其实是错误的。

第二章　信仰的形成

在本篇第一章"信仰是什么"一文中，我们对人类的信仰进行了定义和说明，并将人类的信仰定义为：人类的信仰是人类针对相应的心理和行为活动对象（包括心理和行为活动本身）进行心理和行为活动所形成的对活动者的相关的心理和行为活动具有根本倾向性和指导性的观念存在。那么人类的信仰（也就是在人类观念中具有根本倾向性、稳定性和指导性的观念）又是如何形成的呢？根据作者在《人本、人性、人心》一书中的相关论述，认为：人类的心理活动现象是人类心理所具有的不同存在伴随着心理层面生命体进行活动而形成的相应活动状态的呈现。它包括了人类心理活动中本质存在的现象、属性存在的现象、现象存在的现象和关系存在的现象。由于目前人类心理活动的现象尚不能被人类生命体通过自身的感觉器官进行实证，所以人类对自身心理活动现象只能通过不同活动现象下所形成的相应感知体验进行表达。由于人类心理活动所产生的感知体验是在相应的心理活动背景下形成的，所以我们把人类的心理活动现象分成了：潜意识类心理活动现象、意识类心理活动现象和感知宁静类心理活动现象。同时我们还从人类不同心理活动现象所具有的功能属性出发，将人类心理活动分为了：感知类心理活动现象、认识类心理活动现象、行为类心理活动现象。

在相关论述中，我们从形成观念的活动情况出发，将人类的观念分成了感知类观念、认识类观念和行为心理活动类观念和行为活动类观念；从形成观念的活动对象出发，我们还将人类的观念分成了：针对自然存在的观念、针对社会存在的观念和针对自我存在的观念，还将以上不同类别的观念进一步分为：针对本质存在的观念、针对属性存在的观念、针对现象存在的观念和针对关系存在的观念。

由于人类的观念是建立在人类感知、认识、行为心理活动及行为活动基础上，针对相应活动对象进行各种心理活动和行为活动形成的，而信仰又是建立在不同的观念基础上形成的观念之观念，所以要探讨人类信仰的形成，首先，我们须对人类感知、认识、行为心理活动、行为活动的形成和人类观念的形成的过程进行讨论，然后再对人类信仰的形成进行相应的论述和说明。

一、关于人类感知、认识和行为心理活动的形成

人类的感知、认识和行为心理活动都是人类心理活动的重要组成部分。作者在《人本、人性、人心》一书的相关论述中认识到：人类生命体之所以能够感知自然、认识自然、感知社会、认识社会、感知自我、认识自我，并形成相应的行为心理活动和行为活动，都是因为人类的心理层面生命体具有相应感知功能属性存在。正因为人类心理层面生命体具有感知功能属性，人类生命体才具有相应的感知、认识自我，感知、认识社会和感知、认识自然的能力。面对人类不同类别的心理活动，我们不免会问：既然人类生命体具有的感知、认识自我，感知、认识社会和感知、认识自然的能力都来源于人类心理层面生命体所具有感知功能属性，那么人类生命体为什么能够对相应心理活动对象形成相应感知、认识和行为心理活动和行为活动？相应感知、认识和行为心理的体验又是如何形成的？下面我们就针对以上问题展开相应讨论。

1、人生生命体的感知、认识和行为心理活动的形成

作者在《空间的层面》和《人本、人性、人心》两部著作中，对人类生命体的存在及其活动进行了相应的论述，并认为人类生命体是由心理层面生命体和生理层面生命体相互结合而成的生命体。人类生命体对相应事物形成的一切感知、认识和行为心理活动都是在心理层面生命体活动过程中形成的，人类心理层面生命体之所以能够对相应事物形成感知、认识和行为心理活动，是因为人类心理层面生命体具有对自身和外部事物的某些存在能够形成感知、认识、行为心理的功能属性。也就是说，人类感知事物、认识事物和对相应事物形成相应的行为心理活动和行为活动的能力是基于人类心理层面生命体所具有的运动属性和感知功能属性决定的。关于人类生命体为什么具有对相应事物进行感知、认识和行为心理活动和行为活动的能力，我们可以作如下推论：

当心理层面生命体与生理层面生命体结合后,心理层面生命体就会以类似于能量场的方式,贮藏于以人脑为中心的神经系统中,若把人类生命体的神经系统比作是一个信号接收和呈现的系统,人脑在神经系统中的作用就相当于是一个对感知能量体作用信号进行调节、转化、解码、显像的功能系统,人类生命体可以通过这个功能系统,能够对人类心理所接受到的作用信号进行选择、放大、转化、解码,并通过大脑把相应感知能量体的运动调整到相应的运动方式,此时心理层面生命体所具有的感知属性就会伴随感知能量体进行运动,并形成相应的感知体验,同时也会把其他层面感知能量体的活动所形成的相应感知体验进行隐藏、覆盖。由于人类心理层面生命体是由具有感知属性的暗物质、暗能量和能量基共同形成的,对人类生命体而言,心理层面生命体是以能量场的方式与神经系统之中的无感知属性的暗物质、暗能量和能量基之间,以相互吸引的方式存在于神经系统之中,除了神经系统之外,人体的其他功能系统中也具有相同或相似频率的暗物质、暗能量以及能量基,它们也会以相互吸引的方式存在于人类生命体之中,并与神经系统中的暗物质、暗能量、能量基之间相互连接,从而使人体之中的心理层面生命体以直接或间接的方式与人体中其他功能系统的无感知暗物质、暗能量、能量基之间,以及能量场类能量体和实体物质类能量体之间形成直接或间接的联系,并形成整个人生生命体的能量运行体系。另外,从人类生理层面生命体的组织结构看,由于人类生命体经过长期遗传变异活动,逐渐使人体之中的不同功能系统、组织器官对源于人体外部及人体内部不同能量体的作用信号进行接收、传递和转化的功能属性产生分化,形成相应的感觉系统。例如:眼睛对某些频率的光线的作用信号具有较强的接收、传递和转化的能力;而耳朵则对声音类能量体的作用具有较强的接收、传递和转化的能力;鼻子则对气味类能量体的作用信号具有较强的接收、传递和转化的能力;舌头则对液体和固体类物质的味道类能量作用信号的作用具有较强的敏感性;整个身体则对能量体触碰产生的能量作用信号具有较强的敏感性。而且同一功能体系中的不同部位和组织器官对相同的作用具有不同的敏感性。之所以有以上现象发生,主要是由于人体中不同的感觉系统或同一系统的不同器官是由相应的能量体和能量运行体系按不同的能量组成和结构方式形成的,并进而形成了不同的功能属性。这就决定了不同感觉系统内部具有不同的能量频率,且因为其中有以不同运行方式进行运行的能量体和能量运行体系的存在,也就会使不同的功能系统和组织器官体现出对不同能量的作用具有不同的接收、传递、转化的功能属性,于是不同功能系统和组织器官就具备了对相应能量和能量运行体系的信号具有相应的接收、转化和传输的功能属性。当人类生命体不同的功能系统和组织器官受到相应类型的能量体和能量运行体系的作用时，相应功能系统和组织器官就会通过功能系统和器官中感知和无感知能量体把接收到的作用信号传递给相应的感知能量体，使相应的感知能量体产生运动，并通过神经系统作用于大脑，当大脑接收到相应的作用信号后，就会对相应的作用信号进行选择、放大、转化和解码，并使选择、转化、解码后的信号作用于大脑之中的相应的感知能量体，由此形成相应的感知体验。从以上的论述中我们可以得知：人类之所以能够具有感知、认识事物，并对相应事物进行相应的行为心理活动的能力，一方面是由于人类心理层面生命体具有感知功能属性，另一方面是由于人类生理层面生命体具有对相应的源于人体内部和外部的作用信号进行选择、接收、传递、放大、转化，使感知能量体因为相应作用而形成特定运动，并形成相应的感知体验的功能属性。至于感知、认识、行为心理活动能力的强弱，主要是由人体之中的心理层面生命体和生理层面生命体本身所具有的本质存在、属性存在及二者结合后所具有的本质存在和属性存在所决定的，相应能量体的本质和属性的存在往往又取决于相应心理层面生命体和生理层面生命体的先天遗传、变异和后天相应能量体的运动、变化对相应层面生命体所具有的本质存在和属性存在进行改变和转化的结果。这也是人与人、人与动物之间在感知、认识和行为心理活动等方面具有明显差异的主要原因。

至于人类生命体为何具有认识事物的能力，对人类生命体来说，认识事物与感知事物是人类心理活动对相应活动对象形成的两种不同感知体验。一般来说，人类对活动对象的认识是建立于对相应事物所形成的感知体验基础上对事物进行分别和判断等心理活动的结果；认识事物的能力则是指人类生命体所具有的对特定事物进行认识时所具有的认识速度、认识质量等能力的综合体现。人类生命体与其他动物相比，具有较高的对事物的认识能力，这种认识能力主要体现在：人类生命体与其他动物相比，除了具有感知自我、感知事物的功能属性之外，还具有能够以较快速度和较高质量对自我、对事物进行分别、判断、思考等活动的能力，并对相应的感知、分别、判断的成果进行总结，形成相应的知识，并以感知记忆的形式贮存于人类感知能量生命体之中。人类生命体还具有对相应知识进行总结、沟通的能力，并能够创造出相应的概念、观念、工具及运用相应认识和沟通工具的能力等。人类对自我和其他事物认识的过程就是人类对这些功能属性进行应用的过程。

关于人类生命体所具有的对相应事物形成行为心理活动的能力主要是指人类生命体能够在不同类别的心理活动状态下，对相应活动对象以主动和被动的心理活动态度，对相应活动对象进行感知和认识心理活动的同时，还能以主动和被动的方式，对相应事物形成相应的行为心理活动，并在相应的行为心理活动的支配下形成相应行为活动的能力。

通过以上论述我们可以得知：人类生命体不但具有对相应活动对象进行感知、认识心理活动的能力，同时还具有对相应活动对象进行相应行为心理活动和行为活动的能力。由于感知和认识类心理活动是紧密相连的，所以下面我们就分别从人类对相应事物的感知、认识的形成和行为心理活动的形成，分别进行论述和说明。

2、关于人类感知和认识的形成

前面我们对人为什么会具有感知自然、认识自然、感知社会、认识社会、感知自我、认识自我的活动能力？相应的感知和认识又是如何形成的进行了论述，结合前面的相关论述我们可以从人类的感知、认识的活动对象出发，把人类对事物的感知和认识的形成分成：人类对人体外部事物的感知和认识的形成和人类对人体内部的感知和认识的形成，下面就分别进行论述和说明：

（1）关于人类生命体对外部事物感知和认识的形成

人类生命体对外部事物的感知和认识的对象是指人类生命体感知和认识的对象是人类生命体之外的事物，这类感知和认识的形成情况一般是：人类生命体借助不同的感觉器官对感知、认识对象的某些能量成分的作用进行接收，并带动相应的感知能量生命体产生运动，使感知能量体形成相应的活动，就形成了相应的感知和认识。关于人类生命体对外部事物感知和认识的形成，我们可以从人类生命体不同的感觉系统及相应的组织器官出发，把感知和认识分为对所见事物的感知和认识、对所听声音的感知和认识、对所嗅气味的感知和认识、对所尝味道的感知和认识、对所触碰事物的感知和认识。关于以上所述不同类型的感知、认识的形成，我们可以做如下推论：

对一般人来说，对所见事物、所听声音、所嗅气味、所尝味道、所触碰事物的感知、认识是在人类生命体能够对相应感知、认识对象的某些频率的能量场类能量体的作用进行接收，并带动相应感知能量体进行运动形成的。正常情况下，人类一般是通过眼睛等视觉功能器官形成的视觉系统与神经系统相互结合对所见事物形成感知和认识的，通过耳朵等听觉功能器官所形成的听觉系统与神经系统相互结合对所听声音形成感知和认识的；通过鼻子等功能器官所形成的嗅觉系统与神经系统相互结合对所闻味道形成感知和认识的；通过舌等功能器官形成的味觉系统与神经系统相互结合对所尝味道形成感知和认识的；通过身体等形成的触觉与神经系统相互结合对所接触事物形成感知和认识的，这里需要强调的是，人类的视觉系统、听觉系统、嗅觉系统、味觉系统和触觉系统之所以能够与相应感知、认识对象的能量产生作用，并形成相应的感知体验，一方面，是因为人类的视觉系统、听觉系统、嗅觉系统、味觉系统和触觉系统都能够对相应的感知、认识的事物中某些频率的能量场类能量体成分的作用进行接收，形成互动；另一方面，是因为人类的视觉系统、听觉系统、嗅觉系统、味觉系统和触觉系统能够对所接收到的某些频率的能量场类能量成分的作用进行调节、转化，传递到神经系统之中，使相应的感知能量体在神经系统之中形成相应的运动，带动相应感知能量体及以大脑为中心的神经系统进行相应的活动，并形成相应的感知体验。

关于人类生命体对外在事物认识的形成，我们可以作如下推论：

一般情况下，人类对外在事物的认识是建立在对外在事物形成相应的感知体验的基础上形成的。其中一类情况是，在人类对人体外部的事物形成相应感知的过程中，由于相应频率感知能量体的运动往往会把贮存于感知能量生命中具有相同或相似频率的感知记忆激活，形成对相应事物的感知回忆，当人类对外在事物形成相应感知体验后，并激活相应感知记忆时，人类生命体就会在相应的心理活动下，把对相应事物所形成的感知与记忆之中被激活的感知体验进行分别、判断，经过一系列的分别、判断就会形成新的具有倾向性的感知体验，新的感知体验再与过去所经历的相应感知和认识形成的感知记忆进行对比、判断，并形成相应的判断结果。在人类的心理活动中，往往会把判断结果再次与相应的感知体验进行相应的感知对比，形成相应的感知判断，经过多重对比、判断后又会进一步形成相应的感知和认识。如此循环反复的进行感知体验活动就形成了人们对相应活动对象的认识。

另一类情况是，在人们对相应活动对象形成感知的过程中，心理层面生命体中并没有相应的感知记忆存在，而是直接形成相应的感知体验，当感知体验在相关知识的作用和影响下，通过一系列的心理活动形成具有倾向性的感知体验，并对相应的感知体验形成分别、判断等一系列的心理活动时，也会形成对相应活动对象的认识。

在以上论述中，我们从不同的感觉功能系统出发，把人类生命体对自我、对人体之外事物感知和认识的形成作了相应的论述和说明。为了便于理解，我们对以上不同感知、认识的形成过程通过作"示意图"的方式作进一步的说明（详见"图2—2关于人类生命体对源于人体之外事物的感知和认识形成示意图"）。

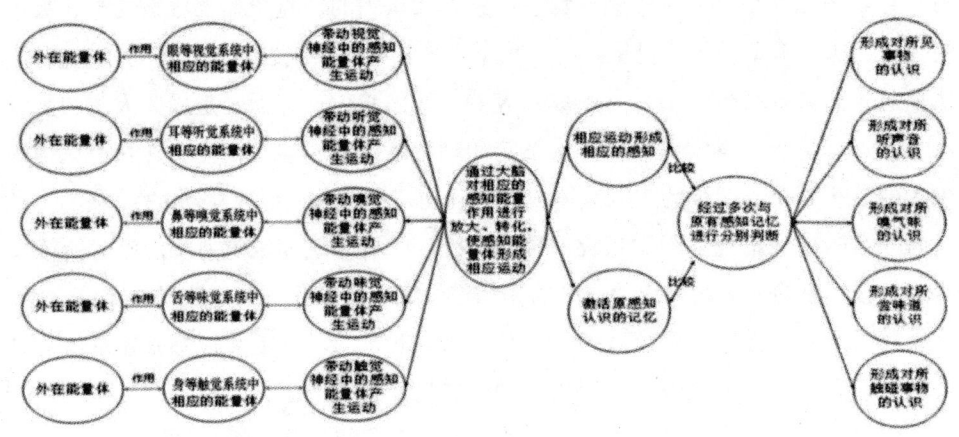

图2—2 关于人类生命体对人体之外事物的感知和认识形成示意图

(2) 关于人类生命体对内在活动对象感知和认识的形成

在前面相关文章中，我们论述了人类生命体是由生理层面生命体与心理层面生命体共同结合形成的，所以我们也可以将人类对人类生命体内在的感知和认识分为：对自身生理层面生命体的感知和认识、对自身心理层面生命体的感知和认识。下面我们就分别对这两类感知和认识形成的过程进行相应的论述和说明：

关于人类对自身生理层面生命体的感知和认识的形成过程，我们可以作如下推论：

从人类生命体整体层面看，当生理层面生命体的存在和运行处于某种状态时，生理层面生命体中的无感知能量体和能量运行体系就会与形成心理层面生命体的感知潜能量之间就会产生相应互动，并通过神经系统对相应生理运动状况形成相应痛苦、愉悦、轻松、紧张、自由等一系列具有不同倾向性和无倾向性的感知体验。人体之所以能对自己身体的健康和疾病等的整体状况形成相应的感知和认识，主要是因为人类完整层面生命体中的无感知潜能量与感知能量体之间的相互作用、相互影响、协调统一形成相应感知和认识。从局部看，当人体中的某个部位的能量体存在及运行状况处于某种健康、疾病等状态时，相应部位的无感知能量体的运动也会带动相应部位的感知能量体产生运动，并通过神经系统将相应能量运动状态的信号传输到大脑，然后由大脑把相应的信号进行分别、放大、转化，使感知能量体形成相应的运动，于是就会对相应部位的运行情况形成相应的感知体验。

对生理层面生命体的认识也是建立在对生理层面生命体形成相应感知基础上进行的，其主要表现为以下两类情况：一类情况是，当人类对相应生理层面生命体的活动状况形成相应感知后，就会把人体所具有的对相应感知和认识的记忆进行激活，使二者之间形成判断、分别，并产生相应的感知体验。如此循环反复就形成了对生理层面生命体的认识。

另一类情况是，当人类生命体中没有相同或相似的感知记忆存在时，相应认识的形成是当人类生命体对相应的生理层面生命体不同类别的活动形成感知时，在相应心理生命体的运动惯性下和自我属性的作用下，就会针对相应的感知体验进行一系列的心理活动，并对相应生理活动的体验形成相应认识。

在这里需要说明，人类在感知、认识活动过程中，相应心理层面生命体的运动有的是完整层面生命体的运动，有的则属于局部的运动，其中，完整层面生命体的运动所导致的是人类心态、态度、需求、欲望、情绪、情感及其他基础层面的感知体验，有的运动是基于感知能量生命体处于连续不断的活动状态下进行的活动，这种活动形成是人类在意识类心理活动状态形成的感知和认识。有的活动则是在潜意识类心理活动和感知宁静类心理活动状态下进行的感知和认识。关于人类的心态、态度、需求、欲望、情绪、情感等相关问题，作者已在《人本、人性、人心》一书中进行了相应的论述和说明，在此就不重复了。

从以上论述中我们可以得知：人类生命体对自身生理层面生命体的一切感知和认识都是在生理层面生命体中不同层面能量体的作用下使相应感知能量体产生运动的运动过程和运动的结果，是人类心理层面生命体借助以大脑为中心的神经系统对感知能量体的运动进行加工、转化所呈现出的感知体验。

关于人类生命体对自身心理层面生命体的感知和认识的形成过程，我们可以作如下推论：

当人类心理层面生命体在受到来自心理层面生命体内部的不同层面能量体之间，或者身体中无感知能量体的作用时，都会使相应的感知能量体形成相应的活动。当感知能量体的活动呈现出某种特定的活动状态时，感知能量体的活动信号就会作用于大脑，大脑就会把相应的活动信号进行放大、转化，使其对相应的感知信号在相应的活动之下能够得到放大、延续，并形成相应的感知体验。有的感知活动又会在感知属性的作用下把过去相关感知、认识活动所形成的感知记忆激活，并产生相应的感知体验。当相应的感知体验形成后，它们就会与激活了的感知记忆之间形成分别、判断等一系列心理活动，并形成新的感知和认识。如此循环反复，就会对相应心理活动对象形成相应的感知和认识。除此之外，对那些没有感知记忆存在的情况而言，当感知能量体的活动形成相应感知体验后，感知体验就会在相应感知能量体活动惯性和自我属性的作用下对相应感知体验形成相应的态度、需求、欲望、分析、判断等一系列心理活动，并对相应所想的事物形成相应的认识。

在以上的相关论述和说明中，我们把人类对人体之外和人体之内的感知和认识的形成作了一个概括性的论述和说明，从论述中我们可以得知：人类的感知、认识等心理活动是十分复杂的，而且在现实的人类生命活动中，往往都是由多种类型的活动相互作用、相互影响、协调统一而形成的。

3、关于人类的行为心理活动的形成

人类行为心理活动也是人类心理活动的重要组成部分。人类行为心理活动的形成是当人类生命体对相应的活动对象形成感知和认识之后，人类生命体在"自我"属性的作用下，围绕着相应人生目的实现而形成的一系列支撑行为活动的心理活动。作者在《人本、人性、人心》一书中将人类行为心理活动分成了：行为心态、行为态度、行为需求、行为欲望、行为动机、行为目标、行为方法、行为意志、行为体验、行为认识等不同层面。在不同层面的行为心理活动中，行为动机、行为实践体验、行为认识三个方面是人类行为心理活动的核心标志。为了便于本文对人类行为心理活动的形成作一个简单的论述，下面我们就围绕这三个核心标志的形成展开讨论。

(1) 人类行为动机的形成

作者在"《人本、人性、人心》的二篇　第一章　关于人性"一文中，论述了人类生命体具有自然属性、社会属性和自我属性，在论述中我们认为：人类的一切行为活动都是以社会属性和自然属性为基础，以自我属性为中心进行的活动。人类之所以有"自我属性"，主要是由于人体中的感知能量生命体具有感知自我、分辨自我的功能属性存在。人类生命体在自我属性的支配下，面对自然、面对社会、面对自我时，就会主动或被动地对自然、社会、自我形成相应的感知体

验,并对相应事物的作用形成相应的心态、态度、需求和欲望。在认识欲望的作用下,为了实现相应的人生目的,人类就会针对相应的事物形成相应的行为动机。人类行为动机的形成有的是建立在近期的需求和欲望之上,有的是源于长远的需求和欲望之上形成的。

(2) 关于人类行为实践体验的形成

当人类生命体针对特定事物形成相应行为动机后,在此动机的支配下,会对相应活动对象和行为动机进行分析、判断,并形成相应的行为目标、行为方法等行为心理活动,在相应行为心理活动中,人类生命体又会在相关感知和认识记忆的基础上对相应行为活动进行分别、判断,并选择相应行为的活动方法和活动手段,并对相应行为活动方法和手段进行优化。当人类对相应行为活动方法和手段的选择明确后,人类就会利用所选择的方法和手段进行相应实践活动,并对相应实践过程中所形成的感知、认识进行总结,有的还会通过逻辑推理等一系列的认识活动方式对相应的行为活动进行再认识。在此过程中,人们在认识方法和认识手段上,往往会借助现有的认识工具、认识成果和认识手段对相应的行为活动目标、活动方法等作进一步的探索,例如:通过名称和概念对认识事物进行界定,利用现有科技手段及其他相关研究成果,通过数理逻辑等方式来推论相应事物的运动规律等。从这个角度来看,人类所使用的概念、名称及数理逻辑等方法都是人类用来表述事物的运动方式和运动规律的工具和手段。概念、名称、技术手段及数理逻辑等方法都是人类发明的用于认识世界、改造世界的一些虚拟工具。当人类对事物的本质存在、属性存在、现象存在和关系存在有了一定认识后,人们就会为了实现人类的行为动机和行为目标,去考虑用什么方法和措施去对认识成果加以利用,并从运用方法和运用措施、运用的途径和工具着手,去发明、创造出相应的工具来实践对认识结果的利用,以达到为人类自身服务的目的。

(3) 关于人类对行为活动认识的形成

当人们对特定事物的行为活动发生以后,人们就会对相应行为活动过程和结果形成相应的感知和认识,并与活动目标进行比较,当人们认识到人类的生命活动的过程和结果不一定和想象的一致,特别是在行为活动过程中,人们要对事物的变化和发展规律进行认识和运用,往往需要作大量的观察、试验和总结才能实现相应目的。由于不同事物之间都处于相互联系、相互作用的状态,而且事物本身也处于不停地运动、变化中,当人们在对特定事物进行认识、实践的过程中,认识到事物之间存在着相互联系、相互作用的关系的存在,并认识到要对事物进行全面的认识和理解需要从不同层面出发对事物进行相应的认识和了解。

人类对认识成果进行总结、比较的过程既是对认识成果进行检验的过程，同时也是对相应行为活动进行再感知、再认识的过程。在实践过程中所发现的认识的不足和新问题的发现，又会促使人们去做进一步的感知、认识的活动，新的感知、认识形成后，又会促使人们去做进一步的实践和应用活动，于是就形成了相应行为动机、行为实践体验以及对行为活动的认识，并以此为依据再次进行相应行为活动，如此循环反复。正是人类在感知、认识和行为实践活动中不停地发现问题、解决问题，才使人类对相应行为活动感知、认识得到不断的丰富和提升。

二、关于人类的观念和信仰的形成

前面，我们从人类心理活动的现象出发，对人类感知、认识和行为心理活动的形成进行了相应论述和说明，下面我们就针对人类观念和信仰的形成进行论述和说明，为了便于我们对人类观念和信仰的形成进行表达，下面我们就人类对自我观念和信仰的形成、人类对社会观念和信仰的形成、人类对自然观念和信仰的形成和人类对世界观念和信仰的形成分别进行论述和说明。

1、关于人类对自我观念和信仰的形成

人类对自我的观念是指人类生命体针对自我人生生命体的存在、生存及其活动（即人生）进行心理和行为活动过程中所形成的具有针对性、倾向性和稳定性的心理活动现象。它包括了针对自我本质存在的观念、针对自我属性存在的观念、针对自我现象存在的观念、针对自我关系存在的观念等。

关于人类针对自我观念的形成，我们不妨作如下推论：当人类针对自我人生生命体的存在、生存、活动及其相应过程进行各种心理和行为活动，在活动过程中形成相应的感知和认识，相应的感知和认识所形成感性知识和理性知识以记忆的形式贮存于自我人生心理层面生命体之中。随着相应人类生命体心理活动和行为活动的增加，各种感性知识和理性知识的增多，人类生命体针对各种知识进行相应的选择、判断等心理活动时，就会形成具有针对性、倾向性和稳定性的心理活动现象。相应的心理活动现象就是人类针对自我所形成的观念。随着人类生命体针对自我观念形成的增加，相应人生生命体就会通过各种不同的心理和行为活动把针对自我的观念进行协调统一，就形成了人类针对自我的观念。由于人类的

心理和行为活动都是处于不停运动变化的状态，同时还会受到各种环境因素的影响，所以人类针对自我的观念存在也会处于不停地运动、变化之中。随着人类针对自我不同观念的形成，人类面对各种纷繁复杂的针对自我的观念时，人们就会将针对自我的纷繁复杂的观念作为心理和行为活动对象进行各种分别、判断、选择活动，并在以不同观念为活动对象进行心理和行为活动过程中形成具有根本倾向性、稳定性，并能够对相应活动者的相关心理活动和行为活动具有指导性的观念，这类观念就是人类针对自我的信仰。由于人类的观念具有针对性、倾向性和明确性的特点，所以人类针对自我的信仰的形成也具有针对性和倾向性。我们可以把人类针对自我的信仰分为：针对自我人生生命体存在的信仰、针对自我人生生命体生存的信仰、针对自我人生生命体活动的信仰等。从人类面对自我的观念和信仰形成的方式看，有的观念和信仰是在主动的心理活动状态下形成的，有的观念和信仰则是在被动的心理活动状态下形成的，而有的观念和信仰则是在主动与被动相结合的心理活动状态下形成的。

2、关于人类对社会的观念和信仰的形成

关于人类对社会的观念和信仰的形成是伴随着人类生命体针对社会的不同存在进行各种心理和行为活动而形成的。关于人类对社会观念和信仰的形成，我们不妨作如下推论：

人类在自我属性的作用下，针对社会的不同存在进行各种心理和行为活动，活动过程中，相应心理活动所具有的感知体验在各种心理活动的作用和影响下就会形成相应的感性知识和理性知识，并以记忆的形式贮存在人生心理层面生命体之中。当人们针对相应社会存在进行相应心理和行为活动时，就会把相应的记忆激活，心理和行为活动者就会在自我属性的作用下进行各种分别、判断和选择的心理活动。随着人类感性知识和理性知识的增多，当人类面对不同知识存在进行各种分别、判断和选择过程中，就会逐渐形成相应的具有针对性、稳定性和倾向性的心理活动现象。这类心理活动现象就是人类针对相应社会存在的观念。

由于社会是具有不同关系存在的人生生命体的共同存在及其活动的统一。从组织的层面看，它包括了：家庭社会、组织社会、民族社会、国家社会、国际社会、人类社会等多个不同组织层面的社会，而从关系看，它又包括了：政治关系、经济关系、制度关系和非制度关系等。人类针对社会不同的组织存在和关系存在进行各种心理和行为活动过程就会形成各种相应观念。例如：从社会组织看，会

形成相应的家庭观、组织观、民族观、国家观、国际观、人类观；从关系看，会形成相应的政治观、经济观、制度观和非制度观等。由于社会中人与人、人与组织、组织与组织之间的关系都处于不停的运动、变化之中，所以人们针对社会所形成的观念也处于不停的运动、变化之中，这也就决定了人类对社会的观念会变得很不稳定，加之形成社会观念的活动主体是人，而每个人面对社会都可能会形成相应的观念存在，所以当人们针对不同的纷繁复杂观念时，人们只有把相应社会组织层面的社会观念进行相对统一或完全的统一后，才能使相应层面社会中人们的行为活动得到统一。由于每个人都具有自我的属性存在，所以要对社会中不同人的心理和行为活动及活动结果进行统一是很难达成的，正是因为这样，所以人类社会中统治者或组织领导者往往把社会观念和信仰的统一作为统治国家或组织的主要工作目标。为了统一人们的观念，往往需要设立各种制度加以约束和倡导，只有通过倡导某种观念，制约其他观念的发展，才有可能使社会大众的心理和行为活动及其活动结果达到相对的统一。人们对社会观念的形成过程中，有的是以主动的心理活动状态形成的，而有的则是在统治者的各种倡导和约束的作用下，在被动的状态下形成的，有的则是在主动与被动相结合的心理活动状态下形成的。

关于人类对社会信仰的形成，我们也可以作如下推论：随着人类生命体针对社会各种观念的增多，人们以各种社会观念为相应的心理和行为活动对象，并在相关人员和组织的引导下进行相应的选择、判断等一系列的心理活动和行为活动，并形成相应的具有根本倾向性和对相关心理和行为活动具有指导性的观念，这种观念就是人们针对社会的信仰。关于人类对社会信仰的形成，有的是在主动的心理活动状态下形成的、有的是在被动的心理活动状态下形成的，有的是在主动与被动相结合的心理活动状态下形成的。

3、关于人类对自然的观念和信仰的形成

关于人类对自然的观念和信仰的形成，我们不妨作如下推论：

当人类相应的生命体针对自然的不同存在为心理活动和行为活动对象进行各种心理和行为活动，在活动过程中形成了相应的感性知识和理性知识，并以感知记忆的方式贮存在相应的人生心理层面生命体之中。当人们针对相应自然的存在进行相应的心理和行为活动时，就会把相应的感知记忆激活，并且在自我属性的作用下进行相应分别、选择、判断等心理活动，并形成相应具有针对性、稳定性、

倾向性的心理活动现象，这类心理活动现象就是人类对自然的观念。

随着人类生命体对自然存在观念的增多，当人们面对不同观念存在时，相应人生生命体就会在自我属性的作用下，把各种观念作为相应的心理和行为活动对象，并进行一系列的心理和行为活动，于是就会形成具有根本倾向性和对活动者的相关心理和行为活动具有指导性的观念，这种观念就是人类对自然的信仰。

从人类对自然的观念和信仰形成的方式看，我们同样可以将其分为在主动的心理活动状态下形成的观念和信仰、在被动的心理活动状态下形成的观念和信仰，以及在主动与被动结合的心理活动状态下形成的观念和信仰。

4、关于人类对世界的观念和信仰的形成

人类对世界的观念和信仰是指人类以世界为心理活动对象进行心理活动和行为活动，在活动过程中形成的观念和信仰。它包括了对世界本质存在的观念和信仰、对世界属性存在的观念和信仰、对世界现象存在的观念和信仰、对世界关系存在的观念和信仰，它是人类生命体针对自然、社会、自我的观念和信仰统一而形成的观念和信仰。关于人类对世界的观念和信仰的形成，我们可作如下推论：

随着人类对自我、社会、自然的观念和信仰形成后，人们面对各种不同的自我、社会、自然共同存在时，就会结合相应的对自我、对社会、对自然的观念和信仰进行相应的心理和行为活动，在活动过程中就会形成相应的针对世界存在的观念和信仰。这类观念和信仰的形成有的是在主动的心理活动状态下形成、有的是在被动的心理活动状态下形成、有的则是在主动和被动相结合的心理活动状态下形成的。关于人类对世界的观念和信仰形成过程中的心理活动现象的形成，我们可以参照有关人类对自我、对社会、对自然的观念和信仰的形成过程，在此就不重复了。

从以上我们对人类感知、认识、行为心理、观念和信仰的形成的论述和说明中，我们认识到：人类的一切具有感知体验的心理活动现象的形成都是基于人类心理层面生命体具有感知功能属性存在。在人类一系列的心理活动现象中，人类知识的形成是建立在感知和认识类心理活动基础上形成的，观念类心理活动现象又是建立在感性知识和理性知识基础上形成的，而信仰类心理活动现象则是建立在各种观念的基础上形成的。

由于人类在进行各种感知、认识行为心理及行为活动过程中都具有针对性，而人类对不同类别存在的划分和分类往往又是根据相应的共有属性进行划分和分

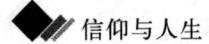

类的。正是因为活动主体和活动对象具有共有属性的存在,所以人类针对不同类别的存在才会形成相应的具有稳定性、统一倾向性的感知体验,才会形成共有的知识、观念和信仰,所以我们将人类针对具有共同属性的存在形成的知识、观念和信仰称为相应的科学知识、科学观念和科学的信仰。

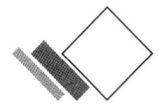 第三章　科学与信仰

在今天的社会里，科学一词已被人类广泛应用。在很多人的心目中，"科学"已成了"真理"的象征，并坐在至高无上的宝座上不可动摇。如今，科学的思想观念已经成为人们进行心理活动和行为活动的依据，在很多人的心目中，"科学的思想观念"已经成为了一种信仰。那么"科学是什么？科学真的能代表真理吗？科学是否能成为人类的信仰？科学的崇高地位又是如何建立起来的"？为了对这些问题进行解答，我们有必要从科学是什么说起。

一、科学是什么

要对"科学是什么"进行相应的探讨和论述，首先我们还需要从人们对科学的传统定义说起。

目前人们对科学的定义比较多，其中运用的比较多的定义主要有以下几种。

《辞海》对科学的定义为：

科学是运用范畴、定理、定律等思维形式反映现实世界各种现象的本质和规律的知识体系。

《汉典》对科学的定义为：

[1]指发现、积累并公认的普遍真理或普遍定理的运用，已系统化和公式化了的知识。

[2] 科学是指科举之学。

[3] 科学是反映自然、社会、思维等的客观规律的分科知识体系。

[4] 科学是特指自然科学。

[5] 科学是指合乎科学的、合理的。

《维基》对科学的定义为：

科学包含自然、社会、思维等领域，如物理学、生物学和社会学。它涵盖三方面含义：即观察、假设和验证。

《百度》对科学的定义为：科学是以经验主义为标准，按照实用主义原则进行选择的工具。

前苏联《大百科全书》对科学的定义为：科学是人类活动的一个范畴，它的职能是总结关于客观世界的知识，并使之系统化。

类似以上的定义还很多，但总的来说，目前人们对科学的定义都是从人们所经历的各种科学活动的实际现象出发，对科学活动的过程及活动结果进行观察、总结而得到的。目前，许多哲学家和科学家试图给科学和科学方法提供一个充分的、本质的定义，但都不是很成功。这究竟是什么原因呢？为了回答这个问题，我们还需要从人类从事科学活动的目的和科学的内涵说起。

要对科学进行定义，我们首先要清楚对人类来说，科学是用来做什么的？科学又是如何形成的？关于科学的用途，我们不难得知：科学是人类为了能够准确、快速和高效地实现人类生命体的存在、生存及活动的目的，通过对相应活动对象的不同存在及活动主体的活动方式、方法进行探索和实践活动而形成的。从这个角度看，科学是人类心理活动和行为活动的结果。由于人类生命体都具有自我的属性存在，所以人类生命体所进行的一切心理和行为活动都是围绕着相应人生目的的实现而展开活动的。科学知识的形成及应用贯穿在人类生命体对相应人生目的的规划、设定及相应活动过程之中，所以科学也是人类心理和行为活动的统一。从科学活动主体看，有的科学活动主体是个人，有的科学活动主体是由不同人所形成的正式的和非正式的组织。从科学活动的对象看，有的活动对象是自我，有的活动对象是社会，有的活动对象是自然。从科学的形成过程看，科学就是人类在对相应活动对象（包括活动者及活动本身）进行心理活动和行为活动过程中，通过感知、认识和行为心理活动和行为活动获取相应活动对象的知识和对相应知识进行应用。从科学的内涵看，它主要包括了科学知识及科学活动。其中科学知识是指科学活动主体针对相应活动对象进行心理和行为活动所获得的感性知识和理性知识的总和。科学活动主要是指人类生命体为了获取相应的科学知识及科学观念所进行的心理活动、行为活动以及对相应科学知识及科学观念的实践和应用的总和。也就是说，科学是人类为了实现相应人类生命体的存在目的、生存目的及活动目的的生命活动过程中所获得的知识和观念，以及对相应知识、观念进行实践和应用的统一。科学是人类为了更好、更有效、更及时、更准确地实现相应人生目的所进行的心理和行为活动所形成的。科学知识和科学活动都有针对性，它们所针对的活动对象可以是相应的心理和行为活动的活动对象、活动主体及活动本身，我们可以说，科学知识和科学活动所针对的可以是某个活动领域，也可以是某个特定的活动对象。

科学的内涵主要包括科学的知识和科学的活动，而科学的知识又包括了感性知识、理性知识，其中感性知识是人生生命体在某种惯性的心理活动状态下对相应心理、行为活动对象进行各种感知、认识、行为心理活动及行为活动过程中所获得的以心理活动惯性为主导的非系统性、非全面性的知识。根据作者在《人本、人心、人性》一书中的论述，认为"感性"是人类感知能量生命体在各种具有惯性活动心理活动状态下进行感知、认识及行为心理活动和行为活动过程中所形成的心理活动现象。它主要体现在：相应人生生命体在感知、认识、行为心理和行为活动过程中，具有冲动性、随机性、约束力较弱的属性存在，所以人类生命体在感性的心理活动状态下，进行感知、认识、行为心理、行为活动形成的感性知识所具有的分别、判断的全面性、条理性、准确性和稳定性都显得比较差。理性知识则是相应人生生命体在较为稳定心理活动状态下，针对相应的心理和行为活动对象进行感知、认识、行为心理和行为活动过程中所得到的知识。由于"理性"是能够对心理活动惯性进行控制、约束的属性存在。它主要体现在：相应人生生命体针对相应的活动对象进行相应的感知、认识、行为心理和行为活动过程中，具有较为冷静、客观、自我约束、不冲动等心理活动的属性存在，所以人类生命体在理性的心理活动状态下对相应的心理和行为活动对象进行感知、认识、行为心理和行为活动形成的理性知识具有较强的分别性、判断性、清晰性、稳定性、准确性，也具有比较全面和系统的特点存在。

科学的观念是指人们在进行心理和行为活动过程中，以相应活动对象（领域）的知识为心理及行为活动对象进行相应心理、行为活动过程中所形成的具有倾向性、稳定性和指导性的知识，我们也可以将其称为对相应学科的科学观。

科学活动是指人们为了获取相应科学知识和对相应的科学知识的实践、应用所进行的一系列心理和行为活动的统一。

根据以上论述和说明，我们可对人类的科学作如下定义：人类的科学是人类生命体为了快速、准确、高效地实现相应人生目的，针对相应的心理和行为活动对象进行心理和行为活动过程中所获得的知识，以及对相应知识进行实践、应用活动的统一。

　　根据以上定义我们可以得知：科学包括了科学的活动主体、科学的活动对象以及科学的知识和科学的活动。其中，科学的活动主体是人，科学的活动对象就是相应的活动领域、活动范围及科学活动的存在等。一般情况下，科学的活动对象可以是宇宙空间中的一切存在。在现实生活中，科学的活动对象一般是以某种共有属性存在为依据进行分类的结果。也就是说，科学活动的活动对象是由活动者根据其所关注的问题进行分类和划分的结果。由于宇宙空间的不同存在之间往往具有相互作用、相互影响、协调统一的关系存在，由于共有属性和分别属性是一个相对的概念，这就决定了以共有属性进行的科学活动，它们的分类结果可以是某个专门个体，也可以是某个领域及某种特定的存在。由于宇宙空间的一切存在所具有的共有属性与分别属性是相对的，所以科学的活动对象也就可大可小，它可以大到整个无限的宇宙空间的一切存在，也可以小到无限细分的某种存在。

　　人类的科学活动对象所具有的一切存在是不以人们的意志为转移的存在，科学的知识其实只是人类对相应活动对象进行感知、认识、行为心理活动的结果。它属于人类心理活动现象的范畴。人类的科学活动包括了人类对相应活动对象进行感知、认识、行为心理活动、行为活动过程中获取科学知识的活动和对科学知识进行实践和应用的活动，其中获取知识的活动又包括获取感性知识的活动和获取理性知识的活动，对知识的实践、应用活动又包括了对相应知识进行验证、应用、实践的活动等。人类对科学知识的获取和实证活动有的是可以借助人类生理层面生命体的感觉系统进行获取和实证，而有的知识则不能借助人类生理层面生命体的感觉系统获取和实证。目前人们只是将那些能够借助人类生理层面生命体的感觉系统进行获取和实证的知识视为科学知识，并将那些不可通过人类生理层面生命体的感觉系统获取和实证的知识视为非科学的知识。就作者看来，这种观点是错误的，因为科学的活动对象可以是宇宙空间的一切存在。作者在《空间的层面》和《人本、人性、人心》两部著作中，从不同的角度对人类生理层面生命体进行了论述，认为人类生理层面生命体是以实体物质类能量体为基本构架、多种能量体成分共同形成的一个能量运行体系，所以源于人体外部能够与人类生理层面生命体产生直接作用，并使人类生命体形成相应感知体验的能量体和能量运行体系也是十分有限的，对人类生命体而言，只有那些能够使生理层面生命体产生运动作用的能量体才会将相应的作用传递给神经系统，使神经系统之中的感知能量产生运动，形成相应心理感知体验，这也就决定了，一般情况下，人类生理层面生命体的感觉系统只能对人体之外实体物质能量体和部分能量场类能量体的作用形成感知和认识，而对其他的能量场类能量体、暗物质类能量体、暗能量类能量体和能量基类能量体的作用并不能直接作用于人类生命体，并形成相应感知体验。也就是说，人类能够通过生理层面生命体的感觉系统对身体之外的事物形成的感知体验的存在也是极其有限的。我们应该认识到，很多不能被人类生命体感觉系统进行感知、认识的事物是真实存在的，所以那些把不能被人类生理层面生命体的感觉系统进行实证的存在都视为不是真实存在的观点是错误的。面对这样的结论我们势必会问："人类除了借助生理层面生命体的感觉系统之外，还会对活动对象直接形成感知体验吗？人类能否不通过人生的生理层面生命体对相应知识进行验证？"在《人本、人性、人心》一书中我们论述了，人类之所以能够对活动对象进行感知、认识和行为心理活动，一方面是由于人类心理层面生命体具有感知功能属性的存在，另一方面是由于相应的心理、行为活动对象中所具有的某些能量体能够与人体之中相应的能量体之间产生相应的作用，并带动心理层面生命体中的感知能量体进行活动，从而形成具有相应感知体验的心理活动现象。而那些能够与人体中的感知能量体直接产生作用形成的感知、认识、行为心理活动和行为活动的活动对象，是无需通过与生理层面生命体产生作用就能够形成相应的感知体验的。

　　从作者在《空间的层面》一书中的论述，我们认识到：不能被人类进行实证的能量体是宇宙空间中的能量主体，也就是说，那些不能够借助人类生理层面生命体的感觉系统进行实证的存在才是宇宙空间的存在主体，能够借助人类生理层面生命体的感觉系统进行实证的存在仅只是宇宙空间中很少的一部分存在。从以上相应论述和说明中，我们认识到：从广义的角度看，那些不能够借助人类通过感觉系统与心理层面生命体产生作用并形成的相关知识也应该属于科学的知识，那些不能够借助人类生理层面生命体进行实证的知识的获取和对相应知识进行实践和应用的活动也应该归属为相应的科学活动。在现实的科学活动中，人们之所以只把那些可以通过人类生理层面生命体的感觉系统进行实证的科学称之为科学，是因为只有那些能够借助人类生理层面生命体的感觉系统进行实证的活动对象中所获得的知识才能够被同一个人生生命体和不同的人生生命体进行反复实证，并能够获得大众的认可，并将其视为真理。而那些直接与感知能量生命体产生作用形成知识的活动对象中所获得的知识却不能被不同的人，甚至不能被同一人进行反复实证，也就不易被大众共同认可，并将其视为迷信或幻想所致。

人类对科学知识进行实证活动本身就是对科学知识进行再认识的过程。对科学知识的实践和应用的活动过程是人类生命体把相应科学知识应用到人类的生命、生存、生产、生活等生命活动之中进行活动的过程。在人类对科学知识进行实践和应用中，有的是以现有科学知识为基础指导人们进行各种相应心理活动和行为活动，而有的则是将其转化为各种行为活动的技术、发明和行为活动的工具来为实现人生目的服务。

以上我们对科学的定义和说明中，我们认识到科学是一个广泛的概念。科学是人类在相应人生生命体的不同观念指导下，围绕活动者的相应人生目的和人生意义和价值的实现，针对自我、社会、自然进行相应的心理活动和行为活动，在活动的过程中形成的。为了便于我们对科学有一个更加清晰的理解，下面我们就对人类的科学进行一个概括性的分类和说明。

二、关于科学的分类

目前人们对科学的分类方法比较多，其中最主要的分类方法有以下几种：

按不同的领域将科学分为自然科学、社会科学、思维科学以及总结和贯穿于三个领域的哲学和数学等。

按与实践活动的不同联系将科学分为理论科学、技术科学、应用科学等。

按人类对自然利用的直接程度将科学分为自然科学和实验科学两类。

按科学活动的目标来看，将科学分为广义科学、狭义科学两类。

目前类似以上的分类方法还比较多，但是不同分类方法都是在对人类现有的科学知识和科学活动进行总结的基础上而得到的。根据我们对科学的定义，我们认识到：科学活动的要素包括了科学的活动主体、科学的活动对象、科学的知识、科学的活动。为了给科学做一个比较全面的分类，下面我们就从科学的活动主体、科学的活动对象出发，分别对科学进行一个概括性的分类。

1、从科学的活动主体出发对科学的分类

由于科学是人类的科学，其活动主体就是相应的人类生命体，所以我们可以从科学活动的主体出发将科学分为个人的科学和社会大众的科学。其中个人的科

学是指个人人生生命体在人生过程中针对相应的心理和行为活动对象进行各种心理和行为活动所形成的知识以及对相应知识进行实践应用活动的统一。它包括了个人心理活动形成的科学和个人行为活动形成的实证科学，也包括了可借助相应人生生理层面生命体的感觉器官进行实证的科学和不可借助相应生理层面生命体的感觉器官进行实证的科学。大众的科学是指由社会中不同的人针对相应的活动对象进行心理和行为活动形成的知识以及对相应知识的实践和应用的统一。它包括了由大众心理活动形成的科学、由大众行为活动形成的科学以及可借助大众生理层面生命体的感觉器官进行实证的可实证的科学和不可借助大众生理层面生命体的感觉器官进行实证的不可实证的科学。

2、从科学活动对象出发对科学的分类

由于人类科学活动对象可以是宇宙空间的一切存在，而宇宙空间的各种不同存在之间具有相应不同层面的共有属性和分别属性的存在，所以为了便于分类，我们可以从科学活动对象所具有的共有属性出发对科学进行分类。

从科学活动对象出发，我们可以将科学分为：以人类为活动对象的科学、以非人类为活动对象的科学、以世界为活动对象的科学。其中，以人类为活动对象的科学又包括了以个体人生为活动对象的科学、以社会为活动对象的科学。关于以个体人生为活动对象的科学又可以分为关于人生生命体存在的科学、关于人生生命体生存的科学、关于人生生命体活动的科学和关于人生过程的科学。同时我们还可以从人生生命体的不同存在出发，将人类为活动对象的科学分为：关于人类生理的科学和关于人类心理的科学以及关于人类完整层面生命的科学等。我们还可以从人类生理层面生命体的不同组成出发，将人类生理的科学进一步分为：关于人类八大功能系统的科学，八大功能不同系统中不同组织器官层面、组织层面、细胞层面、分子层面、原子层面的科学等，而相应层面的科学还可以进一步分为关于相应层面存在的科学、生存的科学、活动的科学等。

关于人类心理层面的科学同样可以进一步分为：关于人类心理层面生命体存在的科学、关于人类心理层面生命体生存的科学和关于人类心理层面生命活动的科学等。其中，关于人类心理层面生命体存在的科学进一步分为：关于人类心理层面生命体本质存在的科学、关于人类心理层面生命体属性存在的科学、关于人类心理层面生命体现象存在的科学、关于人类心理层面生命体关系存在的科学。关于人类生命体心理生存的科学又可以进一步分为：关于人类心理层面生命体的生存方式的科学、关于人类心理层面生命体生存属性的科学、关于人类心理层面生命体生存周期的科学等。

关于人类心理活动的科学，我们可以根据人类心理的活动状态及活动所具有的功能出发将其分为：关于人类意识类心理活动的科学、关于人类潜意识类心理活动的科学和关于人类感知宁静类心理活动的科学、关于人类感知类心理活动的科学、关于人类认识类心理活动的科学、关于人类行为心理活动类的科学等。

关于人类完整层面生命的科学包括了：关于人类完整层面生命体存在的科学、关于人类完整层面生命体生存的科学、关于人类完整层面生命体活动的科学等。其中，关于人类完整层面生命体存在的科学又可分为人类完整层面生命体整体本质存在的科学、人类完整层面生命体属性存在的科学、人类完整层面生命体现象存在的科学和人类完整层面生命体关系存在的科学。关于人类完整层面生命体生存的科学又可分为完整层面生命体生存方式的科学、生存属性的科学、生存周期的科学。关于人类完整层面生命体活动的科学又可进一步分为：关于人类完整生命体行为心理活动的科学、行为活动过程的科学、行为活动结果的科学、行为活动方式的科学、行为活动属性的科学等。

关于以社会为活动对象的科学，可以从社会存在出发，将社会科学又分为：关于社会本质存在的科学、关于社会属性存在的科学（即社会规律的科学）、关于社会现象存在的科学和关于社会关系存在的科学。由于社会是具有一定关系存在的人生生命体的共同存在及其活动的统一，我们将从社会中人与人之间共同存在的形式出发，把关于社会的科学分为关于家庭的科学、关于组织（正式组织或非正式组织）的科学、关于民族的科学、关于国家的科学、关于国际的科学、关于人类的科学等。

从社会中人与人的关系出发，把社会科学分为：关于社会生产关系的科学和关于社会分配关系的科学等。由于人类社会中生产和分配的关系主要是通过政治、经济、文化、显性条文制度和隐形风俗制度的方式进行体现的，所以我们可以从社会关系的体现方式出发，把社会科学分为：关于社会政治的科学、关于社会经济的科学、关于社会文化的科学、关于社会显性条文制度的科学和关于社会隐形风俗制度的科学等。

关于以非人类为活动对象的科学是指以非人类的自然的存在为活动对象的科学，也就是关于自然的科学。由于自然是一个广泛的存在，其内涵十分广泛，所以我们可以将其进行无限的细分，而且不同类别的自然存在又可以分为关于相应层面的本质存在的科学、属性存在的科学、现象存在的科学和关系存在的科学。

为了便于我们从活动对象出发对科学分类作进一步的说明,我们可用图2-3从活动对象出发对科学分类示意图来表达。

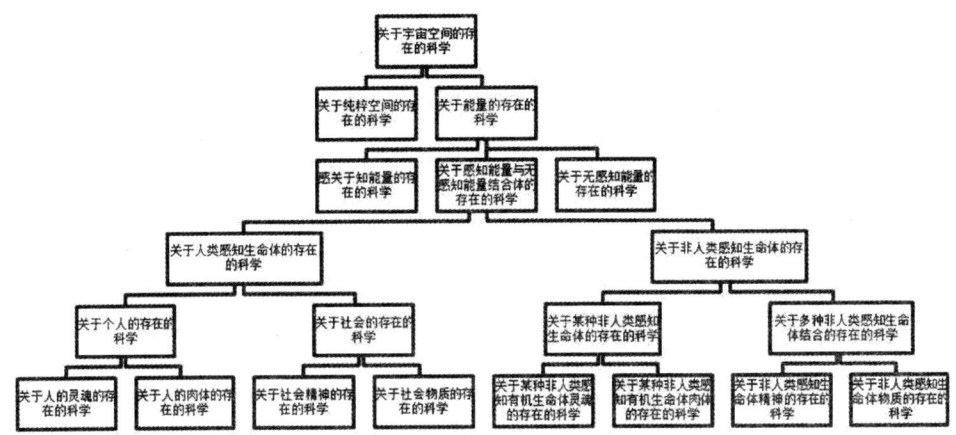

图2—3 从活动对象出发对科学分类示意图

以上我们从不同角度出发对科学进行了概括性的分类。而且不同类别的科学都会随相应科学的发展而形成相应的科学之科学。科学之科学是指以不同类别科学为科学活动对象进行心理和行为活动而形成的科学。例如:对科学活动方法进行研究和探索的科学等。它包括了关于自我的科学之科学、关于社会的科学之科学、关于自然的科学之科学等。

其中,关于自我的科学之科学是指人类以自我的科学为科学活动对象进行心理和行为活动形成的科学。它包括了相应的可以实证的科学之科学和不可实证的科学之科学,以及可实证与不可实证相结合的科学之科学等。

关于社会的科学之科学是指人类以相应社会科学为科学活动对象进行心理和行为活动形成的科学。若形成的科学是具有根本倾向性和指导性的社会科学之科学的知识,我们可以将其科学思想观念称为社会科学的信仰。

关于自然科学之科学是指人们以相应自然科学为科学的活动对象进行心理和行为活动形成的科学,例如:自然科学的哲学和自然科学的数学等。我们把对自然科学之科学中具有根本指导性的科学思想观念称为对自然科学的信仰。

由于科学包括了关于本质存在的科学、属性存在的科学、现象存在的科学和关系存在的科学,所以我们也可以将科学之科学分为关于本质存在的科学之科学、关于属性存在的科学之科学、关于现象存在的科学之科学，关于关系存在的科学之科学等。

三、关于不同类别科学之间的关系

从以上我们对科学的定义及对科学的分类中，我们认识到：不同类别的科学都是以人类生命体为活动的主体，针对不同的活动对象进行心理和行为活动形成的对一切活动对象的存在来说都具有相应的本质存在、属性存在、现象存在和关系存在。关于不同类别科学之间所具有的关系我们可以作如下总结：

1、无论是从科学活动主体出发对科学进行分类的科学，还是从科学活动的对象出发对科学进行分类的科学，都是人类针对相应活动对象进行心理和行为活动所获得的科学知识及对相应科学知识的实践和应用活动的统一。

2、不论是可实证科学，还是不可实证的科学，它们都能够被人类所感知及认识，都能够被人类所应用。只不过有的是通过心理活动进行应用，有的则是通过行为活动进行应用，有的是将二者相结合进行应用。

3、对同一类别的科学来说，不同层面的科学都是对相应的活动对象、活动主体及活动本身形成的知识和对相应知识的应用和实践的统一。

4、从科学的用途来说，一切科学都是围绕着相应人生生命体的存在、生存及其活动的人生目的、人生意义和人生价值的实现而展开的。

根据以上对科学的相关论述和说明，我们可以得知科学是一个广泛的概念，其内涵十分丰富和广泛，从中也可以看出人类现有的科学是十分有限的，对我们所认为科学已得到很大发展的今天来说，也只不过是我们人类今天所面临着的问题的冰山一角而已，更何况还有广大的世界在等着我们去探索。

四、关于人类的科学与信仰

在前面我们对人类科学的定义及分类中，我们认识到：科学是人类针对相应活动对象进行心理和行为活动形成的，它包括了科学的知识和科学的活动，由于科学的知识是人类对相应的活动对象进行感知、认识和行为心理和行为活动过程中所形成的具有分别、判断和指导功能属性的心理活动现象的存在。若相应的科学知识具有根本倾向性、稳定性和对相关心理和行为活动具有指导的功能属性，那么相应的科学知识就属于对相应科学的信仰。那么什么是科学的信仰呢？所谓科学信仰就是指人类在针对相应的科学活动对象（包括科学知识与科学活动）进行相应的心理活动和行为活动过程中形成的具有根本倾向性、稳定性和对相关科学的活动具有指导性的观念存在。它属于科学观念的范畴。这种观念一般是建立在科学知识和科学活动基础上，并对相关科学知识的获取和科学活动具有指导意义的科学观念。那么科学信仰与科学之间又有什么样的关系存在呢？

根据我们前面对有关信仰和科学的论述和说明中，我们认识到科学知识和科学信仰具有一致性，二者之间并不矛盾，只不过科学信仰是科学知识中具有根本倾向性、稳定性和指导性的科学观念。它从属于科学观念之观念。从广义上讲，人类传统意义上的宗教信仰也属于人类科学信仰的范畴，只不过人类的宗教信仰是以人生终极信仰为核心的关于人生科学的信仰。在人类宗教信仰中，有的是在唯物主义世界观的指导下，把可被人类生理层面生命体的感觉系统实证的人生终极信仰视为人生科学的信仰；有的是在唯心主义世界观的指导下，将不可被人类生理层面生命体的感觉系统实证的人生终极信仰视为人生科学的信仰；有的则是在二元论指导下，将综合可实证与不可实证的人生终极信仰视为是人生科学的信仰。由于在唯心主义指导下的科学是不可被人体感觉系统实证的科学，它们只能靠人类的心理去感知和体会，所以这类宗教信仰往往可以将其视为是以人生终极信仰为心理本质存在的科学的信仰，也可以将其视为是对人类心理科学的信仰。关于科学与信仰的关系我们不妨作如下总结和说明：

1、科学的信仰属于科学知识的范畴，它是人类进行科学活动中形成的具有根本倾向性和对相关心理和行为活动具有指导性的科学的观念存在。

2、科学的信仰是伴随着人类科学发展中形成的，同时又会影响人类的科学的发展，有的影响属于正面的影响，而有的影响则是负面的影响。

3、由于科学并不是真理本身，而是对真理的发现和应用，所以那些将科学信仰视为是真理本身的观点也是有局限的或是错误的。关于真理的论述我们将在后续的文章中展开讨论，在此就不展开了。

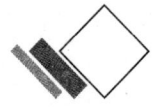 第四章 知识、文化与信仰

日常生活中，人们已习惯性地把知识、文化、科学三者之间紧密地联系在一起，并习惯性地用科学知识和科学文化说明知识和文化的严谨性和可靠性，同时人们也习惯性地将科学与宗教对立起来，似乎科学的就是真理，宗教的就是迷信，事实果真如此吗？为了对这个问题进行准确地分析和表达，我们有必要从什么是知识？什么是文化？它们与信仰之间又有什么样的关系说起。

一、关于知识

1、什么是知识

为了便于对什么是知识进行说明，首先我们还需要从有关"知识"的传统定义开始进行说明，然后再对什么是知识进行解读，目前关于"知识"的定义比较多，其中主要的定义有：

《辞海》对知识的定义有：

[1]知识是人类认识的成果或结晶。依反映对象的深刻性可分为生活常识和科学知识。依反映层次的系统性可分为经验知识和理论知识。经验知识是知识的初级形态，系统的科学理论是知识的高级形态。

[2]知识是指相知、相识。指熟识的人。

《汉典》对知识的定义主要有：

[1]知识是指人们在实践中获得的认识和经验

[2] 知识是指认识的人；朋友

[3] 知识是指有关文化学术的

[4] 知识是知道；懂得

《维基》对知识的定义为：

知识是对某个主题确信的认识，并且这些认识拥有潜在的能力为特定目的而使用。意指透过经验或联想，能够熟悉进而了解某件事情；这种事实或状态就称为知识，其包括认识或了解某种科学、艺术或技巧。

《百度》对知识的定义为：

知识是指人类在实践中认识客观世界（包括人类自身）的成果。它可能包括事实、信息、描述或在教育和实践中获得的技能。它可能是关于理论的，也可能是关于实践的。

知识的定义在认识论中至今仍然是一个争论不止的问题。目前人们认为的一个比较经典的定义来自柏拉图，柏拉图认为："称得上知识必须满足三个条件，它是一个被验证过的、正确的、而且被人们相信。"

诸如以上的定义还比较多，但是，从不同的定义中我们可以认识到：以上有关知识的定义都是从人类获取知识的认识活动出发，对认识活动的现象进行总结而形成的定义。那么什么又是认识活动呢？心理学中认为：认识是指通过形成概念、知觉、判断或想象等心理活动来获得知识的过程。也就是说，认识属于人类心理活动的范畴。作者在《人本、人性、人心》一书中对人类的感知、认识和行为活动进行了相应的论述，书中认为：认识是人类在感知类心理活动基础上进行一系列心理活动所形成的具有分别、判断功能属性的心理活动现象，而行为活动则是人类生命体中心理和生理共同活动的体现。那么人类具有感知体验的心理活动和行为活动的结果是否就是知识？或者是否就能够形成知识呢？作者认为：知识是人类心理活动和行为活动的结果，相应的活动结果并非是人类心理活动和行为活动本身，而是对人类心理活动和行为活动所形成的感知、认识、总结的成果，也就是说，知识属于人类心理活动现象的范畴。

知识是人类心理活动的结果，属于心理活动现象的范畴，知识与其他心理活动现象相比又有什么样的特点？由于知识必须具备分别和判断的功能属性，假若没有分别、判断的功能属性，相应心理活动现象所形成的感知体验就是一个模糊的感知体验，它是有感知，却是没有形成知识的体验。在人类心理活动中，判断的感知体验是建立在具有分别感知体验的基础上形成的，它是指导人们进行各种具有倾向性的心理活动和行为活动的基础。知识对人类来说，它具有相应的适用性，知识的适用性就是能够指导人们进行各种相应心理活动和行为活动。人类具有指导人们进行各种相应心理活动和行为活动功能的心理活动现象都是在相应分别和判断基础上形成的，对人类来说，一切观念的形成也是建立在分别、判断的基础上形成的。而对人类生命体来说，一切的观念都是在各种感知体验基础上，进行一系列的心理活动和行为活动形成的。根据作者在《人本、人性、人心》一书中的相关论述，我们认识到：并非所有的感知类心理活动、认识类心理活动、行为类心理活动和行为活动都具有分别、判断的功能属性的心理活动现象。这也就意味着并非所有的感知、认识、行为心理、行为活动都会形成相应的知识，根据以上论述和说明，我们可以对知识作如下定义：

知识是指人类针对相应的心理活动和行为活动的活动对象进行心理和行为活动，在活动过程中形成具有分别、判断功能属性，并能够指导人们进行相应心理和行为活动的心理活动现象的总和。

2、关于知识的分类

从以上定义中我们可以得知：感知并非等于知识，因为感知虽然具有分别的功能属性，但是，感知并没有判断功能属性和对相应活动进行指导的功能属性。知识是在感知、认识基础上形成的具有分别、判断功能属性和指导功能属性的心理活动现象。我们将人类的知识分为：感知活动的知识、认知活动的知识和行为活动的知识。也可以从知识的属性出发，将知识分为感性知识和理性知识。其中，感知活动的知识是指人类在不同心理活动状态下针对相应的心理活动对象进行感知类心理活动而形成的知识。

认知活动的知识是指人类在不同心理活动状态下，针对相应的心理活动对象进行认知类心理活动而形成的知识。

行为活动的知识是指人类在不同的心理活动状态下，针对相应的活动对象进行行为心理和行为活动而形成的知识。

感性知识是指人类在具有惯性的心理活动背景下，对心理和行为活动对象进行感知、认识、行为心理活动和行为活动而形成的知识。这种知识的形成是人类的心理活动所具有约束力较弱的心理活动状态下形成的，它形成的感知体验具有冲动和随意的特点，所以感性知识所具有的分别、判断的功能属性和相应知识的系统性、稳定性都比较弱和主观性比较强的特点。

理性知识是指人类在平稳的心理活动背景下，对相应心理和行为活动对象进行感知、认识、行为活动而形成的知识。由于平稳的心理活动背景对心理活动的变化性具有较强的约束力和控制力，所以这类知识就具有较强的分别性、判断性、稳定性及客观性的特点。

由于形成知识的心理、行为活动对象可以包括宇宙空间中所具有的一切存在（包括知识本身），所以我们又可以从人类心理活动和行为活动的对象出发，依据宇宙空间中不同知识的分类示意图（图2—4）的说明，将其分为：有关宇宙空间的知识、有关纯粹空间的知识、有关能量的知识、有关无感知能量（物理世界）的知识、有关感知能量（精神世界）的知识、有关感知能量与无感知能量相类感知生命体的知识、有关个人的知识、有关生理（肉体）的知识、有关心理（灵魂）的知识、有关社会的知识、有关社会精神的知识、有关社会物质的知识、有关非人类感知生命体的知识、有关某种非人类感知生命体的心理（灵魂）的知识、有关某种非人类感知生命体的生理（肉体）知识、有关多种非人类感知生命体的知识、有关非人类感知生命体精神的知识、有关非人类感知生命体的生理知识等。也可以从不同的活动对象所具有的不同存在出发，将知识分为关于本质存在的知识、关于属性存在的知识、关于现象存在的知识、关于关系存在的知识。

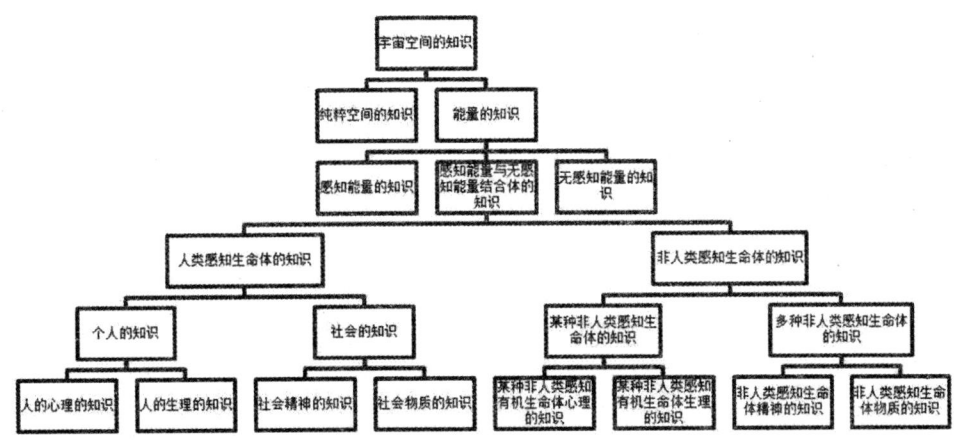

图2-4 关于宇宙空间中不同知识的分类示意图

同时我们也可以从人类心理和行为活动的活动对象出发，将知识分为关于自我的知识、关于社会的知识、关于自然的知识。其中关于自我的知识又包括了关于自我人生生命体存在的知识、关于自我人生生命体生存的知识、关于自我人生生命体活动的知识。关于自我的知识又可以进一步分为：关于生理层面生命体的存在、生存、活动的知识，关于心理层面生命体的存在、生存、活动的知识和关于自我完整层面生命体的存在、生存、活动的知识等。关于社会的知识又包括关于社会精神方面的知识、关于社会物质方面的知识以及关于社会政治、社会管理、社会经济、社会文化、社会制度、非社会制度等方面的知识。

关于自然的知识，我们可以根据自然界中不同类别的存在进行相应的分类。例如：关于生物知识、关于植物知识、关于动物知识、关于有机物知识、关于无机物知识、关于地理的知识、关于矿产的知识等。

从人类对知识的认识能力来看，又分成了可借助感觉系统进行实证的可实证知识、不可借助感觉系统进行实证的不可实证知识以及可实证知识和不可实证知识相结合的知识。所谓可实证的知识是指那些能够被人类借助生理层面生命体的感觉器官（五官）通过各种手段对其真实性进行验证的知识。不可实证的知识是指人类不能借助相应的感觉器官通过各种手段对相应知识的真实性进行验证的知识。所谓可实证和不可实证相结合的知识是指那些部分可以实证的知识和另一部分不可实证的知识。

以上不同类别的知识中，还可以进一步分为对相应存在的本质存在的知识、属性存在的知识、现象存在的知识和关系存在的知识。

以上我们从不同的角度对知识进行了一个概括性分类，从以上分类中，我们认识到知识的类别是无限的，因为从知识存在对象的内涵来看，我们可以无限细分，从形成知识的对象的运动、变化来看我们无法穷尽。

3、关于知识与科学

在日常生活中，我们总是把知识与科学紧密联系在一起，有的甚至把知识等同于科学。在前面的相关文章中我们论述了科学包括了科学知识和科学活动。所谓科学知识就是针对相应科学活动对象进行心理活动和行为活动形成的知识。也就是说知识是一个泛称，是所有科学知识的统一的称谓，而科学知识则是人们根据不同类别、不同学科、不同领域中的知识进行的分类、判断的结果。基于这种情况我们不妨对知识与科学之间的关系作如下总结：

1、知识是一个泛称，科学知识则是将知识与形成知识的活动对象进行结合的分类，知识是相应科学的基本要素，科学知识是对相应领域的知识的统称。科学知识的发展会丰富、完善人类知识的内涵和层次。

2、科学的活动不但会充实和完善相应的科学知识，同时也是对相应知识进行实证、完善的过程。

从以上论述中，我们可以得知：把知识等同于科学的观点其实是不准确的。

二、关于文化

1、文化是什么

对人类来说，"文化"一词也是被人们所广泛使用的一个名词，人们普遍认为"文化"是一个具有广泛适用性的概念，给它下一个严格和精确的定义是一件非常困难的事情，不少哲学家、社会学家、人类学家、历史学家和语言学家一直试图从各自学科的角度来界定文化这个概念，然而迄今为止仍没有一个被广泛公认的、令人满意的定义。据统计有关"文化"的各种不同的定义至少有两百多种，其中目前使用得较多的定义主要有：

《辞海》对文化的定义有：

[1]文化：广义指人类社会实践过程中所获得的物质、精神的生产能力和创造物质、精神财富的总和。狭义指精神生产能力和精神产品，包括一切社会意识形式、自然科学、技术科学、社会意识形态。

[2]文化是指一般知识，包括语文知识。如学文化指学习文字和一般知识。

《汉典》对文化的定义有：

[1]考古学上指同一历史时期的遗迹、遗物的综合体。同样的工具、用具、制造技术等是同一种文化的特征。

[2]人类所创造的财富的总和，特指精神财富，如文学、艺术、教育、科学。

[3]运用文字的能力及一般知识。

《维基》对文化的定义为：

文化是指生物在其发展过程中逐步积累起来的跟自身生活相关的知识或经验，是其适应自然或周围环境的体现，是其认识自身与其他生物的体现。

《百度》对文化的定义为：

[1]文化是生物在其发展过程中逐步积累起来的跟自身生活相关的知识或经验。

[2]文化是所有物质和精神的一切能够代表文物存在的表示，文化的本质是物质与意识的综合体现。

面对各种对文化的不同定义，我们势必会问文化到底是什么？若文化是物质

财富和精神财富的总和的话,那么我们又该如何界定财富呢?

若文化是精神产品,那么什么样的产品才算是人类的精神产品,哪些又不是呢?人类所创造的物质财富、文字等一系列产品中,哪一样不是精神和肉体共同所创造的?文字和物质本身能够称作是文化吗?显然它们不能称作是文化,那么什么才是文化呢?

根据作者的观点,人类的一切创造和发明都是人类心理活动和行为活动的结果,文化也不例外。文化首先是源于人类的心理活动和行为活动过程中所形成的具有各种感知体验的心理活动现象,然后再将其融入到人类所创造的各种物质产品和精神产品之中,也就是说人类所创造的物质产品和精神产品中具有对人类的心理和行为活动进行传播、表达和体现的载体功能。

根据以上论述和说明,我们不妨对人类的文化作如下定义:

文化是人类在心理活动和行为活动过程中所形成的对相应心理活动和行为活动的过程和结果进行的传承、呈现和表达的总和,这种传承、呈现和表达是以人类所创造的物质产品和精神产品为载体进行传承、呈现和表达的。

根据以上定义我们可以得知:文化是人类心理活动和行为活动的传承、呈现和表达的总和。由于人类的心理活动现象具有可知、不可见的特点,而行为活动仅只是一个过程,不可长期保留,所以只有通过具有一定的可以被人体感觉器官所感知、认识的载体才可能将其进行呈现和表达。若要使其传承,那么传承的载体除了能够具有能够被人体的感觉器官所感知、认识之外,还需要有一定的稳定性和延续性。关于文化的载体,它们可以是日常生活用品,也可以是生产工具,它们当中有的是文字和书画、艺术品等。

2、关于文化的分类

由于人类的心理活动和行为活动都是在一定时空、环境下进行的活动,这些活动具有一定的时空背景,即文化的形成也会具有一定的时间和空间的背景,也就是说文化也具有一定的时空性,所以我们可以从文化形成的历史出发,将文化分为史前的文化、古代的文化、近代的文化、现代的文化和未来的文化。

从形成文化的活动的角度看:由于文化是对人类心理活动和行为活动的传承、呈现和表达,所以我们也可以根据形成文化的不同心理和行为活动,将文化分为感知文化、认识文化、行为文化;也可以从人类的心理和行为活动出发,将人类的文化分为人类心理活动的文化和人类行为生活的文化等。

从形成文化主体本身来看，我们可以将文化分为个体的文化和大众的文化。

从形成文化的心理和行为活动的对象看，我们可以将文化分为：关于自我人生的文化、关于社会的文化、关于自然的文化等。由于文化的形成除了受到时间限制以外，还受到一定的社会环境和自然环境的影响，所以我们可以从不同的社会和自然环境出发，将文化分为：家庭的文化、组织的文化、民族的文化、国家的文化、国际的文化和人类的文化、农林文化、狩猎文化、渔牧文化，以及关于宇宙空间的文化、太阳的文化，以及社会的政治文化、经济文化、制度文化等。另外，我们还可以从文化的不同体现和表达载体出发，将人类的文化分为物质文化和精神文化。

根据以上我们对文化的定义及对文化的分类和说明，我们可以得知：对人类而言，文化是人类心理活动和行为活动过程中心理活动和行为形成的不同感知体验和行为活动的过程和结果的传承、呈现和表达，文化是一个广泛的概念，它是通过人类心理活动和行为活动的对象进行传承、呈现和表达的，所以说文化既不是精神产品，也不是物质产品的本身，但又离不开精神产品和物质产品来进行呈现、表达和传承。人类之所以有今天的进步和发展，都是伴随着人类文化的进步而进步、发展而发展，同时人类的进步与发展又促进了人类文化的进步和发展。由于人生活动是围绕着人类生命体的存在、生存、活动目的的实现而展开的，所以人类的文化活动也将围绕人类生命体的存在、生存、活动而展开。鉴于人类心理和行为的活动都包含了物质层面和精神层面的活动，所以人类的文化也就包括了精神文化和物质文化。

从文化的载体出发，我们可以将文化分为：语言类文化、文字类文化、艺术类文化、音像类文化、产品类文化等。

3、关于文化与科学

科学是人类在心理活动和行为活动过程中针对相应活动对象（具有共同属性类别的存在）进行各种心理及行为活动，活动过程中形成的知识以及对相应知识的实践和应用的统一，而文化则是对人类心理活动和行为活动的传承、呈现和表达，所以我们可以将文化与科学之间的关系作如下归纳：

1、科学文化是对科学知识和科学活动的传承、表达和呈现。由于科学文化对科学具有传承、表达和呈现的功能，所以科学文化也就有利于对科学知识、科学活动的传承和发展。

2、一切科学知识及科学的活动会形成或丰富相应的文化，同时相应文化的形成又会促进相应科学的发展。例如：通讯科学的发展会形成和丰富相应的网络文化，同时网络文化的发展又会促进通讯技术的发展等。

三、关于知识与文化的关系

前面，我们对人类的知识和文化分别进行了相应的论述说明，并认为：知识属于人类心理活动现象中具有分别、判断和指导功能属性的心理活动现象的存在，而文化则是对人类心理活动和行为活动的传承、表达和呈现。长期以来，由于人们对文化和知识的理解比较混乱，所以经常把二者等同起来考虑，这说明二者之间的关系十分紧密。为了对二者之间的关系进行表达，下面我们就对人类的知识和文化之间的关系作如下总结和说明：

1、知识是人类针对相应活动对象进行心理活动和行为活动过程中形成的具有分别、判断和指导功能属性的心理活动现象，而文化则是对人类心理活动和行为活动的呈现、表达和传承，也就是说知识是内在的，而文化是外显的，文化需要借助能够被人类感觉器官所感知、认识的载体来进行呈现、表达和传承，知识只有转变成文化后，知识才能够得到传播和继承，知识是内在的、有分别、判断和指导的心理体验，文化则是对各种相应心理和行为体验的表达、呈现和传承。

2、知识是知识文化的前提，知识文化是对知识的呈现、表达和传承，知识文化的表达是人类借助相应的物质产品和精神产品进行呈现、表达和传承的，知识文化是通过物质和精神载体对知识的固化，所以知识文化并不等同于知识本身，在各种文化的传承、呈现和表达的过程中也会形成相应的知识和科学。尽管这样，文化要能对知识进行准确、全面、完整的呈现、传承和表达几乎也是不可能的，也就是说对知识文化而言，知识是根本，知识文化是对相应知识的传承、表达和呈现。

3、人类的一切具有感知体验的心理活动和行为活动都有可能形成相应的文化，但并非所有具有感知体验的心理活动和行为活动都可能形成相应的知识。

4、对于某种领域的文化而言，知识性的文化与非知识性的文化相比，知识性的文化具有较强的稳定性、传承性和传播性，而非知识文化则往往会随着时间、空间环境的变化而变化，而且在传承、呈现、表达的结果也会容易与本意之间产生偏离。

四、关于知识、文化与信仰之间的关系

由于人类的信仰是人类针对相应的活动对象进行心理活动和行为活动所形成的具有根本倾向性、稳定性和指导性的观念,而且人类信仰的形成是建立在各种相应心理和行为活动形成的感性知识和理性知识及观念知识基础上形成的,所以人类的信仰与知识之间的关系是紧密相关的,鉴于人类的知识和信仰都属于人类心理活动现象的范畴,而且观念从属于知识,信仰又从属于观念。信仰是基于知识和观念而形成的,同时又超越相应的知识和观念,所以知识和信仰通过人类的精神产品和物质产品进行呈现、表达、传承的活动过程中就会形成相应的知识文化和信仰文化。也就是说知识文化和信仰文化都是知识和信仰在物质产品和精神产品上的呈现、表达和传承,它们之间有着较为广泛的关系存在,下面我们就对三者之间所具有的主要关系作如下总结和说明:

1、从人类信仰的形成来看,人类的信仰是建立在相应的知识、观念基础上以各种知识、观念为心理和行为活动对象形成的具有根本倾向性、稳定性和指导性的观念存在,它属于人类观念之观念(或知识之知识)的存在,而人类不同观念的形成又是在相应的感知、认识、行为心理活动和行为活动及相应知识基础上形成的具有针对性、稳定性的心理活动现象的存在,所以对人类来说,知识和观念是形成人类信仰的基础,信仰也是一种知识观念,信仰是具有根本倾向性、稳定性和指导性的观念存在。

2、由于人类的信仰具有根本倾向性、稳定性和指导性,它能够在根本倾向性的作用下,引导人类进行相应的心理和行为活动,形成相应的知识和观念,并对相应的信仰进行实证和检验,所以随着人类知识的进步和发展,人类的信仰又会在相应的实践和实证中得到丰富、发展或改变,若被证实,那么相应的信仰就会更加坚定;若被证伪,那么原有相应的信仰就会受到怀疑和否定,或者将相应的信仰进行修正和完善。

3、对文化来说,由于文化是对人类心理活动和行为的表达、呈现和传承,以及人类的知识和信仰属于不同层面的心理活动现象,所以在知识和信仰的呈现、表达和传承过程中也会形成相应的知识文化和信仰文化。由于知识文化和信仰文化是知识和信仰的呈现、表达和传承。所以文化对人类的知识和信仰的传承、发展、变化是极其重要的。我们很难想象假若人类的知识和信仰得不到相应的呈现、

表达和传承，那么我们人类现在将会处于什么样的境地。就作者看来，人类在从原始人到现代人的发展变化过程之所以那么漫长，其主要原因就是原始人不具备对各种知识和信仰进行表达、呈现和传承的能力所致，同时人类文化的变化、人类的知识和信仰的倾向性也就会发生相应的变化和改变，从而对相应的知识和信仰的变化产生作用和影响。

4、由于信仰是人类具有根本倾向性和指导性的观念存在，所以随着人类相应信仰的形成，也会使人类心理活动和行为活动形成相应的具有根本倾向性的心理活动和行为活动的惯性（属性），会使人类面对相应知识和文化时形成相应的倾向性，并对人类的知识和文化的产生、保持和变化产生相应的作用和影响，同时文化的发展也会促进相应知识和信仰的传承与发展。

以上我们对人类知识、文化以及人类文化、知识与信仰的关系进行了相应的论述和说明，从中我们可以认识到：文化、知识和信仰三者之间具有相互作用、相互促进、相互影响、协调统一的关系存在，那些将知识和信仰与文化进行等同的观点其实是错误的。

第五章　关于人类对人生的信仰

从"信仰是什么"一文的论述中，我们认识到：人类的信仰从属于人类的观念存在，是人类针对相应的活动对象进行心理和行为活动所形成的对活动者的相关活动具有根本倾向性、稳定性和指导性的观念存在。在相关的论述中，我们分别从信仰的活动主体、活动对象出发对人类的信仰进行了分类，并对不同类别信仰之间所具有的关系进行了论述和说明。由于本书所讨论的是"信仰与人生"的问题，所以在后续的文章中我们将主要围绕着有关人类对人生的信仰展开讨论。要对有关人生的信仰进行论述，首先我们必须对人类对人生的信仰进行明确。本章的目的就是围绕着人类对人生的信仰而展开讨论。

一、什么是人类对人生的信仰

关于人生的问题，我们已在第一篇"论人生"的相关文章中进行了探讨和论述，并认为：人生是相应人生生命体从质变性产生到质变性死亡的过程中，相应人生生命体的存在、生存及其活动的统一。并从人生的内涵出发，将人生分成了人生生命体的存在、人生生命体的生存和人生生命体的活动及人生的过程。并将人生分成了相应人生生理层面生命体的存在、生存及活动；心理层面生命体的存在、生存及活动和完整层面生命体的存在、生存及活动等。同时还从人生生命体的活动对象出发，将人生生命体的活动分成了：针对自我的活动、针对社会的活动和针对自然的活动。关于人生的过程则包含了相应人生生命体存在的过程、生存的过程和活动的过程。并从人生所处的不同年龄阶段将人生的过程分成了：人生的童年阶段、少年阶段、青年阶段、中年阶段、老年阶段、死亡阶段等。结合前面我们对人生和对信仰的论述和说明,我们不妨对"人类对人生的信仰"作如下定义。

人类对人生的信仰是指人类生命体针对人生生命体的存在、生存、活动及其过程进行心理活动和行为活动,在活动过程中形成的对活动者的相关活动具有根本倾向性、稳定性和指导性的观念存在。从活动主体出发,我们可以把对人生的信仰分为:个体对人生的信仰和社会大众对人生的信仰;从活动对象出发,可以把人类对人生的信仰分为:对人生生命体存在的信仰、对人生生命体生存的信仰、对人生生命体活动的信仰以及对人生过程的信仰。下面我们就分别从人类对人生生命体存在的信仰、人类对人生生命体生存的信仰、人类对人生生命活动的信仰和人类对人生过程的信仰出发,分别对人类对人生的信仰进行相应的论述和说明。

二、关于人类对人生生命体存在的信仰

根据作者在《人本、人性、人心》一书中对人类生命体存在的论述,我们得知:"人类生命体的存在是人类生命体本身(本质存在)和人类生命体(本质存在)所具有的属性、现象、关系以及人类生命体和人类生命体所具有的属性、现象和关系产生运动(包括活动过程和活动结果)形成的相应的生理世界和心理世界的总和",它包括了人类生命体的本质存在、属性存在、现象存在和关系存在。人类生命体会针对人类生命体的不同存在进行心理和行为活动,人类对人生生命体存在的信仰是指在这些活动过程中形成的对活动者的相关活动具有根本倾向性、稳定性和指导性的观念存在,正因如此,我们可以将人类对人生生命体存在的信仰分成:人类对人生生命体本质存在的信仰、人类对人生生命体属性存在的信仰、人类对人生生命体现象存在的信仰和人类对人生生命体关系存在的信仰。

其中,人类对人生生命体本质存在的信仰是人类对人生的终极信仰,它是人们用于回答"人是什么?从哪里来?到哪里去?"等有关人生终极问题的信仰,人类只有站在人生终极信仰基础上,才能解答有关"人生为什么要活着?人生该怎么活着?以及我今天为什么会这样?我该怎么样?"等有关人生目的、人生意义和人生价值的核心信仰问题,并形成相应的有关人生目的、意义和价值的信仰,同时,人类对人生生命体本质存在的信仰也是形成人生行为态度、行为目的、行为

动机、行为方式、行为方法等行为心理活动和行为活动重要的选择、判断的依据。

当人类面对"我是谁？从哪里来？到哪里去？"等有关人生的终极问题时，我们只有从人生生命体灵魂与肉体的本质存在出发方能进行解答。从人类生命体的本质存在看，由于人类生命体是宇宙空间的一部分，而宇宙空间的本质又是"空无"的空间和能量，对人类生命体来说，其本质就是相应的能量和能量运行体系，其中灵魂（心理）属于感知能量体，肉体（生理）属于无感知能量体，这样也就决定了正确的人生终极信仰对感知和无感知能量体来说，它们均是本质存在的信仰。

在人生的终极信仰中，当人们面对人生生命体的灵魂和肉体是否属于本质存在这一问题时，有的人会在自我属性的作用下，只从自身的心理活动所形成的感知体验出发，把自己的内心（心理层面生命体）视为是唯一的本质存在，并把整个世界想象成它们都是由"心理活动"所产生的，进而形成唯心主义的信仰；而有的人又只从那些能够借助人体感觉器官进行实证的无感知能量体中的实体物质类能量体和某些能量场类能量体出发，把相应的生理层面生命体视为是唯一的本质存在，并在自我属性的作用下把人生，乃至整个世界的本质都视为是物质的，进而形成唯物主义的信仰；同时有的人会结合以上两种情况将人的心理（心理层面生命体）和人的生理（生理层面生命体）均视为本质存在，并把整个世界视为是"心"（感知能量）、"物"（无感知能量）均为本质的存在，进而形成世界本质是"心"、"物"共存的信仰。在唯物主义信仰、唯心主义信仰和"心"、"物"共存的信仰的指导下，人们面对人生时也会形成相应的以唯心主义信仰为基础的人生终极信仰、以唯物主义信仰为基础的人生终极信仰和以"心"、"物"共存信仰为基础的人生终极信仰。人生的终极信仰既是人类生命科学的终极信仰，同时也是人类的宗教信仰。有关人类的宗教信仰，我们将在后续的文章中加以论述，在此就不展开讨论了。

目前，有关人类对人生信仰的争论很多，争论最多的是"灵魂"和"肉体"是否是属于本质存在（即人类的"心理"和"生理"是否属于本质的存在），以及二者都属于本质存在或者二者均不属于本质存在的争论。若二者都属于本质存在，那么灵魂与肉体之间的关系又如何，如果认为只有人类的心理才是本质存在或只有人类的"生理"才是本质的存在，那么人类生命体的心理与生理之间又有什么样的关系，这也是人类长期以来把物质作为世界唯一本质存在的终极信仰（唯物主义信仰），把精神作为世界唯一本质存在的终极信仰（唯心主义信仰），把物质和精神均视为本质存在的终极信仰（二元论的信仰），以及把物质和精神都视为非本质存在的终极信仰（"断、灭、空"的信仰）的分水岭。其中唯物主义认为世界上根本上就没有本质的"灵魂"存在，即使有"灵魂"（精神或心理）的存在，也不属于本质的存在，而只是属于心理现象的存在。并认为人类的心理存在是人类有机生命体本身通过各种物理、化学反应的结果，而人类生命体的一切存在均是物质的产物。人类之所以会形成唯物主义的信仰是由于唯物主义者只是立足于将那些只能够通过人类生理层面生命体的感觉系统进行实证的物质世界来解释和表达人类生命中不可被感觉系统进行实证的心理的本质存在、属性存在、现象存在和关系存在的结果。一般来说，以唯物主义为信仰的人在面对人生时往往是悲观且急功近利的，因为他们认为人生的一切将随着人类生理层面生命体的产生而产生、保持而保持、灭亡而灭亡，所以他们在人生活动中往往会把人生的目的定位为尽量延长自身生理层面生命体存在和生存的时间和提升生存质量，以及在人生的过程中尽量减少源于肉体的痛苦和尽量多的获得源于自身肉体的幸福之上。因为唯物主义者认为人生的痛苦和幸福都是人类生理层面生命体进行活动的结果，所以他们很少从心理出发去考虑人生的幸福，他们认为人生的心理存在是由肉体所产生的，源于外界的幸福就是为了满足自身的肉体，并通过心理进行呈现的结果。在他们的眼里，无论是源于自我肉体的幸福、还是源于外在的幸福和心灵的幸福，最终都得通过物质进行体现，因为他们认为自身肉体生命的存在、生存及其活动的过程已是人生的全部，死后一切将与自身无关。以唯"肉体"为人生终极信仰的人面对自身肉体生命的衰亡时，往往会处于恐惧的心理状态，因为他们认为人死后一切将不存在，于是他们就会从肉体生命的变化和需求出发，想象出很多的不安全的因素，从而使自身随时处于惧怕死亡的焦虑和恐惧之中。在人生过程中，他们往往也只会从外在的物质、权力和地位等方面来获取自身的幸福，有的人为了对不安全的、恐惧的心理进行补偿，往往会通过奢侈的消费和虚荣的表现来获得短暂的幸福等生存方式来替代他们对未来生命绝望的情感。由于他们只是立足于通过获取物质和权力来实现人生的目的和意义，所以唯利是图的观念往往会成为唯物主义者内心深处的行为导向，并成为他们对人生生命体活动的目标。

对那些以唯心主义为人生终极信仰的人们来说，在他们的人生信仰中，他们会认为人类生理层面生命体并不是本质的存在，身体只是灵魂的束缚和包装，于是他们会忽视或轻视自身生理层面生命体的需求和健康，他们认为只有"灵魂"才是真正的自我,并认为灵魂是永恒存在的,肉体只不过是用于暂时贮存灵魂的载体,有的甚至认为肉体就是灵魂的累赘,这个世界上除了人类存在的世界之外,还有比人类世界更高层次的"天国"世界和比人类世界更加低层的"地狱"世界,避免死后进"地狱",力争到"天国"生存才是他们的人生向往和心理及行为活动的价值取向。在他们的信仰里,生理层面生命体只是人类心灵的产物,所以他们在人生活动中往往会为了保持灵魂的存在和提升,而忽视自身有机生命体的健康。关于"灵魂"存在的保持、延续和质量的提升的方法上又会与自身所处的世界中所形成社会伦理和道德观紧密相联。他们在生命、生存、生产、生活活动中,会从自身出发想象出"神"、"灵"的偏好,以敬畏、宽容或仇视等不同态度去面对社会中具有不同信仰之人,以此表达自身对信仰的坚定和对信仰对象的忠诚,有的还会以各种拟人化的讨好的方式去表达自己对信仰对象的虔诚,以商业化的交易方式来获得信仰对象的保佑和恩惠。面对物理世界的一切存在,唯心主义者认为世界中的万物都是由精神世界幻化所产生的结果。一般来说,唯心主义者面对人生时往往会处于自我的矛盾之中,一方面,他们自身也面临着由于自身生理层面生命体的运动变化所带来的各种生老病死的困惑,以及为了自身生命体的存在和生存,他们也离不开对各种生活物质的需求;另一方面,随着人们对物理世界的认识和利用能力的提升,并通过各种实证手段不停地证伪着他们对物理世界的各种解释和说明,从而使他们在理论上已处于难圆其说的境地,如今唯心主义者已被某些唯物主义者视为愚昧和愚腐,但是在实际生活中,若把唯物主义信仰者和唯心主义信仰者相比较,我们不难得知,在一定时空条件下,唯心主义者所获得的幸福价值和生活质量往往会比唯物主义者要高得多,这是因为人类幸福是由人类心理活动所形成的感知体验进行体现的,而那些来自于物质作用的幸福只要其对肉体的作用消失,相应感知体验就会消失。人类生理层面生命体是一个能量运行体系,它是有形的,同时也是有限的,所以能够通过各种物质作用所产生的心理感知体验也将是有限的,更何况唯物主义者对肉体产生幸福的感知体验还会随着物质作用的消失而产生相应失落、空虚感,并形成痛苦的感知体验。对唯心主义者来说,虽然源于肉体的感知体验所产生的幸福可能会比唯物主义者要少得多,但是由于唯心主义者对物质利益的关心较少,他们在人生活动中很少会为了物质的获取而产生烦恼,他们还会在信仰的作用下以利他主义的精神面对社会,这样的结果往往会使他们从社会的存在、生存、活动中获得更多的尊重和爱戴,从而获得更多的源于社会的幸福。唯心主义者在对自然进行活动过程中,由于他们认为万物有灵，所以他们往往会以平等、尊重、和谐的态度来面对自然，从而使人与自然和谐相处，并获得比唯物主义者更多的源于自然的幸福。除此之外，唯心主义者对自身生命体的存在和生存往往会抱有希望，而唯物主义者却对死后的未来充满绝望。

对那些将物质和精神世界的一切存在都视为不是本质存在的"断、灭、空"的信仰者来说，他们认为人生一切都是虚假的存在，都是虚幻的，所以他们一般都是以消极的态度面对人生。对他们来说，人生无所谓生、死，也无所谓好与坏，所以在逆境之中，他们往往会选择以结束自己的生命方式来对待自己的人生。面对社会，他们很少去思考什么才是自己该具有的伦理道德的底线。

就本人的观点来看，以唯物主义为前提的人生信仰、以唯心主义为前提的人生信仰和以"断、灭、空"为前提的信仰都是不全面和偏激的信仰。对人类来说，无论是执著于只有肉体生命才是本质存在，还是执著于只有精神生命才是本质存在，以及执著于一切都不是本质存在的信仰都是错误的信仰。关于人类生命体存在的问题，作者已在《空间的层面》和《人本、人性、人心》之中作了论述，并认为人类生命体中的"肉体"和"灵魂"都是本质的存在，人类生命体本身就是由"肉体"生命体和"灵魂"生命体相互结合而成，而且"灵魂"与"肉体"在人类生命体中都是处于共同存在、相互作用、相互影响、协调统一的状态，并且都处于不停的运动、变化之中。对人生来说，人类生命体的活动是"灵魂"与"肉体"共同存在、相互作用、相互影响、协调统一的结果所致，二者之间并非是谁从属谁、谁产生谁的关系，而是处于相互结合、相互作用、统一存在的关系。

关于人类对人类生命体属性存在的信仰是指人类针对人生生命体的属性存在进行心理和行为活动所形成的信仰。它包括了对人生生理层面属性存在的信仰、心理层面属性存在的信仰和完整层面生命属性存在的信仰。其中，对心理层面属性的信仰就是我们常说的对"人性"的信仰。对生理属性的信仰就是对人生的生理存在的属性存在所形成的信仰。例如：对人体不同生理层面所具有的运动、变化属性及遗传变异属性等不同方面的信仰等。对人类完整层面生命体属性的信仰往往是指对人类完整层面生命体存在和生存及活动属性的信仰。例如：对人生的生老病死的属性，肉体与精神互动的属性，生命的存在、运动、变化的属性的信仰等。

人类对人生生命体属性存在的信仰是在人类对自身的属性存在进行心理活动和行为活动的基础上而形成的，在形成过程中，一方面会受到对人生本质存在的信仰的影响，另一方面还会受到人生现象存在和关系存在信仰的作用和影响。

关于人类对人生生命体现象存在的信仰是指人类针对人生生命体的现象存在进行心理和行为活动形成的信仰。它包括了对人生完整层面生命体现象存在的信仰、对人生生理层面生命体现象存在的信仰和对人生心理层面生命体现象存在的信仰。其中对完整层面生命体现象存在的信仰是指人类针对人类完整层面生命体的现象存在进行心理、行为活动所形成的信仰。主要包括对人生生命体的外在现象和内在现象存在的信仰。例如：对人类生命体外在所呈现出的人种、长相、形体、性别、表情等现象存在的信仰和内在所呈现出的功能体系、组织、器官、细胞等现象存在的信仰。

人类对人生生命体心理现象存在的信仰是指人类针对人生生命体的心理现象存在进行心理和行为活动形成的信仰。由于人类心理属于暗物质、暗能量、能量基的范畴，它的存在状态是不能借助人类生理层面生命体的感觉系统所实证的，所以关于其存在现象的信仰，人类只能通过相应感知体验进行呈现和表达。

人类对人生生命体关系存在的信仰是指人类针对人生生命体的关系存在进行心理和行为活动形成的信仰。它包括了人类对人生生命体的不同存在与生命体之外的不同存在之间所具有的关系存在的信仰和人类对人生生命体内部不同存在之间所具有的相互关系存在的信仰。其中，人生生命体所具有的不同存在与外部存在之间的关系存在的信仰又包括了人生生命体与外部的个人和社会大众之间所具有的关系存在的信仰、人生生命体与自然之间所具有的关系存在的信仰。其中人生生命体与社会大众之间所具有的关系存在的信仰是指人类针对自身生命体与社会中不同层面的社会组织及个人之间所具有的不同关系存在进行心理和行为活动所形成的信仰。例如：个人与家庭社会之间关系存在的信仰、个人与组织社会之间关系存在的信仰、个人与民族之间关系存在的信仰、个人与国家之间关系存在的信仰、个人与人类之间关系存在的信仰等。

人类对人生生命体内部不同存在之间关系存在的信仰又包括了对人生生命体内部完整层面不同存在之间的关系存在的信仰、对生理层面不同存在之间的关系存在的信仰、对心理层面不同存在之间关系存在的信仰以及对生理与心理不同存在之间所具有的关系存在的信仰等。

由于人类生命体的心理活动和行为活动都具有自我的属性存在，所以当人类针对人类生命体的不同存在进行各种心理和行为活动形成的具有根本倾向性和指导性的观念存在不但会体现在对人生生命体存在的目的的信仰之中，还会体现在人生生命体的生存及活动的信仰之中。

从以上的相关论述中我们不难认识到：由于人生生命体的属性存在、现象存在、关系存在都是对人生生命体的本质存在的性质、存在状态、存在方式的体现、呈现和表达，所以在对人类对不同存在的信仰中，本质存在的信仰是根本，其他存在的信仰都围绕着本质存在的信仰而展开。

三、关于人类对人生生命体生存的信仰

人类对人生生命体生存的信仰是指人类针对人生生命体的生存进行心理活动、行为活动过程中所形成的具有根本倾向性、稳定性和指导性的观念存在。从活动主体出发，我们可以将其分为：个体对人生生命体生存的信仰和社会大众对人生生命体生存的信仰；从形成信仰的活动对象看，它包括了对人生完整层面生命体生存的信仰、对人生心理层面生命体生存的信仰、对人生心理层面生命体生存的信仰。从人生的倾向性出发，我们还可以将以上不同层面的信仰进一步分为对人类生命体生存目的、生存意义和生存价值的信仰等，也可以从指导性出发，将人生对人生生命体生存的信仰分为对人生生命体生存方法的信仰、生存方式的信仰。由于人生生命体的生存本身就是相应人生生命体从质变性产生到质变性死亡的过程，所以我们还可以将人类对人生生命体的生存的信仰分为：对人生生命体生存过程的信仰、生存属性的信仰、生存周期的信仰等。人生生命体的生存是在人生生命体存在基础上形成的，所以人类对人生生命体生存信仰的形成既会给人类对人生生命体本质存在信仰形成影响，同时它也会受到人类对人生生命体本质存在信仰的作用和影响。

四、关于人类对人生生命体活动的信仰

前面我们对人类对人生生命体存在和生存的信仰进行了相应的论述和说明，下面我们就针对人类对人生生命体活动的信仰进行论述。

人生生命体的活动包括：人生生命体的心理活动、人生生命体的生理活动和人生生命体的行为活动。人生生命体的生理、心理和行为活动都具有相应的"自我属性"、"社会属性"、"自然属性"的存在，其中"自我"的属性在人生生命体的心理活动和行为活动中主要体现在：人类的一切心理活动和行为活动都是以自

我为核心而进行的活动，在自我属性的作用下，人生生命体进行相应的心理和行为活动时都会围绕着自我人生生命体的存在、生存及活动目的的实现而展开，也会以自我为中心进行有倾向性和有目的性的活动，而且人生活动的倾向性和目的性也将受到相应人生生命体的存在、生存及活动的目的、意义和价值的信仰的作用和影响。我们可以从形成人生生命体活动的信仰主体出发，将人生生命体活动的信仰分为个体对人生生命体的活动信仰和社会大众对人生生命体活动的信仰。

从人生生命体活动的对象来看，我们可以把人类关于人生生命体活动的信仰分为人类关于人生生命体对自我活动的信仰、人生生命体关于社会活动的信仰和关于人生生命体对自然活动的信仰。为了便于对人类关于人生生命体活动的信仰进行说明，下面我们就分别从相应的活动对象出发对人类关于人生生命体活动的信仰进行分析和说明。

人类关于人生生命体对自我活动的信仰是指人类生命体在针对人生生命体对自我的人生活动进行各种心理和行为活动所形成的具有根本倾向性、稳定性和指导性的观念。它主要体现在对自我活动的目的、对自我活动的意义、对自我活动的价值和对自我活动的方式等的信仰之上。它包括了对自我生理活动的信仰、对自我心理活动的信仰、对自我行为活动的信仰。

人类对自我心理活动的信仰是指人类生命体以对自我进行的心理活动为活动对象进行心理和行为活动所形成的信仰。包括了人类对自我进行心理活动的目的、对自我进行心理活动的意义、对自我进行心理活动的价值和对自我进行心理活动的方式、方法的信仰等。

人类针对人生生命体对自我进行生理活动的信仰是指人类以对自我进行的生理活动为活动对象进行心理和行为活动过程中所形成的信仰。主要包括人类生命体针对自我进行生理活动的目的、活动的意义、活动的价值和活动的方式、方法的信仰等。

关于人类对人生生命体对自我行为活动的信仰是指人类以人生生命体对自我的行为活动为活动对象进行心理和行为活动形成的信仰。它包括了人类生命体针对自我进行行为活动的目的、意义、价值和方式、方法的信仰等。

从以上我们对人生生命体针对自我进行的活动信仰的论述和说明中，我们认识到：人类对人生生命体对自我进行活动的信仰是人类生命体针对社会、针对自然进行活动的信仰的前提和基础，因为人类生命体对社会、对自然活动的信仰是建立在人类对人生生命体对自我进行生命活动的目的、意义、价值及方式、方法

的信仰基础上形成的。

人类对人生生命体对社会活动的信仰是指人类以人类生命体针对社会的生命活动为活动对象进行心理和行为活动形成的具有根本倾向性、稳定性和指导性的观念。

由于社会是具有一定关系的人生生命体共同存在及其活动的统一。从组织形式来看，社会包括了家庭社会、组织社会、民族社会、国家社会、国际社会和人类社会等。从人与人之间的关系来看，它包括了社会的经济关系、政治关系、文化关系及制度关系和非制度关系等。我们可以从活动主体出发，把人类对社会进行活动的信仰分为：个体对人生生命体对社会进行活动的信仰、社会大众对人生生命体对社会进行活动的信仰。

人类对人生生命体对社会组织进行活动的信仰是指人类在对人生目的、人生的意义、人生价值的信仰的作用下，以人生生命体对社会的不同层面组织的活动为活动对象进行心理和行为活动形成的信仰，它包括了对家庭社会活动的信仰、对组织社会活动的信仰、对民族社会活动的信仰、对国家社会活动的信仰、对国际组织社会活动的信仰等。

人类对人生生命体对社会关系进行活动的信仰包括了人类对人生生命体对社会政治关系进行活动的信仰、对社会经济关系进行活动的信仰和对社会制度关系进行活动的信仰和对非社会制度关系进行活动的信仰等。其中对社会非制度关系进行活动的信仰又包括了对社会伦理道德进行活动的信仰、对习俗进行活动的信仰等。

人类对人生进行活动的信仰是指人类以人生生命体对自然的活动为活动对象进行心理和行为活动所形成的信仰。它是通过对自然进行活动的目的、意义、价值和方式、方法等方面的信仰进行体现的，由于人类对自然的活动对象是十分广泛的，所以我们还可以根据不同的活动对象对人生生命体对自然进行活动的信仰进行分类。

五、关于人类对人生的过程的信仰

人生的过程是指人生生命体从质变性产生到质变性死亡的阶段所经历的程序和步骤及其时间的体现。人类对人生过程的信仰是指人类针对人生生命体的存在过程、生存过程及活动过程进行心理和行为活动形成的具有根本倾向性、稳定性和指导性的观念存在。它包括了人类对人生生命体存在过程的信仰、人类对人生生命体生存过程的信仰、人类对人生生命体活动过程的信仰。

从以上论述和说明中我们得知：人类对人生的信仰是一个较为复杂的信仰体系。其中，人类对人生生命体存在的信仰中对人生生命体本质存在的信仰属于人生的终极信仰，而且人生的终极信仰决定并影响着人类对人生生命体的属性存在、现象存在、关系存在的信仰和人生生命存在目的、存在意义和存在价值的信仰，同时还决定并影响着人类对人生生命体的生存、人类对人生生命体的活动及人类对人生的过程的信仰。它是人类对人生信仰的归宿点，也是人类对人生信仰的根本。对每个人来说，虽然所有人都会有相应的人生信仰，但是不同人的信仰之间是有明显差距的，对有些人来说，从产生至死亡的过程中都不会有人生终极信仰的形成。

 第六章　人类的宗教与信仰

从人类历史来看，宗教作为人类的一种重要的活动，对人类社会的发展与进步、统一人们的思想、维持社会的秩序、消除人类内心的恐惧、维系社会的和谐统一，以及对人类价值观的统一等方面都起到了至关重要的作用。面对人类历史，我们不得不赞叹释迦牟尼、老子、耶稣、穆罕默德等宗教思想的开创者及传播者的伟大，虽然他们的观点在今天看来并非一定能够代表真理，但是他们的思想却给那些内心处于黑暗、困惑的人在心灵的深处点亮了一盏盏不灭的明灯，给处于恐惧、焦虑不安的人予安抚，给绝望的人予希望，给仇恨的人予爱意，使混乱不堪、各自为阵的人类的思想逐渐走向统一。虽然追随者的言行可能会远离创教者的本意，并使他们处于无休止的争斗之中，但是，这并不是创教者的过错，而是追随者僵化的理解或被别有用心之人利用的结果，僵化的追随者往往不会从创教者的思想背景和创教的目的和价值取向去看待所追寻的宗教，而只会立足于对过去教条的盲从，把相对真理当作绝对真理去看待，甚至对不同见解者给予无情打击，这无异于用奴隶社会的法律来审判现代民主社会的罪行一样，结果只会背离创教者创教的目的和意义。一些别有用心的人则是将宗教的力量作为统治国家或者推翻统治者的一种政治思想工具，甚至将其当作行骗的道具。对于统治者来说，他们意识到在宗教思想的长期熏陶下，宗教的思想已成为宗教信徒在心理和行为活动中具有根本倾向性、稳定性和指导性的观念，并左右着信仰者的心理和行为活动。若能将这种力量运用得好，它将成为统治者用于统治人们心灵的强有力的力量。统治者若能够借助这一强大力量，将会对维护统治者的统治起到至关重要的作用，反之，它会成为统治者推行统治的巨大障碍，所以统治者往往就会利用

各种手段，将其主张与社会中某种固有的和现行的宗教进行调和，以显示其政治主张与相应的宗教之间并不冲突或具有一致性，哪怕是有掩耳盗铃之嫌也在所不惜。当二者难以调和时，统治者则往往会以扶持某种宗教势力或创立某种具有宗教性质的信仰体系来打击不能被调和的宗教，或直接将其列为邪教进行打击，以维护其政治主张。这就是为什么宗教总是与政治联系在一起的原因所在。由于宗教的信仰是形成人生的目的、意义和价值，以及行为动机、行为需求、行为欲望、行为目的和行为价值取向的指导性力量，所以那些试图用人生的心理和行为活动的方式、方法来颠覆或打击具有人生终极信仰的宗教信仰势力来维护其统治地位的做法最终结果往往会得不偿失，除非他们能够以某种具有宗教高度的信仰来替代相应宗教势力的信仰。在今天的社会里，统治者随时都会把社会里的宗教活动，放在自己的视线之内加以利用或监控。因为一般情况下，统治者都会认识到，具有社会性的宗教本身就是一种深入人心的社会心理和社会行为活动，一旦某种宗教势力成为了与政府对抗的力量之后，要消除它的影响是很难的。由于宗教信仰是以人生的终极信仰为根本所形成的信仰，所以一旦形成就很难被改变，一旦推广就有可能很快被社会大众在主动和被动的状态下获得认可，并得到快速传播，形成社会大众的核心信仰，并自发地形成社会大众的心理和行为活动，相应的宗教信仰会逐渐形成人生活动的价值取向，并直接影响到社会秩序的稳定和人心的统一。在具有不同信仰的国家里，贤明的统治者往往会对各种宗教派别进行调和，使其相互融合、和谐共处，以利于国家的统治和发展，而那些轻率的统治者却会漠视宗教之争，甚至利用宗教派别之争来维持自己的统治地位，结果反而被宗教团体所绑架而处于失控状态。在今天的社会里，为宗教而斗争、为宗教做无谓牺牲的人、甚至为宗教而引发战争的情形比比皆是，结果除了被某些利益集团利用之外还会给普通的民众带来巨大的痛苦和不幸。那么我们势必会问：给我们人类创立了宗教思想的圣贤是对，还是错？我们应该认识到：圣贤所创立的思想之所以能够被后人视为宗教信仰，是由于他们所创立的思想在一定时空内能够让其子孙从中吸取智慧和力量，获得更多的物质和精神的益处，才有可能被后人所信奉，否则是不可能成为大众宗教信仰的，不幸的是，今天他们的子孙们却为了其所创立的宗教而仇视、争斗，并处于无休止的痛苦之中，这样的结果是创教者绝对不希望看到的。宗教之所以能够得以传承至今，正是由于在相应的时空条件，相应的宗教给人类带来了前途、智慧和光明，为何今天人们反而为了相应宗教步入更多的痛苦和迷茫之中？创教者昨日的美好愿望到今天为何事与愿违？为了回答这

些问题,我们还需要从什么是宗教,宗教与人生的信仰之间有什么样的关系开始探讨和论述。

一、宗教是什么

目前关于宗教的定义和论述都比较多,下面我们就从目前使用得比较多的定义说起。

目前人们对宗教使用得比较多的定义主要有以下几种:

《辞海》对宗教的定义为:宗教是社会意识形态之一。相信并崇拜超自然的神灵,是支配着人们日常生活的自然力量和社会力量在人们头脑中的歪曲、虚幻的反映。

《汉典》对宗教的定义为:宗教是基于对超自然支配力、宇宙创造者和控制者存在,它给人以灵魂并延续至死后的信仰体系。

《维基》对宗教的定义为:宗教是对神明的信仰与崇敬,或者一般而言宗教是一套信仰,是对宇宙存在的解释,通常包括信仰与仪式的遵从。宗教常常有一种道德准则,以调整人类自身的行为。

《宗教百科全书》对宗教的定义是:"总的来说,每个已知的文化中都包含了或多或少的宗教信仰,它们或明了或疑惑的试图完美地解释这个世界。"

以上不同的定义中都把宗教视为是一种信仰,而且这种信仰都把人与神进行结合。甚至把宗教等同于对神灵的信仰。在前面有关信仰的论述中,我们认为人类的信仰就是人类面对相应活动对象进行心理和行为活动过程中所形成的对活动者的相关活动具有根本倾向性、稳定性和指导性的观念存在。在"人类对人生的信仰"一章中我们认为:人类对人生的信仰是人类针对人生生命体的存在、人生生命体的生存、人生生命体的活动进行心理和行为活动所形成的对活动者的相关活动具有根本倾向性、稳定性和指导性的观念存在。根据以上定义,难道宗教就是人类面对神、灵的存在形成的某种观念吗?而且某个人与其他人相比,针对相应的有关"神"、"灵"的存在形成了不同的信仰是否意味着他们也创立了自己的宗教?根据作者在"信仰是什么"和"人类对人生的信仰"的相关论述中,我们把人类的信仰和人类对人生的信仰进行了相应论述和分类,并认为宗教的信仰属于人类对人生的信仰之中以人生终极关切为根本活动对象进行心理和行为活动所形成的有关人生的信仰,宗教信仰从属于人类对人生的信仰,人类对人生的信仰又从属于有关人类科学信仰中关于人生的科学信仰。人类对人生的终极信仰是指人类以人生生命体的本质存在为活动对象进行相应的心理和行为活动所形成的对活动者的相关活动具有根本倾向性、稳定性和指导性的观念存在，而宗教信仰是以人生终极信仰为根本信仰所形成的对人生生命体的存在信仰、生存信仰和活动信仰及人生过程信仰的统一。也就是说人类的宗教信仰是人类以人生终极信仰为根本的人生存在信仰、生存信仰、活动信仰和人生过程信仰的统一。人生的宗教信仰是通过人生的心理活动和行为活动进行体现的，所以从现象上看，人类的宗教也是心理活动和行为活动的统一。它是相应的宗教信仰以及对宗教信仰的传播、教育和实践活动的统一。基于以上观点，我们不妨对"宗教"作如下定义：

宗教是人类以宗教信仰为基础，并在相应的宗教信仰指导下进行宗教信仰的传播、教育、学习和实践活动的统一。它包括了宗教信仰和宗教活动。从宗教的要素看，主要包括宗教创立者（创立能够成为宗教信仰的思想者）的思想体系、宗教思想的传播、教育者及其所进行的教育、传播、实践活动、宗教活动的追随信仰者及其所进行具体宗教学习、实践活动，这三方面的要素对宗教来说，三者缺一不可，也可以说宗教活动就是对相应宗教信仰的思想进行的教育传播、学习和实践活动的总称。

由于宗教包括了宗教信仰和宗教活动，那么什么样的信仰才能称为宗教信仰？宗教活动又是什么样的活动呢？关于这两个问题我们将分别作如下论述和说明。

二、关于人类的宗教信仰

前面的相关论述中，我们认识到：人类的宗教信仰属于人类对人生的信仰中以人生的终极信仰为根本，并在相应终极信仰的作用和影响下形成的对人生生命体存在的信仰、生存的信仰、活动的信仰和人生过程的信仰的统一。也就是说人类的宗教信仰并非只是人类对某个特定的活动对象形成的信仰，而是以终极信仰为根本（基础）形成的对人生及其活动对象的信仰，是以人类对人生信仰为核心的人生信仰，但并非是人生信仰的全部，广义上，它包括了对自我的宗教信仰、对社会的宗教信仰、对自然的宗教信仰。

在前面的相关论述中，我们讨论了：只有人生本质存在的信仰才能解决人生中有关"人是什么？人从哪里来？到哪里去"等终极关切的问题，也就是说，只有"人类对人生本质存在的信仰"才能成为人生的终极信仰，当人生的终极信仰形成后，就能够对"我为什么要活着？我活着是为了什么"等有关人生的核心问题进行解读，并能对"我该怎么样活动着"等有人生的关键性的问题进行解答。人类对人生的信仰是纷繁复杂的，在纷繁复杂的人生信仰中都是以人生终极信仰为根本的。

　　长期以来，人生的终极问题就是人类不断争论的问题。人类只有对人生终极关切的问题有了答案，才能对其他人生问题进行根本性的解答，而要对人生终极关切的问题进行回答，就必须从人类生命体的本质是什么开始，因为只有了解人类生命体的本质，才能够解答"人是什么？"，只有对"人是什么？"进行解答，才能去了解"人从哪里来？到哪里去"等人生的终极关切问题，也才能够解答"人生存在和生存的目的和意义"等人生的核心问题和"人生该怎么活着"的生命价值取向，并对人生相应的活动目的、活动态度和活动方法等产生作用和影响。

　　由于对人类生命体本质的认识就是对人的认识，人的认识是通过"人心"的活动来进行的。从认识过程来看，认识是在相应人生生命体的心理活动和行为活动过程中形成的。在《人本、人性、人心》一书中，作者论述了人类的心理和行为活动都具有"自我"的活动属性存在，所以人类对人类生命体本质的认识也会在自我属性的作用下形成，而自我属性是在自我心理和行为活动形成的感性知识和理性知识基础上，通过相应的心理活动和行为活动的倾向性进行体现的。人类对人类生命本质的认识也和自身所具有的对人生生命体的知识具有直接和间接的关系，而人类对人类生命体本质存在知识形成的情况与相应人生生命体心理活动和行为活动的能力有着直接的关系存在。人类对自身的认识能力的强弱主要取决于相应人生心理层面生命体的属性和对相应知识的积累以及认识手段的提升及其三者之间协调统一的情况。在本书"科学与信仰"一文的相关论述中我们认识到：人类对自身与外部事物的感知、认识的形成，有的是可以借助人类生理层面生命体的感觉系统与人体外部和内部的活动对象中的某些能量体之间形成相互作用，带动人体之中的感知能量进行活动，形成相应的感知和认识，我们将这类心理和行为活动形成的知识称为可实证的知识。由于这类知识容易能够被大众形成直观的认识，并能重复的实证，于是就容易被大多数人所接受。

　　将那些不能或无需借助人类生理层面生命体的感觉系统进行实证形成的知识称为不可实证的知识，由于这类知识具有不直观、变化快、难于被大众重复验证的特点，于是就不易被大众所接受。

由于可通过人体感觉系统反复实证的知识，还是不可被感觉系统实证的知识，最终都是通过人类的心理活动形成，这也就决定了人对人体内在和外在事物进行感知、认识的活动从方式上看，有的是感知、认识活动对象中的某些能量体直接与心理形成不可被大众反复实证的知识，有的是感知认识活动对象中的某些能量体能够与人体中感觉系统的能量体形成作用，带动感知能量体运动形成可被大众反复实证的知识，有的则是通过二者结合形成的知识。

当人类从不可被自身反复实证的知识、不可被实证的知识以及对人生生理层面生命体在生前、死后的活动现象的认识的基础上去感知、认识人生生命体的存在时，往往会认为人生生命体的本质只有"人心"能够长期存在，或者是认为"肉体"与"人心"均不能长期存在。那些认为人类生命体的本质只有"人心"（或灵魂）存在的人生生命体在感知、认识外在的存在时，往往会在自我属性的作用下，从对自身所形成的感知、认识出发去感知、认识人类生命体之外的存在，并形成世界上只有类似于"人心"的本质存在的观念，进而形成"唯心主义"的世界终极信仰。当"唯心主义"的世界终极信仰形成后，在唯心主义信仰的指导下，人类面对世界上的一切存在时，就会给相应的认识对象赋予类似于人类"灵魂"或"拟人化的灵魂"的本质存在，进而形成"泛神论"的宗教信仰。并认为世界上的一切存在都是由其所具有的"灵魂"所创造，同时当他们面对一切"灵魂"的来源和灵魂世界的秩序时，也会以人类社会的生存、生产、生活方式、方法出发，想象出世界上具有类似"神"和"上帝"等管理者或主宰者的存在，其中"神"是管理灵魂世界秩序的"官员"，而上帝则是创造世界、主宰世界的最高"统领"，上帝不可置疑，也不能怀疑，也就不能再问类似："上帝"是否是唯一的，或者上帝从哪里来，到哪里去"等问题。

当感知、认识者面对自身的本质存在得到的是"人身（肉体）"和"人心"均不存在的结论，并以此形成人生的终极信仰时，他们在相应的心理和行为活动中也会在自我属性的作用下，从"自我"的终极信仰出发去感知、认识世界上的一切存在，并认为世界上一切都是虚假的存在，进而形成世界是"断、灭、空"的世界终极信仰，在"断、灭、空"信仰的作用和影响下，人类面对世界上的一切存在（包括自己的生命存在）时都会认为一切存在都是虚假的，都是幻化所生，人类的生存并没有什么实际意义和希望，也无所谓善、恶等。

当人类从可以借助人体的感觉器官进行实证的知识出发，对人类生命的本质进行心理和行为活动时，相应的活动者就会根据自己对外在事物中以及自身的身体中能够与感觉系统产生作用的活动对象形成的知识出发,对人类生命体的本质存在进行感知和认识。由于宇宙空间中能够与人类生理层面生命体中的感觉系统直接产生作用,并通过生理层面生命体的运动、变化带动感知能量体运动形成相应感知、认识体验的只有实体物质类能量体和部分能量场类能量体的存在,所以人们就会从其所认识到的可以被自身和大众反复实证的知识出发,将那些能够被自身和大众反复实证的能量场类能量体和实体物质类能量体一道归属到物质的范畴,并认为人体除了具有以"物质"形成的生理层面生命体属于本质存在之外,其他的均不是本质的存在。面对自己的心理和行为活动形成的感知体验,他们认为人类的心理活动也只不过是人类生理层面生命体中的物质存在进行各种物理和化学反应的结果。并以此形成以人类生命的本质只有物质存在的人生终极信仰,也就是唯物主义指导下的人生终极信仰,当唯物主义的人生终极信仰形成后,人们也会在自我属性的作用和影响下对世界上的存在进行感知和认识,当人类在对世界的本质进行思考时,人们也会从自身对人类生命本质的知识出发去感知、认识世界的本质,进而形成"唯物主义"的世界的终极信仰。当人类对世界的唯物主义的终极信仰形成后,人们就会在唯物主义信仰指导下去感知、认识这个世界,并用类似实验等实证的方法去否定、证伪"精神世界"的本质存在,进而强化了以唯物主义为导向的人生的终极信仰,并影响到相应人生生命体对人生目的、人生意义、人生价值信仰的形成。

当相应的人生生命体从不可实证的知识出发,去感知、认识人类生命体的本质时,就会在自我属性的作用下通过不可实证的知识去感知、认识自己的心理世界,形成"人心"是人生生命体本质存在的结论,同时还通过可实证的知识去感知、认识自己的肉体,并形成肉体也是人生生命体本质存在的观点时,就会综合以上两种不同的结论并形成人类生命的本质是"心"、"物"共存的观念,进而形成人类生命的本质是"心"、"物"共存的人生终极信仰(或二元论的人生的终极信仰)。在人类生命本质是"心"、"物"共存的终极信仰的作用和影响下,人们对世界的本质进行感知、认识活动时也会从自我属性出发,结合自身对"人心"和"肉体"的知识去感知、认识世界的本质。最终也会形成以精神世界和物质世界共为世界本质存在的世界的终极信仰。当以精神世界和物质世界共为本质存在的终极信仰形成后,又会与"心"、"物"共存的人生终极信仰之间形成互动,进而会使"心"、"物"共存的人生终极信仰得到丰富和完善。

从以上论述和说明中我们认识到:人类对人生终极信仰主要包括:以"唯心

（灵魂）"为人生本质存在的人生终极信仰、以"唯物（肉体）"为人生本质存在的人生终极信仰、以"心"、"物"均不是人生本质存在的人生终极信仰、以"心"、"物"均为人生本质存在的人生终极信仰共四大类人生的终极信仰。我们也可以根据前面我们对人类宗教的定义，将人类的宗教信仰分为：以唯"人心"（灵魂）为人生本质存在的宗教信仰、以唯"肉体（物质）"为人生本质存在的宗教信仰、以"人心（灵魂）"和"肉体（物质）"均不是人生本质存在（人生无本质存在）的宗教信仰、以"人心（灵魂）"和"肉体（物质）"均为人生本质存在的宗教信仰。由于唯"人心"为本质存在的宗教信仰认为人生的本质只有"人心"的存在，所以他们会结合自身梦境中对已逝先人和梦境中的心理活动等知识认为"人心"是从开始以来就有的，它没有终结的时刻，也就是说灵魂是不灭的，于是他们面对"人为什么要活着？人活着为什么"等有关人生的核心问题时就会将人生的存在、生存的目的界定为：为了保持自身"心理"生命（"灵魂"）的存在、生存的时间以及使自身"心理"生命（灵魂）的质量得以提升，使自身在未来有一个比今天更好的结果。将人生"心理"的活动的目的界定为：为了能够减少源于心灵的痛苦、增加源于心灵的幸福。在唯"人心"为本质存在的宗教信仰指导下，人们在面对自我、面对社会、面对自然时往往会以敬畏、和谐、不执著肉体的态度去对待自我的肉体、社会和自然，并形成相应的宗教活动的伦理、道德观和行为观及方法论。

唯"物质（肉体）"为本质存在的宗教信仰认为人类的生命只有"肉体"的本质存在，"肉体"生则"生命"生，"肉体"亡则"生命"亡，所以当他们面对"人为什么要活着，活着是为了什么"时所形成的人生目的就是围绕着延长人生生理层面生命体的存在和生存的时间以及提升其存在、生存的质量和在活动中减少源于肉体的痛苦和增加源于肉体的幸福。相应人生在以唯"肉体"为人生本质存在的宗教信仰指导下，人们面对自我、面对社会、面对自然进行心理和行为活动时，也往往会以满足自身"肉体"的需要、需求、欲望出发，从自身、从社会和从自然中获取相应的物质利益为价值取向，并进行相应的活动。在活动方法上，他们也会根据自身所具有的对有关"物质"世界的知识为依据进行相应的心理和行为活动。

以"人心"和"肉体"均不是人生本质存在（人生无本质存在）的宗教信仰认为人类生命是"断、灭、空"的存在，认为人类生命根本上就没有本质的存在，并认为人生就是生于"梦幻"，死于"梦幻"，所以他们面对人生"为什么要活着，活着为了什么"等核心问题时，他们都以为"人生活着就是活着，人生活着无什么目的和意义",并以此形成相应宗教活动的核心信仰,当他们面对人生的活动时,他们也不会形成什么明显的价值取向,而是以随遇而安、随波逐流的态度去对待。

以"人心"和"肉体"均为人生本质存在的宗教信仰认为人生的"肉体"和"灵魂"都属于人生的本质存在,只不过人生的"肉体"来自于自然的物理世界,生源于自然界中的物理世界、死归于自然界中的物理世界。而"灵魂"则来自于自然界中的精神世界,人死后又归于自然界中的精神世界。所以在这种信仰指导下,人们面对人生的目的和意义等人生核心问题时,都会立足于保持和提升自身的生理层面生命体和心理层面生命体存在的时间和质量的提升而展开,他们在人生过程中对待自己的肉体和心灵时都会兼顾二者,不走极端,并以较为客观的心态和态度去对待自己的人生。

三、关于人类的宗教活动

宗教的活动是指人类在宗教信仰的基础上,对宗教信仰思想进行传播、教育、学习及相应的宗教实践活动的总和。前面我们对人类的宗教信仰进行了分类和说明,下面我们就分别从不同类别的宗教信仰出发,对相应的的宗教活动进行相应的讨论和说明。

1、关于以唯"人心"为人生本质存在为宗教信仰的宗教活动

以唯"人心"为人生本质存在的宗教信仰的宗教活动是指以唯"人心"为人生本质存在的宗教信仰为基础,对相应的宗教思想进行教育、传播、学习的活动和实践活动。它包括了以宗教信仰为主导所进行的相应的宗教心理和宗教行为活动。由于唯"人心"为本质存在的宗教信仰是以不可借助人类感觉器官进行实证的知识为基础而形成的信仰。人们在这类宗教信仰指导下进行相应的宗教的心理和行为活动时,会在自我属性的作用下,从人类的心理感知体验出发进行相应的宗教活动,这也就决定了人类所进行的各种宗教活动方式及活动方法都是按自身的心理活动所形成的感知体验去进行,所以在这类宗教信仰的指导下,人们进行宗教思想的教育、传播、学习活动,一般都依据自身对宗教思想有所理解或了解相应宗教思想的信仰者和相应权威人士向大众进行教育、传播。在一般情况下,由于宗教思想创立者的思想体系都是在一定历史条件下具有突破式的创新而形成

的，所以其思想的精髓也会具有比较突出和鲜明的时代特点，但是，当其被后人或追随者发展成为宗教信仰并形成相应的宗教后，在对相应的宗教思想进行教育、传播、学习过程中，不同的教育、传播者和被教育、传播者之间对同一宗教思想的理解不同，但又无法借助大众的感觉器官进行反复实证来进行验证、说明，加之在不同的时空条件下人们对宗教的诉求也各有不同，于是就会因为对同一的宗教思想形成不同的解读而形成相应的争论，这样就使人们在对相应宗教思想体系进行丰富的同时，也在淡化着创教者的真实思想，甚至形成不同的宗教派别。在各种同宗不同派的争斗中，追随者为了显示自己的正宗或自己对创教者思想理解的正确性，他们都会根据自身的需求对创教者进行神圣化以显示其对创教者信仰的虔诚，有的甚至把创教者和自己的宗派领袖共同神圣化，以显示自己宗派的正当性和合法性。由于此类宗教信仰中相信有"灵魂"、"神"或"上帝"的存在，所以信仰者在宗教活动中与神、灵、上帝等进行精神层面的沟通便成了相应宗教的主要活动，在沟通过程中，人们也会从人类的"自我"属性出发，按人类自身喜好想象出神、灵、上帝的偏好来与神、灵、上帝等进行各种沟通活动，在进行沟通活动的过程中，为了表达对神、灵、上帝的崇拜和虔诚，人们也会十分关注沟通活动的仪规，一般情况下，都是用以讨好人类的方式来讨好神、灵、上帝，以博取他们的欢心，以求得神、灵、上帝等精神世界的生命体对自身的保佑和对自己罪过的谅解和赦免。

由于人们相信神、灵、上帝比自身具有更大的力量，所以人们就会以谦卑的方式对待神、灵和上帝。他们相信只要使神、灵、上帝感觉到被人类所喜欢的尊敬时，神、灵、上帝才会高兴，才会发慈悲，才会保佑自己和原谅自己的过错。对信仰者来说，与神、灵、上帝进行沟通的宗教活动本身也包括了宗教心理活动和宗教行为活动。其主要体现在：人类为了保持和提升自身的"灵魂"存在和生存的时间及质量而进行相应的心理和行为活动。关于与神、灵、上帝沟通活动的成果的衡量，往往是通过活动者对相应活动目的的实现与否所形成的心理体验来体现的。若达预期目的，则认为神、灵、上帝已显灵，若失败，人们往往会从自己身上去寻找各种原因来自圆其说。

在以唯"人心"为人生本质存在的宗教实践活动中，相应的心理和行为实践活动是相应信仰者在宗教信仰的指导下，为了保持、维护和提升自身的"灵魂"存在、生存的时间和质量以及减少源于心灵痛苦和增加幸福的人生目的的实现所发明、创造的各种心理和行为活动的活动方式、方法所进行的各种心理活动和行为

信仰与人生

活动的统一。

2、关于以唯"物质"（肉体）为人生本质存在为宗教信仰的宗教活动

以唯"物质"（肉体）为人生本质存在为宗教信仰的宗教活动是指信仰者在唯"物质"（肉体）为人生本质存在的宗教信仰为基础，对相应的宗教思想进行教育、传播、学习和宗教实践的活动。由于唯"物质"为人生本质存在的宗教认为人生的本质只有物质的存在，所以他们在对相应的宗教信仰的思想进行教育、传播、学习活动主要是通过以现实生活中对"物质世界"形成相应的可以被感觉器官反复实证的知识为依据，对精神世界的本质存在进行否定的方式进行相应的教育、传播和学习活动，并将其贯穿于人生的生存、生产、生活等一切人生活动之中，并成为指导相应人生生命体看待世界、看待社会、看待自我、看待人生的观念。在教育、传播、学习手段上，他们会利用各种被大众反复实证的实验方法以及人们在生存、生产、生活中常见的物质的知识加以佐证和说明。由于"物质"是可被人类的感觉系统进行反复实证，所以对以唯"物质"（肉体）为人生本质存在的宗教思想的教育、传播、学习、活动会显得很具体、很现实，以至于最容易被大众所认可和接受的，而且也是行之有效的。但是对那些不可实证的知识和观念的解答就会显得十分牵强。

由于唯"物质"（肉体）为人生本质存在的宗教的实践活动是人类在唯"物质"（肉体）为人生本质存在的信仰的指导下形成的人生的目的和人生意义和价值的宗教信仰，它们主要是围绕着维持人生生理层面生命体的存在和生存延续、提高有机生命体存在和生存的质量和最大限度的减少源于"肉体"的痛苦和增加源于"肉体"的幸福而展开，所以当他们在面对自然、社会、人类自身进行活动地过程中，他们也不会考虑世界上是否有上帝、神、灵的存在而显得更加大胆无畏。在活动上，人们也会立足于利用对自然界的各种知识及科学技术进行相应的活动。在唯物主义思想指导下，人们认为世界上并没有"灵魂"的存在，也没有来生和灵魂生命的延续，随着相应人生生理层面生命体的死亡，人生的一切就随之消亡，所以在相应活动中，他们也会立足于通过对物质的利益的获取和社会地位的提升来实现自身相应的人生目的，所以他们的活动就会表现得唯利是图。

在以唯物质为人生本质存在的宗教信仰的指导下，人们进行心理和行为活动所利用的是以物质为载体进行的各种心理和行为活动，这类心理和行为活动的结果是显而易见的，由于这类活动能够很快获得相应直观的物质利益，于是又会提

升和坚定人们对唯"物质"为人生本质存在的宗教信仰,并加强了人们对于以唯"物质"(肉体)为本质存在的宗教信仰的内涵。这就使唯"物质"(肉体)为人生本质存在的宗教观和唯物主义的世界信仰之间形成了良性循环,并达到了协调统一的状态,从而使人们对以唯"物质"(肉体)为人生本质存在的宗教信仰坚信不疑。面对人们心理的各种困惑和无法证实也无法证伪的精神现象,人们也会简单地将其归为是由于人体中"物质"进行各种物理活动和化学反应的结果。

3、关于以"人心(灵魂)"、"物质(肉体)"均为人生本质存在的宗教信仰的宗教活动

由于以"人心(灵魂)"、"肉体(物质)"均为人生本质存在的宗教信仰认为人生的本质是"灵魂"和"肉体"共同存在、协调统一的结果,人生的"灵魂"和"肉体"均为人生的本质存在的宗教信仰的宗教活动同样包括了对宗教信仰思想的教育、传播、学习活动和宗教的实践活动。由于这类宗教认为"灵魂(人心)"和"肉体"均为人生的本质存在,所以这类宗教在相应的宗教思想的教育、传播、学习活动中,往往就会立足于把以"人心"为本质存在的思想观念和"肉体"为本质存在的思想观念结合起来进行教育、传播、学习活动,在教育、传播、学习活动的方式、方法上,他们会走一条将"灵魂"与"肉体"均视为相互依存的存在,而不是立足于否定对方的存在将二者协调统一,为了让大众接受,他们往往会使用"以身养心"和"以心养身"的方式引导人们去接受。在现实生活中,他们会以言传身教、身心合一的教育、传播方式对相应宗教思想进行教育、传播,所以在这类宗教的教育传播活动中,还会形成对人心、人身进行活动的养生生理医学和心理医学等。由于他们既能够接受可实证的知识,也能够接受不可实证的知识,所以他们在教育活动中,往往能够以一分为二、合二为一的方式自圆其说。由于以"灵魂"和"肉体"均为人生本质存在为宗教信仰者的人生目的主要是围绕着延续、提升自身"灵魂"(心理)生命和"肉体"(生理)生命存在和生存的保持和质量的提升和减少源于"心灵"和"肉体"的痛苦,增加源于"心灵"和"肉体"的幸福而展开,所以在相应的宗教的实践活动中,他们既会进行以"人心"为本质存在的宗教实践活动,也会进行以"肉体"为人生本质存在的宗教实践活动,并在二者之间寻求平衡,当他们面对自我进行相应的心理和行为活动时,往往会强调"灵魂"(心理)和"肉体"(生理)的互动统一,在面对自然进行心理和行为活动时也会强调"天人合一",在面对社会进行活动时,也会本着人与社会能够

信仰与人生

协调统一，并在相应的宗教活动中做到"修身"、"修心"的统一。

4、关于以"灵魂（人心）"和"肉体（生理）"均无人生本质存在的宗教活动

由于以"灵魂（人心）"和"肉体（生理）"均无人生本质存在的宗教信仰认为人生的一切均是"断"、"灭"、"空"的存在，所以他们在对宗教思想进行的传播、教育、学习及实践活动中，都是以消极、悲观的态度去教育、传播"断、灭、空"的思想，在教育、传播方法上，他们往往会借助可实证的肉体的产生、保持、转化、消亡的运动、变化的知识和不可实证的心理感知体验去倡导他们的观点和主张。在宗教实践活动中，他们往往是以随心所欲、随波逐流的态度来面对自我、社会和自然进行活动，感觉"无聊"（无奈）或受挫时，他们甚至会以自杀的方式来结束自己的生命。

四、关于宗教的分类

根据以上我们对宗教的定义、宗教信仰和宗教活动的论述和说明，我们可以从宗教形成的历史出发，从不同的宗教信仰类别、宗教活动主体和宗教对人生的目的、意义和价值出发，对人类的宗教作如下分类和说明：

1、从宗教形成的历史出发对宗教的分类

目前人们对宗教的分类比较多，其中最主要的分类还是以传统的以"灵魂"为人生本质存在的宗教为前提，从宗教形成的历史出发，对宗教进行的分类。目前被普遍接受的分类方法主要还是[苏]谢·亚·托卡列夫的分类方法，这种分类方法把宗教分为：史前时期的宗教、氏族—部落的宗教、民族—国家的宗教及世界性的宗教四大类。

其中史前时期的宗教是指原始人的宗教，据考证在旧石器时代晚期，人类已经出现了较为定型的宗教观念，大多都与冥世、生死、繁殖、狩猎、法术及其他种种自然现象相关联。在新石器时代对丰饶女神的崇拜已经显现，到金属时代对太阳、月亮等崇拜已有迹可寻。而且种种宗教观念逐渐趋于复杂。

氏族—部落的宗教是指产生于人类历史上的原始公社制度的条件下的宗教信仰及宗教活动的宗教，它是建立在史前宗教基础上形成的。这个时期宗教主要表

现为对图腾的崇拜、对祖先的崇拜、对首领的崇拜、对渔猎等崇拜、对农事崇拜、对万物有灵的信仰、法术的信仰、拜物教、成年仪式及种种有关生、死、冥世的观念和信仰等。

氏族—部落宗教形成于氏族—部落共同体范围内，其宗教信仰和仪式则是其生活条件、物质文化和精神文化的反映，氏族和部落的生活活动及社会关系的变化同样反映于宗教信仰中。

在氏族社会晚期，祭祀行为渐趋于专业化。祭司、巫者、萨满起了主要作用。随着社会条件的演化和发展，所信奉的诸灵体中有些成为部落共同信奉之神，其形象渐趋复杂，成为赋有种种职能和功能之神。

伴随着氏族—部落的解体，氏族—部落宗教则被民族—国家宗教和继而来之的世界宗教所摈弃、吸纳、融合和同化。

所谓"民族—国家宗教"是指形成于民族或国家社会形成的条件下而形成的宗教，它与相应的民族和国家息息相关，它们与原始公社制度下的宗教迥然不同，此时的宗教信仰已有明确的信仰和神学思辨，而且也显得越来越重要。从活动形式看，祭司活动已逐渐脱离实际生活，与物质生产相隔绝，趋重于所谓的冥思苦想，并有种种繁冗的宗教神话体系以及精奥的玄学融入宗教文化体系之中。

从民族—国家的宗教起源来看，民族—国家宗教与氏族—部落宗教紧密相关。它是对氏族—部落宗教进行改良、融合的基础上形成的。民族—国家的宗教的形成反映了民族—国家的形成过程和社会状况以及形成时的社会精神状态。民族—国家宗教还具有一系列的说教和崇拜。这种说教和崇拜通常成为该民族和国家与其他民族和国家相孤立和相隔绝的重要因素。继而萌生世界性的宗教。

所谓"世界性"的宗教就是超越民族、超越国家的宗教，它是伴随着佛教、基督教、伊斯兰教三大宗教的出现而形成的。它们使人与人之间第一次产生一种超越种族、语言、政治等各种关系的信仰关系。它们能够使人们不分地域和国籍开始信仰的集结。人类历史上三大宗教都萌生于历史大变动时期，亦是一种社会和经济形态向另一种社会和经济形态过渡的时期。由于他们的布道带有泛民族性和世界性和人人平等性，所以才使世界性的宗教因而得到了广泛传播，并为世人所接受。

2、从不同宗教信仰出发对宗教的分类

由于人类的一切宗教都是在相应的宗教信仰形成的基础上，将宗教信仰与宗

教活动进行统一而形成的。结合前面我们对人类宗教信仰的论述、分类和说明，我们可以从人类不同类别的宗教信仰出发，把人类的宗教作如下相应的分类：即把宗教分为：以唯"人心（灵魂）"为人生本质存在为终极信仰的宗教、以唯"肉体（物质）"为人生本质存在为终极信仰的宗教、"人心（灵魂）"及"肉体（物质）"均不是人生本质存在为终极信仰的宗教、"人心（灵魂）"及"肉体（物质）"均为人生本质存在为终极信仰的宗教。

其中以唯"人心（灵魂）"是本质存在为终极信仰的宗教是指那些以只有人心是人生的本质存在为人生终极信仰形成的宗教信仰为前提，并将相应宗教信仰与宗教活动进行的统一而形成的宗教。这类宗教信仰长期以来就是传统宗教的主要派别。由于这类宗教信仰具有很大的想象空间，所以随着信仰的变化，终极信仰的内涵也逐渐发展成为神、灵、上帝等精神世界的存在，其相应信仰的内涵也会随着时空的变化而发生相应的变化，于是相应的宗教也会随着时间的变化分裂成不同的宗教派别。

以唯"肉体（物质）"为本质存在为终极信仰的宗教是指那些以只有"肉体"是人生的本质存在为人生终极信仰形成的宗教信仰，并将相应的信仰与宗教活动进行统一而形成的宗教。这类宗教由于与现代实证自然科学所倡导的唯物主义的世界观具有一脉相承之处，同时也与人们现实生活中的活动对象及活动过程、活动结果紧密相关，所以与其他宗教相比其神秘性和崇高感比较低，所以长期以来人们只把它当作人类的生命科学来看待。

以"人心（灵魂）"与"肉体（物质）"均不是人生本质存在为终极信仰的宗教是指那些以"人心"与"肉体"均不是人生本质存在为人生终极信仰形成的宗教信仰为前提，并将相应的信仰与宗教活动进行统一形成的宗教。由于这类宗教信仰主张一切均是"空、无"的存在，所以这类宗教既不利于自身的生存与发展，也不利于社会和自然的存在与发展，所以往往会被社会主流所排斥。

"人心（灵魂）"和"肉体（物质）"均为人生本质存在为人生终极信仰的宗教是指那些以"人心"和"肉体"均为人生本质存在为人生终极信仰指导下形成的人生宗教信仰，并将宗教信仰与宗教活动进行统一形成的宗教。这类宗教信仰在许多宗教的形成之初都有所认识，遗憾的是后续追随者往往会因为肉体生命现象易于形成、变化、消失和肉体现象保持不长久，或者是由于"人心"存在的神秘性和不可实证等原因，导致人们将"肉体"视为非本质存在或将"人心"视作为非本质存在，进而演化为唯"人心"为本质存在为终极信仰的宗教或唯"肉体"为人生本质存在为终极信仰的宗教，之所以产生这样的现象是源于人类对人生"生命"的理解的局限所致。从作者在《人本、人心、人性》一书里关于"人类生命"的论述中，我们认识到：人类的生命是由生理层面生命体与心理层面生命体之间相互结合形成的生命体，当二者分离后生理层面生命体以分解的方式回归自然，而心理层面生命体则以相互吸引的方式回归到宇宙空间之中。

3、从宗教活动主体出发对宗教的分类

从宗教活动的主体出发，我们可以将宗教分为个人的宗教、社会大众的宗教。其中社会的宗教又可分为家庭的宗教、组织的宗教、民族的宗教、国家的宗教、国际性的宗教、人类的宗教等，其中个人的宗教是指单个人生生命体所形成的宗教信仰和宗教活动的统一。

社会的宗教是指相应的社会群体形成的具有共有的宗教信仰并进行宗教活动的宗教。其中家庭的宗教是指社会范围内以家庭组织为活动主体形成的宗教信仰和宗教活动的宗教。例如：对家庭内部对自己祖宗的信仰及其活动的统一。组织的宗教则是以组织（正式、非正式）单位为活动主体形成的宗教信仰和宗教活动的统一。民族的宗教则是以民族社会为活动主体形成的宗教信仰和宗教活动的统一。国家的宗教则是以国家社会为活动主体形成的宗教信仰及宗教活动的统一。国际的宗教则是以多个不同国家为活动主体形成的宗教信仰和宗教活动的统一。人类的宗教则是指全人类都具有的统一的宗教信仰和宗教活动的统一。

4、从宗教对人生的目的、意义和价值出发对宗教的分类

在第一篇"关于人生的目的、意义和价值"一文中，我们把人生的意义分为了正面价值的意义和负面价值的意义，并把人生的正面价值的意义和负面价值的意义进一步分为对自我的意义、对社会的意义和对自然的意义。其中对自我的意义又分成了对自我心理层面生命体的意义和对自我生理层面生命体的意义。由于宗教是人类的宗教，所以我们可以根据宗教对人类正面意义和负面意义的不同将宗教分为对人类有益的宗教和对人类有害的宗教，以及对人类既有益也有害的宗教和对人类即无益也无害的宗教。其中对人类有益的宗教是指那些对人类生命体的存在、生存及活动具有正面价值、意义的宗教。对人类有害的宗教则是指那些对人类生命体的存在、生存及活动具有负面价值、意义的宗教。对人生既有益也有害的宗教是指那些从总体上看，对人类生命体的存在、生存、活动有益和有害价值、

意义并存的宗教。由于从总体上看是人类生命体的存在、生存和活动都具有多面性，很难做到同时有益和同时有害。对人生既无益也无害的宗教虽然可能会短暂存在，但是总体上却很难做到。

五、关于宗教与信仰的关系

在前面的相关论述和说明中我们认识到：宗教是宗教信仰和宗教活动的统一。在现实生活中我们却往往将宗教与信仰等同来看待，这种观点虽然是错误的，却也折射出宗教与人生信仰之间具有紧密的关系存在，关于二者之间的关系我们不妨作如下总结和说明：

1、宗教信仰是形成宗教的基础和前提。宗教的形成首先是要有相应宗教信仰的形成为前提，没有宗教信仰就不可能有宗教的形成。由于宗教信仰本身就是人生信仰中以人生终极信仰为核心形成的信仰体系，人类的信仰则是在人的心理及行为活动下从自身出发形成的信仰，所以人类的宗教信仰不但会对人生的一切信仰产生直接或间接的影响。同时也会对人生对不同活动对象的信仰产生直接或间接的作用和影响。例如：它会对人类关于宇宙空间存在的信仰、关于社会存在的信仰、关于自然存在的信仰、关于自我存在的信仰都会产生直接或间接的作用和影响。

2、由于宗教包括了宗教信仰、宗教思想的教育、传播、学习活动和宗教的实践活动，它们往往又会对人生的活动目的、活动方法、活动态度、活动欲望、活动动机产生直接或间接的影响，进而影响到人们对事物的认识过程和认识结果，从而会对人生活动对象的信仰形成相应的作用和影响。

3、宗教将伴随着宗教信仰的变化而变化，而宗教信仰的变化也会受到人类对世界的信仰、对社会的信仰、对自然的信仰、对自我的信仰的作用和影响而发生相应的变化。

4、由于宗教的信仰中有的反映绝对真理，有的反映相对真理，所以在宗教的教育、传播、学习及实践活动中，若宗教活动者意识到相对真理具有相应的变化性，人类在宗教的教育、传播、学习及宗教活动中往往又会完善、充实及提升相应的信仰体系；相反，当人们把相对真理形成信仰看作是绝对的真理时，宗教信仰者就会犯教条主义的错误，也会使相应的宗教信仰成为人们走向真理的障碍，而远离真理。（关于真理的问题详见第九章信仰与真理）。

从以上的论述、说明中我们可以得知：宗教与人类的信仰之间具有相互影响、相互促进、相互对应、协调统一的关系存在，尽管这样，那些将宗教与信仰进行等同的观点却是错误的。

根据以上对宗教的论述和说明，我们认识到宗教其实就是一门有关人生的科学。它是以人生终极信仰为根本，通过认识自我、运用自我来保持自我的存在、生存和提升自我的存在、生存及实现人生活动目的的一门科学。它并非就是迷信和愚昧的代名词。那些把宗教与现代实证科学对立起来的观点是错误的，例如：今天宗教心理实践活动也是人类心理活动的一门科学，宗教与现代实证的人生科学之间并不一定意味着处于相互对立的状态。

六、关于宗教的几个问题的思考

1、有的观点认为："宗教的人、神观及对神的敬畏心态是整个宗教的内在因素及其核心所在，故'对神的信仰'是一切宗教的根本"的观点是否正确？

作者认为：以上观点虽然能够对历史上和现有的某些宗教现象进行表达，但是却带有一定的片面性，其原因主要有以下几个方面：

一方面，并非所有的宗教都认为有"神"的存在，"神"是人类根据对自身的心理体验所想象出的一种拟人化的存在，是人们认为"灵魂"中还有人格化的主宰者和管理者的存在而想象出的存在；另一方面，宗教内在核心并非是对神的敬畏而是宗教的信仰，而宗教信仰的核心是对人生的终极关切的信仰，而不是对神的敬畏之心。

2、宗教学家弗雷泽认为"宗教是人对能够指导和控制自然与人进程的超人力量所迎合讨好和信奉"的观点是否正确？

就作者看来，弗雷泽的观点是对人类某些宗教活动现象进行总结得出的结论。它是某些宗教活动现象的总结，它不能代表整个宗教体系，或者说他所说的仅只是某些宗教中所具有的某些活动现象，而不是全部。以宗教活动现象的总结来对宗教进行定义不免会有以点概面之嫌。

3、弗雷泽提出"人类精神是由巫术发展到宗教再到科学"的观点是否正确？

本人认为这种观点是错误的，原因主要有：一方面，巫术是宗教的一种实践活动的活动方法，是建立在宗教信仰基础上形成的，也就是说有了宗教的形成才有巫术，只不过巫术一般是建立在原始宗教信仰或没有完整的宗教信仰体系下的宗教实践活动；另一方面，宗教本身也是一门科学，是一门从人生终极关切出发来认识自我、利用自我，为保持自我、提升自我的一门科学，我们可以说：巫术其实是生命科学在某个阶段的活动现象，再说科学并不一定都能够代表真理。

4、中国的儒教是否是一种宗教？

关于"儒教"是否是一种宗教的争论由来已久，有的观念认为儒教是一种宗教，而有的则认为儒家只是一种教育，而不是一种宗教。

就作者看来"儒教"并不是一种宗教，而是一种思想。原因主要有以下几个方面：

一方面，宗教的信仰必须具有以人生终极信仰为根本形成的宗教的核心信仰和外围信仰统一而成的信仰，而儒教并没有涉及到人生的终极关切的信仰。从儒教的思想看，它所强调的是相应条件下人类应当具有的对自我行为观、社会行为观及对自然的行为观等世界行为观。虽然它能指导人们的实践，并有相应的教育活动，而且还有相应的崇拜对象，但是，由于它不具备宗教信仰的前提，所以儒家的思想是指导人们的一种心理和行为活动的思想体系，而不是宗教。

从另一方面看，人们之所以容易将"儒教"视为宗教的原因是，在中国文化里道教思想与儒家某些思想一脉相承，而且也是统治者所乐见的治国思想，所以中国人沿用了道家的各种戒律、规则、仪式、方法对孔子祭拜来表达对孔子的尊敬，随着时间的推移，对儒家就形成了一整套与宗教仪式相一致的活动，从而易被人们视为是一种宗教。

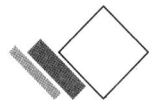 第七章　关于宗教的形成与发展

在"宗教与信仰"一章中，我们对什么是宗教进行了论述，认为宗教是人类以宗教信仰为基础，并在相应宗教信仰指导下对宗教思想进行教育、传播、学习和实践活动的统一。它主要包括了宗教信仰和宗教活动。那么人类的宗教又是如何形成和发展的呢？目前人们对宗教形成和发展的研究成果比较多，但是，大多都是以考古所取得的史料为依据，从历史的角度对宗教的形成和发展现象进行总结和说明得出的成果，而且某些研究往往都是把宗教与阶级之间的斗争、阴谋和人类的愚昧无知及迷信结合在一起，那么我们会问：若宗教是统治者为了统治民众所发明和使用的一种用于麻痹被统治者的精神工具的话，那么历史上许多统治者自身也是虔诚的宗教信徒，并虔诚地进行着各种宗教活动，甚至不惜牺牲自己的性命又该如何解读？面对将宗教视为是人类愚昧和迷信所致的观点时，我们也应该认识到：宗教可以伴随人类认识能力的提升而得到提升，而且在大多数情况下，宗教还对人类社会的进步与发展起到了至关重要的作用。随着人类社会的发展和进步，人类的宗教已从原始宗教发展到今天的世界性宗教。虽然目前传统的宗教遇到了许多现实的问题，特别是传统宗教在过去凭想象形成的某些观点，在现代社会中，它们已被人们能够借助现代科技手段所证伪，尽管这样，面对关于传统宗教中人类灵魂是否属于本质存在等人生终极关切的问题时，现代科学也束手无策，而使某些宗教处于矛盾的境地。面对人类的历史，我们不能否认正是人类有了以"灵魂"作为人生本质存在的宗教才给了人类有了终极的希望，才给人类点亮了心灵的明灯，才给人类的心理和行为活动有了约束和自制。那么我们势必会问：昔日神圣的、具有不可置疑的、视灵魂为本质存在的传统宗教在今天为

什么会处于如此被动的局面呢？为了对这个问题进行解答，我们还需要从人类传统宗教的形成说起。

要从根本上对人类宗教的形成进行论述，我们还需要从人类的宗教信仰的形成说起，在"信仰是什么"的相关论述中，我们认识到：信仰是人类在心理和行为活动过程中形成的具有根本倾向性、稳定性和指导性的观念存在，属于人类心理活动现象的范畴；在"宗教与信仰"一文中，我们又论述了人类的宗教中，宗教信仰是人类宗教形成的基础，没有宗教信仰的宗教是不存在的。在前面我们对人类的信仰及其形成的过程作了相应的论述，并从宗教信仰出发将宗教分成了：以唯"人心"（灵魂）为人生本质存在为宗教信仰的宗教、以唯"肉体"为人生本质存在为宗教信仰的宗教、以"人心"和"肉体"均为人生本质存在为宗教信仰的宗教和以"人心"和"生理"均无人生本质存在为宗教信仰的宗教四大类。同时也可以将以唯"人心"为本质存在为宗教信仰的宗教和以"人心"和"肉体"均为本质存在为宗教信仰的宗教统称为以"人心"（灵魂）是人生本质存在为宗教信仰的宗教，把唯"肉体"为本质存在的宗教和以"人心"和"肉体"均不是本质存在的宗教统称为以"人心"（灵魂）不是人生本质存在为宗教信仰的宗教。下面我们就分别对"人心"（灵魂）是人生本质存在为宗教信仰的宗教和"人心"（灵魂）不是人生本质存在为宗教信仰的宗教的形成与发展进行如下论述和说明：

一、关于以"人心"（灵魂）是人生本质存在为宗教信仰的宗教的形成和发展

结合传统中人们以"人心"（灵魂）是人生本质存在的宗教形成和发展的历史阶段的划分，下面我们就分别从史前宗教、氏族—部落宗教、民族—国家宗教和世界宗教出发，对以"人心"（灵魂）是人生本质存在为宗教信仰的宗教的形成和发展分别作如下论述和说明：

1、关于以"人心"（灵魂）是人生本质存在为宗教信仰的史前宗教的形成和发展

根据宗教学家和历史学家的考证，认为以"人心"（灵魂）是人生本质存在为宗教信仰的宗教在原始社会的旧石器时代的晚期就形成了。它又是怎么形成的呢？由于人类的宗教信仰属于人类心理活动现象的范畴，而一切人类的心理活动

现象都是由形成人类心理层面生命体的感知能量体所具有的感知属性伴随着相应心理进行活动而形成的，所以关于以"人心"（灵魂）是人生本质存在为宗教信仰的宗教的形成和发展过程，我们不妨做如下推论：

人类在地球上形成后，在形成人类心理层面生命体的感知能量体的作用下，人类具有了分别外界，保存自己生命体的生存欲望和对人体的外部世界和人体自身进行心理活动及行为活动的能力之后，人类为了保持自身生命体的存在、生存而不停地向自然界中获取食物进行相应的生命活动。人类在进行各种不同的生命活动过程中，逐渐学会了相互沟通和利用集体的智慧和力量去认识自然规律和利用自然规律，并创造出了相应的生产工具。目前能被考证的人类创造的最早的工具是旧石器。人类在对旧石器的创造、使用过程中，结合对自然规律的认识和利用，为自身获得了较多的物质利益，在对自然界进行心理和行为活动过程中积累丰富经验和知识的同时，也产生了许多困惑。例如：他们认识到：自然界中具有日、月的交替，气候、季节的变化的规律的同时，也会产生对形成这些规律背后的原因的困惑，以及其他自然现象变化后面的原因，都会成为人类面对自然的困惑，而且认识到的现象越多，困惑也就越多。与此同时，当人类面对自身，也逐渐认识到人类生命体本身也存在着生老病死的变化规律，而且生老病死变化背后深层次的原因也成为他们面对自我的困惑。当他们面对"我是谁？从哪里来？到哪里去？今天为什么会有生老病死"等问题时，这些问题在人类的相互沟通和交流下便成为许多人共同关注的问题，当人类在沟通中发现自身在睡梦之中会梦到死去先人的存在，在梦中还能与其他人沟通并进行各种生命活动时，他们就会认为自身除了有一个看得见的"肉体的我"之外，还有一个看不见的"我"的存在，逝去的祖先也并没有随着肉体生命的消失而消亡。当以上现象被人们形成共识之后，于是人类灵魂是真实存在的观念就形成了。随着人类灵魂是真实存在的观念的形成和深化，人类就形成了人的灵魂是真实存在的信仰。人的灵魂是真实存在信仰的形成，标志着人类以"人心"（灵魂）为人生本质存在的人生终极信仰就形成了。随着"人类灵魂是真实存在"成为人们对人类生命体存在的终极信仰的形成，人类就试图用人类灵魂是真实存在的观念去解释和说明人类面对自身所遇到的种种困惑，在这个过程中，又会极大地丰富以"灵魂"是人生本质存在的宗教信仰的思想体系，并统一成为相应的宗教信仰的思想体系，并以此指导人们围绕相应宗教信仰进行一系列的教育、传播、学习和实践等宗教活动。随着宗教信仰的丰富、完善和宗教活动的开展，相应的宗教就形成了。据考证，这类宗教的形成是在史前时期，所以今天的宗教学家习惯地将其称为史前宗教。由于在史前时期，人类宗教信仰的形成是依据人类对自身的观察及感知体验和对其他生命体等自然现象观察基础上进行一系列的心理、行为活动而形成的，由于这类信仰是建立在不可借助人类感觉系统进行实证感知体验形成的认识，也是建立在通过相应的实践活动对自我生理生命体的存在和活动现象进行观察所得到的、可借助人体感觉器官反复实证的知识上的，由于此阶段人类都是以狩猎为主，当时人们的活动主要还是忙于生存，人们所关心的主要问题还是自己生老病死的问题，所以，此阶段以灵魂为人生本质存在为宗教信仰的宗教信仰主要是立足于相信人类除了有自我的肉体存在之外还具有灵魂的存在。在宗教活动中，主要从自我的属性出发，用拟人化的方式去对自我的生理、心理和行为活动现象背后的原因及困惑去作相应解读。

从以上说明中我们认识到：宗教形成初期，人们认识到人类除了有一个可见的"肉体的我"的真实存在之外，还具有一个看不见的"灵魂的我"的真实存在，这个阶段的宗教信仰其实是属于"灵魂"与"肉体"均为人生本质存在的二元论的宗教信仰，尽管当时人们并不能把人生的属性、现象、关系与本质之间进行有效的区分，但是我们可以从宗教活动现象的考证中认识到，此阶段的宗教主要是以"灵魂"和"肉体"均为人生本质存在为宗教信仰的宗教为主。

2、关于以"人心"（灵魂）是人生本质存在为宗教信仰的氏族—部落宗教的形成和发展

根据考证，以"灵魂"是人生本质存在为宗教信仰的氏族—部落宗教的信仰和宗教活动主要表现为：以图腾崇拜、祖先崇拜、首领崇拜、渔猎崇拜、农事崇拜、万物有灵信仰、法术信仰、拜物教、成年仪式以及种种关于生死、冥世的观念为特有的宗教形态。

以"灵魂"为人生本质存在为宗教信仰的氏族—部落宗教的形成和发展，是建立在史前时期以灵魂为人生本质存在为宗教信仰的宗教的形成和发展基础之上形成的。

随着人类的发展，氏族和部落的形成，人类开始以相对固定的方式进行生存、生产、生活的活动，随着氏族、部落中人口的增多，不同的想法、知识交流的增多和生产技术的进步，人类的生产方式也逐渐从狩猎为主逐渐向农耕文明过渡，伴随着人类生存、生产、生活形式的变化，以灵魂为本质存在的宗教就从只关注

人类自身，逐渐向关注自然、关注社会延伸，所以对氏族—部落阶段宗教的形成与发展的过程，我们不妨做如下推论和说明：

在氏族—部落阶段，以"灵魂"为人生本质存在的宗教是建立在史前宗教的形成和发展的基础上，伴随着社会形态的变化而形成的。由于灵魂的存在是一切以"灵魂"为人生本质存在的宗教信仰的基础，随着人类对自身认识的深入，当人类面对自身生老病死现象发生时，人们就会认为人类之所以会出生、会生病、会衰老、会死亡，都是由于人类生命体受到看不见的神灵的作用和影响而形成的，于是人类就会从自我对人类社会现象的感知体验出发，将神灵分成了：对自身友善的，能够帮助自身的神灵和对自身不友好，并会伤害自身的神灵，并从人类社会的现状出发，把神灵世界中的灵魂存在分成了善的灵魂、恶的灵魂和不善不恶的灵魂。他们试图通过自己或借助外界的力量，利用对自身友善的灵魂去穿越时空，为自身去做一些借助自身肉体做不到的事，于是巫术也就随之形成了。巫术就是人类试图利用自身和其他灵魂的力量按自身的意图，去帮助自己实现相应愿望的活动。

当以"灵魂"为人生本质存在的宗教信仰形成后，人类面对自身从何而来时，通过观察认为人都是通过母体生殖器生出来的，他们就认为母体生殖器中一定具有神灵的存在，就会形成对女性生殖器进行崇拜的宗教活动，当人们意识到自己生命的生成还需要男性生殖器的作用，就形成了对男性生殖器崇拜的宗教活动，于是就形成了以"灵魂"为本质存在的宗教信仰下对生殖崇拜的宗教活动。在以"灵魂"为人生本质存在的宗教信仰下，当人类面对自己的死亡时，人们就会认为人死之后的灵魂还会像他们所梦到的已逝去的人一样生存在彼岸的世界之中，而且在彼岸世界中也还有对自身友好的灵魂和对自身不善的灵魂存在，自己的朋友和仇人的灵魂在彼岸还将是朋友和仇人相处，并且还会像生前一样生存、生活，于是他们就会发明一套相应的对逝去朋友的祭拜仪式，并发明各种手段去对逝去灵魂的安慰和支持，使他们在彼岸世界中具有强大的力量，或者是通过对神灵进行讨好的方式使相应的灵魂高兴和恐惧等进行相应的宗教活动以获得对已逝者灵魂帮助和祈求神灵对自身的帮助和对自身过错的原谅，使自身不会受到侵犯。

当以"灵魂"为人生本质存在的宗教信仰形成后，人类面对自然界的困惑，人们也会从"灵魂"存在的观念出发，来面对自然界中的一些现象，人们会认为自然界中的日月交替、四季变化、风雨雷电、动植物的生长背后的原因是由于它们都具有"灵魂"的存在，于是就逐渐形成了"泛灵魂"论的信仰，进而形成了对自然崇拜的宗教活动。

随着"泛灵魂"论的宗教信仰的形成，人们面对众多灵魂存在时，人们就会通过人类社会中人与人之间的能力、地位的不同想象出在众多灵魂中也存在着能力、地位不同的灵魂存在，于是他们将那些管理不同灵魂的灵魂或将能力较大和地位较高的灵魂称为"神"，于是人们的信仰也就从有灵魂的真实存在的信仰演变成了具有"神、灵"共存的信仰。

人类社会在氏族—部落时期，随着以"人心"（灵魂）为人生本质存在的宗教信仰思想的深入和发展，人类在面对自身时，已从是否有灵魂存在逐渐转向到思考"人类灵魂为什么会这样？它是自由的存在，还是受到什么力支配和使用？神、灵生存在哪里？人们该用什么样的方式、方法与其沟通？我们从哪里来？谁是人类的祖先？我到哪里去？谁在左右我"等一系列的问题之上。随着时间的推移，氏族—部落中的人们认识到宗教对于社会群体统一、协调的重要性，于是在相应首领的重视和思想者的倡导下，人们就会对原有的宗教信仰进行统一和规范，在相应的氏族和部落中，人们就会通过把不同的人或人群的宗教信仰和宗教活动进行规范和统一，逐步形成了相应的氏族—部落的宗教。在氏族—部落阶段的宗教所具有的特点是：

从宗教信仰的角度看，人们已从有"灵魂"存在的信仰发展到"神、灵"共存的信仰。

氏族—部落阶段以"人心"（灵魂）为人生本质存在为宗教信仰的宗教面对人类的生死和冥世方面，人类在氏族—部落内部形成了一套较为统一的与神灵沟通的方式，并形成相应的活动规则和活动方法。随着相应活动规则和活动方法的完善和对神、灵敬畏的深化，相应宗教活动也逐渐走向了专业化和神圣化，于是某些宗教活动就必须由有资格的专人来主持完成相应的宗教活动。人们面对人类自身的生老病死等生命现象时，也会把相应的巫术进行规范。结合人类的斗争经验，人们对待"神、灵"崇拜的表达方式、方法也从讨好一切神灵的方式逐渐走向了驱魔与讨好并存的专业化的活动。随着人类以"人心"（灵魂）为人生本质存在的信仰发展到有"神、灵"共存的信仰后，人们往往也会去为"神、灵"寻找一个崇拜和驱逐（斗争）的活动载体，于是图腾崇拜便诞生了。

随着人类氏族—部落社会形态的形成和发展，人类在社会中分工也进一步的分化，不同的人在社会活动中扮演着不同的角色，此时的人们就会从社会不同分工出发，认为自然界中的"神、灵"也会像人类社会一样存在着不同等级和分工，不同人的灵魂的能力所受到的保护和支持的神、灵也各有不同，这种不同除了体现在人与人之间的能力不同之上，还体现在不同的权力及地位之上，于是在氏族、部落之中就出现了对首领的崇拜、对英雄的崇拜。他们确信自己所处的氏族、部落中也有统一而具体的保护神，于是他们就会以某种动物或创造出相应图腾作为相应氏族和部落的保护神的载体，同时他们相信部落中逝去的先人中对氏族一部落有较大影响的智者，或有力量的领袖还会领导着逝去的先人，暗中继续保护本部落的发展和壮大，于是出于鼓励和感谢的原因，人们又形成了对相应氏族、部落的神、灵的统一祭奠，并形成对祖先的崇拜。人们在进行相应宗教活动中，也会从人类自身出发，创立一套相应的活动方式及活动仪轨和活动准则。由于氏族一部落阶段人类的生存、生产、生活活动已从狩猎逐渐走向了农耕文明，所以人们的活动对象也发生了相应的变化，为了保证氏族一部落的安宁，人们在祭拜过程中也往往会通过各种手段向山神、水神等进行收买或欺骗式的祭拜方式对他们进行祭拜，以求获得对相应管辖猎物之神对自己的宽恕和保佑，而且祭拜的场所也将固定，并变得神圣不可侵犯。

随着氏族一部落的形成和发展，人们交流的增多和实践经验的增加，人们对自然界现象背后深层次原因的思考也得到了发展。鉴于当时人们针对自然现象进行认识的手段和能力的局限性，人们会习惯性地运用灵魂存在的观点去理解自然现象，逐渐形成了万物均有神、灵的宗教信仰。例如：当人们看到风雨、雷电及各种季节的变化时，也会形成对风神、雷神和管季节之神的想象；当人们面对山中各种动植物的变化时，也会认为山上除了具有树神、动物之神之外，还有山神的存在；同样的道理，大海也有海神的存在，于是就形成了泛神论的宗教信仰。在泛神论宗教信仰背景下的众神的存在，都是人类以人类自身的心理活动的感知习惯为背景，通过各种心理活动想象出来的，所以不同的神灵都具有人的性格和习惯。例如：神灵也会爱美、也会斗争、也会嫉妒、也会爱恨、也会结婚生子、也会争风吃醋，也会依照当时人类情感进行生存、生产、生活活动。也就是说，各种神灵无不具有人类的思维模式和人格特点。人类面对自然进行各种生命生存、生产、生活活动时，为了得到自然界中各种神灵的保护和帮助，就要用人格化的方式，按人类当时的背景条件下所具有的偏好出发，去尊重、讨好自然界中的各种神灵，甚至去欺骗神灵，所以人类的宗教活动也是按类似人的需求和欲望进行的活动。

当氏族一部落宗教形成之后，人们面对自我、面对社会、面对自然进行各种宗教活动，人们面对众多神灵的存在时，也会从自我属性出发，根据不同层面的神、灵对人类自身的重要程度及能力的大小进行排序形成众神之神，并试图用至高无上的众神之神来管理众神，来保佑相应氏族、部落的生存和发展，于是就形成了氏族、部落的保护神。

从以上推论和说明中我们可以得知：人类在氏族—部落阶段的宗教是建立在史前宗教的基础上对史前宗教的延续和发展的结果。在信仰方面，氏族—部落的宗教信仰已从有人类"灵魂"的存在发展成了众"神"和众"灵魂"的共同存在。从宗教活动方面看，已逐渐走向规范化，各种戒律和仪规已经逐渐形成，而且宗教活动的组织者已逐渐走上了专业化的道路，在此阶段，人类的各种以"人心"（灵魂）为人生本质存在的宗教已得到了很大的丰富和发展，已从面对自我逐渐走上了面对社会和面对自然，并通过宗教把人与社会、人与自然紧密地结合在一起，从而使人类能够在自律、律他的基础上得到进步和发展。

3、关于以"人心"（灵魂）是人生本质存在为宗教信仰的民族—国家宗教的形成和发展

随着氏族—部落之间的战争的进行，在一定时空条件下，强大的氏族—部落就会把弱小的部落兼并，形成更强大的部落，进而融合成具有共同价值观和伦理观、行为观等共同文化背景和历史背景的民族。伴随着人类民族的形成，不同氏族—部落的宗教信仰也会伴随着相应氏族部落的统一而融入到相应的民族社会之中。由于在民族形成的初期，在同一个民族中具有各种不同氏族—部落的宗教存在，他们用于表达信仰的图腾和载体也各不相同，在同一民族中，由于不同的人群具有的宗教信仰各不相同，就会因信仰不同而产生各种冲突，面对各种不同的信仰和冲突，人们就会反思自身的信仰与别人信仰的不同和优劣，为了维护民族社会的稳定，统治者往往就会在相应思想者的倡导下对不同的宗教信仰进行协调统一，使不同的信仰在各种争斗中进行融合，并形成相应的能够融合不同氏族、部落宗教信仰的宗教信仰，相应的宗教信仰往往会根据某个智者的言论和思想来对不同宗教进行融合形成超越氏族—部落的宗教的信仰，形成不同民族共同认可的宗教信仰，并使人们从对多种图腾崇拜逐渐统一到一个至高无上的神灵之上。从而也使人们从多神崇拜逐渐走向了以一神为主的崇拜。当不同民族在长期争斗中形成统一的国家之后，各民族所具有的宗教及宗教活动也会伴随着民族融入到相应的国家之中，若某种宗教在某个国家范围内能够形成协调统一并形成强大的生

命力，那么它们就会在国家里进行统一，并形成国家的宗教。若相互对立往往就会形成冲突，从而使国家陷入到相应的混乱和敌对之中。若统治者处于强势之下，往往会采取扶持有利于其统治的民族宗教，打击相互冲突的宗教，使某个派别形成国家的宗教或重新创立新的宗教以统一不同的宗教派别，包容不冲突的宗教，但是通过扶持和打击教派的方式往往带来的都是社会长久的不安宁，因为宗教的神圣化会根植于人们的心中，一旦有机会，相应的宗教信仰就会以生生不息之势发出对抗的新芽，随着民族—国家宗教的形成，为了稳固其地位，信仰者会不惜一切将其神圣化，并制定出相应的运行规则和复杂而神秘的仪规来进行各种宗教活动。由于在民族—国家背景之下，宗教活动往往会影响到民心所向和社会的稳定，所以统治者往往会将主流的宗教与政治挂钩，当某种宗教信仰在一个民族或国家里被神圣化之后，宗教与政治之间的关系就更加紧密，随着宗教势力的扩大，而宗教领袖的权力若得不到节制的话，那么宗教就会成为一种影响政治力量，并与统治者的地位发生冲突。由于当国家形成后国家宗教所具有的生命力往往会比某个时期统治力量具有更强大的生命力，所以新的统治者上台时一般都会通过各种宗教活动以"君权神授"的方式将其权力合法化，并加于各种神秘的故事对其进行包装，让人们感觉到他们权力的获得是"神、灵"的庇佑所致，符合天理。

　　当然在民族—国家宗教形成后，并非所有的史前时期的宗教和氏族—部落宗教都会被替代或清除，由于人类的宗教是逐渐发展起来的，所以在民族—国家宗教背后还会有史前宗教和氏族—部落宗教的影子存在。并会在不同的区域、不同的民族中得到长期保留。例如：各种图腾的崇拜、太阳、月亮、山神、财神及丰收之神、民族英雄及对祖先的崇拜往往会由于其合乎伦理不会产生冲突而得到保留，有的甚至还会成为民族节日得到保存，特别是对那些多元文化共存的国家这种情况将更加明显。由于民族—国家的宗教具有统一各氏族—部落宗教的能力，所以民族—国家的宗教一般都具有包容、统一、融合各氏族—部落宗教信仰，乃至史前宗教信仰的能力，也就是说民族—国家的宗教是能够包容某些氏族—部落的宗教和史前时期的原始宗教的，而在宗教发展的历史上，宗教的提升往往是通过对相应信仰的思想体系的建立和完善来实现的，为了便于人们对相应思想的接受，那些对相应信仰的思想体系进行建立和完善者，往往会通过把相应宗教思想体系创立者神圣化，并以其名义来对相应思想进行表达和完善，尽管他们对相应宗教思想体系的解决和表达与宗教信仰创立者的真实思想已处于大相径庭的状态，但是为了让人们不至于误会，往往会以文字的方式进行记录为依据并将其奉为经典进行传播，鉴于以上原因，要使宗教思想体系有活力，不至于被时间所淘汰，那么在相应宗教思想体系中就应该给追随者以较大的想象空间，不幸的是，由于宗教信仰的想象空间太大，往往会使不同信仰者由于理解不同而形成各门各派，他们相互斗争，互不相让，有的甚至不能容忍其他派别的宗教的存在，乃至同一宗教中由于不同宗教派别的存在而相互残杀，最终失去了创教者的本意。

4、关于以"人心"（灵魂）是人生本质存在为宗教信仰的国际宗教的形成和发展

当民族—国家的宗教形成后，伴随着民族与民族或国家与国家的战争、商贸及不同层面文化的交流活动的进行，不同民族和国家之间的宗教也伴随着人类政治、经济、文化的交流而交流。于是乎人们发现不同民族和国家的宗教之间的信仰存在着差异，甚至存在着矛盾，而且孰是孰非也难于判断，在不同的思考和争论中，逐步有各种不同的新的宗教观念出现。当他们（或某人）的宗教思想能够被不同的宗教派别普遍接受，并能够超越、融合各种不同的民族、国家的宗教时，形成的宗教思想体系也就具备了走向世界的宗教信仰的前提，也就逐渐形成了世界性的宗教信仰。

当具有能够超越民族—国家宗教的信仰形成后，并在相应的环境下得到传播，获得大众认可，并形成相应的宗教活动时，相应的宗教就会以强大的生命力在不同国家或区域发展起来，并成为相应的、新的国家宗教或民族宗教，他们会伴随着人类的各种交流或信仰者的传播或政治家的强行推动而扩张至不同的国家，进而成为相应国家的宗教，于是相应的宗教就成为了国际性的宗教。

对国际性的宗教来说，它是根植于民族—国家宗教，通过对相应宗教进行教育、传播、学习和实践活动而形成的。民族—国家的宗教之所以能够成为国际性的宗教不但要具有一定的内在条件，还需要有一定的外在条件，就作者看来，要成为国际性的宗教就应该具有以下内在的前提条件：

（1）要成为世界性的宗教的宗教信仰，必须要具备平等对待人类，没有民族、种族及社会阶层歧视的观念。

（2）世界性的宗教信仰要具备崇善、去恶、包容的精神，因为只有倡导人与人、人与社会、人与自然和谐共处，方能对社会发展、对人类发展有意义和价值，才能减少更多人的恐惧和痛苦，带给更多的人以希望和幸福。

（3）世界性的宗教信仰必须具有给崇善的人以希望、给恶的人以惩戒的理念。

并遵守伦理道德的约束，因为只有这样，人们才会有向善的动力，并有有利于自我、社会的健康发展。

（4）世界性的宗教信仰必须具备统一不同层面信仰（面对自我、面对社会、面对自然的信仰）的终极关切，即世界的本质，并以此来统一和解释人类的终极的困惑。例如：基督教把上帝、伊斯兰教把真主、佛教把"真如"视为世界的终极的本质存在。

（5）从宗教信仰来看还必须让人们便于理解，却又不失想象的空间，若不能被大众理解，那么就难以被大众所接受，若给人没有充分想象空间的话，那么其中的相对真理部分就会很快被质疑而失去生命力，因为对每个宗教信仰的思想体系来说，它的诞生都会具有一定的时空性，必然会有一些相对真理的存在，若把相对真理表述得太具体或太局限，那么相应的信仰就会受到质疑而陷入到各种矛盾之中，以至于不容易被人们将其神圣化。

（6）从宗教的教育、传播和学习活动的方式、方法和实践活动的方式、方法来看，宗教既要有神圣感，但又不宜太复杂，若太复杂就不利于宗教的传播和实践，但是太繁琐往往又会把许多信众拒之门外。

从形成世界性宗教的外在条件看主要有以下几个方面：

（1）世界性的宗教要便于人们传播的同时，还要有坚定不移的推广者和教育者和追随者，并能够主动向世界传播。

（2）在传播过程中要能够与相应国家的传统的文化不对抗，并获得当地民众的支持，并有利于相应国家思想的统一，而不是混乱。

（3）在传播过程中，要能够得到本国政府和他国政府或相应民众的支持，在现实生活中，宗教往往已被政府或政治家作为侵略他国的借口和道具使用，而强行推广的结果是宗教虽然被推广了，但是在当时给人们带来的却是不同宗教之间的敌视和仇恨。

二、关于以"人心"不是人生本质存在为宗教信仰的宗教的形成和发展

以"人心"不是本质存在的宗教包括了以唯"肉体"（生理）为人生本质存在的宗教和以"人心"（灵魂）和"肉体"（生理）均不是人生本质存在的宗教，这两类宗教信仰都认为"人心"（灵魂）不是人生本质的存在，关于"人心"不是人生本质存在的宗教的形成，我们不妨做如下推论和说明：

1、关于以"人心"（灵魂）不是人生本质存在的宗教信仰的形成

作者在"人类的宗教与信仰"一文中论述了人类的宗教信仰属于人类以人生终极信仰为根本而形成的信仰体系。关于以"人心"不是人生本质存在宗教信仰的形成，我们不妨做如下推论和说明：

一种情况是：通过否定"人心（灵魂）"和"肉体"是人生本质存在而形成的，另一种是通过肯定"肉体"和否定"灵魂"是人生本质存在而形成的。关于通过否定灵魂和肉体是人生本质存在形成的宗教信仰的形成，我们可作如下推论和说明：当人类在地球上诞生后，在自我属性的作用下，人类为了保持自身的生命体的存在、生存的需要，在面对自我、面对社会和面对自然进行着各种心理活动和行为活动中，当他们面对自己的生、死，存、亡现象的变化和生命生存、生产、生活等相关问题时，就会形成相应的困惑，并在史前时期逐渐形成了以"人心"（灵魂）为人生本质存在的宗教，进而发展成了以"人心"为人生本质存在的氏族—部落宗教和民族—国家宗教以及国际性的宗教。当以"人心"（灵魂）为人生本质存在的宗教形成后，随着人类认识观念的不同，于是就逐渐分化成了以唯"人心"（灵魂）为人生本质存在的宗教信仰和以"人心"和"肉体"均为人生本质存在的宗教信仰。当人类以"人心"（灵魂）为人生本质存在的宗教信仰形成后，人们面对灵魂的存在时，往往会试图通过借助人体的感觉系统以实证的方式去寻找灵魂之所在，也就是对灵魂存在于人体的什么地方或宇宙空间的什么区域等进行探索。由于在人们试图用传统的、借助人体感觉系统对事物进行认识的习惯去对相应"灵魂"的存在进行寻找和探索，并且在相当长的时间内，人们也无法知道"灵魂"是否是真实的存在，同时也无法知道"肉体"生、死、存、亡背后的原因所在。于是关于"灵魂"是否属于人生本质存在就处于不停的争论之中。随着近现代科学的发展，在人类通过各种物理、化学手段对世界和人体中"物质"的研究中，在通过各种可以借助感觉系统对物质的人体的认识中发现，以人类生理层面生命体为核心的生命科学的发展，才打破了人类生命体是否有灵魂存在争论的平衡，而使那些认为灵魂不是本质存在的观点有了强有力的证据。使那些认为"灵魂"不是本质存在的观点得到巩固和发展，进而形成了唯"生理"（肉体）为人生本质存在的人生终极信仰。当唯"生理"（肉体）为人生本质存在的人生终极信仰形成后，人们也就能够借助相应的知识解答"人是什么？从哪里来？到哪里去"等相关问题，于是就会在人生终极信仰的指导下形成"人为什么要活着？活着为什么"的目的和意义，进而形成具有明确的人生目的和意义的人生信仰。并在相应的人生终极信仰和人生目的和意义的信仰指导下形成"我该怎么办"为价值取向和行为方法、行为目标的人生行为活动的信仰，进而形成了以唯"肉体"（生理）为人生本质存在的宗教信仰。

除了以上情形之外，当人类在否定灵魂为本质存在的同时，人们也会根据将人类有机生命体的生、死、存、亡的运动变化的属性存在、现象存在、关系存在的知识，将人类生理层面生命体也视为不是本质的存在。当人们认为"人心"和"肉体"均不是人生本质存在的人生的终极信仰形成后，当人们面对"我为什么要活着？活着为什么"等人生的核心问题时就会形成相应的关于人生目的、人生意义和价值的信仰。在相应的人生终极信仰和人生目的、意义和价值的信仰指导下，就会形成相应心理活动和行为活动的目的、活动价值取向、活动态度、活动方法的信仰，进而形成了以"人心"和"肉体"均不是人生本质存在的宗教信仰。

关于通过肯定肉体存在、否定灵魂存在形成的唯"肉体"是人生本质存在的宗教信仰的形成，我们也可以做如下推论和说明：

当人类以"人心"（灵魂）和以"肉体"（生理）均为人生本质存在的宗教信仰后，随着人类对自我生理认识水平的提升，人们在企图借助人体的感觉器官对"人心"（灵魂）是人生本质的存在进行实证遭遇失败而绝望时，他们就会形成以否定"人心"（灵魂）为人生本质存在的观念，进而形成"人心"（灵魂）不是人生的非本质存在，并认为人类的"心理"存在是人类生理层面生命体进行物理和化学反应的结果，并形成以唯"生理"（肉体）为人生本质存在的人生终极信仰，并在相应的人生终极信仰指导下形成相应的人生的目的、意义的信仰和人生活动的信仰进而形成了以唯"生理"（肉体）为人生本质存在的宗教信仰。

从以上推论和说明中我们认识到：以"人心"不是人生本质存在宗教信仰的形成，是建立在以借助感觉器官进行实证的认识方法对人类生理层面生命体和心理层面生命体进行感知、认识基础上，并以能否被人体中的感觉器官进行反复实证的知识为依据，并以可被人类感觉器官反复实证的存在才是真实存在的观念为基础形成的宗教信仰。

2、关于"人心"不是人生本质存在为宗教信仰的宗教活动的形成

当"人心"不是人生本质存在的宗教信仰形成后，人们就会围绕着相应的宗教信仰，对宗教信仰的思想进行教育、传播和实践活动。由于"人心"不是人生本质存在的宗教信仰包括了唯"生理"（肉体）为人生本质存在的宗教信仰和"人

心"（灵魂）和"生理"（肉体）均不是人生本质存在的宗教信仰，下面我们就分别对相应宗教活动的形成作如下推论和说明：

关于唯"生理"（肉体）为人生本质存在的宗教活动的形成我们可以做如下推论：当唯"生理"（肉体）为人生本质存在的宗教信仰形成后，信仰者就会对相应信仰的思想进行教育、传播、学习活动和实践活动，由于这类宗教信仰认为人类只有"生理"（肉体）才是人生的真实存在，所以这类宗教在相应的教育、宣传、学习活动中，往往就会借助各种人体和自然界中能够借助人体感觉器官进行实证形成的知识来否定"灵魂"的本质存在，肯定"生理"（肉体）是人生的本质存在，在相应的宗教实践活动中，他们也会立足于借助各种物理、化学等物质的手段，对人类生理层面生命体的存在、生存进行维护和提升，以提高"肉体"生命的质量，围绕着"物质"利益的获取进行相应的心理活动和行为活动。

关于"人心"和"肉体"均不是人生本质存在的宗教活动的形成，我们也可做如下推论和说明：

当"人心"（灵魂）和"生理"（肉体）均不是人生本质存在的宗教信仰形成后，信仰者在对相应的宗教信仰的思想进行教育、传播、学习和实践行为活动时，一方面，他们会借助生理层面生命体运动变化的属性、现象、关系方面的知识对人类生命本质的存在进行否定，也就是用非本质存在的知识来否定相应的本质存在；另一方面，信仰者还会借助那些认为可以被人类生命体感觉系统所反复实证的存在才是真实存在的观念为基础，认为"人心"（灵魂）的存在不能被感觉器官所实证的经验知识来否定"人心"（灵魂）的本质存在。在相应的宗教实践活动中，信仰者也会在相应宗教信仰指导下以随遇而安，以悲观的态度来对待自身生命体的存在、生存和人生的活动。

以上我们对以"人心"（灵魂）是人生本质存在的宗教信仰的宗教和以"人心"（灵魂）不是人生本质存在的宗教信仰的宗教的信仰和宗教活动的形成出发，对人类宗教的形成进行了概括性的论述和说明。从中我们可以认识到：以"人心"（灵魂）为人生本质存在的宗教的形成与以"人心"（灵魂）不是人生本质存在的宗教的形成之间的最大不同之处在于，以"人心"为人生本质存在的宗教是以人类心理层面生命体的感知体验或由心理形成直接形成的不可实证的知识为依据形成的，而以"人心"不是本质存在的宗教是以借助人类生理层面生命体形成的可实证的知识为依据形成的，从中我们也可以得知宗教对人类来说是一个极其重要而复杂的问题，鉴于宗教问题并不是本书的重点，所以我们就不展开讨论了。

从以上的论述和说明中，我们可以认识到：人类的宗教是人类发展的结果，它是伴随着人类心理活动和行为活动而形成的。它是建立在人类对人生终极关切的信仰形成的基础上，进行一系列心理和行为活动而形成的。

与其他科学一样，宗教都是由于人们面对各种困惑时，为了解决各种困惑或现象背后的原因而展开的一系列心理活动和行为活动的基础上形成的。只不过在人类心理及行为活动的惯性作用下，人们对生死的关注和重视逐渐将其神圣化、神秘化，致使宗教脱离了形成和发展阶段的客观性，而使其走向盲目的自信，并试图来否定其他存在而走向极端。

 第八章 人类的科学与宗教

前面我们对宗教和科学的一些问题进行了相应的论述和说明,其中,我们对宗教和科学进行了重新定义和分类,并分别对宗教与信仰、科学与信仰之间所具有的关系进行了相应的论述和说明,从中我们认识到:"对人类来说,宗教与科学之间具有一致性,而且二者并不矛盾",这种观点与目前的许多政治家、思想家和科学家,和在现代自然科技熏陶下的一般民众所认为的"科学与宗教是人类的两种相互对立的人生活动,科学代表的是真理和智慧,宗教代表的是欺骗和愚昧"等观点形成了鲜明的对比。

为什么说科学与宗教之间具有一致性的关系存在呢?在"科学与信仰"一文中,我们对科学进行了定义,并认为:"科学是人类生命体为了快速、准确、高效地实现相应人生目的,针对相应心理和行为活动对象(包括活动本身)进行心理和行为活动所获得的知识,以及对相应知识进行实践、应用的统一。它包括了科学知识和对科学的活动。"其中,科学知识是指科学活动主体针对相应活动对象进行心理活动和行为活动所获得的感性知识和理性知识的总和。

科学活动主要是指人类生命体为了获取相应的科学知识及观念所进行的心理活动和行为活动,以及对相应科学知识进行实践和应用的总和。在相关论述中,我们还从获取科学知识的方式出发,将科学知识分成了可实证的科学知识和不可实证的科学知识。

在"人类的宗教与信仰"一章中,我们对宗教进行了相应的定义和分类,并认为:"宗教是人类以宗教信仰为基础,在相应宗教信仰指导下对宗教信仰思想进

行教育、传播、学习和实践等一系列宗教活动的统一。它包括了相应的宗教信仰和宗教活动。其中，人类的宗教信仰是以人生终极信仰为根本信仰所形成的信仰体系。

宗教活动是指在宗教信仰基础上，对宗教思想进行教育、传播、学习及相应宗教实践活动。同时我们还从人类不同宗教信仰出发，对宗教进行了分类，把宗教分成了：以唯"人心（灵魂）"为人生本质存在为人生终极信仰的宗教、以唯"肉体（生理）"为人生本质存在为人生终极信仰的宗教、以"人心（灵魂）"、"肉体（生理）"均为人生本质存在为人生终极信仰的宗教和以"人心（灵魂）"、"肉体（生理）"均不是人生本质存在为人生终极信仰的宗教。根据前面我们对科学和宗教的相关论述和说明，我们认识到：宗教与科学之间紧密相关，宗教本身就属于人类科学中的一门有关人生的科学之中的一门科学，也就是说宗教从属于科学。那么宗教与其他人类的科学之间又有什么样的关系？下面我们就分别从科学知识与宗教信仰、科学活动与宗教活动以及宗教与人生科学之间的关系等方面出发，分别进行论述和说明。

一、关于人类的科学知识与宗教信仰

在前面的相关论述中，我们认识到：人类的"科学知识"和"宗教信仰"都属于人类心理活动所形成的具有相应感知体验的心理活动现象存在。宗教信仰是以人生终极信仰为根本，并在人生终极信仰指导下形成的信仰体系，而人类的信仰则是人类针对相应心理和行为活动对象进行心理和行为活动所形成的具有根本倾向性、指导性的观念存在。由于观念是人类在感知、认识、行为心理和行为活动过程中针对相应的活动对象进行心理和行为活动过程中所形成的具有针对性、稳定性的心理活动现象存在，根据"信仰的形成"一文中的相关论述，正是由于形成人类心理层面生命体的感知能量体具有相应的感知属性存在，所以当人生心理层面生命体中的某些感知能量体与相应心理活动对象之中的某些能量体之间形成直接或间接的作用，使人生心理层面生命体产生相应的活动，最后才形成了具有感知体验的心理活动现象。人类心理在感知类心理活动现象的基础上进行一系列的活动，并形成相应的具有分别、判断感知体验的心理活动现象，这样才对相应的活动对象形成相应的认识。当具有感知、认识功能属性的心理活动现象中的感知能量体与人类有机生命体之间形成互动时，就会形成相应的行为活动，而知识就是人类在进行相应的心理和行为活动过程中所形成的相应感知体验的心理活动现象存在以感知记忆的形式保存在人类心理层面生命体之中。人类以不同的知识为基础进行各种相应的心理和行为活动，活动的过程中所形成的具有针对性和稳定性的心理活动现象就是观念。也就是说，观念是在相应知识形成的基础上形成的知识之知识，人类在不同观念形成的基础上进行心理和行为活动所形成的具有根本倾向性、稳定性和指导性的观念存在就是人类的信仰。也就是说，信仰属于人类观念之观念存在。根据以上论述，我们不妨对人类科学知识与宗教信仰之间的关系作如下总结和说明：

1、宗教信仰属于人类对人生科学信仰的一部分，它是以人生终极信仰为根本，在相应人生终极信仰指导下形成的以人生生命体的存在、生存、活动信仰的统一。也就是说，人类的宗教信仰从属于人类对人生的信仰。由于人生的信仰又从属于人生的观念存在，人生的观念存在又从属于人生的知识，人生的知识又从属于人生的存在，所以人类宗教信仰是在人类对相应人生知识形成的基础上形成的。

2、人类的宗教信仰是以人生科学的知识为基础，通过一系列的心理和行为活动而形成的，所以我们可以说人类的宗教信仰源于人类对人生的科学知识，它是伴随着人类人生生命体的存在知识、生存知识及活动知识的形成而形成的，人类对人生的知识包括了人类对人生生命体存在的知识、生存的知识及活动的知识。它与人类其他科学知识一样，它们都属于人类心理活动的现象的范畴，宗教信仰中，除了对人生本质存在的终极信仰之外，还包括了人类对人生的目的、人生意义和价值的信仰和人生活动的信仰等。

3、由于人类对人生的终极信仰是建立在人类对人生生命体本质存在的知识、观念基础上形成的信仰，人生的目的和意义的信仰则是在人生终极信仰指导下，在一定时空条件下形成的信仰。关于人生活动的信仰中有的又是在人生终极信仰、人生目的、人生意义和价值的信仰的作用和影响下形成的，人生活动信仰的形成一方面源于人生的终极信仰、人生目的、人生意义和价值的信仰的作用和影响，另一方面是源于人类对人生生命体存在、生存、活动知识的积累。

4、鉴于人类对人生科学的信仰是人类针对人生所形成的具有根本倾向性、稳定性和指导性的观念存在，所以人类的宗教信仰在对人生科学知识的形成和应用产生相应的作用和影响的同时，人生科学也会对人类的宗教信仰产生相应的作用和影响。

由于人类宗教信仰的根本信仰是人类对人生的终极信仰，而人生的终极信仰是关于人类生命本质存在的信仰，所以人生终极信仰的形成又会对人类对人生生命体的存在、生存、活动的倾向性、稳定性和指导性产生相应的作用和影响，进而影响到人类对人生科学知识的形成和应用。这种影响主要体现在：人生在不同类别的宗教信仰的作用下，相应的宗教信仰又会对人生的本质、人生的属性、人生的现象、人生的关系存在的认识，及其人类生命活动的倾向性、稳定性产生直接或间接的作用和影响，进而影响到人类对相应科学知识的获取和科学的活动。例如：在以"人心（灵魂）"是人生本质存在为宗教信仰的作用下，人们面对自己的生命体存在、生存及活动进行感知、认识、行为活动时，针对人生的存在进行心理和行为活动时，就会以"灵魂"为本质存在为前提对人生生命体的本质、属性、现象、关系等形成相应的知识，而且不同宗教信仰中对人生本质存在的区别就会导致对相应的属性存在、现象存在、关系存在知识形成的结果不同。

从以上的论述和说明中我们认识到：人类对人生的科学知识与宗教信仰之间的关系主要体现在：宗教信仰从属于人生科学的知识，它是关于人生生命科学知识中关于人生本质存在的知识为前提所形成的关于人生的信仰。

二、关于人类的科学活动与宗教活动

人类的科学活动是指人类为了获取科学的知识和对相应科学知识进行教育、传播、学习及实践、应用等一系列心理活动和行为活动的总和。也就是说，人类的科学活动是一个具有广泛意义的活动。人类的宗教活动则是指人类在宗教信仰的思想指导下对宗教思想进行教育、传播、学习及实践、应用等一系列心理和行为活动的总和。其中，宗教信仰的教育、传播、学习活动是把相应宗教信仰视为真理向社会大众进行教育、传播、学习的活动，它也是人类将相应宗教思想体系进行完善和发展的心理和行为活动。

宗教的实践活动则是指人们在宗教信仰指导下，为了实现相应宗教信仰下的人生目的、人生意义和人生价值而进行的相应的心理活动和行为活动。关于科学活动和宗教活动的关系，我们不妨做如下总结和说明：

1、从活动的内涵来看

从活动的内涵看，人类的宗教活动从属于人类科学活动中关于人生科学的活动。宗教活动是围绕相应宗教信仰而进行的心理和行为活动，宗教活动作为人类的一种具有相应的活动动机、活动目的、活动方法的人生活动，无论是人类的科学活动还是宗教活动都是通过心理活动和行为活动进行体现的。

宗教活动从属于人生科学的活动，它是关于人生活动中以相应宗教信仰为根本倾向性和指导性的人生科学活动。

2、从活动的目的来看

从活动的目的看，人类宗教活动的目的是为了实现人生在人生终极信仰指导下形成人生目的、人生意义和人生价值而进行的活动。科学活动的目的也是为了实现相应人生生命体的存在、生存、活动的目的、意义和价值，其中，科学活动目的、意义和价值的内涵比宗教信仰指导下形成的人生活动目的要广泛得多，从外延看，科学活动的目的和意义是针对相应的活动对象形成的，科学活动的目的和意义主要是围绕相应活动对象的知识和利用相应的知识实现特定的某个目标，科学活动的针对性要比宗教活动的针对性要强，宗教活动中虽然包含了对人生目的、意义和价值的实现，但是这也仅是科学活动目的的一部分，并非是唯一所关注的。也就是说，科学活动的目的比宗教活动的针对性和变化性都更加的广泛，而宗教活动的目的则具有更明确的针对性和不变性。

3、从活动的理论依据看

科学活动依据是以相应学科的知识为理论依据而进行活动的，并且在活动过程中对相应知识进行探索、总结、验证和完善，而且对相应科学知识的探索、总结、验证和完善活动也是人类科学活动的重要组成部分，也就是说，已有的知识可能随时会被新的知识所验证或否定，科学活动是一个探索真理和发现真理和利用真理的过程，宗教活动则是以宗教信仰为理论依据而进行活动的。宗教信仰的形成虽然是在某个特定时空条件下所形成的以人生生命体的本质存在的科学知识为依据而形成的，但是当宗教思想创立者所创立的思想体系一旦被后人奉为宗教的信仰后，相应宗教信仰往往就会被信仰者视为绝对的真理将其神圣化而变得不能被质疑，所以宗教信仰思想体系对信仰者来说只能完善，不能否定，从而使宗教活动的理论依据走向固化，这样会使人类进行宗教活动的根本依据难以改变，很少会有信仰者敢于对宗教思想的正确与否产生质疑，哪怕是后来的宗教权威人士对宗教思想创立者的思想体系进行错误的解读，而后作为宗教活动者也会深信不疑地以此为依据进行相应的宗教活动。也就是说,宗教活动的理论依据是宗教思想创立者的思想体系及其权威者对相应信仰体系的权威解读。

4、从活动的方法看

由于科学活动是为了实现人生目的,针对相应活动对象所形成的发现知识、利用知识、验证知识、完善知识等一系列的心理和行为活动,所以在发现知识、利用知识、验证知识、完善知识的活动过程中,并不一定涉及到相应本质存在的知识,所以也就没有将相应的知识作为具有根本倾向性和稳定性的观念存在,同时,由于相应的科学活动遍及人们日常生活之中,而且带有明确的针对性和目的性,相应的科学知识及科学活动也就不会被神圣化和神秘化,所以对原有科学知识和活动方法的肯定、否定和完善也就成了人类科学活动方法所具有的特点。也就是说,人类的科学活动方法随时都会处于肯定、否定和完善的变化之中,而宗教的活动方法往往是由宗教权威人士制定和完善,一般的信仰者无权更改和变更,所以它具有较强的稳定性,于是乎,对活动方法的变化性和稳定性便成为了人类科学活动与宗教活动在方法上的重要区别。

由于宗教活动是在宗教信仰指导下进行的活动,宗教信仰者认为他们的宗教信仰已是真理,相应的宗教活动是对宗教思想进行教育、传播、学习的活动和实践的活动。人类在对宗教思想进行教育、传播、学习活动和实践的活动的结果主要是对宗教思想的丰富和完善,而不是去验证和否定它。随着宗教的发展和变化,尽管原有的宗教思想在宗教活动中已被领导者和追随者对其进行了不同的解读而变化,逐渐使其与宗教信仰思想的创立者的真实意图之间发生深刻的变化,但是,信仰者也会找各种理由将其紧密地联系在一起,以证明他们是正宗的传承,所以从活动方法上看,宗教活动与人类其他科学的活动相比,科学活动会在对原有知识和方法上具有明确传承的同时,也有明确的否定,而宗教的活动则是以传承为主,即使有否定的存在也需要通过一条曲折的道路将其与信仰之间紧密地联系在一起。

从以上的论述和说明中我们认识到:宗教活动虽然从属于科学活动之中的人生的科学活动,但是不论在活动目的、活动依据、活动方法上,宗教活动与人类其他科学活动之间都具有比较明显的区别性。

三、人类的人生科学与宗教之间的关系

由于宗教从属于人生的科学，科学的活动主体都是人，它们都是人类心理活动和行为活动的过程和活动结果所形成的不同类别的科学，它们具有明显的共同之处，同时也存在着较为明显的区别。为了便于我们对二者之间的同、异进行说明，下面我们就从不同类别的宗教出发对宗教与人生科学之间的同、异进行分别说明：

根据我们在"人类的宗教与信仰"一文中的论述和说明，我们将宗教分成了以唯"人心（灵魂）"为人生本质存在信仰的宗教、以唯"肉体（生理）"为人生本质存在信仰的宗教、以"人心"和"肉体"均为人生本质存在信仰的宗教和以"人心"和"肉体"均不是人生本质存在信仰的宗教，下面我们就从以上分类对宗教与人生科学之间的关系分别进行说明。

1、关于以唯"人心（灵魂）"为人生本质存在信仰的宗教与人生科学之间的关系

由于以唯"人心（灵魂）"为人生本质存在信仰的宗教认为：人类生命体从本质上只有"人心（灵魂）"的存在，而人类生理层面生命体并不属于本质的存在。相应的宗教属于人生科学中不可借助人体感觉器官进行实证的科学，它属于人生科学中不可借助人体感觉器官实证的心理科学的范畴，它与人类的人生科学中的心理科学相比，最大的相同点就是都是通过不可实证的感知体验来认识自我，但是不同之处在于，唯"人心"（灵魂）为人生本质存在信仰的宗教是以"人心"作为本质存在为前提对心理本质、心理属性、心理现象、心理关系进行解读，并以此为指导，形成相应的人生目的、人生意义和人生价值的信仰以及人生活动的信仰，并通过对人类生理层面生命体的本质存在进行否定的方式来进行相应的心理知识探索活动和运用心理知识进行心理实践活动的科学。心理科学则是将人类心理的感知体验当作一种心理活动现象，它是立足于心理现象所具有的属性、现象、关系存在及其与人类生理层面生命体之间所形成行为活动的关系和对心理现象如何支配人类的行为活动所具有的规律、属性、现象关系进行探讨和应用的科学。它并没有将"人心（灵魂）"作为人生本质存在的前提，所以我们可以说，以唯"人心（灵魂）"为人生本质存在信仰的宗教是以唯"人心（灵魂）"为人类生命体的

本质存在为前提的，以"人心"认识自我和运用"人心"以达到相应人生的目的、意义和价值的生命科学。在相应的宗教活动中，宗教信仰者往往会把相应的心理科学、生理科学和生命科学及其相应的心理活动、生理活动和行为活动的科学活动中所得到的相应运动、变化的知识以此证明人类生理层面生命体生命的存在及其活动的不真实性，进而影响到相应信仰者对社会、对自然、对自我进行人生生命活动。

2、以唯"肉体（生理）"为本质存在信仰的宗教与人生科学之间的关系

以唯"肉体（生理）"为人生本质存在信仰的宗教认为：人类生命体除了生理层面生命体具有本质存在之外，其他都是非本质的存在，所以这类宗教属于人生科学之中以唯物主义为主导的人生科学，这类宗教与目前的人类的生理科学之间的相同之处是它们都着眼于人类生理层面生命体的存在、生存及其活动，它们的不同之处在于在以唯"肉体（生理）"为人生本质存在为宗教信仰的宗教所关注的是在以唯"肉体"为人生本质存在的信仰之下人生的目的、意义和价值是什么？人生该怎么活着？而现代的生理科学主要是从人体的结构、功能及其运动的属性、现象、关系出发对人生生命体进行分析研究、探索，并对相应的知识进行应用以延长和提高"肉体生命"生存时间的长度及提高生存质量而展开的科学活动。也就是说，以唯"肉体"（生理）为人生本质存在的宗教所关注的是以生理目的、意义和价值以及实现相应人生目的、意义和价值的心理及行为活动的活动方式、方法及活动态度，而生理科学所关注的则是人类生理不同存在的知识的获取，以及对相应知识的实践和应用。对于以唯"肉体（生理）"为人生本质存在的宗教信仰者来说，当他们面对各种相应心理科学时，他们会认为人类的心理活动现象都是由人类"肉体（生理）"产生各种的物理、化学反应的结果。他们利用心理科学知识的目的也仅是为了延长自身肉体生命的生存和提升肉体生命存在、生存的质量，以期能够更多的获得源于人类"肉体"生命体的幸福。

3、以"人心（灵魂）"和"肉体（生理）"均为人生本质存在信仰的宗教与人生科学之间的关系

以"人心（灵魂）"和"肉体（生理）"均是人生本质存在信仰的宗教认为：人类的"灵魂"和"肉体"均是人生的本质存在，而人类的生命体就是"灵魂"与人类生理层面生命体的结合体。从人类生命体诞生之后直至死亡过程中，二者之间都处于共同存在、相互作用、相互影响、协调统一的存在状态，当人生生命体死亡后，二者之间产生分离，肉体回归自然，灵魂回归到相应的自然空间之中，从人生科学的角度看，这类宗教属于人类心理科学和生理科学相结合的人类生命存在、生存及其活动的人生科学。这类宗教与人生科学的相同之处在于，它们都属于关于人生的科学；其不同之处在于，这类宗教的关注点在于，相应宗教信仰下人们的活动目的是为了实现相应人生目的、人生意义和人生价值而进行的心理和行为活动的统一。在相应信仰指导下，这类宗教不但关注自身灵魂的存在和提升，同时也会关注肉体生命的生存的延续及其质量的提升。在相应宗教活动中，他们往往使心理及生理形成统一互动，以达到相应的修身、修心的目的，而相应人生科学所立足的则是，以人类的心理和生理的存在为活动对象进行相应的心理和行为活动，以达到解决人类的生理和心理所面临的相应问题。若相应科学活动者在以"人心"和"肉体"均为本质存在指导下，进行相应的科学知识获取活动和科学知识实践活动，他们会利用生理和心理共同互动来形成相应的科学知识，并进行相应的科学活动。人类在以"人心"和"肉体"均为本质存在信仰的宗教活动中，也会将相应"心理科学"和"生理科学"的知识应用到相应的宗教活动之中，以期实现宗教核心信仰指导下所形成人生的目的、人生的意义和价值。与其他类别的宗教相比，这类宗教与人生科学之间具有较为全面的统一性。

4、关于以"人心"和"肉体"均非人生本质存在信仰的宗教与人生科学之间的关系

由于以"人心"和"肉体"均非人生本质存在信仰的宗教认为人生并无本质存在，所以这种宗教信仰具有"断、灭、空"的性质存在。在这类宗教信仰的指导下，人们所进行的宗教信仰教育、传播及实践活动中都是围绕着相应的信仰而展开的，所以相应的宗教活动也就无特定的活动目的和活动方法等，而是随机而动，尽管这样，它也属于人生科学之一，只不过这种信仰下的人生科学的特点是以"断、灭、空"作为人生心理及行为活动的依据，这类科学也与现代人生科学中的生理科学和心理科学相对应，这种对应关系主要是与研究人类心理和生理运动变化科学相对应，它们的共同之处都认为无论是生理还是心理都是处于不停、绝对地运动、变化之中，而不同之处则是在以"人心"和"肉体"均非人生本质存在信仰的宗教所利用运动、变化的属性来说明"人生没有真实的存在"。由于这类宗教信仰错误地把人生的属性存在当作是人生的本质存在来看待，所以他们在相应的对信仰的教育、传播、学习和实践之中，往往把能量运动、变化的属性视为能量本身的生、灭，殊不知能量是不生不灭的，这些都是他们错误地把生命运动的属性、现象、关系视为是人生本质存在的生、灭所导致的结果，而人生的科学则是把相应的生命本质属性、现象、关系存在所具有的运动变化属性视为人生的生理、心理所具有的规律属性来看待，并在相应的科学活动中对相应的运动变化属性加以运用来实现相应人生科学活动的目的。而在以"人心"和"肉体"均为非人生本质存在信仰的宗教里，往往利用相应科学的运动变化属性的知识当作理论工具，用于对相应宗教思想的教育、实践、学习及相应的实践活动之中为其人生观和行为观服务。

 第九章 真理与信仰

前面我们对"人类的信仰"进行了相应的论述和说明,并认识到:人类的信仰是广泛的存在,而且信仰者总认为自己所信仰的就是真理,与其不相同的信仰就是谬误。面对这样的情形,我们会问"真理是什么?信仰是否就是真理?真理与信仰之间到底有什么样的关系存在才使人们如此执著",为了回答以上问题,我们首先需要从真理是什么说起。

一、真理是什么

关于真理的问题,不但是人类认识自我、认识社会、认识自然、认识世界,不可回避的问题,同时它们也是形成人类信仰的基本问题。人们之所以相信某种存在,前提是因为,他们认为他们所认识到的就是真实的。历史上许多思想家、科学家和宗教的创始人都认为他们所发现的就是真理,他们的观点代表真理。而且他们的追随者也会将他们作为真理的化身对其进行崇拜,但是在现实生活中,不同派别所认识到的"真理"往往不尽相同,有的甚至是相互矛盾的,导致信仰者为此而争论不休,有的甚至还会引发不同派别为了"真理"而相互敌视,并为了"真理"不惜牺牲性命,争斗不止。在日常生活中,也有不少人自称自己掌握了某方面的真理,他们各说其词,相互诋毁。面对这样的情形,我们不免会问,谁代表的才是真理?难道对于同一存在同时具有多个真理吗?若是没有,谁说的才是真理呢?人类对真理的争论也不断的吸引着哲学家们卷入其中,进入到对真理无休止的争论中。结果往往也会表现出针锋相对,相互指责,并形成了"真理"问

题的不同派别。例如：在长期争论中，形成了融贯真理论、符合真理论、构造真理论、实用主义真理论、履行真理论、真理言语论、马克思主义真理论等。

为了便于我们在后续的论述中，面对"真理"有一个明确的依据，首先就从"真理"的定义开始进行探讨。

关于"真理"的定义，它是哲学、自然科学和宗教学界千百年来争论不休的问题，在不停的争论中，对真理也就形成了不同的定义。目前使用得比较多的定义主要有以下几种：

《辞海》对真理的定义是：真理同"错误"相对，是认识主体对客观对象及其规律的正确反映。真理具有客观性，即它的内容是不依赖于主体而存在的。

《汉典》对真理的定义是：[1]真理是最纯真的道理；[2]真理是哲学名词，是指客观事物及其规律在人们意识中的正确反映。

《维基百科》对真理的定义是：真理是我们所认识的集合范围内可以预测现象的最高自然规律，是客观存在的，形式系统理论自身的逻辑无法证明。

以上不同的定义都认为"真理"与认识主体之间有直接的关系，那么当认识主体不存在时，真理是否就不存在，此时真理是否还是真理，难道认识主体本身就没有真理的存在吗？另外，其他动物也具有认识事物的能力，也可以成为认识主体，但是它与人会有所差别，那么谁认识到的才是真理呢？再说不同的人或同一个人在不同的时空条件下对认识对象的认识也会有所差异，难道真理因人而异？它会随时空变化而变化吗？以上所列举的不同定义给人的感觉似乎并不全面，而在现实生活中，真理虽然通常被定义为与事实或实在相一致，但是却没有一个关于真理的定义能够被人们普遍所接受，至今，关于真理的定义还在广泛争论。

除了真理定义之争外，许多关于真理的问题的讨论也处于不停地争论之中。有的观点认为：真理与意义的主体密切相关，只有有意义的事物才能有真和假；有的观点认为：真理是整个信念或命题系统内各部分的一致；有的观点认为：真理在于陈述与事实相符合。除此之外，关于真理所具有的属性也处于不停的争论之中，有的观点认为：真理是绝对的，是一成不变的；而有的观点则认为：真理是相对的，真理处于不停地运动、变化之中；而有的则认为：真理既有绝对性，也有相对性。总之，目前关于真理的争论比较多，观点也很难统一。

根据目前人们对真理的不同定义和不同观点的说明，我们认识到：人们对真理的不同定义和对真理的不同观点，大多都是以人类为活动主体，并从人类的认识和应用规律的角度出发，对真理的现象进行归纳、总结而得出的定义和结论。根据作者的观点，以上传统定义所表达的并非是真理本身，人类对真理的感知、认识和应用的活动的结果都是从认识、应用事物所具有的真实存在去理解和界定真理，并将真理界定在所认识到的事物属性存在的范畴，那么我们势必会问："本质存在是否属于真理？现象存在是否属于真理？关系存在是否属于真理？"从作者在《人本、人性、人心》一书中对"存在"的论述，我们认识到：由于宇宙空间的一切事物的存在都是本质存在及其运动、变化的结果，而且本质存在、属性存在、现象存在和关系存在是同一个事物所具有的不同层面存在的表达，所以对同一事物而言，"真理"也会具有本质存在的真理、属性存在的真理、现象存在的真理和关系存在的真理。由于人类对一切活动对象形成的感知、认识、行为心理活动都是人类心理活动所产生的具有感知体验的心理活动现象，他们并不能反映存在本身，人们只能通过心理活动对感知、认识、行为心理活动及行为活动的活动对象进行反映，但反映本身并非是活动对象本身。根据以上的论述和说明，我们不妨对真理作如下定义：

真理是相应事物所具有的真实存在，是相应事物的存在本身。它包括了相应事物本质存在的真理、属性存在的真理、现象存在的真理和关系存在的真理。

由于真理是相应事物的存在本身，所以它并不以人们的主观意志的存在而存在，也不以人们意志的变化而变化。人类在感知、认识和行为心理活动和行为活动过程中，针对某种真实存在的发现和应用，就是对真理的发现和应用，是人类对相应存在进行各种心理、行为活动的结果和对结果的应用，而并非是活动对象本身。也就是说，通过人类感知、认识、行为心理活动和行为活动所获得的对某种存在进行真实反映的知识并不是真理本身，而是对真理的认识和发现。从这个观点来看，人类就不可能成为真理的化身，人类也代表不了除了自身以外的真理，只可能是相应真理的发现者和使用者。

二、关于真理的分类和说明

根据以上定义，我们可以将真理分为：本质存在的真理、属性存在的真理、现象存在的真理和关系存在的真理。为了便于理解，我们可以对以上不同类别的真理分别作如下说明：

1、本质存在的真理

所谓本质存在的真理就是相应事物本质的真实存在。由于本质存在是其他一切存在的根本，作者在《空间的层面》一书中，论述了宇宙空间中一切存在的本质就是空无状态下的空间的存在和能量的存在。其中，空间的本质是空无的，它具有无限性、连续性和绝对静止的属性，所以空间的本质存在真理就是空无的存在。对一切能量体来说，能量的存在其本质就是相应事物所具有的能量体（或能量聚合体）本身，所以一切由能量体所形成的本质存在真理就是相应的能量体（或能量聚合体）本身。由于宇宙空间中的本质存在是其他一切存在的根本，它具有终极性，所以对相应事物的本质存在来说，它所具有的本质存在的真理就是它所具有的能量体或能量聚合体本身，也就是说，相应事物的本质存在的真理就是相应存在所具有的能量体本身。由于宇宙空间中一切事物的本质存在又可以分为：事物的本质之本质存在、属性的本质存在、现象的本质存在和关系的本质存在，由于一切存在的本质都是能量和空间的存在，所以宇宙空间一切本质存在的真理都是相应的空间和能量存在本身。

2、属性存在的真理

由于属性存在包括了本质的属性存在、属性之属性存在、现象的属性存在、关系的属性存在，所以我们同样可以将属性存在的真理分为：本质属性存在的真理、属性之属性存在的真理、现象属性存在的真理和关系属性存在的真理。

本质属性存在的真理是指一切本质的属性存在所具有的真实属性存在，是相应存在的本质存在的属性本身，也就是相应能量体和空间的存在所具有的属性存在本身。

对一切能量体存在的形成来说，运动、变化是一切能量体所具有的共有属性。在一定条件下，不同类别的能量体和能量运行体系所具有的运动属性又有所差别，并体现出相应分别属性的存在，不同类别能量体和能量运行体系所具有的相应属性存在是在一切能量体所具有的共有属性基础上所具有的分别属性的存在，都是相应存在的本质属性存在的真理，就像光具有波粒二象性，它既有一切能量体所具有的共有运动属性，同时也有能量场类能量体的分别的属性存在，而这两种属性存在本身就是相应能量场类能量体本质属性的真理。它所反映的是相应能量体所具有的相应属性的真实存在。

对宇宙空间中的空间存在来说，由于纯粹空间所具有的本质属性是空无和静止的存在，所以空间属性存在的真理也是空无的存在，而且处于静止不动的状态，也没有分别的属性存在。

关于属性之属性存在的真理是指相应属性存在所具有的真实的属性存在，它所反映的是某种存在的属性存在在相应条件下所具有的属性存在本身。例如：某个实体物质类能量体存在本身具有一定的运动属性存在，但相应的实体物质类能量体在不同的条件下又具有不同的运动属性存在，这种运动属性存在的变化属性本身就是相应能量体本身所具有的属性之属性存在的真理。对一切能量体或能量聚合体形成的存在来说，由于属性之属性存在的真理是伴随着相应能量体的运动变化而发生相应的运动变化的，所以其属性之属性存在的真理具有明显的不稳定性和运动变化性，从而导致能量体形成的存在属性之属性存在的真理也会处于不停的变化之中。

关于现象属性存在的真理，是指相应事物的现象存在所具有的真实的属性存在，是相应事物的现象存在所具有的属性存在本身。它包括了相应存在的本质现象的属性存在的真理、属性现象的属性存在的真理、现象之现象的属性存在的真理、关系现象的属性存在的真理。

由于现象的属性存在所具有的真理是指相应的现象存在所具有的真实的属性存在，是相应现象存在所具有的属性存在本身。

对一切由能量体形成的现象来说，不同的现象是相应能量体的存在及其运动变化状态的呈现，所以由能量体形成的一切现象存在都会伴随不同能量体和能量运行体系的产生而产生、保持而保持、变化而变化、消亡而消亡，因此，由不同能量体和能量运行体系形成的现象属性存在的真理也会处于不停地运动、变化之中。这类真理对不同的能量体而言，它所呈现的现象存在的属性都是随着能量体的存在形式及其运动的变化而变化，所以，由一切能量体形成现象的属性存在的真理也将随着相应能量体和能量运行体系的运动、变化而发生相应的变化，而且在不同条件下所具有现象的属性也将随之改变。

对空间的现象属性存在的真理来说，由于空间的本质是空无的存在，其所呈现出的现象所具有的属性也是绝对静止的和连续的，它不会随着时间的变化而变化，所以空间的现象属性存在的真理也是绝对静止、空无的存在。

关于关系属性存在的真理是指相应的关系存在所具有的真实的属性存在，它是关系存在所具有的属性存在本身，也就是相应事物的不同存在相互作用、相互影响、协调统一形成的联系存在所具有的属性本身。它包括了相应能量体或能量运行体系所具有的相应关系存在的属性存在的真理、纯粹空间所具有的关系属性存在的真理、能量体与空间共同存在所具有的关系属性存在的真理。

对相应能量体和能量运行体系所具有的相应的关系属性存在的真理是指相应能量体和能量运行体系之间相互作用、相互影响、协调统一的联系存在所具有的属性存在本身。由于能量体所形成的一切关系存在的属性是不同能量体之间相互作用、相互影响、协调统一的结果，所以相应关系属性存在的真理也将处于不停运动、变化之中。

对纯粹空间关系属性存在的真理来说，由于纯粹空间的本质是空无的，属性也是空无、静止的，其所具有的关系属性存在也是空无、静止的存在，所以纯粹空间关系属性也是空无的存在，并且也是绝对静止的，所以空间关系属性存在的真理也是空无、静止的存在。

关于能量体与空间的关系属性存在的真理是由空间与相应能量体和能量运行体系共同存在时所具有的关系属性的存在，由于空间是空无的存在，是静止的，能量则是存在于空间之中，并在空间之中处于不停的运行变化状态，所以二者之间具有包容与被包容、静止与运动等关系存在，而这些关系所具有的属性本身就是能量与空间关系属性存在的真理。

3、现象存在的真理

现象存在的真理是相应存在所具有的真实现象存在。它是相应存在所具有的现象存在本身，它包括宇宙空间中以能量体（能量运行体系）形成的现象存在的真理、以纯粹空间形成的现象存在的真理、以能量与空间共同存在形成的现象存在的真理。其中，以能量体（能量运行体系）为本质存在的现象存在的真理又包括了无感知能量体的现象存在的真理和感知能量体的现象存在的真理，宇宙空间中一切现象存在的真理包括了本质现象存在的真理、属性现象存在的真理、现象之现象存在的真理和关系现象存在的真理。其中，本质现象存在的真理是指相应存在的本质存在所具有的真实的现象存在，它是相应存在的本质的现象存在本身，它包括了相应的存在所具有能量体和能量运行体系的现象存在、纯粹空间的空无的现象存在以及能量空间本质所具有的现象存在。由于相应能量体（能量运行体系）的现象存在是伴随相应能量体（能量运行体系）的形成而形成、运动而运动、变化而变化、消亡而消亡的，这就决定了一切能量体（能量运行体系）为本质存在的现象存在的真理也处于不停的产生、运动、变化和消亡之中。

对纯粹空间本质存在的现象的真理来说，由于空间的本质存在是空无，它所具有的现象存在也是空无的存在，空间的本质的现象存在也是绝对静止的，所以空间本质的现象存在的真理是绝对静止、不变的空无的存在。

属性现象存在的真理是指相应存在的属性的真实的现象存在，它是相应属性存在所具有的现象存在本身。属性现象包括了以能量体（能量运行体系）形成的存在的属性现象和纯粹空间的属性现象以及能量体空间的属性现象，相应的属性现象又包括了本质存在的属性现象、现象存在的属性现象、关系存在的属性现象和现象之现象的属性现象。因为由能量体形成的存在的现象存在所具有的属性都会伴随相应能量体和能量运行体系的产生而产生、保持而保持、变化而变化、消亡而消亡，相应存在的现象存在所具有的属性现象也将随着相应能量体（能量运行体系）的产生而产生、保持而保持、变化而变化、消亡而消亡，所以一切以能量体形成的存在的属性现象存在的真理也将处于不停的运动、变化之中。

对纯粹空间的属性现象存在的真理来说，由于纯粹空间的现象及属性都是空无的存在，所以纯粹空间的属性现象存在的真理也是绝对静止、空无的存在。

现象之现象存在的真理是指相应存在所具有的现象之现象的真实存在，是相应现象之现象存在本身。由于现象之现象是不同现象之间相互作用、相互影响、协调统一的结果，所以以能量体形成的现象之现象存在的真理也将伴随着形成不同现象之间的能量体的相互作用、相互影响、协调统一而产生相应的运动和变化。纯粹空间的现象之现象存在的真理也是绝对静止、空无的现象存在。

关系现象存在的真理是指相应的关系存在所具有的现象的真实存在，它是相应关系存在所具有的现象存在本身。对以能量体形成的关系存在的现象存在来说，由于关系存在所具有的现象是伴随着相应的能量体（能量运行体系）的形成而形成、保持而保持、变化而变化、消亡而消亡的，所以相应关系现象存在的真理也处于不停的运动变化之中，纯粹空间的关系现象存在的真理也是绝对静止、空无的存在。

4、关于关系存在的真理

关系存在的真理是指相应存在所具有的真实的关系存在，是相应存在所具有的关系存在本身。它包括了以能量体为本质的关系存在的真理和以纯粹空间为本质的关系存在的真理，以及能量空间为本质的关系存在的真理。同时我们还可以将相应事物的关系存在的真理分为：本质关系存在的真理、属性关系存在的真理、现象关系存在的真理、关系之关系存在的真理。

本质关系存在的真理是指相应事物的本质存在所具有关系的真实存在，是相应本质存在所具有关系存在本身。它包括了由能量体形成的关系存在的真理和纯粹空间形成的关系存在的真理，以及能量体空间形成的关系存在的真理。因为由能量体形成存在的关系存在的真理是不同能量体、能量运行体系相互作用、相互影响、协调统一形成的关系存在，它将伴随着相应能量体或能量运行体系的产生而产生、保持而保持、变化而变化、消亡而消亡，并处于不停地运动变化之中。以纯粹空间为本质的关系存在真理由于空间的本质是空无的存在，其关系存在也是空无的关系存在，所以纯粹空间形成的本质关系存在的真理也是空无、静止的存在。

能量空间本质关系存在的真理则是能量体本质关系存在和纯粹空间本质存在的统一，处于相对静止和绝对运动的运动、变化状态。

属性关系存在的真理是指相应存在的属性存在所具有的关系的真实存在，是相应属性存在所具有的关系存在本身。它包括由能量体形成的属性关系存在的真理、以纯粹空间形成的属性关系存在的真理以及由能量空间形成的属性关系存在的真理。由于以能量体形成的属性关系存在是由相应能量体和能量运行体系相互作用、相互影响、协调统一的结果，所以能量体形成的属性关系存在的真理也将随着相应属性关系存在的产生而产生、保持而保持、转化而转化、消亡而消亡。以纯粹空间形成的属性关系存在的真理也是空无、静止的存在。

现象关系存在的真理是指相应存在的现象存在所具有的真实的关系存在，是相应的现象所具有的关系存在本身。它包括了以能量体形成的现象的关系存在的真理、以纯粹空间形成的现象关系存在的真理以及由能量空间形成的现象关系存在的真理。其中，以能量体形成的现象关系存在的真理将伴随着相应能量体（能量运行体系）的形成而形成、保持而保持、转化而转化、消亡而消亡，并处于不停地运动变化之中，以纯粹空间形成的现象的关系存在的真理是绝对静止的、空无的存在。

由能量空间形成的现象关系存在的真理则是由能量和纯粹空间现象关系存在的统一，故处于相对静止、绝对运动的运动、变化之中。

关系之关系存在的真理则是指相应存在的不同关系存在之间相互作用、相互影响、协调统一形成的真实的关系存在，是相应存在的关系之关系存在本身。它包括了由能量体形成的关系之关系存在的真理、由纯粹空间形成的关系之关系存

在的真理、由能量空间形成的关系之关系存在的真理。

由能量体形成的关系之关系存在的真理是指由不同以能量体形成的关系之关系存在的真理都是相应存在所具有关系存在之间相互作用、相互影响、协调统一形成的相应关系存在。无论是以能量为本质的关系之关系，还是以能量空间关系之关系，它们都是随相应的关系之关系存在的产生而产生、保持而保持、转化而转化而形成的，所以以能量形成的关系之关系的真理和以能量空间关系之关系存在的真理都会处于不停的运动、变化之中。以纯粹空间形成的关系之关系存在属于空无的存在，所以以纯粹空间形成的关系之关系存在的真理也是静止不动、空无的存在。

以上我们对真理所做的分类和说明中，我们认识到：宇宙空间中的真理有的属于静止不动的，是永恒的真理，而有的则处于不停的运动、变化之中，这就引发人们长期以来不停地对真理绝对性和相对性的争论，下面我们就以本文对真理的定义及分类说明为基础，对真理的绝对性和相对性作一个相应的论述和说明。

三、关于真理的绝对性和相对性

为了便于对真理的绝对性和相对性进行相应的论述和说明，首先我们还需要对"绝对"和"相对"这两个词的含义进行说明。"绝对"和"相对"在汉语中是一个广义词，而本文所指的"绝对"和"相对"的内涵仅只是哲学上所指的"绝对"和"相对"的概念，《辞海》对相对一词定义为："相对在哲学上与绝对组成辩证法的一对范畴。相对指有条件的、暂时的、有限的、特殊的"，绝对指"无条件的、永恒的、无限的、普遍的。相对和绝对的互相关系是辩证的"。

从我们对"绝对"和"相对"的定义的叙述中，我们可以得知："绝对"和"相对"其实都是人类所发明的用于对相应存在的大小、稳定性和关联性等属性存在进行比较和衡量的表达。要对真理的"绝对性"和"相对性"作相应的界定，首先，我们要对真理比较和衡量的对象进行明确。为了便于说明我们可以将对真理进行比较和衡量的对象分为"内比对象"和"互比对象"。所谓"内比对象"是指存在于同一事物中的不同存在进行比较和衡量的对象，"互比对象"是指存在于不同事物之中的同类存在进行比较和衡量的对象。结合前面我们对真理的定义及分类说明，我们不妨对不同类别的真理的绝对性和相对性作如下论述和说明：

1、对于以纯粹空间形成的存在的真理来说，由于纯粹空间的本质是空无的存在，所以纯粹空间的属性存在、现象存在和关系存在都是空无的存在，对相应空间的存在的真理从内比来看，空间的本质存在的真理、属性存在的真理、现象存在的真理和关系存在的真理的大小是恒定的、稳定性是静止不动的、关联性是空无的，所以相应存在的本质存在的真理、属性存在的真理、现象存在的真理和关系存在的真理从内比看都是绝对的；从外比看，空间的大小是相对的，稳定性是恒常不变的，关联性是空无的。也就是，从外比看，空间大小是相对的，但是其本质存在、属性存在、现象存在、关系存在的真理都是空无、稳定不变的存在，是绝对的。

2、对于由能量体所形成的存在真理来说：由于能量具有不生不灭、运动、变化的根本属性存在，所以相应的属性存在、现象存在和关系存在也处于不停的运动变化之中，所以对相应以能量体为本质存在的存在来说，从内比看，相应事物本质存在的大小处于不生不灭的转化状态之中，也就是说它一直保持质能守恒的状态，所以从内比来看，本质存在的大小是不变的，相互关联的运动属性也是永恒的，相应事物本质存在的真理是绝对的，但是其属性存在、现象存在、关系存在的真理却随着相应能量体的运动处于不停的运动、变化之中，其稳定性和关联性是相对的，所以我们可以说从内比来看，以能量体形成的存在的本质存在的大小和本质所具有的运动的属性的真理是绝对真理，其他相应的属性存在、现象存在、关系存在的真理则是相对的真理。从互比来看，以能量本质存在的不同的存在中的能量的大小是相对的，而运动作为根本的关联运动属性则是绝对的存在，所以本质存在的真理、属性存在的真理、现象存在的真理，它们的大小、稳定性都是相对的。

以上的论述和说明中，我们认识到："绝对性"和"相对性"只是一个人们用于比较和衡量相应存在的一个具有模糊性指标的概念，往往是绝对中存在相对，相对之中又有绝对的存在，而且"绝对"与"相对"的形成往往还取决于比较的对象和比较的内涵。例如：对整个宇宙空间来讲，能量的总量是不生不灭的，从能量的运动、变化的角度来看，能量是绝对的，但是对某个特定能量体来说则处于不停的变化、增减之中，从变化的角度来看，能量又是相对的，所以我们不能以僵化、教条的方式去看待真理，从严格的意义上来说，真理本身就没有什么相对性和绝对性的存在，因为"相对性"和"绝对性"本身就是人类所创造的两个人为概念，它们都不是真实的存在。

四、关于人类对真理的认识和利用

在前面的论述中我们认识到：真理是客观存在的，是不以人们的意志为转移的，它只能被人类感知、认识和利用，而不能被人类所改变。人类对真理的感知、认识和利用都是通过人的心理活动和行为活动实现的。人类对真理的感知、认识一般来说都是遵循人类面对感知、认识活动主体及活动对象进行相应的心理和行为活动形成具有相应感知体验的心理活动现象，进而形成对相应活动对象的感性知识和理性知识，然后又以相应的感性知识和理性知识为依据进行相应的心理和行为活动，并在活动中对相应的知识进行检验和修正，最终形成对活动对象真实存在的感知、认识，从而形成对相应真理的感知和认识（或发现相应的真理）。

人类在对相应存在进行感知、认识、行为心理活动和行为活动过程中，对相应的活动对象形成的感知、认识的结果与相应真实存在本身相一致时，就形成了对相应存在真理的认识和发现。关于人类感知、认识、行为心理和行为活动的形成，我们已在《人本、人性、人心》"第二篇　第十六章　人类的感知、认识和行为心理活动"中作了较为详细的论述，在此就不重复了。

关于人类对真理的认识和发现的过程我们可以用如下 2—5 示意图进行表达：

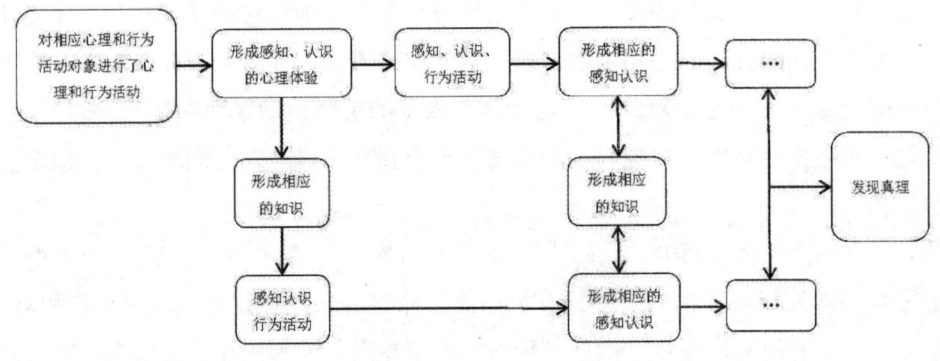

图 2-5 人类对真理的认识和发现过程示意图

人类对真理的运用是指当人类认识和发现某种存在的真理并形成相应的知识后，这种知识就会以感知记忆的方式贮存在人们的心里，当人们在行为需求、行为欲望、行为动机、行为目的、行为态度、行为方法等心理活动作用下进行相应的心理和行为活动时，这种知识就会成为指导人们进行相应心理和行为活动的依据。也就是说，人们学会利用对相应真理认识和发现所形成的知识来指导人们进行相应的心理和行为活动，以实现人生相应的心理活动和行为活动的目的。例如：我们对科学技术的应用，就是利用人们在某种学科中对相应真理的认识和发现所形成知识的应用。在现实生活中，人类的科学活动往往都是发现真理和利用真理的过程。由于真理有的属于绝对的真理，有的是相对的真理，人类对真理的认识属于人类心理活动和行为活动的结果。鉴于人类心理活动本身就具有自我的属性存在，这就决定了人类对真理的认识是很难把握的，人类对真理的认识往往都是局部的和片面的认识，遗憾的是，人类在现实生活中，往往忽略自己所认识到的真理和认识过程本身都具有相对性，从而会形成"知见障"，并导致教条主义的形成，特别是对于大众心理活动现象形成的社会制度等社会关系存在方面的真理时，人们往往会把某个关系条件形成社会制度视为绝对的真理，将其成为永久性的社会信仰，结果导致了社会保守主义的思想的形成，相反，那些过于强调真理的相对性和变化性的观点往往又会犯激进主义和冒险主义的错误。从以上论述和说明中我们不难认识到：有的真理是绝对的真理，有的则属于相对的真理，我们在认识过程中，若把绝对真理当作相对真理来看待的话，那么就会使人们进入到"一切不定论"的怪圈而导致"怀疑一切论"，相反，我们若执著于把相对真理视为绝对真理时，又会使人们对事物的认识走向僵化和教条。

五、关于真理与信仰的关系

在现实生活中，面对不同的信仰时，人们都认为自己所信仰的就是真理，特别是在宗教信仰之中，人们称自己的教派所代表的才是真正的真理。不同派别的宗教之争也往往被赋予为了真理而斗争，那么我们势必会问信仰与真理之间有什么样的关系？为什么人们都认为自己的信仰就是真理，而且会不由自主的去否认别人所认为的真理，若真理具有实在性，那么谁又能代表真理呢？

我们在"信仰"是什么一文中对人类的信仰进行了定义，并认为：人类的信仰是人类针对相应的存在进行心理和行为活动形成的具有根本倾向性、稳定性和指导性的观念存在，而真理是相应事物所具有的真实存在，它是事物相应存在本身。人类只能认识真理、发现真理及利用真理，人类除了自身的存在之外，其他的都不能代表真理，真理可以被人类所认识、发现和利用，却不可能被人类所改变。关于信仰与真理之间的关系我们可以作如下总结和说明：

1、信仰与真理具有不同的内涵，信仰所代表的是人类针对相应活动对象进行心理和行为活动所形成的具有根本倾向性、稳定性和指导性的观念的存在，属于人类心理活动现象存在的范畴，而真理却是相应存在的本身，真理与人类的观念之间并无本质的联系，人类的信仰只可以对真理进行反映和表达，却不能代表真理，鉴于人类认识能力的局限，人类所信仰的并不一定能够真实地对真理进行反映。对于人类信仰来说，它所代表的真理只能是信仰本身的存在，也就是只能代表心理活动本身。

2、人类的信仰虽然不能代表其信仰对象的真实存在，但是，由于人类具有发现和认识真理的能力，所以人类的信仰在一定程度上也能够对活动对象的真理进行反映。鉴于人类观念的局限性，人类要能对真理进行全面的反映和表达几乎是不可能的。由于有的真理具有相对性和变化性，所以随着时空的变化，人类现实的信仰可能已远离其所能反映的真理本身。

3、鉴于人类心理活动的惯性和局限性，真理往往不能被人类完全认识，也就不能完全被人类的信仰反映，也就是说，人类信仰并不一定都是对真理的反映，同时，真理本身也并不一定都能够被人类发现、认识和利用，形成相应的信仰。

第二篇　论信仰

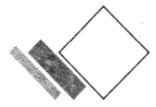 第十章　人类对人生信仰的困惑与超越

在前面的相关文章中，我们对人类的信仰进行了概括性的论述和说明，从中认识到：人类的信仰是由不同类别和不同层次的信仰共同形成的一个信仰体系，它包括了人类对世界的信仰、人类对自然的信仰、人类对社会的信仰、人类对人生的信仰等。其中，人类对人生的信仰包括了人类对人生生命体存在的信仰、人类对人生生命体生存的信仰、人类对人生生命体活动的信仰以及人类对人生过程的信仰等。其中，人类对人生生命体存在的信仰又是人类对人生信仰的基础，在人类对人生生命体存在的信仰中，人类对人生生命体本质存在的信仰是人类对人生的终极信仰。在"真理与信仰"一文中，我们认识到：信仰并不一定能够代表或永远地反映真理，即使能够代表，往往代表的也是相对真理，而不是绝对真理。当我们静下心来仔细观察和体会，我们会发现：现实社会中的各种危机大多都是因为人类对人生信仰的不同而导致的，也就是说，形成当今社会各种危机的原因正是因为人类对人生的信仰具有不同的困惑所致，那么我们势必会问："目前人类在人生的信仰方面主要有些什么困惑？这些困惑又是如何形成的？能否超越？若能，又该如何超越？"为了便于我们对以上问题进行解答，本文将从不同类别的人生终极信仰出发，对目前人生信仰所面临的困惑、困惑形成的原因以及该如何超越等问题展开相应的论述和说明。

一、目前人类对人生信仰的困惑

由于人类对人生的信仰包括了人类对人生生命体存在的信仰、人类对人生生

命体生存的信仰、人类对人生生命体活动的信仰、人类对人生过程的信仰。

其中，人类对人生生命体存在的信仰又包括了人类对人生生命体本质存在的信仰、对人生生命体属性存在的信仰、对人生生命体现象存在的信仰、对人生生命体关系存在的信仰。而且人类对人生生命体本质存在的信仰是人类对人生的终极信仰，也是形成相应人生生命体生存的信仰、活动的信仰和人生过程的信仰的基础。

在相关论述中，我们将人类对人生的信仰分成了：以唯"人心（灵魂）"为人生本质存在的人生信仰、以唯"肉体（生理）"为人生本质存在的人生信仰、以"人心"和"肉体"均为人生本质存在的人生信仰以及以"人心"和"肉体"均不是人生本质存在的人生信仰。

1、人类对以唯"人心"为人生本质存在的人生信仰所面临的困惑

人类对以唯"人心"为人生本质存在的人生信仰认为只有"人心（灵魂）"才是人生生命体的本质存在，而"肉体"是由"人心"活动的结果，并不是本质的存在。以唯"人心"为人生本质存在的信仰在人类的历史上曾经对人类的信仰产生了巨大的作用和影响，在相当长的时期内还成为人类对人生信仰的主流，但是随着现代人类在生命科学及自然科学的发展和进步，人们逐渐认识到人类的生理层面生命体是以不同实体物质为主体构架形成的。人生生命体的生、老、病、死现象的发生都是由于人类生理层面生命体在生命活动过程中进行遗传变异、新陈代谢的结果，并非是由于"人心"或其他"灵魂"的作用、变现和幻化而成，这就使以唯"人心"为人生本质存在的人生信仰处于不攻自破的状态，并使人类对以唯"人心"为人生本质存在下所形成的各种不同存在的信仰处于自相矛盾和被质疑的困惑之中。

在以唯"人心"为人生本质存在的人生信仰指导下，信仰者往往将人生的目的关注在保持"灵魂（人心）"生命体的存在和生存时间的延续，提升"灵魂"生命体存在和生存质量以及减少源于"灵魂"的痛苦和增加源于"灵魂"的幸福之上。但是，在现实生活之中，人类却因摆脱不了"肉体"生命体的存在和"肉体"生命体的生、老、病、死等的痛苦。相应信仰者虽然认为只有"人心"是本质存在，却不得不面对不能用"人心"从根本上转化"人身"的实际，而使相应的信仰者处于困惑与无奈之中。

在以唯"人心"为人生本质存在的终极信仰之下，往往导致信仰者面对人生生命体的存在、生存时，因为过多地强调对"人心"生命体的保持、延长和质量的提升以及由于过度强调"人心"的感知体验而忽视源于"肉体"生命体的存在、生存及活动，使信仰者在人生生命活动过程中，不能使心理与生理、自我与社会、自我与自然之间形成和谐互动、相生相助而处于相应被动之中，最终将导致人生生命体活动的结果偏离其相应的人生目的、人生意义和人生价值而处于困惑之中。

除此之外，以唯"人心"为人生本质存在的信仰者面对人生的过程时，他们会将人生"灵魂"生命体的存在、生存及活动过程视为永恒不变的存在，而将"肉体"生命的存在、生存及其活动过程视为短暂的、不真实的，是由"人心"活动形成的存在。在以唯"人心"为人生本质存在的人生终极信仰下，信仰者往往会将人生过程的目的定位于为了保持"灵魂"生命体存在和生存的延续和提升"灵魂"生命体存在、生存的质量，以及减少源于"灵魂"的痛苦，增加源于"灵魂"的幸福之上。目前，以唯"人心"为人生本质存在的信仰不但被现代科学所证伪，同时，也因为过度地强调"人心"的存在、生存及活动，而使信仰者在人生过程中面对自身的目的和意义的信仰时，处于难于实现的困惑之中。

2、以唯"肉体"为人生本质存在的人生信仰所面临的困惑

以唯"肉体"为人生本质存在的人生信仰是近现代伴随着人类对生理层面生命体研究方法的提升和研究的深入，逐渐形成的对人生本质存在的信仰。形成这类信仰的前提是，人们将那些只有能够被人类感觉系统反复实证的存在才视为真实的存在，把那些不能被人类感觉系统反复实证的存在视为不是真实的存在而形成的信仰。目前这类信仰面临着的最大困惑就是以上的前提条件是否成立？假若把不能被人类感觉器官进行实证的存在就视为不是真实存在的话，那么能被其他动物借助自身感觉系统形成实证，却不能被人类借助人体感觉系统进行实证的存在是否就不属于真实的存在？人类是否能够借助人体的感觉系统来实证宇宙空间中的一切真实存在？若能，又该如何实证人类的感觉器官具有如此功能呢？若不能，那么形成唯"肉体"为人生本质存在的人生信仰的前提就不成立。类似以上所述的问题还很多，目前，这些问题都是"实证"科学无法回答，而又尽力回避的问题，人们现在虽然已习惯于现代"实证科学"的思维方式，而不愿意面对类似以上的问题，或者采取不予理会的态度去对待类似以上的问题，但是这些问题却是实实在在存在的问题。

在以唯"肉体"为人生本质存在的人生信仰指导下，信仰者面对人生目的的信仰时，往往会将人生的目的定位于保持自身"肉体"生命存在和生存的时间的延长和提升"肉体"生命存在和生存的质量和减少源于"肉体"的痛苦、增加源于"肉体"的幸福之上，但是，在现实生活之中却很难达到，因为"肉体"生命体存在和生存的延续和肉体生命的质量变化摆脱不了自身所具有的自然属性、社会属性和自我属性的存在，生老病死不可避免，同时人类心理的健康与否或者说"人心"质量的高低也将直接和间接地影响着人类生理层面生命体的存在、生存的时间和质量的变化。从人生的活动看，源于"肉体"的痛苦和幸福是有限且短暂的，但是源于"人心"的痛苦和幸福却更加强大，从而使相应的信仰者处于相应的困惑和矛盾之中。

在以唯"肉体"为人生生命本质存在的信仰下，人类面对人生的意义和价值时，信仰者往往会将人生的意义和价值定位在减少源于"肉体"生命存在的痛苦和加大源于"肉体"生命的幸福之上，他们忽视源于"人心"的痛苦和幸福，结果往往适得其反。

在以唯"肉体"为人生本质存在的人生信仰者在相应的人生生命活动中，会因过度地强调源于"肉体"生命的活动而忽视"人心"的活动，最终反而使生命活动的结果远离其追求的目的和意义。例如：以唯"肉体"为人生本质存在的人生信仰者在面对自我进行活动时，往往会过多地着眼于"肉体"生命的活动，而忽视"人心"的活动，使自身的生理和心理处于不和谐的运动状态，面对社会进行活动时，由于他们过度的强调物质利益的获取，而忽视正确的精神利益的获取，使自身与社会之间处于过多的博弈之中。面对自然进行活动时往往也会以物质利益为导向，过度地向自然界中获取物质利益而忽视人与自然长远的发展和环境的提升，使人与自然处于不和谐的关系状态，这样的结果反而使自己的生命活动结果远离人生活动的目的和意义，而处于相应的困惑之中。

以上困惑之外，在以唯"肉体"为人生本质存在的人生信仰的作用下，由于信仰者认为人生只有"肉体"为本质存在，所以当他们面对"人生"生命体的存在过程、生存过程及活动过程的信仰时，他们将人生的"肉体"生命的存在过程、生存过程及活动过程视为是人生唯一的真实存在的人生过程，而将"灵魂"生命过程视为虚假的、不真实的存在过程，于是他们面对人类的生、死、存、亡的变化时，往往会处于对死亡恐惧之中。由于他们过度的执著于"肉体"生命体的保持和延续，而忽视"灵魂"生命体的存在，他们往往会创造出各种内在和外在的方法和办法来延长自己肉体的生命，甚至进入追逐长生不老的游戏之中，最终结果却适得其反。他们面对人生生命过程的意义和价值时，往往将其定位在为了减少源于"肉体"生命过程的痛苦，增加源于"肉体"生命过程的幸福之上，结果也会由于过度执著于源于"肉体"的作用而适得其反，并处于相应的困惑之中。

3、以"人心"和"肉体"均为人生本质存在的人生信仰所面临的困惑

目前以"人心"和"肉体"均为人生本质存在的信仰所面临的困惑主要有："肉体"是人生本质存在的信仰的形成虽然是人类在现代科技条件下，借助人体的感觉器官以实证的方式所获得的有关人类生理层面生命体的知识为基础，通过一系列的总结和归纳所得到的结论，由于其可被人类生命体反复实证，所以目前已让人们坚信不疑，但是关于"人心"是人生本质存在的信仰却因为无法被人类借助人体的感觉系统进行反复实证，所以相应的理由就显得不充分，从而使信仰者处于易动摇、不稳定的信仰状态，并使信仰者因为没有符合逻辑的、可靠的证据而使信仰者面临诸多难以辩驳的挑战。由于以"人心"和"肉体"均为人生本质存在的信仰的形成是因为在以唯"肉体"为人生本质存在的人生信仰和以唯"人心"为人生本质存在的人生信仰之间的争论中哪一方都难于完全说服对方而进行妥协和融合的结果。就作者看来，这类信仰才是能够反映和代表人生的"真理"的信仰，但是由于目前信仰者对其深层次的原因尚无法解答，所以目前以"人心"和"肉体"均为人生本质存在的信仰也会使信仰者处于易动摇、不坚定和矛盾的困惑之中。

在以"人心"和"肉体"均是人生本质存在的信仰下，人们面对人生的意义时，往往会将人生的目的定位在为了减少源于人生"心理"和"肉体"的痛苦，和增加源于"心理"和"肉体"的幸福以及为了保持和延续自身的"肉体"生命和"灵魂"生命的存在和生存时间和提升"肉体"生命和"灵魂"生命的质量之上，所以这类信仰者在相应的人生生命活动中不但会关注到"人心"的生命活动，同时也会关注到"肉体"的生命活动，在相应的人生活动中，他们会使"人心"和"肉体"之间形成和谐互动，并使二者协调统一。就作者看来，这类终极信仰下的人生生命活动信仰是正确、客观的信仰。在这类人生终极信仰下，信仰者在面对不同的社会存在进行人生活动时，会兼顾社会中不同层面的"物质"和"精神"利益的协调发展，使自己与社会和谐共处。面对自然活动时，也会立足现在兼顾长远而使人与自然处于和谐和统一的发展之中，从而为实现人生生命活动的目的和意义创造相应的条件。尽管这样，鉴于目前人们对这类信仰的理解还有所局限，在受到其他类别的信仰影响时，会处于相对动荡、不稳定的困惑之中。

在以"人心"和"肉体"均为人生本质存在的人生信仰下，信仰者面对人生生命体的存在过程、生存过程、活动过程时，他们会认为人生的过程是从人的"肉体"生命和"灵魂"生命相互结合开始直至相互分离为止，人生的"肉体"和"灵魂"之间并不存在着谁产生谁、谁决定谁的关系，只存在着相互作用、相互影响、协调统一的关系。在人生生命活动中，他们会把"人心"和"肉体"的存在、生存及活动的过程分别对待，当二者处于相互结合的过程中他们会以"心"修身、以"身"修心和"身"、"心"互动的方式和兼顾二者和谐共存的态度和方法来对待自己的人生过程，最终会得到较为客观、圆满的结果。但遗憾的是，就目前的情况来看，由于受到人类对自身的认识能力和认识方法的限制，人们对这类信仰还很难于圆说，所以往往使相应的信仰不能够被大众所接受，或使信仰者由于没有足够的义理和证据来坚持自身的信仰而使相应的信仰处于不够坚定、怀疑和不稳定的困惑之中。

4、以"人心"和"肉体"均不是人生本质存在的人生信仰所面临的困惑

虽然以"人心"和"肉体"均不是人生本质存在的人生信仰对具有一定现代科技知识的人看来显得十分的幼稚可笑，但是现实生活中却是很容易误导人们的一类信仰。由于这类信仰的形成是基于人们面对人生生理层面生命体的生老病死的直观的现象中存在着生、灭现象，这种现象的存在，容易使人们认为人类生命来源于不存在的"空"，最终会变成不存在的"空"；或者来源于与自身无关的存在，最终又变成与自身生命无关的存在，而且，当人们面对"人心"的存在时，因"人心"无法被人类借助人体感觉器官进行反复实证，于是在不能被人类借助人体感觉器官进行反复实证的存在就不是真实存在的观念指导下就会形成"人心"也不是人生本质存在的信仰，将以上两方面的信仰结合就形成了"人心"和"肉体"均不是人生本质存在的人生信仰。目前来看，虽然对人类生理层面生命体来说，关于"肉体"不是人生本质存在的信仰已被人们在自然科学活动中所认识到的"质能守恒"的科学发现变得不值一驳，但是人们在自我属性的作用和影响下，往往还是会觉得人死亡后的生理层面生命体变得与自身无关等，从而使信仰者处于相应的矛盾和困惑之中。

人生的属性存在、现象存在、关系存在都是人类生命体本质存在的产生、保持、运动和变化的结果，所以人类对人生属性存在的信仰、现象存在的信仰和关系存在的信仰也将随着人类对人生本质存在的人生信仰困惑的存在而处于相应的困惑之中。

在以"人心"和"肉体"均不是人生本质存在的人生信仰指导下，信仰者面对人生目的时，往往会立足于将相应的人生的目的视为"断、灭、空"的存在，从而使信仰者面对人生时处于无奈、无聊之中，并使信仰者的人生变得迷茫和无助并与事实不符合的困惑之中。

在以"人心"和"肉体"均不是人生本质存在的信仰下，信仰者对人生的意义和价值也会将其定位于人生并无意义和价值，在这种信仰下，信仰者往往会轻视自己的人生而处于随波逐流和以命相博的极端的状态，结果使自身处于被动、无聊之中。

由于相应信仰者把人生的目的和意义定位在"人生活动没有什么目的存在，没有什么意义存在"之上，并且会以"断、灭、空"的观念、态度进行相应的心理和行为活动，信仰者面对自我进行人生活动时，往往会随心所欲，不珍惜生命，但是又面临着摆脱不了自身肉体生命的限制，从而使自身处于矛盾与困惑之中。当他们面对社会进行人生活动时，也会因无所谓自身与社会关系的存在，而使自身处于相对孤立的状态，但是又面临摆脱不了现实社会的作用和影响，使自身处于较为被动的状态，当他们面对自然进行相应的人生活动时也会处于无视自然的存在，却又摆脱不了自然的束缚，所以在以"人心"和"肉体"均不是人生本质存在的信仰下人生活动的目的和意义的信仰其实是使信仰者走向愚昧、无聊、绝望的信仰。他们在面对人生的过程时，会将人生的过程视为是虚幻的不真实的过程，并将人生过程的目的和意义定位于无目的和无意义的存在之上，他们对待人生过程，往往是以"断、灭、空"的态度去对待，从而会使信仰者由于过度地执著于"断、灭、空"，而使自己的人生处于各种麻木不仁的状态。

以上我们从人生生命体的存在、人生生命体的生存、人生生命体的活动、人生的生命过程出发对不同类别的人生信仰所面临着的困惑进行了分析和说明，下面我们就对形成困惑的原因进行分析和说明。

二、关于形成人生信仰困惑的主要原因

从以上我们对不同的人生信仰者的困惑所进行的分析和说明中我们认识到，

目前不同人生的信仰者之所以会形成各种各样的困惑的主要原因，有的是由于信仰本身就有一定的错误和局限，它并不能代表相应的真理，而有的则是由于目前人类自身的认识能力和认识方法的局限所导致的，但总的来说还是由于人类对人生生命体的存在、人生生命体的生存、人生生命体的活动和人生的过程的认识方法和认识能力的局限所导致的。下面我们就对不同类别信仰的困惑形成原因进行分析和说明，由于人类对人生的认识方法的错误和认识能力的局限既有内在的原因，也有外在的原因，下面我们就分别从内在原因和外在原因出发，分别进行论述和说明。

1、使不同人生信仰形成困惑的内在原因

使不同人生信仰形成困惑的内在原因主要体现在以下几个方面：从本质上看，人类的生命体是由心理层面生命体和生理层面生命体共同形成的由实体物质能量体为结构主体，多种能量成分并存的能量运行体系，这也就决定了人类生命体的感觉系统也是以实体物质能量体为主体构架的一个能量运行体系，于是人体的感觉器官能够与宇宙空间中具有相同或相似频率能量成分产生作用，并带动人体中的心理层面生命体产生运动，形成相应的感知体验。由于宇宙空间的能量体和能量运行体系是十分复杂的，这就决定了人类借助感觉器官能够对心理和行为活动对象进行反复实证形成的知识也是十分有限的，特别是受到部分能量场类能量体和暗物质类能量体、暗能量类能量体以及能量基类能量体的作用时，大多数的能量体都不能够通过人体感觉系统产生作用形成实证的知识。虽然某些暗物质、暗能量、能量基在一定条件下能够直接与人类感知能量生命体产生作用，并形成相应的感知体验，但是从人类的心理层面生命体来看，由于对不同的人来说，他们的感知能量体具有不同的属性存在，于是面对相同的作用对象形成的感知体验也是不一致的，所以当他们面对相同的暗物质、暗能量和能量基等作用时，也就不能够形成一致的感知体验，进而形成相同的知识和信仰。

由于人类生命体具有自然的属性存在，在自然属性的作用下，决定了人生生命的生存过程具有一定的时间性，而且能够对事物进行认识的时间也比较短暂，这也就决定了人类对人生的知识和信仰必须建立在前人知识和信仰基础上，于是人类对人生的知识和信仰必然会受到前人的知识和信仰的影响，前人的知识和信仰是建立在一定认识背景和时空条件下形成的，并不一定能够代表真理，即使是真理，在一般情况下，所认识到的真理往往也具有运动、变化的属性，是相对的真理。若被影响者不能用客观、正确的方式进行选择、接收，他们就会被前人相应的知识和信仰所误导，而使相应的人生信仰偏离真理。

人类的心理和行为活动都是在自我属性的作用下进行的，所以人类在对人生进行心理和行为活动形成相应信仰的过程中，往往也会受到自我属性的作用，并在相应的心理活动惯性作用下进行活动，从而导致信仰者对人生所进行心理和行为活动过程中具有一定的倾向性，他们不能够以客观、正确的态度来发现真理，并对真理进行客观、正确的反映和表达。

除了以上原因之外，人类长期以来所形成的固有观念也会成为人们认识人生的障碍，并影响到对人生信仰的形成。例如：长期以来，在人们心中形成了"只有能够被人类大众借助生理层面生命体的感觉器官进行反复实证的存在才是真实的存在，反之则不是真实存在"的观念，这种观念会使人们对人生认识形成局限，从而限制了人们对人生信仰的认识。

以上所述的使人类对人生信仰形成困惑的主要内在原因中，有的是不可避免的，有的却是可以避免的。

2、使不同人生信仰者形成困惑的外在原因

使人生信仰产生困惑的外在原因主要有源于社会的原因和源于自然的原因。其中，源于社会的原因主要有政治、经济、文化、教育等方面的原因。其中政治、经济是人类社会共同关注的问题，它对人类生命体的社会活动会形成具有根本倾向性的作用和影响，所以就会受到来自统治者及各种利益相关组织的关注和影响。

在教育方面，人类对人生的信仰是建立在对人生所处时空的知识基础之上形成的。在人类社会中，由于对人生信仰的传承一般都是由统治者主导，通过教育的方式实现的，所以在对有关人生知识、信仰进行教育和传承过程中，往往会带有统治阶级的政治倾向，这样往往会导致相应人生的信仰会具有明显的时代烙印而偏离真理。

在文化方面，文化是对人类心理及行为活动的传承、表达和呈现。人类在发展过程中，在不同的区域和民族中，往往会形成具有统一倾向性价值观的文化，并根植于相应社会的生命、生存、生产、生活等人生活动之中，当相应的文化以记忆的方式存在于人类的心理层面生命体之中，势必会使人们对人生信仰的形成产生倾向性的作用，从而影响人生信仰的形成。

源于自然的原因主要体现在：一方面，由于人类生理层面生命体的生、老、病、死现象都会受到源于自然的影响，人类生理层面生命体无时不与自然界中的相应能量体形成新陈代谢活动，与此同时，人类心理层面生命体也会受到自然界中相应能量环境的作用和影响，并产生相应的活动，进而影响到人们的认识能力和认识质量。人类在生命、生存、生产、生活等人生活动中无不在与自然界打交道，这也就会使人类在对自身进行认识的过程中，往往会以自身对自然的认识作为参照对象进行相应的心理和行为活动，并以人类对自然世界的认识形成的各种知识为参照形成人类对人生的知识和信仰；另一方面，由于自然界中能量体的属性存在、现象存在和关系存在也处于千变万化之中，于是人们在对自然进行生命活动中，就会形成各种不同的、处于相对运动、变化的知识。人类在对自然进行不同的心理和行为活动过程中形成的各种不同的和处于相对运动变化的知识，往往也会影响到人类对人生的知识和信仰的形成。虽然人类从属于自然，但是人类生命体本身也有自身的分别属性存在，所以当人们以教条的、习惯性的和各种自然知识来作为形成人生信仰的参照时，势必会使人们对人生的信仰处于远离真理的困惑之中。

以上我们对目前人类对人生信仰所面临着的困惑，和形成困惑的原因做了一个概括性的分析和说明，那么我们势必会问：面对人生信仰的各种困惑的存在及形成困惑的原因，我们能否超越？若能，我们该如何超越呢？

三、人生信仰困惑的超越

以上我们对目前人类对人生信仰所面临的困惑及形成相应困惑的主要原因进行了分析和说明，从相应的分析和说明中，我们认识到：造成人生信仰困惑的根本原因，从内在来看，主要有人类对人生的生命存在、生存、活动及人生的过程的认识的方式、方法不正确的原因和人类天生认识事物能力不足的原因；从认识的结果来看，由于人生信仰不能够正确、完整地反映人生生命体的存在、人生生命体的生存、人生生命体的活动和人生的生命过程，而且，即使能够反映也不知其真实原因所在，因此而导致了困惑。从外在来看，一方面，由于人类社会中统治者面对人生的信仰时往往会与当时统治者所倡导的政治、经济、文化教育进行结合形成相应的能够为统治者所利用的人生信仰，并在社会的教育、宣传下将其强化，导致与真理不相符合，从而使人们处于相应的困惑之中；另一方面则是由于人类习惯性将自身对自然世界的知识运用在人生信仰之中，从而使相应人生信仰与相应真理之间存在着差异而导致的。面对人生信仰的各种困惑，我们该如何超越呢？就作者的观点来看，虽然根本上讲，人类是无法完全超越的，但是要超越目前人们对人生信仰的困惑，我们可以从以下几方面着手：

1、我们要树立起宇宙空间是由空间和能量所组成的观念。也就是说宇宙中的一切存在的本质是空间和能量，宇宙空间是由空间和能量共同形成的世界。人类生命体的本质就是能量，人类属于宇宙空间中的一部分，是宇宙空间中具有相应功能属性的能量体和能量运行体系的存在，人生生命体源于自然，归于自然。

2、从能量的功能属性看，宇宙空间是由无感知功能属性能量体和感知功能属性能量体共同组成，其中，无感知能量体的存在及其运动、变化形成了宇宙空间中的一切无感知的物理世界。感知能量体的存在及运动、变化形成了宇宙空间中的一切有感知的精神世界，二者共同形成了宇宙空间中一切能量的存在。人类生命体就是由无感知能量体和感知能量体共同结合而成的生命体，所以以唯"人心"为人生本质存在和以唯"肉体"为人生本质存在以及"人心"和"肉体"均不是本质存在的人生终极信仰都是错误的。

3、我们必须树立起一切有感知功能的有机生命体都是由生理层面生命体和心理层面生命体的结合体的观念。他们对外界和对内在进行的感知、认识和行为心理活动都是各种能量体相互作用、相互运动、相互转化带动相应心理生命体进行活动的结果。其中，人类生命体的存在也是由感知能量形成的心理层面生命体和无感知能量形成的生理层面生命体的结合体，所以人类对世界进行感知、认知活动有的是人体中的感知能量体直接与相应的能量体产生作用而形成的，有的是通过无感知有机生命体带动生理层面生命体进行活动而形成的。形成精神世界的感知能量体是由具有感知属性的暗物质、暗能量和能量基组成，这类能量体比能够作用于人类生理层面生命体的某些能量场类能量体和实体物质类能量体的基本微粒要小得多，所以那些通过人类生理层面生命体的感觉系统进行反复实证获得的知识和借助人类所发明的由实体物质类能量体和能量场类能量体所制造而成的仪器和工具都难以对"人心"的本质存在进行反复实证。而事实上，并不能被人类借助生理层面生命体的感觉系统进行反复实证的存在就不是真实存在的观点是错误的，所以我们必须认识到对宇宙空间的一切存在来说，能够被人类借助生理层面生命体的感觉器官进行反复证实的存在是极其有限的，宇宙空间中的大多数的存在是不能被人类借助自身的感觉系统进行反复证实，而且不被人体感觉系统进行证实的存在并不意味着它们不能被人类感知能量体进行直接感知体验到，只不过这种感知体验到的存在是我们无法被大众通过感觉系统所证实和被重复体验证实罢了。"人心"中的感知能量体之所以不能够被人类重复性的证实，一方面是由于"人心"之中暗物质、暗能量和能量基的基本粒子十分渺小的原因所致，而且对于很多类似的感知和无感知能量体来说，也是由于基本微粒太小，所以显得极不稳定，当它们受到外界的任何形式的能量干扰时就会产生相应运动变化，所以对于处于相对稳定的心理层面生命体来说，面对威力极小和极不稳定的感知对象来说，要形成重复的感知体验几乎是不可能的，即使能够形成，要对别人进行相应的信息传递和表达也很难做到，要使别人与自身形成共同认识和认可也不容易做到。

4、人类要超越对人生信仰的困惑，我们还需要认识到：人类仅只是宇宙空间中各种生命中的一类生命体，人类在宇宙空间的存在只是宇宙空间中各种不同存在的一部分，而不是主人。人类在狭义的自然中可能是最有智慧的有机生命体，但是并非意味着是宇宙空间最具智慧的生命体。拟人化的神、灵是否存在我们无法通过现代的"实证"科学手段得知，也无法证实，即使存在，神、灵之间的差别仅只是感知能量体的大小、结构、频率不一致所导致的，但是，它们也都属于感知能量体的存在，精神世界不能单独创造无感知物理世界，无感知物理世界也不可能单独创造出有感知的精神世界存在。对人类生命体来说，"人心"、"肉体"均是人生的本质存在的信仰才是事实。

5、面对人生的信仰，我们还必须树立起人生的目的是保持"灵魂"和"肉体"生命存在和生存的延续、提升"灵魂"和"肉体"生命体存在和生存的质量以及减少痛苦，追求人生幸福价值最大化的观念，在生命活动中，我们也应树立起有益于自我、有益于社会、有益于自然的人生生命活动方能实现正确的人生目的的观念。

6、面对人生的过程，我们要树立起人生源于人类生理层面生命体与心理层面生命体的结合，死后二者分离，生理层面生命体（肉体）归于自然，而心理层面生命体（灵魂）又归于宇宙空间之中，并以相对独立的方式进行存在，而"灵魂"在人生过程中和死亡之后，他们都会以相对独立的形式存在，并不停地进行着能量新陈代谢的活动，所以那些认为人类死后灵魂就消亡和人类灵魂处于永恒不变生存状态的观点其实都是错误的。也就是要树立起正确的一分为二、合二为一的人生过程的观念。

以上作者对如何超越目前人类对人生信仰的困惑的主要观点进行了阐述，由于每个人的人生信仰都是一个复杂的观念体系，所以每个人都应在以上原则指导下结合自身的情况和所面对的困惑的原因进行深入的认识和了解，方能达到解惑、超越的人生目的。

导 言

第三篇

信仰与人生

在第一篇"论人生"和第二篇"论信仰"的相关章节中,作者对"人生"和"信仰"的主要问题进行了论述和说明。

在第一篇"论人生"的相关论述中,作者将人生定义为:"人生是人生生命体从质变性产生到质变性死亡的生存过程中,人生生命体的存在、生存和活动的统一",并把人生的内涵分成了人生生命体的存在、人生生命体的生存、人生生命体的活动、人生的过程四个层面。其中,人生的过程融入于人生生命体的存在、生存及活动之中。

在第二篇"论信仰"的相关论述中,作者对人类的信仰、科学、宗教等问题进行了论述和说明,并把人类的信仰定义为:"信仰是人类生命体针对活动对象进行心理和行为活动所形成的对活动者相关的心理和行为活动具有根本倾向性和指导性的观念存在",并从人生心理和行为活动的活动对象出发,将人类的信仰分成了:对自然存在的信仰、对社会存在的信仰、对自我存在的信仰以及对自然、社会和自我之间相互关系存在的信仰,还进一步将以上不同类别的信仰分成了对本质存在的信仰、对属性存在的信仰、对现象存在的信仰和对关系存在的信仰,并将人类对自然、对社会、对自我本质存在的信仰称为对世界(自然)存在、对社会存在和对自我存在的终极信仰。在相关论述中,我们还将人类对人生的信仰进行了论述和说明,并从人生的内涵出发,把人类对人生的信仰分成了:对人生生命体存在的信仰、对人生生命体生存的信仰、对人生生命体活动的信仰、对人生过程的信仰。从活动者的倾向性出发,将人类对人生的信仰分成了:对人生目的的信仰、对人生意义的信仰、对人生价值的信仰等。

将人类对自然、社会和自我关系存在的信仰分成了：人类对自我与自然之间相互关系存在的信仰、对自我与社会之间相互关系存在的信仰、对自然与社会之间相互关系存在的信仰和自我、社会、自然之间相互之间关系存在的信仰等。

在对科学的论述中，我们认为："科学是人类生命体为了快速、准确、高效地实现人生目的，针对相应心理和行为活动对象（包括活动本身）进行心理和行为活动所获得的知识，以及对相应知识进行实践、应用的统一，它包括了科学知识和科学活动。"

在对宗教的相关论述中，作者对宗教进行了重新定义，并认为："宗教是在宗教信仰基础上，对宗教信仰思想进行教育、传播、学习和宗教实践活动的统一，是宗教信仰和宗教活动的统一"，而人类的宗教信仰是以人生终极信仰为根本所形成的信仰体系。人类对人生的信仰并不等同于宗教信仰，而宗教信仰却属于人生的信仰。在相关论述中，作者还对宗教与科学之间的关系进行了相应的论述和说明，并认为："宗教属于人类科学之中的人生科学的范畴。"根据本书前面两篇的相关论述，我们会问：信仰与人生之间又有什么样的关系存在？由于"信仰"和"人生"都是一个广泛的概念，所以为了便于对信仰与人生的关系进行论述和说明，下面我们就分别从"人生对自然存在的信仰与人生"、"人生对社会存在的信仰与人生"、"人生对自我存在的信仰与人生"、"人生对自然、社会、自我之间相互关系的信仰与人生"分别进行论述和说明。

第一章 人生对自然存在的信仰与人生

人生的信仰包括了个人人生的信仰和社会大众共有的人生信仰。个人与社会大众对活动对象所形成的信仰有的是一致的，有的并不一致。个人与社会大众的信仰在一致性的情况下和不一致性的情况下对相应人生的作用和影响是不同的。

人生对自然存在的信仰包括了人生对自然本质存在的信仰、对自然属性存在的信仰、对自然现象存在的信仰、对自然关系存在的信仰。下面我们就分别从人生对自然本质存在的信仰与人生的关系、人生对自然属性存在的信仰与人生的关系、人生对自然现象存在的信仰与人生的关系、人生对自然关系存在的信仰与人生的关系出发，分别进行相应的论述和说明。

一、人生对自然本质存在的信仰与人生的关系

人生对自然本质存在的信仰是人生对自然存在的终极信仰，是人生对自然存在的根本信仰，是人生认识自然、利用自然的根本指导思想。

从"广义自然"的角度看，人生对自然本质存在的信仰其实就是人生对世界（宇宙空间）存在的终极信仰，是人生生命体针对自然的本质存在进行心理活动和行为活动过程中所形成的对相关活动具有根本倾向性和指导性的观念存在。关于人生对自然本质存在的信仰与人生的关系，主要包括了人生对自然本质存在的信仰对人生的作用和影响和人生对自然本质存在信仰的作用和影响。

其中，人生对自然本质存在的信仰对人生的作用和影响主要体现在：由于人

生对自然本质存在的信仰不仅是信仰者形成对自然属性存在的信仰、对自然现象存在的信仰、对自然关系存在的信仰的根本的思想依据，而且还是信仰者认识自然和利用自然对自然进行心理和行为活动的重要的思想依据，它对人生的作用和影响主要体现在：一方面，由于相应信仰会对生存在相应时空条件下的社会大众对自然进行认识和理解产生作用和影响，并对他们对自然的活动态度、活动方式、活动方法选择的正确性、全面性、可行性形成相应的作用和影响，进而对社会大众面对自然不同存在进行心理和行为活动的活动过程及活动结果产生相应的作用和影响。由于人生生命体是在相应时空条件下的社会中进行存在、生存及活动的，所以社会大众对自然的活动过程和活动结果必然会对生存在相应社会中的人生生命体的存在、生存及活动的社会条件和社会环境等产生相应的作用和影响，进而对相应人生及人生的命运等产生相应的作用和影响；另一方面，相应人生对自然本质存在的信仰也会对信仰者认识自然、了解自然以及在自然中人生目的的形成产生作用和影响，同时，也会对为人生目的的实现，对自然进行心理和行为活动的活动态度、活动方式、活动方法进行选择的正确性、全面性、可行性形成相应的作用和影响，进而对信仰者人生目的的实现产生相应的作用和影响。若人生对自然本质存在的信仰是正确的，那么相应的信仰就会有利于信仰者对自然本质存在、属性存在、现象存在和关系存在进行正确、全面的认识和理解，并有利于相应人生生命体对自然属性存在的信仰、现象存在的信仰、关系存在的信仰的形成和相应信仰质量的提升，进而有利于相应人生生命体存在、生存、活动和人生命运质量的提升。

若人生对自然本质存在的信仰是错误的或片面的，那么相应的信仰就会误导信仰者对自然不同存在的认识和理解，使信仰者在自然中人生目的的形成产生负面的作用和影响，同时，也会对为实现相应人生目的而对自然进行心理和行为活动时对活动对象的活动态度、活动方式、活动方法进行选择的客观性、正确性和全面性及可行性形成负面的作用和影响，进而对人生目的实现和人生的命运形成负面的作用和影响。

从以上的论述和说明中我们认识到：人生对自然本质存在的信仰对人生的作用和影响，一方面是相应时空条件下的社会大众对自然本质存在的共同信仰对生存在相应社会中的人生产生的作用和影响；另一方面是信仰者对自然本质存在的信仰对自己的人生形成的作用和影响，但是，由于每个人都具有自我的属性存在，所以在同一时空条件下，社会大众与个人或同一个在不同时空条件下对自然本质存在的信仰是不完全相同的，有时甚至会有本质上的区别。若相应人生生命体与相应时空条件下的社会大众对自然本质存在的信仰之间具有一致性，那么相应信仰对人生的作用和影响就会被放大，若相反就会被削弱。

人生对自然本质存在信仰的作用和影响主要体现在：在人生过程中，相应人生生命体的存在、生存及其活动也会对相应人生生命体对自然本质存在的信仰产生相应的作用和影响，而且这种影响也会因为信仰者在社会中所处的关系与地位不同而不同。人生对信仰者对自然本质存在信仰的作用和影响主要体现在：一方面，由于在人生过程中，随着人生生命体针对自然进行心理和行为活动，在活动过程中对自然本质存在的认识和理解的变化以及相应社会对自然观念的变化和改变，都会对相应人生生命体对自然本质存在的信仰产生作用和影响；另一方面，则是相应人生生命体在自然中的存在、生存、活动的过程中，对自然本质存在的认识和理解的变化及其所创造的物质产品和精神产品都会对生存在相应社会中的其他人生生命体和自我人生生命体对自然本质存在的信仰产生相应的作用和影响，并使其发生相应的变化和改变。

二、人生对自然属性存在的信仰与人生的关系

人生对自然属性存在的信仰与人生之间的关系主要包括：人生对自然属性存在的信仰对人生的作用和影响和人生对自然属性存在的信仰的作用和影响两个方面。其中，人生对自然属性存在的信仰对人生的作用和影响主要体现在：在相应时空条件下的人生生命体对自然属性信仰的正确与否将会直接和间接的对生存于相应时空条件下的社会大众和个人对自然属性的认识和了解的正确性、全面性等产生相应的作用和影响，并对相应人生生命体在自然中的人生目的和价值取向的形成产生作用和影响，除此之外，还会对信仰者对自然的活动态度、活动方法、活动手段选择的正确性、客观性、全面性形成相应的作用和影响，导致相应人生对自然的活动过程、活动结果产生相应的作用和影响，由于一切人生生命体的存在、生存及活动都需要从自然界中获取相应的物质利益作为支撑，所以人生对自然进行活动的活动过程和活动结果必然对相应人生生命体的存在、生存、活动形成作用和影响；除此之外，在相应时空条件下，社会大众对自然属性存在的信仰也会对相应人生生命体对自然属性存在的信仰产生相应作用和影响，进而对相应人生目的的实现和人生的命运产生相应的作用和影响。在相应的社会中，若社会大众

和相应人生生命体对自然属性存在的信仰能够对自然的属性存在进行正确、全面的反映时，相应的信仰就会有利于信仰者对自然的属性存在进行正确的认识和理解，并有利于信仰者相关人生目的形成和为了实现相应人生目的针对自然进行心理和行为活动的活动态度、活动方式、活动方法选择的正确性、全面性、可行性的提升，其结果也将有利于相应人生的进步和发展，并对相应人生目的实现以及人生的命运产生积极的作用和影响。

相反，若信仰者对自然属性的信仰是错误的或片面的，那么相应信仰就会误导信仰者对自然属性存在的认识和理解，并对相应人生目的和价值取向的形成，以及围绕相应人生目的实现所进行的心理活动和行为活动的活动态度、活动方式、活动方法选择的正确性、全面性、可行性形成负面的作用和影响，其活动过程及活动结果也将有损于相应人生目的的实现，甚至造成事与愿违的结果，进而对相应人生及人生的命运形成负面的作用和影响。人生对自然属性存在的信仰对信仰者的人生所产生相应作用和影响中，有的是社会大众对自然属性存在的信仰对相应人生形成的作用和影响，有的则是相应人生生命体对自然属性存在的信仰对自我人生形成的作用和影响，如果信仰者对自然属性存在的信仰与社会大众对自然属性存在的信仰是一致的，相应信仰对人生的作用和影响就会被加强被放大；若二者不一致或相反时，则会使相应人生的信仰变得不稳定或产生动摇，并使相应信仰对人生的作用和影响被削弱。

人生对自然属性存在信仰的作用和影响主要体现在：在一定时空条件下，随着相应人生生命体的存在、生存、活动的进行，相应人生生命体对自然属性存在的认识和理解的变化和改变，就会对信仰者对自然属性存在的信仰产生相应的作用和影响。其具体表现为：随着相应人生所受到的有关自然属性的知识背景、教育环境的变化，以及信仰者对自然所进行的心理和行为活动经历的运动、变化，也会使相应人生生命体对自然属性的认识和理解发生变化，进而使信仰者对自然属性存在的信仰发生变化和改变，其结果有的使人生对自然存在的信仰产生质疑，并发生变化和改变，而有的则让信仰者对自然属性存在的信仰更加坚定和完善。

三、人生对自然现象存在的信仰与人生的关系

人生对自然现象存在的信仰是指在相应时空条件下的社会大众或相应人生生命体，针对自然现象的存在进行心理和行为活动过程中所形成的对活动者相关心

理活动和行为活动具有根本倾向性和指导性的观念存在。人生对自然现象存在的信仰与人生的关系包括人生对自然现象存在的信仰对人生的作用和影响以及人生对自然现象存在信仰的作用和影响。其中，人生对自然现象存在的信仰对人生的作用和影响主要体现在：一方面，由于在一定时空条件下，社会大众与个体人生生命体对自然现象存在的信仰不但能够对信仰者认识自然现象、了解自然现象、利用自然现象形成具有根本倾向性和指导性的作用和影响，还会对相应人生目的的形成以及围绕相应人生目的的实现对自然所进行的心理活动和行为活动的活动方式、活动方法、活动态度进行选择的正确性和全面性产生相应的作用和影响，进而对相应人生及人生的命运产生作用和影响；另一方面，人生对自然现象存在的信仰也会作用和影响于信仰者对自身在自然之中的存在、生存及活动目的和人生价值观的形成，并对信仰者对自然进行心理和行为活动的活动态度、活动方式、活动方法进行选择的正确性、全面性、可行性产生相应的作用和影响，进而对相应人生以及人生的命运等产生相应的作用和影响。例如：人生对于月亮变化周期现象、太阳变化周期现象和自然界中动、植物在四季中的变化现象的信仰的形成，对人生认识相关自然现象、了解相关自然现象、利用相关自然现象，并针对自然现象进行心理和行为活动都会形成具有根本倾向性和指导性的作用和影响，其结果也会对生存在相应时空条件下的人生产生相应的作用和影响。

对人类来说，众多的自然现象有的是直观的，有的是微观的。人类对自然不同存在的认识和了解都是透过对自然现象的观察、认识和总结获得的。如果人类对自然现象存在的信仰是正确和全面的，那么相应的信仰就会有利于信仰者对自然现象、自然本质、自然属性、自然关系进行正确、全面的认识和了解，并有利于信仰者在对自然进行心理和行为活动时，对相应的活动态度、活动方式、活动方法能够作出全面、准确、可行的判断、选择，其结果就会对生存在相应时空条件下的人生及人生的命运产生有利的作用和影响；与此相反，若信仰者对自然现象存在的信仰是错误的，那么相应信仰也会误导信仰者认识自然、了解自然、利用自然，并对相应人生生命体的心理活动和行为活动的活动态度、活动方式选择的准确性、全面性、可靠性等产生负面的作用和影响，进而对相应的人生及人生的命运产生负面的作用和影响，其结果也会对相应人生在自然中存在、生存、活动目的的实现形成负面的作用和影响。

人生对自然现象存在的信仰对相应的人生产生相应作用和影响的同时，相应人生的过程也会对信仰者对自然现象存在的信仰产生相应的作用和影响。

由于对自然现象存在的信仰对人生的作用和影响有的是通过社会大众对自然存在的信仰形成的，有的则是由自身的信仰形成的。人生个体与社会大众之间对自然存在的信仰是否一致对人生所形成的作用和影响是不同的。若一致，则会使相应的作用和影响被加强、放大，否则就使作用和影响被削弱。

　　人生对自然现象存在信仰的作用和影响主要体现在：伴随信仰者在自然中的存在、生存、活动的运动、变化，也会使相应人生对自然现象存在的认识和理解发生变化和改变。例如：随着人生所受到的教育和所接受到的有关自然现象信息的数量和质量的变化和改变，也会使相应人生对自然现象的认识、理解产生变化，进而对相应人生对自然现象存在的信仰发生变化和改变。例如：童年时期，在神话故事背景下对太阳、月亮活动现象所形成的神化般的信仰将会随着人生对日、月的认识和了解的提升和知识的更新而发生变化和改变。

四、人生对自然关系存在的信仰与人生的关系

　　人生对自然关系存在的信仰，是指在一定时空条件下，相应人生生命体针对自然的关系存在进行心理和行为活动的过程中所形成的对活动者的相关心理活动和行为活动具有根本倾向性和指导性的观念存在。例如：人生针对自然关系存在所形成的"自然的不同存在之间具有普遍联系的关系存在"的信仰和"自然界中不同存在之间均有对立统一的关系存在"的信仰以及认为"自然界中的存在都是独立存在"的信仰等都属于人生对自然关系存在的信仰。

　　人生对自然关系存在的信仰与人生之间关系主要包括了：人生对自然关系存在的信仰对人生的作用和影响，以及人生对自然关系存在信仰的作用和影响。其中，人生对自然关系存在的信仰对人生的作用和影响主要体现在：人生对自然关系存在的信仰不但会对相应时空条件下的社会大众或个体人生生命体对自然关系存在的认识、理解的正确性、全面性形成相应的作用和影响，同时还会对信仰者在自然中人生目的和价值观的形成以及针对自然关系存在进行的心理和行为活动形成具有根本倾向性和指导性的作用和影响，而且相应的活动过程和结果必然会对生存于相应时空条件下的社会大众和自我人生生命体的存在、生存及活动产生相应的作用和影响。如果人生对自然关系存在的信仰是正确的，那么相应的信仰就会有助于信仰者对自然的关系进行正确的认识和理解，并对信仰者在自然中的人生目的和价值观的形成和对自然所进行的心理活动和行为活动的活动目标进行

规划、设定的正确性、客观性和可行性等产生相应的作用和影响，除此之外，当信仰者人生的目的形成后，相应人生生命体就会围绕着自己人生目的实现进行相应的心理和行为活动，此时相应的信仰就会对信仰者的活动态度、活动方式、方法选择的正确性、可行性产生有利的作用和影响，进而对相应人生目的的实现和人生的命运等形成有利的作用和影响。相反，若信仰者对自然关系存在的信仰是错误的，那么相应的信仰就会误导信仰者对自然的认识和理解，从而会对信仰者的人生目的和价值取向的形成，以及围绕相应人生目的实现，针对自然所进行的心理和行为活动的活动态度、活动方式、方法选择的正确性、客观性、全面性产生相应负面的作用和影响，进而对相应人生生命体的存在、生存、活动以及人生的命运形成负面的作用和影响。除此之外，社会大众对自然关系存在的信仰还会对相应时空条件下人生生命体对自然存在的信仰产生相应的作用和影响，进而对相应人生在面对自然关系存在进行心理和行为活动时，在社会中所扮演的角色发生变化和改变，也就是说，对自然关系的信仰对人生的作用和影响有的源于社会大众信仰，有的则是源于人生生命体自身的信仰，若社会大众与相应人生生命体自身的信仰具有一致性，那么相应信仰对人生的作用和影响就会被放大和加强，若不一致或相反，就会使信仰对人生的作用和影响被削弱。

关于人生对自然关系存在信仰的作用和影响主要体现在：在相应时空条件下，随着人生生命体在自然中存在、生存、活动的运动、变化，也会使相应人生生命体对自然关系存在的认识和理解发生变化和改变，进而使相应人生生命体对自然关系存在的信仰发生改变和变化。在人生过程中，相应人生生命体对自然存在的认识和理解若能够正确、全面地对自然关系存在进行反映，那么就会有利于相应人生生命体对自然进行正确、全面的认识和理解，并使相应人生对自然关系存在的信仰走向真理；反之则会使相应人生对自然关系存在的信仰偏离真理。

以上我们从人生对自然不同存在的信仰出发，将人生对自然存在的信仰与人生的关系进行了相应的论述和说明，从中我们可以认识到：人生对自然存在的信仰不但对人生认识自然、了解自然、利用自然形成具有根本倾向性和指导性的作用和影响，同时还对人生认识自然、利用自然形成相应的作用和影响，进而对相应人生的目的和人生价值取向的形成和人生目的实现以及人生的命运等形成相应的作用和影响。人生对自然存在的信仰对信仰者的人生产生作用和影响的同时，还会对生存在相应时空条件下的其他人生生命体的存在、生存及活动等形成相应的作用和影响。

第二章
人生对社会存在的信仰与人生

在"社会与人生"一文中,作者对社会与人生的关系进行了论述和说明,并认为:"社会是具有一定关系存在的人生生命体共同存在及其活动的统一。"人类对社会存在的信仰包括了:对社会本质存在的信仰、对社会属性存在的信仰、对社会现象存在的信仰以及对社会关系存在的信仰。本文所说的人生对社会存在的信仰包括了在相应时空条件下社会中不同人群和个人对社会存在的信仰,而人生则是指相应人生生命体的人生。为了便于将人生对社会存在的信仰与人生的关系进行相应的论述和说明,下面我们就分别作如下解读和说明。

一、人生对社会本质存在的信仰与人生的关系

人生对社会本质存在的信仰是指在相应时空条件下,社会群体和个人针对社会的本质存在进行心理和行为活动过程中所形成的对活动者的相关活动具有根本倾向性和指导性的观念存在。它是信仰者认识社会、了解社会和针对社会进行心理和行为活动的过程中具有根本倾向性和指导性观念的存在,它是信仰者形成对社会属性存在的信仰、社会现象存在的信仰以及对社会关系存在信仰的基础信仰,属于人生对社会存在的终极信仰。它包括了信仰者对社会本质存在的终极信仰、对社会属性本质存在的信仰、对社会现象的本质存在的信仰、对社会关系本质存在的信仰。关于人生对社会本质存在的信仰与人生的关系,主要包括了人生对社会本质存在的信仰对人生的作用和影响以及人生对社会本质存在信仰的作用

和影响。其中，人生对社会本质存在的信仰对人生的作用和影响主要体现在：由于人生对社会本质存在的信仰是相应人生生命体认识社会、了解社会，对社会进行人生心理和行为活动的过程中具有根本倾向性和指导性的观念存在。人生对社会的属性存在、现象存在、关系存在的认识和理解的正确性、全面性，以及对社会属性、社会现象、社会关系信仰的形成等都将受到信仰者对社会本质存在的信仰的作用和影响，除此之外，信仰者对社会本质存在的信仰还会对信仰者在社会中人生目的和人生价值取向的形成，以及使信仰者针对社会进行心理活动和行为活动时对活动目标的规划设定，以及活动态度、活动方式、活动方法的选择的正确性、全面性和可行性形成相应的作用和影响，除此之外还会对相应活动过程及活动结果形成相应的作用和影响，进而对相应的人生及人生的命运产生相应的作用和影响。若信仰者对社会本质存在的信仰是正确的，那么相应的信仰将有利于信仰者对社会存在进行正确、全面地认识和了解，并使信仰者在社会中人生目的和人生价值取向的形成以及对相应活动价值取向、活动态度、活动方式、活动方法选择的正确性、全面性形成有利的作用和影响，进而对相应的人生及人生的命运产生有利的作用和影响，除此之外，在相应时空条件下，社会群体和个人对社会本质存在的信仰必然会对社会中相应人生生命体对社会不同存在的信仰及人生目的和价值取向的形成，以及相应人生对社会活动目的的形成以及对社会活动态度、活动方式、活动方法选择的正确性、全面性、可行性产生相应的作用和影响，若人生对社会本质存在的信仰是错误的或者是片面的，那么相应信仰就会误导信仰者对社会存在的认识、理解，并对相应人生在社会中的人生的目的、人生的价值取向形成负面的作用和影响，当相应人生围绕自己人生目的的实现，针对社会进行心理活动和行为活动时，相应的信仰就会对信仰者的活动态度、活动方式、活动方法选择的正确性、全面性及可行性产生负面的作用和影响，进而对相应人生生命体在社会中的存在、生存、活动及人生的命运形成负面的作用和影响。

  人生对社会本质存在的信仰对人生的作用和影响的形成主要体现在：由于在相应时空条件下的人生生命体在社会中是与其他人共同存在、共同生存及共同活动的，所以人生对社会本质存在的信仰必然会对生存于相应社会中的人生生命体对社会本质存在的信仰产生相应的作用和影响，并对相应人生生命体对社会进行心理和行为活动的活动目的、活动态度、活动方式、活动方法选择的正确性、客观性和可行性产生相应的作用和影响，并对相应活动的活动过程及活动结果产生相应作用和影响，进而对生存于相应社会中的人生生命体的存在、生存、活动及人生的命运等产生相应的作用和影响。例如：那些将社会的本质视为是具有一定关系存在的"人生生命体"的信仰，将社会的本质视为"时空"和"人类"的信仰，将社会本质视为是"关系存在的团体"的信仰的人来说，他们对社会的认识、理解都将完全不同。由于人生对社会认识和了解不同，就会使人生在社会中人生目的和人生价值取向的形成以及对社会进行心理和行为活动的活动态度、活动方式、方法的选择等方面产生不一致，结果对人生的作用和影响也将不一致。关于社会的本质，作者已在本书第一篇第七章"社会与人生"一文中进行了论述和说明，在此就不重复了。由于社会中的个人和社会大众对社会本质存在的信仰有的是一致的，有的却不一致，有的甚至是相反的。若社会大众对社会本质存在的信仰与社会中相应人生对社会本质存在的信仰是一致的，那么相应的信仰对人生的作用和影响就会被放大和加强。若不一致或相反，相应信仰对人生的作用和影响就会被削弱。

人生对社会本质存在信仰的作用和影响主要体现在：一方面，随着人生在社会中存在、生存、活动的变化，会使相应人生生命体对社会本质存在的认识、理解发生变化和改变，并使相应人生对社会本质存在的信仰发生相应的变化和改变。也就是说，随着人生生命体在相应社会中所经历的活动及在社会之中的关系变化，以及所受到的教育环境的变化，就会使相应人生对社会的认识和了解发生变化和改变，进而使相应人生生命体对社会本质存在的信仰发生变化和改变；另一方面，随着相应社会环境条件及社会大众关系存在的变化和改变，会使生存在相应社会中的人生对社会认识和理解发生变化和改变，从而使那些生存在相应社会中的人生生命体对社会本质存在的信仰发生变化和改变，有的变化、改变的结果会使信仰者对社会本质存在信仰走向真理，而有的则会使其信仰远离真理。

二、对社会属性存在的信仰与人生的关系

人生对社会属性存在的信仰是指在一定时空条件下，人生生命体针对社会的属性存在进行心理活动和行为活动过程中所形成的对活动者的相关心理和行为活动具有根本倾向性和指导性的观念存在。它包括了人生对社会本质属性存在的信仰、人生对社会属性之属性存在的信仰、人生对社会现象属性存在的信仰和人生对社会关系属性存在的信仰。例如：人类对社会发展变化规律的信仰、对社会制度变迁规律的信仰、对社会关系运动、变化规律的信仰等都属于人生对社会属性

存在的信仰。

人生对社会属性存在的信仰与人生的关系主要包括：人生对社会属性存在的信仰对人生的作用和影响，以及人生的情况对社会属性存在的信仰的作用和影响。其中，人生对社会属性存在的信仰对人生的作用和影响主要包括：社会大众对社会属性存在的信仰对社会中相应人生的作用和影响以及相应人生生命体对社会属性存在的信仰对信仰者人生的作用和影响。人生对社会属性存在的信仰不但会对信仰者对社会不同属性存在的认识和了解的正确性、全面性产生作用和影响，还会对相应人生在社会中人生目的形成和人生价值取向的形成，以及为了实现相应人生目的对社会进行心理和行为活动时，对相应活动目标确立、活动价值取向以及活动态度、活动方法等选择的正确性、全面性及可行性等产生相应作用和影响，进而对相应人生生命体的存在、生存、活动及人生的命运等产生相应的作用和影响。这类作用和影响主要体现在：一方面，社会大众对社会属性存在的信仰必然会对他们所生存社会的政治关系、经济关系等产生相应的作用和影响，于是就会对生存于相应社会中的人生生命体在社会中的政治地位、经济状况和人与人之间的关系、人与组织的关系等产生相应的作用和影响，进而对生存在相应社会中的人生及人生的命运等产生相应作用和影响；另外一方面，人生对社会属性存在的信仰也会对信仰者对自身在社会中的人生目的、人生价值取向的形成以及对自身与他人和社会组织之间的关系等产生相应的作用和影响，并对相应人生生命体在社会中的存在、生存、活动形成相应的作用和影响，进而对相应信仰者的人生和人生命运产生相应的作用和影响。在相应社会中，社会群体（社会大众）与个人对社会属性存在的信仰有的是一致的，而有的却不一致，若一致，那么就会使自身与社会大众共处时能够和谐一致，若不一致，就会引起矛盾和冲突，若人生对社会属性存在的信仰是正确的，那么信仰就有利于人生对社会的属性存在进行正确、全面的认识和了解，并有利于人生在社会中存在、生存、活动的人生目的和人生在社会中的价值取向的形成，并对信仰者在对社会进行心理和行为活动过程中对活动态度、活动方式、活动方法选择的正确性、全面性及可行性形成正面的作用和影响，进而对相应人生生命体在社会中的存在、生存、活动及其人生的命运形成有利的作用和影响。若他们对社会属性存在的信仰是错误的，那么相应的信仰就会误导信仰者对社会属性存在的认识和理解，进而对信仰者在社会中人生目的和人生价值取向的形成产生负面的作用和影响，并对其针对社会进行心理和行为的活动态度、活动的方式、活动方法的选择的正确性、全面性、可行性产生负面的作用和影响，进而对相应人生生命体在社会中的存在、生存、活动以及人生的命运形成负面的作用和影响。若社会中的相应人生生命体与社会大众对社会属性存在的信仰相一致，那么相应社会属性存在的信仰对人生的作用和影响也会被放大和加强，若不一致或相反，会使其作用和影响被削弱。

人生对社会属性存在信仰的作用和影响主要体现在：一方面，随着人生在社会中存在、生存及活动的运动、变化以及对社会属性存在的认识和了解的变化，就会促使相应的人生生命体对社会属性的信仰发生变化和改变；另一方面，随着社会环境的变化和改变，以及社会中人与人的关系发生变化和改变，也会使生存于相应社会中的人生生命体对社会属性存在的信仰发生变化和改变，当社会大众对社会属性存在形成共有的信仰时，在一定时空条件下，相应的信仰就会促使社会制度发生变化和改变。例如：近代许多国家所形成的对社会主义制度和共产主义制度的信仰。如今随着人生在现实社会活动中，发现现实情况与原有信仰之间不一致或者相反，就使信仰者对原有的信仰发生变化和改变，当社会中大众信仰发生改变，并形成共同的信仰时，就会使原有的社会制度的信仰被其他社会制度的信仰所取代，前苏联社会制度的变化就是对这种观点的证明。

三、人生对社会现象存在的信仰与人生的关系

人生对社会现象存在的信仰是指人生生命体针对社会的现象存在进行心理和行为活动过程中所形成的对相应活动者的相关心理活动和行为活动具有根本倾向性和指导性的观念存在。它包括了：人生对社会本质现象存在的信仰、人生对社会属性现象存在的信仰、人生对社会现象之现象存在的信仰和人生对社会关系现象存在的信仰。人生对社会现象存在的信仰与人生的关系包括：人生对社会现象存在的信仰对人生的作用和影响以及人生对社会现象存在信仰的作用和影响。其中人生对社会现象存在的信仰对人生的作用和影响主要体现在：人生对社会现象存在的信仰不但会对信仰者对社会现象存在的认识和了解的正确性、全面性产生相应的作用和影响，同时还会对信仰者在相应社会之中存在、生存、活动的人生目的的形成及人生的价值取向的形成以及他们在社会中进行活动的活动态度、活动方式、方法的选择的正确性、全面性、可行性等产生相应的作用和影响，进而对相应人生生命体在社会中的存在、生存、活动情况及人生命运等产生相应的作用和影响。

若信仰者对社会现象存在的信仰是正确的，那么相应信仰就会有利于信仰者对社会现象存在进行正确、全面地认识和了解，并对自身在社会活动中人生目标的规划和设定、人生价值取向的形成产生有利的作用和影响，除此之外，还会对相应人生生命体在社会中进行心理活动和行为活动的活动态度、活动方式、活动方法选择的正确性、全面性和可行性形成有利的作用和影响，进而对人生在社会中存在、生存、活动的过程和结果以及人生的命运形成有利的作用和影响；相反，若信仰者对社会现象存在的信仰是错误的，那么相应的信仰就会对信仰者对社会现象存在进行认识、理解的正确性、全面性、客观性形成负面的作用和影响，并对自身在社会中存在、生存、活动的目的及人生的价值取向的形成产生负面的作用和影响，除此之外，还会对相应人生生命体对社会进行活动的活动目标的规划设定以及活动的活动态度、活动方式、活动方法选择的正确性、全面性和可行性产生负面的作用和影响，进而对相应人生生命体在社会中的存在、生存、活动的质量以及相应人生的命运形成负面的作用和影响。

人生对社会现象存在的信仰对人生的作用和影响的形成，一方面主要是源于相应时空条件下的社会大众对社会现象存在所形成的共同信仰对生存于相应社会中的相应人生产生作用和影响而形成的，由于在社会中对社会利益的创造和分配情况也将随社会分工的细化变得日趋复杂，所以社会中不同人生对社会现象存在的信仰也将处于相互作用、相互影响、协调统一的状态，并对人生的信仰及相应信仰下的人生目的形成及人生目的的实现和人生的命运产生相应的作用和影响；另一方面，则是通过信仰自身所具有的对社会现象存在的信仰对信仰者的人生及人生的命运产生作用和影响形成的。在相应的社会中，若个人与社会大众对社会现象存在的信仰是一致的，那么相应信仰对人生的作用和影响就会被放大，若不一致或相反，相应的信仰对人生的作用和影响就会被削弱。

人生对社会现象存在的信仰的作用和影响主要体现在：一方面，随着相应人生生命体在社会中存在、生存、活动的进行，为了人生目的实现，相应人生生命体就会对社会存在进行相应的心理活动和行为活动，随着相应人生生命体对社会现象存在的认识、了解的深入，也会促使信仰者对社会现象存在的信仰发生运动和变化；另一方面，随着时空的变化，相应人生生命体在社会中的地位发生变化和改变，以及相应人生生命体与社会大众之间对相应信仰走向相同和不同，都会使相应人生生命体对社会现象的认识、理解、看法、观念等发生变化，进而使相应人生生命体对社会现象存在的信仰发生变化和改变。

四、人生对社会关系存在的信仰与人生的关系

人生对社会关系存在的信仰是指相应人生生命体针对社会的关系存在进行心理和行为活动过程中所形成的对信仰者的相关心理和行为活动具有根本倾向性和指导性的观念存在。它包括了：人生对社会本质关系存在的信仰、人生对社会属性关系存在的信仰、人生对社会现象关系存在的信仰、人生对社会关系之关系存在的信仰。例如：人们在社会中所形成的"社会是公平的"和"社会是不公平"的观念都属于人生对社会关系存在的信仰。

在"社会与人生"一文中，作者论述了在现实生活中的社会关系是一个庞大而复杂的体系，其主要包括先天的遗传形成的关系和后天形成的关系，其主要是通过相应的社会政治关系和社会经济关系、社会文化关系等进行体现的，其中，政治和经济对每个生存在社会中的人生生命体的存在、生存、活动及对人生命运的影响是十分巨大和具体的，当然社会的关系存在并不仅仅是政治关系和经济关系的存在，而是具有普遍性的关系存在，对每个人生生命体来说，它们都是通过先天形成的社会关系和后天形成的社会关系进行体现的。人生对社会关系存在的信仰与人生的关系主要包括了人生对社会关系存在的信仰对人生的作用和影响，以及人生对社会关系存在信仰的作用和影响。其中，人生对社会关系存在的信仰对人生的作用和影响主要体现在：在相应时空条件下，社会大众和个体对社会关系存在的信仰不仅对生存于相应社会中的人生生命体对社会关系存在的认识、了解的真实性、全面性、客观性形成相应的作用和影响，还会对相应人生生命体在社会中的人生目的、人生价值取向的形成产生相应的作用和影响，除此之外，还会对信仰者为了相应人生目的实现对社会进行心理和行为活动时对相应活动的活动态度、活动方式、活动方法选择的正确性和全面性、可行性等产生相应的作用和影响，进而对相应人生在社会中存在、生存、活动的情况及相应人生的运行轨迹、运行过程及运行结果产生相应的作用和影响。若信仰者对社会关系存在的信仰是正确的，那么相应的信仰就有利于相应人生对社会关系的存在进行正确、全面、客观地认识和了解，并有利于相应人生目的、人生价值取向的形成，并对信仰者在对社会关系进行心理和行为活动的活动态度、活动方法、活动方式选择的正确性、全面性、可行性形成有利的作用和影响，有利于相应人生目的的实现，进而有利于相应人生在社会中存在、生存、活动和人生命运质量的提升。若信仰者对社会

关系存在的信仰是错误的，那么在相应信仰的误导下，就会使信仰者对社会关系存在的认识和理解产生错误，进而对信仰者在社会中对人生目的和人生价值取向的形成产生负面的作用和影响，除此之外，还会对信仰者为了人生目的的实现对社会进行相应心理和行为活动时，对活动态度、活动方式、活动方法选择的正确性、全面性、可行性形成负面的作用和影响，进而对信仰者在社会中的人生质量和人生命运产生负面的作用和影响。人生对社会关系存在的信仰对人生的作用和影响的形成，一方面是通过相应时空条件下社会大众对社会关系存在的信仰对社会群体的心理和行为活动的活动过程及结果产生的作用和影响而形成的；另一方面则是通过信仰者自身所具有的社会关系存在信仰对自身心理和行为活动产生作用和影响而形成的。若人生与社会大众对社会关系存在的信仰是一致的，那么相应信仰对人生的作用和影响就会被放大或加强，若二者不一致或相反，则会使信仰对人生的作用和影响被削弱。

　　人生对社会关系存在的信仰的作用和影响主要体现在：一方面，随着社会的运动、变化以及相应人生生命体在社会中社会关系和角色的变化，以及相应人生生命体对社会关系知识的变化和改变等，都会使相应人生生命体对社会关系存在的认识和理解发生变化和改变，进而使相应人生生命体对社会关系存在的信仰发生变化和改变；另一方面，随着相应人生生命体在社会中存在、生存、活动的运动、变化，也会使信仰者对社会关系存在的认识、理解发生变化和改变，进而使相应人生生命体对社会关系存在的信仰发生变化和改变。

　　以上我们从人生对社会不同存在的信仰出发，将人生社会存在的信仰与人生的关系作了相应的论述和说明，从中我们认识到：人生对社会存在的信仰不但会对相应人生生命体认识社会、了解社会以及在社会中人生目的和人生价值观的形成产生相应的作用和影响，还会对人生对社会进行活动的活动态度、活动方式、活动方法选择的正确性、全面性、可行性产生相应的作用和影响，进而对相应人生生命体在社会中的存在、生存、活动和人生的命运形成相应的作用和影响，除此之外，人生在社会中的存在、生存、活动情况也会对相应人生生命体对社会存在的信仰产生相应的作用和影响。

第三章
人生对自我存在的信仰与人生

人生对自我存在的信仰是指在一定时空条件下，相应人生生命体针对自我的存在进行心理和行为活动过程中所形成的对活动者的相关心理活动和行为活动具有根本倾向性和指导性的观念存在。它包括了人生对自我本质存在的信仰、人生对自我属性存在的信仰、人生对自我现象存在的信仰以及人生对自我关系存在的信仰。而且我们还将人生对自我人生生命体的存在、生存、活动的统一的信仰称为对自我人生的信仰。下面我们就从人生对自我不同存在的信仰出发，将人生对自我存在的信仰与人生之间的关系进行相应的论述和说明。

一、人生对自我本质存在的信仰与人生的关系

人生对自我本质存在的信仰是指相应人生生命体针对自我的本质存在进行心理和行为活动过程中所形成的对活动者相关心理活动和行为活动具有根本倾向性和指导性的观念存在。它包括了对自我本质存在的终极信仰、对自我属性的本质存在的信仰、对自我现象的本质存在的信仰、对自我关系的本质存在的信仰，人生对自我本质存在的信仰是信仰者对自我属性存在的信仰、对自我现象存在的信仰、对自我关系存在的信仰的根本信仰。由于对人类来说，人生生命体的存在、生存、活动都具有"自我属性"存在，而且"自我属性"对人生生命体的心理和行为活动的影响是基础性的影响，是源于活动主体个性化的影响，所以人生对自我

本质存在信仰的正确与否将直接和间接地决定着信仰者对自我属性存在的信仰、对自我现象存在的信仰、对自我关系存在的信仰的正确与否，除此之外，还对自我的人生观、自我的社会观、自我的世界观和自我的行为观的形成产生作用和影响，并对自我与社会、自我与自然之间的关系的信仰产生深远的作用和影响。

人生对自我本质存在的信仰与人生的关系主要包括人生对自我本质存在的信仰对人生的作用和影响，以及人生对自我本质存在信仰的作用和影响。其中，人生对自我本质存在的信仰对人生的作用和影响主要体现在：在一定时空条件下，社会大众和相应人生生命体对自我本质存在的信仰不但会对相应信仰者对自我的存在、生存、活动的认识和理解的正确性、全面性产生相应的作用和影响，还会给信仰者对自我人生目的、人生意义和人生价值的形成带来直接和间接的作用和影响，除此之外，人生对自我本质存在的信仰还会使信仰者在针对自我、针对社会、针对自然进行的心理活动和行为活动的活动目的、活动目标、活动意义、活动价值取向的形成产生相应的作用和影响，在此基础上还会对相应人生生命体对自然、对社会、对自我进行心理和行为活动时，对相应活动的活动态度、活动方法、活动方式选择的正确性、全面性、可行性产生相应的作用和影响，进而对相应人生生命体的存在、生存、活动的质量以及相应人生的运行轨迹、运行过程和运行结果产生相应的作用和影响。假若信仰者对自我本质存在的信仰是正确的，那么相应的信仰就会有利于信仰者对自身的不同存在进行正确地认识和理解，并对信仰者人生目的、人生价值取向的正确性、客观性、全面性形成正面的作用和影响，也有利于信仰者为了人生目的实现，针对自我、针对社会、针对自然进行心理和行为活动时，对相应活动态度、活动方式、活动方法选择的正确性、全面性、可行性形成有利的作用和影响，并对相应信仰者的存在、生存、活动及其人生的命运形成正面的作用和影响等；相反，若信仰者对自我本质存在的信仰是错误的，那么相应的信仰就会使信仰者对自我的认识、了解的正确性以及对自我人生目的、人生价值的取向的形成产生负面的作用和影响，在此基础上，相应的信仰还会对信仰者在对自然、对社会、对自我进行心理和行为活动过程中，对相应活动的活动目的、活动方法、活动方式的选择的正确性、全面性、可行性等产生负面的作用和影响，做出错误的、片面的、不可行的选择，进而对信仰者在自然、社会中的存在、生存、活动的质量以及相应人生的命运形成负面的作用和影响。例如：那些以"肉体"和"灵魂"均为自我本质存在的人生终极信仰的人与那些唯"肉体"或唯"灵魂"为自我本质存在的人生终极信仰的人，以及与那些以"肉体"

和"灵魂"均不是自我本质存在的终极信仰的人来说，他们对人生的目的、人生意义、人生价值取向将是不一致的，而且在不同的人生终极信仰下，人生对自我、对社会、对自然所进行心理和行为活动的活动态度、活动方式及活动方法的选择也将是不一致的，有的甚至会形成完全相反的结果，这也就导致具有不同自我本质存在信仰者的人生的质量和人生的命运也将是不一致的。

人生对自我本质存在的信仰对人生的作用和影响，包括了社会大众对自我本质存在的信仰和相应人生生命体对自我本质存在的信仰对相应人生的作用和影响。其中，社会大众对自我本质存在信仰对人生的作用和影响主要是指社会大众对自我本质存在的信仰对相关群体在进行心理和行为活动的活动过程及活动结果形成的作用和影响，会对生存于相应社会之中个人人生生命体的存在、生存、活动的环境、条件产生作用和影响而形成的，例如：某个具有共同宗教信仰的宗教团体在社会中进行活动时，必然会对生存在相应社会中的人生生命体的存在、生存、活动等产生相应的作用和影响，而相应人生生命体对自我本质存在的信仰对人生的作用和影响则是通过对信仰者的心理及行为活动的倾向性产生作用和影响而形成的。若相应信仰者与社会大众对自我本质存在的信仰是一致的，那么相应信仰对信仰者的人生的作用和影响就会被放大和加强，若不一致或相反，将会使相应的作用和影响被削弱，甚至使其走向反面。

人生对自我本质存在的信仰的作用和影响主要体现在：一方面，随着信仰者的存在、生存及活动的运动变化，会使相应信仰者对自我本质存在的认识、了解发生变化和改变，并使信仰者对自我本质存在的信仰发生变化和改变；另一方面则是在人生过程中，社会大众对自我本质存在的信仰与相应人生对自我本质存在的信仰之间会处于相互作用、相互影响、协调统一的活动状态，其结果也会使相应人生生命体和社会大众对自我本质存在的信仰发生变化和改变。

二、人生对自我属性存在的信仰与人生的关系

人生对自我属性存在的信仰是指相应人生生命体针对自我的属性存在进行心理和行为活动过程中所形成的对活动者的相关心理活动和行为活动具有根本倾向性和指导性的观念存在。例如：针对自我生、老、病、死的变化属性所形成"有生就有死，有死就有生"的信仰等。人生对自我属性存在的信仰与人生的关系包括了人生对自我属性存在的信仰对人生的作用和影响和人生对自我属性存在信仰

的作用和影响两个方面。其中人生对自我属性存在的信仰对人生的作用和影响主要体现在：信仰者对自我属性存在的信仰不但会对信仰者对自我属性存在的认识、了解的正确性、全面性产生具有倾向性和指导性的作用和影响，而且还会对信仰者针对自我人生生命体的存在、生存、活动的人生目的的形成、人生的价值取向性的形成产生相应的作用和影响，在此基础上还会对信仰者针对自然、针对社会、针对自我进行心理活动和行为活动的活动态度、活动方式、活动方法的选择的正确性、全面性、可行性等产生相应的作用和影响，进而对相应信仰者的人生及人生的命运产生相应的作用和影响。若信仰者自我属性存在的信仰是正确的，那么相应信仰就会对信仰者对自我的认识、了解的正确性、全面性、客观性产生有利的作用和影响，并对信仰者人生目的和人生价值取向的形成产生有利的作用和影响，在此基础上还会对相应人生生命体为了实现人生目的，针对自然、针对社会、针对自我所进行的心理活动和行为活动时的活动态度、活动方式、活动方法选择的正确性、全面性、可行性形成有利的作用和影响，进而对相应人生目的的实现和人生的过程和人生的结果以及人生的命运形成有利的作用和影响。例如：若人生生命体对自我人生生命体的运动、变化属性的信仰是正确的，就会有利于相应人生生命体对自身的运动、变化属性进行正确、全面地认识和理解，并对自身的状态作出正确、客观的判断，于是当他们面对自我的人生目的、人生意义、人生价值的判断、思考时，就会作出一个正确、客观的人生定位，当信仰者为了自身人生目的的实现，针对自我、针对社会、针对自然进行心理和行为活动时，就会考虑自身人生生命体所具有的运动、变化属性的存在进行活动，而不会选择偏离或违反人生生命体运动、变化属性进行活动，这样就有利于信仰者人生生命体的存在、生存及活动目的的实现，进而对相应的人生和人生命运形成有利的作用和影响。

若信仰者对自我属性存在的信仰是错误的，那么在信仰的作用和影响下，信仰者面对自我人生的目的和人生价值取向时，就会被相应的信仰所误导而做出错误的定位，而且也会对自我人生生命体的认识和理解产生偏差，当他们为了人生目的的实现针对自然、社会和自我进行生理和行为活动时，往往会做出一些违反自我人生生命体运动、变化规律之事，从而对相应人生目的的实现和人生质量等产生负面的作用和影响，进而对相应的人生及人生的命运形成负面的作用和影响。

人生对自我属性存在信仰对人生的作用和影响，有的是源于社会大众对自我属性存在信仰对相应社会大众的心理和行为活动产生作用和影响，进而对相应人生产生作用和影响所致；有的是源于相应人生生命体对自我属性存在的信仰对自我人生形成的作用和影响所致。其中，社会大众对自我属性存在的信仰对相应人生的作用和影响的形成主要是对社会大众针对自然、社会、自我进行心理活动和行为活动产生作用和影响导致社会环境条件的变化，进而对生存在相应时空条件下的人生生命体的存在、生存、活动及人生的命运产生相应的作用和影响所致，而且相应的作用和影响包括了有利的作用和影响及有害的作用和影响和既有利也有害的作用和影响。若相应人生生命体对自我属性存在的信仰与社会大众对自我属性存在的信仰之间具有一致性，那么相应的信仰对人生的作用和影响就会被放大或加强，否则就会被削弱。

人生对自我属性存在信仰的作用和影响主要体现在：一方面，随着信仰者的存在、生存、活动的运动、变化，和对自我属性存在的认识和理解的增多，也会促使相应信仰者对自我属性存在的信仰发生相应的运动和变化，有的运动、变化的结果使信仰者对自我属性存在的固有信仰变得更加坚定和完善，有的则是被颠覆、削弱和改变；另一方面则是，随着社会环境的运动、变化，自然环境的运动、变化和自我人生状况的运动、变化，也会使相应人生生命体对自我属性存在信仰发生相应的变化和改变。

三、人生对自我现象存在的信仰与人生的关系

人生对自我现象存在的信仰是指在一定时空条件下人生生命体针对自我的现象存在进行心理和行为活动过程中所形成的对活动者的相关心理活动和行为活动具有根本倾向性和指导性的观念存在。它包括了：人生对自我本质现象存在的信仰、人生对自我属性现象存在的信仰、人生对自我关系现象存在的信仰和人生对自我现象之现象存在的信仰。人生对自我现象存在的信仰与人生的关系主要包括：人生对自我现象存在的信仰对人生的作用和影响以及人生对自我现象存在信仰的作用和影响。其中，人生对自我现象存在的信仰对人生的作用和影响主要体现在：人生对自我现象存在的信仰不但会对信仰者对自我现象存在认识和理解的方式、方法以及认识、理解的过程和结果形成具有根本倾向性和指导性的作用和影响的同时，还会对信仰者人生目的和人生价值取向的形成以及针对自我现象的存在进行心理和行为活动的活动目的、活动价值取向的形成产生作用和影响，除

此之外，当信仰者围绕着相应人生目的的实现进行相应的心理活动和行为活动时，对相应活动态度、活动方式、活动方法的判断、选择的正确性、全面性和可行性等都会形成具有根本倾向性和指导性的作用和影响，进而对相应人生及人生的命运产生相应的作用和影响。若信仰者对自我的现象存在的信仰是正确的，那么相应的信仰就会有利于信仰者对自我现象的存在进行正确、全面地认识、了解，也就有利于信仰者人生目的、人生价值取向的形成，并对信仰者针对自我、社会、自然的活动时，对相应活动态度、活动方法、活动方式选择的正确性、全面性、可行性产生有利的作用和影响，进而对相应人生目的实现和人生的命运等形成有利的作用和影响；相反，若人生对自我现象存在的信仰是错误的，那么在信仰的作用和影响下，就会误导信仰者对自我现象存在的认识和理解，进而对信仰者对自我人生的目的和人生价值的取向形成的正确性、全面性产生不利的作用和影响，除此之外，还会误导信仰者对自然、对社会、对自我的活动态度、活动方式、方法的选择等，进而对相应人生的质量及其人生的命运产生负面的作用和影响。

人生对自我现象存在的信仰对人生的作用和影响的形成有的是源于社会大众对自我现象存在的信仰，而有的是源于信仰者对自我现象存在的信仰。其中，社会大众对自我现象存在的信仰对人生的作用和影响主要是通过社会大众的相关心理活动和行为活动的活动过程及活动结果对生存在相应社会中的相应人生形成作用和影响的，若生存在相应的社会中的人生生命体与社会大众对自我现象存在信仰具有一致性，那么相应的信仰对人生的作用和影响就会放大和加强，否则会使相应的作用和影响受到削弱和减少。

人生对自我现象存在的信仰的作用和影响主要体现在：一方面，随着相应人生的运动变化会使信仰者对自我现象存在的认识和了解产生运动和变化，进而使信仰者对自我现象存在的信仰发生变化和改变；另一方面，相应信仰者在存在、生存、活动过程中，会受到社会大众对自我的作用和影响，并使信仰者对自我现象存在的信仰发生变化和改变，有的使原有的信仰变得更加坚定和完善，有的则使其发生变化和改变。

四、人生对自我关系存在的信仰与人生的关系

人生对自我的关系存在的信仰是指相应人生生命体针对自我的关系存在进行心理和行为活动过程中所形成的对活动者的相关心理活动和行为活动具有根本倾

向性和指导性的观念存在。人生对自我关系存在的信仰与人生的关系主要包括：人生对自我关系存在的信仰对人生的作用和影响和人生对自我关系存在信仰的作用和影响。其中，人生对自我关系存在的信仰对人生的作用和影响主要体现在：人生对自我内部关系存在的信仰和对自我与外部的关系存在的信仰不但会对信仰者对自我内在和外在关系存在的认识和理解的正确性、全面性形成相应的作用和影响的同时，还会对信仰者对自我人生目的及人生价值取向的形成以及围绕人生目的的实现对自我、对社会、对自然所进行的心理活动、行为活动时，对相应心理和行为活动的活动态度、活动方式和活动方法进行选择的正确性、全面性、可行性具有根本倾向性和指导性的作用和影响，进而对信仰者的人生及人生的命运产生相应的作用和影响。若信仰者对自我内部关系存在的信仰和外部关系存在的信仰是正确的，那么相应的信仰就会有利于信仰者对自我不同关系的存在进行正确地认识和了解，并有利于信仰者面对自我的人生目的和人生价值取向的形成，当相应人生生命体围绕相应人生目的的实现，针对社会、自然、自我进行心理和行为活动时，能够正确、快速地选择活动目标、活动态度、活动方式、活动方法进行活动，并对相应人生目的的实现形成有利的作用和影响，进而对相应人生及人生的命运等形成有利的作用和影响；若信仰者对自我关系存在的信仰是错误的，相应的信仰就会对自我的内在关系存在和外在关系的存在的认识、理解以及对人生目的、价值取向形成的正确性、全面性及可行性形成负面的作用和影响，并对信仰者对自然、对社会、对自我的活动态度、活动方式、活动方法的选择形成误导，进而对信仰者的人生生命体的存在、生存、活动及人生的命运形成负面的作用和影响。

　　人生对自我关系存在的信仰对人生的作用和影响的形成，一方面是由于社会大众对自我关系存在的信仰对社会大众活动的活动过程及活动结果产生作用和影响所导致的对相应社会中人生生命体的存在、生存、活动产生相应作用和影响而形成的；另一方面则是相应信仰对信仰者的人生生命体存在、生存、活动过程所产生的作用和影响形成的。若二者的信仰一致，相应信仰对人生的作用和影响就会被放大，否则就会被削弱。

　　人生对自我关系存在信仰的作用和影响主要体现在：一方面，随着人生的运动和变化，也将使相应人生对自我关系存在的认识和理解发生相应的变化和改变，进而使相应人生对自我关系存在的信仰发生变化和改变，另一方面，则是随着社会大众对自我关系存在信仰的运动、变化，相应人生生命体对自我关系存在的信仰也会发生相应变化和改变。

　　以上我们从人生对自我本质存在的信仰、对自我属性存在的信仰、对自我现象存在的信仰和对自我关系存在的信仰出发，将人生对自我存在的信仰与人生的关系进行了相应的论述和说明，从中我们认识到：人生对自我的信仰对人生的影响是十分明显和实际的，由于自我人生生命体是人生进行心理活动和行为活动的主体，所以人生对自我存在的信仰除了直接通过对自身产生作用和影响之外，还会直接和间接的通过对社会活动对象、对自然活动对象进行的心理和行为活动产生相应的作用和影响，进而对相应人生及人生的命运形成作用和影响，所以人生对自我存在的信仰对人生的作用和影响比对自然存在的信仰和对社会存在的信仰对人生的作用和影响更加明显和有效。

信仰与人生

第四章
人生对自我、社会、自然之间关系存在的信仰与人生

　　人生对自我、社会、自然之间关系存在的信仰是指相应人生生命体针对自我、社会、自然之间的关系存在进行心理和行为活动过程中所形成的对活动者相关心理和行为活动具有根本倾向性和指导性的观念存在。它包括了人生对自我与自然之间关系存在的信仰、人生对自我与社会之间关系存在的信仰、人生对自然与社会之间关系存在的信仰，人生对自我、自然、社会之间相互关系存在的信仰。为了便于进一步对自我、社会、自然之间关系存在的信仰与人生的关系作进一步的论述和说明，下面我们就从以上不同类别的关系存在的信仰与人生的关系出发，分别作如下论述和说明。

一、人生对自我与自然之间关系存在的信仰与人生的关系

　　人生对自我与自然之间关系存在的信仰是指在一定时空条件下，人生生命体针对自我与自然之间的关系存在进行心理和行为活动过程中所形成的对活动者相关心理和行为活动具有根本倾向性和指导性的观念存在。人生对自我与自然之间关系存在的信仰与人生的关系主要包括：人生对自我与自然之间关系存在的信仰对人生的作用和影响以及人生对自我与自然之间关系存在信仰的作用和影响。其中，人生对自我与自然之间关系存在的信仰对人生的作用和影响主要体现在：人生对自我与自然关系存在的信仰不但会对信仰者对自我与自然之间的关系存在的

认识和了解的活动过程及活动结果形成具有根本倾向性和指导性的作用和影响，并对信仰者相应人生目的形成、价值取向的形成、行为观的形成等产生相应的作用和影响，在此基础上，当人生生命体为了相应人生目的的实现，针对自我与自然进行心理和行为活动时，相应的信仰还会对信仰者所进行的相关活动的活动态度、活动方式、活动方法选择的正确性、全面性、可行性等产生相应作用和影响，进而对相应人生及人生的命运形成相应作用和影响。若信仰者对自我与自然之间关系存在的信仰是正确的，那么相应信仰就会有利于信仰者对自我与自然之间的关系存在进行正确、全面的认识和理解，并有利于信仰者能够正确、客观地看待和处理自我与自然之间的关系，并有利于相应人生目的和价值取向形成。在针对自我和自然进行心理和行为活动时，相应的信仰也会对相应活动的活动态度、活动方式、活动方法选择的正确性、全面性、可行性形成有利的作用和影响，进而有利于自我与自然之间能够和谐共处，进而有利于信仰者的人生和人生的命运质量的提升。

若信仰者对自我与自然之间关系存在的信仰是错误的，那么相应的信仰就会使信仰者对自我与自然之间的关系存在的认识和理解形成误导，并对信仰者人生目的和价值取向形成负面的作用和影响，在此基础上，当信仰者针对自然、针对自我进行心理和行为活动时，相应的信仰还会对相应活动的活动态度、活动方式、活动方法选择的正确性、全面性、可行性产生负面的作用和影响，进而对信仰者的人生及人生的命运形成负面的作用和影响。例如：若信仰者认为"自我从属于自然，人生是自然的一部分"的话，那么相应信仰者在针对自然和针对自我进行心理和行为活动时，就会考虑到自然对自我的作用和影响或者自我无时不受到自然的作用和影响，并以尊重自然的态度对自然进行心理和行为活动，同时也会考虑到自然对自我的重要性，于是相应的活动过程及活动结果就会使自我与自然之间形成良性互动，并促使相应人生生命体的存在、生存、活动以及人生的命运向良好、有利、健康的方向发展；相反，若信仰者认为"自然从属于自我"，那么信仰者针对自我、针对自然进行心理和行为活动过程中，就会只从自我的需要、需求、欲望出发，以自然的主人自居的态度、方式、方法对自然进行相应的心理和行为活动，并以理所当然的态度从自然之中无限度地获取自己所需，也不考虑自然对自我的重要性，结果必将使自我与自然之间处于恶性循环之中，从而对信仰者的人生和人生的命运产生不利的作用和影响。由于人生对自我与自然之间关系存在的信仰包括了社会大众和相应人生生命体对自我与自然之间关系存在的信仰，其中社会大众对自我与自然之间关系存在的信仰对人生的作用和影响主要是通过对社会大众针对自然和自我进行活动的活动过程、活动结果产生作用和影响，从而对生存于相应社会中的人生产生作用和影响而形成的，而相应个人人生生命体对自我与自然之间关系存在的信仰对自身的作用和影响主要是通过对自身心理和行为活动形成倾向性和指导形的作用和影响而形成的，在一定时空条件，若社会大众和个人对自我与自然之间关系存在的信仰一致，那么相应信仰对信仰者的作用和影响被加强或放大，否则就会使相应信仰的作用和影响受到削弱和减少。

人生对自我与自然之间关系存在信仰的作用和影响主要体现在：一方面，随着信仰者的存在、生存、活动及人生过程的运动、变化，必然会使信仰者对自我与自然之间关系存在的认识和了解发生变化和改变，并对自我与自然之间关系存在的信仰产生作用和影响，有的作用和影响的结果是使原有的信仰发生动摇或改变，有的则使原有的信仰变得更加坚定和完善；另一方面，随着社会大众对自我与自然之间关系存在的信仰的运动、变化，也会使生存在相应社会中的人生生命体的存在、生存、活动受到相应的作用和影响，并使相应人生生命体对自我与自然之间关系存在的信仰发生变化和改变。

二、人生对自我与社会之间关系存在的信仰与人生的关系

人生对自我与社会之间关系存在的信仰是指人生生命体针对自我与社会之间的关系存在进行心理和行为活动过程中所形成的对活动者相关心理和行为活动具有根本倾向性和指导性的观念存在。人生对自我与社会之间关系存在的信仰与人生的关系主要包括：人生对自我与社会之间关系存在的信仰对人生的作用和影响以及人生对自我与社会之间关系存在信仰的作用和影响两个方面。其中，人生对自我与社会关系存在的信仰对人生的作用和影响主要体现在：人生对自我与社会之间关系存在的信仰不但会对信仰者对自我与社会之间关系存在的认识和理解的正确性、全面性产生相应的作用和影响，而且还会对相应人生生命体的人生目的和人生价值取向的形成产生相应的作用和影响，在此基础上，当相应人生生命体针对自然和社会进行心理和行为活动时，相应的信仰还会对相应活动的活动态度、活动方法、活动方式选择的正确性、全面性、可行性产生相应的作用和影响，同时还会对人生生命体的活动过程和活动结果产生相应的作用和影响，进而对信

仰者的人生及人生的命运形成相应的作用和影响。这类影响主要表现为：若信仰者对自我与社会之间关系存在的信仰是正确的，相应的信仰不但有利于信仰者对自我与社会之间关系存在进行正确、全面地认识和了解，并对信仰者的人生目的和价值取向形成的正确性、可行性产生相应的作用和影响，而且还会对信仰者围绕人生目的的实现和对自我和自然进行心理活动和行为活动时，对相应活动的活动态度、活动方法、活动方式的选择及相关活动过程和活动结果产生有利的作用和影响，进而对信仰者的人生及人生的命运产生有利的作用和影响。相反，若人生对自我与社会之间关系存在的信仰是错误的，相应的信仰就会误导信仰者对自我与社会之间关系存在的认识和了解，并对信仰者的人生目的和人生价值取向的形成产生负面的作用和影响，当信仰者为了相应人生目的的实现，针对自我和社会进行心理和行为活动时，相应的信仰还会对信仰者的活动态度、活动方式、活动方法选择的正确性、全面性、可行性形成负面的作用和影响，进而对相应人生的质量和人生的命运形成负面的作用和影响。例如：若信仰者对自我与社会之间关系存在信仰是正确的或者说适合于当时的实际情况，那么相应的信仰就会使信仰者自身在社会中的定位比较客观、准确，并有利于信仰者能够处理好自我与社会之间的关系，并在社会的存在、生存、活动过程中创造出比较适宜于自身的社会环境，进而有利于信仰者在社会中的发展和进步，使信仰者的人生命运也能走向顺利；相反，若信仰者对自我与社会之间关系存在的信仰是不客观、不准确的，那么相应的信仰就会使信仰者在社会中处于被动的状态，进而对信仰者的人生和命运产生不利的作用和影响。

  人生对自我与社会之间关系存在的信仰对人生的作用和影响的形成主要体现在：一方面，在一定时空条件下，社会大众对自我与社会关系存在的信仰会对社会大众在针对自我和社会所进行的心理活动和行为活动中形成相应的作用和影响，致使社会大众的活动过程及活动结果发生相应的变化和改变，相应活动变化和改变的结果就会对生存于相应时空条件下的人生生命体的存在、生存、活动及人生的命运产生相应的作用和影响，另一方面则是由相应信仰对信仰者的心理和行为活动产生的作用和影响而形成的。

  人生对自我与社会之间关系存在信仰的作用和影响主要体现在：一方面，随着信仰者人生过程的运动、变化以及对自我与社会之间关系存在进行心理和行为活动的增多，也会促使相应的信仰者对自我与社会之间关系存在的认识和了解发生变化和改变，进而对自我与社会之间关系存在的信仰发生变化和改变；另一方面，随着社会环境、自然环境和自我人生状况的运动、变化和自我在社会中关系的变化和改变，也会使信仰者对自我与社会之间关系存在的信仰发生变化和改变。

三、人生对自然与社会之间关系存在的信仰与人生的关系

人生对自然与社会之间关系存在的信仰是指相应人生生命体针对自然与社会之间的关系存在进行心理和行为活动过程中所形成的对活动者相关心理活动和行为活动具有根本倾向性和指导性的观念存在。它包括了对自然与社会本质之间关系存在的信仰、对自然与社会属性之间关系存在的信仰、对自然与社会现象之间关系存在的信仰、对自然与社会之间关系之关系存在的信仰。从本质上讲，自然与社会之间关系存在的信仰也就是我们常说的对人与自然之间关系存在的信仰，人生对自然与社会之间关系存在的信仰与人生的关系主要包括了人生对自然与社会之间关系存在的信仰对人生的作用和影响以及人生对自然与社会之间关系存在信仰的作用和影响。其中，人生对自然与社会之间关系存在的信仰对人生的作用和影响主要体现在：在一定时空条件下，人生生命体对社会与自然关系存在的信仰不但会对信仰者对社会与自然之间的关系存在的认识和了解的正解性、全面性形成相应的作用和影响，同时还会对信仰者在社会和自然中进行存在、生存、活动的人生目的及其价值取向的形成产生相应的作用和影响。当信仰者围绕相应人生目的实现进行心理和行为活动时，相应的信仰也会对信仰者的活动态度、活动方式、活动方法选择的正确性、全面性、可行性产生相应的作用和影响，进而对相应人生生命体的存在、生存、活动的质量及人生命运的好、坏产生相应的作用和影响。若信仰者对自然与社会之间关系存在的信仰是正确的，那么相应的信仰就会有利于信仰者对自然与社会之间的关系存在进行正确、全面地认识、理解，当信仰者为了人生目的的实现对自然和社会进行相应的心理和行为活动时，相应的信仰就会对信仰者的活动目的和活动价值取向的确立以及对相应活动态度、活动方式、活动方法选择的正确性、全面性及可行性形成有利的作用和影响，进而有利于信仰者人生目的的实现和人生命运的顺利运行；相反，若信仰者对社会与自然信仰之间关系的信仰是错误的，相应的信仰就会使信仰者对自然与社会之间的关系的认识和了解产生错误，并对信仰者人生目的和人生价值取向的形成产生相应的作用和影响，当信仰者为了人生目的的实现针对自然和社会关系进行心理和

行为活动时，相应的信仰就会对相应活动目的的设定、相应价值取向的形成，以及对相应活动的活动态度、活动方法、活动方式选择的正确性、全面性、可行性形成负面的作用和影响，进而对信仰者的人生及人生的命运产生不利的作用和影响。

人生对自然与社会之间关系存在的信仰对人生的作用和影响主要体现在：一方面，随着社会和自然环境的运动、变化，会对相应社会大众的心理和行为活动及其活动结果产生作用和影响，并对生存于相应社会环境下的人生生命体的人生和人生的命运产生相应的作用和影响；另一方面，由于信仰者对社会与自然之间关系的认识和理解产生相应的作用和影响，从而使信仰者对社会和自然进行心理和行为活动的活动过程和活动结果形成相应的作用和影响，进而对信仰者的人生和人生的命运产生相应的作用和影响。在人生过程中，若社会大众对社会与自然之间关系存在的信仰与相应信仰者之间的信仰一致，相应信仰对人生的作用和影响得到放大和加强，否则相应的信仰对人生的作用和影响将受到削弱和减少。

人生对自然与社会之间关系存在信仰的作用和影响主要体现在：一方面，随着信仰者在社会和自然中存在、生存、活动的运动、变化，会导致信仰者对自然与社会之间关系存在认识和理解发生变化和改变，进而使相应信仰者对自然与社会关系存在的信仰发生变化和改变；另一方面，在人生过程中，由于自然与社会之间关系存在的变化和社会大众对自然与社会关系存在信仰的变化也会使生存在相应时空条件下的人生生命体对社会与自然之间关系存在的信仰发生相应的变化和改变。

四、人生对自然、社会、人之间相互关系存在的信仰与人生的关系

人们对自然、社会、自我之间相互关系存在的信仰是指相应人生生命体针对自我、自然、社会三者之间所具有的相互关系存在进行心理活动和行为活动过程中所形成的对活动者的相关心理和行为活动具有根本倾向性和指导性的观念存在。它与人生之间的关系存在主要包括：人生对自我、自然、社会三者之间的相互关系存在的信仰对人生的作用和影响，以及人生对自我、自然、社会之间相互关系存在信仰的作用和影响。

其中人生对自我、社会、自然之间相互关系存在的信仰对人生的作用和影响主要体现在：人生对自我、社会、自然之间相互关系存在的信仰不但会使信仰者

对自我、自然、社会之间相互关系的相关存在的认识、了解的正确性、全面性形成相应作用和影响，同时还会对信仰者针对自我、社会、自然进行心理和行为活动时能否正确处理自我、社会、自然之间的相互关系形成相应的作用和影响，除此之外，相应的信仰还会对信仰者对自我人生目标的规划、设定和人生价值取向的形成，以及围绕人生目的的实现针对自我、社会、自然进行心理和行为活动时的活动态度、活动方式、活动方法选择的正确性、全面性、可行性等产生相应的作用与影响，进而对信仰者的人生及人生的命运形成相应的作用和影响。若信仰者对自我、自然、社会之间相互关系存在的信仰是正确的，那么相应的信仰就会有利于信仰者对自然、社会、人之间的相互关系存在进行正确、全面地认识和了解，并对信仰者人生目的和人生价值取向形成的正确性、全面性、可靠性产生正面的作用和影响，除此之外还会对信仰者围绕相应人生目的的实现所进行的心理活动和行为活动的活动态度、活动方式、活动方法做出正确、全面、可行的选择，并对信仰者的人生及人生的命运形成正面的作用和影响；相反，若相应的信仰是错误的，相应的信仰就会对信仰者对自我、社会、自然三者之间相互关系的认识和理解形成误导，还会对人生目的及人生价值取向的形成产生负面的作用和影响，也不利于信仰者处理好自我、社会与自然之间的关系存在，当信仰者围绕人生目的的实现，针对自我、自然、社会进行心理和行为活动时，相应的信仰就会对信仰者对相应活动的活动态度、活动方式、活动方法选择的正确性、全面性、可行性形成负面的作用和影响，进而对信仰者的人生及人生的命运形成负面的作用和影响。人生对自我、社会、自然之间相互关系存在的信仰对人生作用和影响的形成，有的是源于社会大众在相应的信仰对他们所进行活动过程及活动结果产生作用和影响，进而对生存在相应时空条件下的人生形成的作用和影响；而有的则是由于相应信仰对信仰者自身的作用和影响而形成的。无论是社会大众，还是信仰者对自我、社会、自然之间相互关系存在的信仰对人生的作用和影响的形成，都是通过对自我、自然、社会之间相互关系存在的信仰对相应人生心理和行为活动产生作用和影响而形成的，若二者一致，相应的信仰对人生的作用和影响就会被放大和加强，否则就会使相应的作用和影响削弱和减少。

人生对自我、社会、自然之间相互关系存在信仰的作用和影响主要体现在：一方面，随着信仰者的存在、生存、活动的运动、变化，信仰者对自我、社会、自然之间相互关系存在的认识和了解就会发生变化和改变，就会使相应人生对自我、自然、社会之间相互关系存在的信仰发生变化和改变；另一方面则是随着自然环境、社会环境和自我状况的运动、变化以及社会大众对自然、社会、自我之间相互关系存在信仰的变化和改变都会促使生存于相应社会之中的人生生命体对自然、社会、自我之间相互关系存在的信仰发生变化和改变。

以上我们从人生对自我、社会、自然之间的相互关系存在的信仰出发，对相应信仰与人生之间的关系进行了相应的论述和说明，从中我们认识到：相应的信仰不但会对人生目的和人生价值取向的形成产生作用和影响，还会对相应人生目的实现和相应的人生及人生的命运产生重要的作用和影响，而且人生的状况也会对相应人生对自我、社会、自然之间关系存在的信仰产生相应作用和影响。

# 第五章　信仰与人生的目的

在"信仰与人生"一文的相关论述和说明中，作者多次提及，人生的信仰对人生目的的形成和实现都具有重要的作用和影响，而且人生目的形成和实现的情况也会对相应人生的信仰产生作用和影响，那么人生的信仰与人生的目的之间所具有的关系有哪些？相应的关系又是如何形成的？

作者在"人生的目的"一文中，对人生的目的进行了相应的论述和说明，并认为人生的目的是指"人生生命体在生存过程中对人生生命体的存在目标、生存目标、活动目标及人生过程目标进行规划和设定的结果"。它与人生的信仰一样都属于人类心理活动现象的范畴，虽然对不同的人在同一时空条件下或相同的人在不同的时空条件下的人生目的各不相同，但是，在一般情况下，当他们面对自身人生生命体的存在和生存时，都具有围绕着保持、延长自我人生生命体存在和生存的时间以及质量的提升而展开的属性，而且对人生生命体的活动都具有减少痛苦和增加幸福的属性，尽管对具有不同人生信仰和人生价值取向的人生而言，他们对人生的"长短"和人生的"质量"以及人生的"痛苦"和人生的"幸福"的理解和界定并不一致。在前面的相关论述中，我们将人生的信仰分成了对自然存在的信仰、对社会存在的信仰、对自我存在的信仰以及对自我、社会、自然之间相互关系存在的信仰。为了便于对人生的信仰与人生目的之间的关系作进一步的论述和说明，下面我们就从"人生对自然存在的信仰与人生目的之间的关系"、"人生对社会存在的信仰与人生目的之间的关系"、"人生对自我存在的信仰与人生目的之间的关系"、"人生对自我、自然、社会之间相互关系存在的信仰与人生目的之间的关系"分别进行相应的论述和说明。

一、人生对自然存在的信仰与人生目的之间的关系

人生的目的是指在生存的过程中，相应人生生命体对自我人生生命体的存在、生存及活动目标进行规划和设定的结果，它包括了人生生命体存在的目的、人生生命体生存的目的、人生生命体活动的目的及人生过程的目的。由于不同人生生命体或同一人生生命体在不同信仰的作用和影响下，对自我的存在、生存及活动的目的和人生过程的目的性质及其大小和重要性的判断和评价的标准是不一致的，但是都具有相同的属性存在。人生的信仰与人生目的之间的关系包括了：人生的信仰对信仰者人生目的的作用和影响以及人生的目的对人生信仰的作用和影响。其中，人生的信仰对人生目的的作用和影响主要包括：人生的信仰对人生目的形成的作用和影响、人生的信仰对人生目的实现的作用和影响。而人生目的对人生信仰的作用和影响主要包括：人生目的的形成对人生信仰的作用和影响和人生目的的实现对人生信仰的作用和影响。下面我们就从人生对自然存在的信仰与人生目的的形成的关系和人生对自然存在的信仰与人生目的实现的关系出发，分别进行相应的论述和说明。

1、人生对自然存在的信仰与人生目的形成之间的关系

人生对自然存在的信仰与人生目的形成之间的关系主要包括：人生对自然存在的信仰对信仰者人生目的形成的作用和影响以及人生目的的形成对信仰者对自然存在信仰的作用和影响两个方面。

其中，人生对自然存在的信仰对信仰者人生目的形成的作用和影响主要体现在：由于人生对自然存在的信仰对信仰者的相关心理和行为活动都具有根本倾向性和指导性的作用和影响，所以信仰者对自然存在的信仰必然会对信仰者认识自然、了解自然和在自然中相关人生目的和人生价值取向的形成起到具有倾向性和指导性的作用和影响，而相应人生目的和价值取向的形成又会对信仰者在对自然存在进行心理和行为活动时，对活动目标的规划、设定的合理性、可靠性、准确性形成相应的作用和影响，并对相应活动的活动态度、活动方式、活动方法的判断、选择的正确性、全面性及可行性等产生相应的作用和影响。由于人生目的的形成是相应人生生命体在人生过程中，在自我属性作用下，对自身生命体的存在目标、生存目标、活动目标及人生过程目标进行规划和设定的结果，属于信仰者

心理活动现象的范畴。由于人类的一切生命体都是源于自然、归于自然,并在自然中以相对独立的方式进行生命活动,所以每个人生生命体都离不开自然而存在、生存及活动,而且自然也是人生进行生命活动的主要活动对象。人类为了保持自身存在、生存及活动,必须针对自然进行相应的生命、生产、生活等活动来实现相应的人生目的,正是人类不停地对自然进行一系列的生命活动,人类对自然才有了相应的认识和了解,进而形成对自然存在的信仰。随着人生对自然存在信仰的形成,相应的信仰又会对信仰者针对自然存在所进行的心理和行为活动目标的规划设定、活动价值取向的形成产生相应的作用和影响,并对信仰者的活动态度、活动需求、活动欲望、活动动机进行选择、判断的正确性、全面性、可行性形成相应的作用和影响,进而对信仰者对自身在自然中存在、生存、活动的目的的形成产生相应的作用和影响。这类作用和影响主要体现在:若人生对自然存在的信仰是正确的,那么相应的信仰就有利于信仰者对自然的存在进行正确的认识和了解,并有利于信仰者对自身在自然中的存在目标、生存目标及活动目标进行正确、全面、客观的规划和设定,并对相应人生目的形成的准确性、全面性和可行性形成有利的作用和影响。假若信仰者对自然存在的信仰是错误的,信仰者就会在错误信仰的作用和影响下,对自然的不同存在形成错误的认识和了解,并对信仰者对自身在自然中的存在、生存、活动目标及人生过程目标的规划和设定结果的正确性、客观性及可行性产生负面的作用和影响,并对信仰者人生目的形成的正确性、可行性、全面性形成负面的作用和影响。

在人生对自然存在的信仰对信仰者人生目的形成产生相应作用和影响的同时,相应人生目的的形成和确立反过来又会对信仰者对自然存在的信仰形成相应作用和影响。其主要体现在:当相应信仰者对自我在自然中的存在目的、生存目的、活动目的及人生过程目的的形成后,信仰者就会围绕着自我人生目的的实现,针对自然进行相应心理和行为活动,在活动过程中又会对自然的相关存在形成具有针对性的认识和了解,若相应的认识和了解与过去的一致,那么就会强化信仰者原有的信仰,若不一致就会使原有的信仰产生动摇,甚至发生变化和改变;除此之外,当信仰者的人生目的形成后,相应人生目的形成情况会对信仰者的人生价值取向的形成以及围绕人生目的实现所进行心理和行为活动的倾向性形成相应的作用和影响,并对相应活动态度、活动方式、活动方法的选择等产生相应的作用和影响,而相应作用和影响的形成又会对信仰者对自然的相关存在的认识、理解和价值的判断产生具有倾向性和指导性的作用和影响,进而使信仰者对自然存在的信仰发生变化和改变。

2、人生对自然存在的信仰与人生目的实现之间的关系

人生对自然存在的信仰除了与信仰者的人生目的的形成之间具有相互作用、相互影响、协调统一的关系之外，相应的信仰还会与相应人生目的的实现之间形成相互作用、相互影响、协调统一的关系存在。由于人生目的的实现包含了人生目的实现的活动过程和实现结果，所以信仰者对自然存在的信仰与信仰者的人生目的的实现之间的关系也就包括了：人生对自然存在信仰对人生目的的实现过程和实现结果的作用和影响，以及人生目的的实现过程及实现结果对信仰者对自然存在信仰的作用和影响。当信仰者在自然中存在、生存、活动的人生目的形成后，相应的信仰者就会围绕着相应人生目的实现针对自然进行相应的生命活动，当相应人生在对自然进行生命活动过程中，活动者对自然存在信仰的正确与否不但会直接和间接对活动者对自然存在认识和理解的正确与否形成相应的作用和影响，还会对信仰者对自然所进行的心理活动和行为活动的活动目标的规划设定以及对相应活动的活动态度、活动方式、活动方法选择的正确性、全面性、可行性产生相应的作用和影响，进而对相应的活动的过程和活动的结果形成相应的作用和影响，从而对相应人生目的的实现过程及实现结果形成相应的作用和影响。其主要表现为：当相应信仰者对自身在自然中的存在、生存、活动和人生过程的目的确定以后，信仰者就会在自我属性的作用下，围绕着相应人生的目的的实现，针对自然、针对社会、针对自我进行相应的心理和行为活动，其中，在对自然进行的心理和行为活动过程中，信仰者就会受到自身对自然存在的信仰的作用和影响，并在相应的作用和影响下针对自然进行相应的心理和行为活动。由于信仰者在对自然进行的心理和行为活动中包含了对相应活动程序、活动步骤及活动时间的规划设定（也就是对相应活动过程的规划和设定）以及相应的活动实践，所以人生对自然存在的信仰必然会对相应人生目的实现过程和实现结果产生相应的作用和影响。若相应的信仰者对自然存在的信仰是正确的，那么在相应信仰的作用和影响下，就会有利于信仰者对自然活动对象进行正确的认识和了解，从而有利于活动者对相应活动的活动态度、活动方式、活动方法进行正确的选择，从而有利于相应人生目的的实现，相反的，若人生对自然存在的信仰是错误的，相应信仰就会对信仰者人生目的的实现过程和实现结果形成负面的作用和影响，从而不利于信仰者人生目的的实现。

信仰者对人生目的实现的过程和实现结果对信仰者对自然存在信仰的作用和影响主要体现在：当信仰者在自然中的存在、生存、活动及人生过程的目的确定后，信仰者就会围绕相应人生目的实现针对自然进行相应的心理活动和行为活动，相应的活动过程及活动结果是否有利于人生目的实现和实现过程是否顺利等都会对信仰者对自然存在和对自我与自然之间关系存在形成相应的认识和理解，并进一步对信仰者对自然存在的信仰产生作用和影响。在人生目的实现的过程中也会使信仰者对自然形成相应的认识和了解，若认识和了解的结果与信仰者原有的认识和了解相一致，相应人生目的实现过程和实现结果使原有的信仰更加坚定和完善，否则就会使原有信仰产生动摇和改变。也就是说，若相应人生目的实现活动的过程比较顺利、实现的结果使活动感到满意，那么就会使信仰者对相应的信仰变得更加坚定，相反则会使信仰者的信仰产生动摇，并发生变化和改变，除此之外，随着信仰者与社会大众一道对自然进行生存、生产、生活等活动，在过程中，随着社会中人与人之间相互沟通能力的加强，就会快速地提升对自然不同存在的认识和理解并使信仰者对自然存在的信仰发生相应的变化和改变。在这里需要强调的是，虽然人生对自然存在的信仰除了会对人生目的的形成和人生目的的实现产生相应的作用和影响之外，还会对人生目的能否实现和实现的顺利与否等产生相应的作用和影响，但是这并不意味着人生对自然存在信仰的正确与否就一定能够对信仰者在自然中的人生目的能否实现起到决定性的作用，我们只能说相应信仰有利于或不利于相应人生目的的形成和人生目的的实现，因为影响人生目的的形成和实现的因素比较多，而信仰仅只是其中的重要因素之一。

二、人生对社会存在的信仰与人生目的之间的关系

人生对社会存在的信仰是指相应人生生命体针对社会的不同存在进行心理和行为活动过程中所形成的对活动者的相关心理和行为活动具有根本倾向性和指导性的观念存在。它包括了人生对社会本质存在的信仰、人生对社会属性存在的信仰、人生对社会现象存在的信仰和人生对社会关系存在的信仰。

人生对社会存在的信仰与人生目的之间的关系主要包括人生对社会存在的信仰与人生目的形成之间的关系和人生对社会存在的信仰与人生目的实现之间的关系，下面我们就分别进行相应的论述和说明。

1、人生对社会存在的信仰与人生目的形成之间的关系

人生对社会存在的信仰与人生目的形成的关系主要包括人生对社会存在的信仰对信仰者人生目的形成的作用和影响,以及人生在社会中目的形成对信仰者对社会存在信仰的作用和影响。其中,人生对社会存在的信仰对信仰者人生目的形成的作用和影响主要体现在:人生对社会存在的信仰不但会对信仰者对社会的认识和了解社会的正确性、全面性形成相应作用和影响,还会对信仰者在社会中存在、生存、活动目的的形成和人生价值取向的形成产生相应的作用和影响,由于信仰者在社会中对自我人生目标的规划设定除了受到自我因素和自然因素的作用和因素之外,还会受到社会因素的作用和影响,所以人生对社会信仰的正确性、全面性等也将会对相应信仰者在社会中人生目的和人生价值取向形成产生相应的作用和影响。若人生对社会存在的信仰是正确的,那么相应的信仰就会有利于信仰者对社会的存在进行正确、全面的认识和了解,并有利于信仰者对自身在社会中的存在、生存、活动目标做出正确、客观、可行的规划和设定,相反,若人生对社会存在的信仰是错误的,那么相应的信仰就会误导信仰者对社会存在的认识和理解,并对信仰者对自身在社会中存在、生存、活动目标规划和设定的正确性、可行性和客观性形成负面的作用和影响。

人生目的的形成的信仰者对社会存在信仰的作用和影响主要体现在:当信仰者自身在社会中的人生目的和价值取向形成后,信仰者就会围绕着相应人生目的实现,针对自然、针对社会和针对自我的不同存在展开相应的心理活动和行为活动,在相应的心理活动和行为活动过程中,信仰者又会对社会不同存在形成相应的认识和了解,随着信仰者在社会中的地位和关系的运动、变化和对社会不同存在认识、了解的变化和改变,会使信仰者对社会存在的信仰发生变化和改变,其变化和改变结果有的使相应的信仰变得更加坚定和完善,有的则使原有的信仰被颠覆和改变。

2、人生对社会不同存在的信仰与人生目的的实现的关系

人生对社会不同存在的信仰与人生目的实现的关系主要包括:人生对社会不同存在的信仰对人生目的实现的作用和影响以及人生目的的实现情况对社会存在信仰的作用和影响。

其中,人生对社会存在的信仰对人生目的实现的作用和影响主要体现在:当信仰者对自我在社会中存在、生存、活动的人生目的和人生价值取向形成后,信

仰者就会围绕着相应人生目的的实现针对自然、社会和自我等展开相应的心理活动和行为活动，而在相应的心理活动和行为活动过程中，又将受到信仰者对社会不同存在的认识和了解的情况及人生价值取向的作用和影响，因为人生对社会相应存在的认识和了解结果和人生价值取向的正确与否将会直接和间接地对相应活动者对社会所进行的心理和行为活动的活动态度、活动方式和活动方法选择的正确性、可行性、全面性形成相应的作用和影响，并对信仰者对社会中进行活动的活动过程和活动结果产生相应的作用和影响，进而对信仰者的相应人生目的实现过程及实现结果形成相应的作用和影响。除此之外，人生对社会存在的信仰对人生目的实现的作用和影响还体现在：当人生在社会中的人生目的和人生价值取向形成后，信仰者就会围绕着自身人生目的实现针对社会进行相应的心理和行为活动，在相应的心理和行为活动过程中，人生对社会存在的信仰和人生价值取向必然会对信仰者对社会的活动目的、活动态度、活动方式、活动方法选择的正确性、可行性和全面性形成相应的作用和影响，进而对相应人生目的能否实现，以及实现的速度、实现的难易和实现的质量等形成相应的作用和影响。

　　人生对社会存在的信仰对人生目的的实现的作用和影响主要体现在：若信仰者对社会存在的信仰是正确的，相应的信仰就会有利于信仰者对社会的存在进行正确的认识和了解，也有利于信仰者对社会活动的活动态度、活动方式、活动方法作出正确选择和判断，进而对相应人生目的的实现过程和实现结果产生有利的作用和影响；相反，若人生对社会存在的信仰是错误的，当信仰者围绕着自我人生目的的实现进行心理和行为活动时，相应的信仰就会对信仰者对社会的认识和了解形成误导，同时也会对信仰者对社会的活动态度、活动方式、活动方法选择的正确性、可行性、全面性形成负面的作用和影响，进而对相应人生目的实现过程和实现结果形成负面的作用和影响。

　　关于人生目的的实现对社会存在信仰的作用和影响主要体现在：若信仰者能够快速、顺利、高效地实现相应的人生目的或相应人生目的的实现的结果能够使自身满意，那么相应人生目的实现情况就会促使信仰者对原有的社会存在的信仰变得更加坚定和完善；若信仰者的相应活动不能实现或不能顺利的实现相应的人生目的或人生目的的实现结果不能够使自身满意，那么相应信仰者就会对自身原有的对社会存在的信仰的正确性、全面性产生质疑，甚至会使信仰者对社会存在的信仰产生动摇和改变。除此之外，在相应人生目的的实现过程中也会使信仰者对相应的社会存在形成相应的认识和理解，进而对信仰者对社会存在的信仰产生相应的作用和影响。这里需要说明的是，人生对社会存在的信仰与人生目的实现之间虽然具有重要的关系存在，但是人生目的能否实现或实现是否顺利并不意味着信仰对社会存在的信仰的正确与否，或者说人生在社会中的目的能否实现和实现是否顺利与人生信仰是否正确之间没有必然的对应关系存在，而仅仅是具有重要的关系存在。

三、人生对自我存在的信仰与人生目的之间的关系

人生对自我存在的信仰是指相应人生生命体针对自我的不同的存在进行心理活动和行为活动过程中所形成的对活动者的相关心理活动和行为活动具有根本倾向性和指导性的观念存在。它包括了：人生对自我本质存在的信仰、人生对自我属性存在的信仰、人生对自我现象存在的信仰和人生对自我关系存在的信仰。其中，人生对自我本质存在的信仰是人生对自我的终极信仰。由于"自我"是相应人生生命活动的主体，所以人生对社会、对自然、对自我所进行的一切心理和行为活动都会受到人生对自我存在信仰的作用和影响。

人生对自我存在的信仰与人生目的之间的关系主要包括了：人生对自我存在的信仰与人生目的形成之间的关系、人生对自我存在的信仰与人生目的实现之间的关系，下面我们就分别进行相应的论述和说明。

1、人生对自我存在的信仰与人生目的形成之间的关系

由于信仰者对自我人生目的的形成是在对自我人生终极信仰和对自我人生意义和价值的信仰等基础上针对自我人生生命体存在、生存及活动和人生过程目标进行规划和设定而形成的。

人生对自我存在的信仰对人生目的形成的作用和影响主要体现在：人生对自我存在信仰的正确与否将直接和间接的影响到相应信仰者对自我人生生命体的存在、生存、活动和人生过程目标的设定和规划的正确性、全面性、可行性，并对相应人生的目的和人生价值取向的形成产生直接和间接的作用和影响。若相应人生对自我存在进行正确、全面的信仰是正确的，那么相应信仰就有利于信仰者对自我不同存在进行正确、全面的认识和理解，并对信仰者对自我人生意义和人生价值取向的正确性、全面性等产生有利的作用和影响，进而对信仰者对自我人生目标的规划和设定的正确性、全面性、可行性形成有利的作用和影响；相反，若

信仰者对自我存在的信仰是错误的，那么相应的信仰就会使信仰者对自我存在的认识和理解产生误导，使信仰者对自我的存在、生存、活动及人生过程的人生目的和人生价值取向的形成产生负面的作用和影响。

除了人生对自我存在的信仰会对人生目的的形成产生相应的作用和影响之外，人生目的的形成也会对自我存在的信仰产生相应的作用和影响。相应的作用和影响主要体现在：信仰者对自我人生目的形成情况会对信仰者对自我的认识理解及其价值取向的形成产生相应的作用和影响，随着信仰者对自身的认识、理解和人生价值取向变化和改变，必然会使信仰者对自我存在的信仰发生变化和改变。若信仰者对自我人生目的的确定是恰当和正确的，那么相应人生目的的形成就会有利于信仰者对自我存在的信仰得到保持和完善，否则就会对相应人生对自我存在的信仰的保持和完善形成负面的作用和影响。

2、人生对自我存在的信仰与人生目的实现之间的关系

当信仰者对自身的存在、生存、活动的目的形成之后，信仰者就会在自我属性的作用和影响下，围绕着自我人生目的的实现针对相应的活动对象进行相应的心理活动和行为活动。当信仰者针对自我、社会、自然进行相应的心理活动和行为活动的过程中，相应的信仰就会对信仰者对相应的活动对象的认识和理解的正确性、全面性产生相应的作用和影响，在此基础上，还会对信仰者进行心理活动和行为活动的活动态度、活动方法、活动方式的选择的正确性、全面性及可行性产生相应的作用和影响，进而对相应人生目的的实现过程和实现结果形成相应的作用和影响。其主要表现为：若信仰者对自我存在的信仰是正确的，那么相应的信仰就会有利于信仰者对自我人生目标进行正确、客观、全面的规划和设定，并有利于信仰者对自我、对社会、对自然的正确认识，在此基础上还会对相应的活动态度、活动方式、活动方法选择的正确性、全面性、可行性形成有利的作用和影响，进而有利于相应人生目的的实现；相反，若人生对自我存在的信仰是错误的，那么在相应信仰的作用和影响下，当信仰者围绕着自我人生目的的实现，进行各种相应心理和行为活动时，相应的信仰就会对信仰者活动目标的规划设定，以及对相应活动态度、活动方式、活动方法选择的正确性、全面性及可行性形成负面的作用和影响，进而不利于相应人生目的的实现。

除了信仰者对自我存在信仰对信仰者人生目的的实现过程及实现结果产生相应的作用和影响之外，人生目的的实现过程和结果也会对信仰者对自我存在的信

仰产生相应的作用和影响。若在相应信仰的作用和影响下，信仰者能够及时、顺利、准确地实现相应的人生目的，那么相应人生目的的实现过程和实现结果会促使信仰者对自我存在的信仰更加坚定和完善。信仰者在对自我存在信仰的作用和影响下，信仰者不能顺利地实现，或无法实现相应人生目的，或人生目的的实现情况不能够使信仰者感到满意，就会使信仰者对自我存在的信仰产生动摇，并使相应的信仰发生变化和改变。

四、人生对自我、社会、自然之间相互关系存在信仰与人生目的之间的关系

人生对自我、社会、自然之间相互关系存在的信仰是指人生生命体针对自我、社会、自然之间的相互关系存在进行心理和行为活动过程中所形成的对活动者的相关心理活动和行为活动具有根本倾向性和指导性的观念存在。它包括了人生对自我与自然之间关系存在的信仰、人生对自我与社会之间关系存在的信仰、人生对社会与自然之间关系存在的信仰以及人生对自我、社会、自然三者之间关系存在的信仰。

人生对自我、社会、自然之间相互关系存在的信仰与人生目的之间的关系主要包括：人生对自我、社会、自然之间相互关系存在的信仰与人生目的的形成之间的关系和人生对自我、社会、自然之间相互关系存在的信仰与人生目的实现之间的关系，下面就分别进行相应的论述和说明。

1、人生对自我、社会、自然之间相互关系存在的信仰与人生目的形成之间的关系

人生对自我、社会、自然之间相互关系存在的信仰与人生目的形成之间的关系包括：人生对自我、社会、自然之间相互关系存在的信仰对人生目的形成的作用和影响以及人生目的的形成情况对自我、社会、自然之间相互关系存在信仰的作用和影响。其中，人生对自我、社会、自然之间相互关系存在的信仰对人生目的形成的作用和影响主要体现在：人生对自我、社会、自然之间不同层面相互关系存在的信仰不但对信仰者认识和了解"自我与自然之间的关系存在"、"自我与社会之间的关系存在"、"社会与自然之间的关系存在"以及"自我、社会、自然三者之间相互关系存在"的正确性、全面性产生相应的作用和影响，同时还会对

信仰者对自我人生价值取向的形成产生直接和间接的作用和影响，进而对相应人生目的的形成产生直接和间接的作用和影响。若人生对自我、社会、自然之间相互关系存在的信仰是正确的，那么相应的信仰就会有利于信仰者对自我、社会、自然之间相互关系存在进行正确、全面的认识和了解，并有利于信仰者对自我的人生目标作出正确、客观、全面的规划和设定，从而对相应人生目的的形成产生有利的作用和影响；相反，若人生对自我、社会、自然之间相互关系存在信仰是错误的，在相应信仰的作用和影响下，就会使信仰者对自我、社会、自然之间相互关系存在的认识和了解发生错误，并对相应人生目的的形成产生负面的作用和影响。

在人生目的形成的过程中，当信仰者针对自我、社会、自然之间相互关系存在进行心理和行为活动，相应的心理活动和行为活动的过程和结果会使信仰者对自我、社会、自然之间不同关系存在信仰形成相应的作用和影响，其主要表现为：由于相应人生目的形成会对人生围绕相应人生目的的实现所进行的心理和行为活动时，对活动目标的规划设定以及对相应活动的活动态度、活动方式、方法的选择的正确性、全面性、可行性产生相应的作用和影响，并对信仰者对自然、社会、自我之间的相互关系存在形成相应的认识和理解，进而使相应人生对自然、社会、自我之间相互关系存在的信仰发生变化和改变。

2、人生对自我、社会、自然之间相互关系存在的信仰与人生目的实现之间的关系

人生对自我、社会、自然之间相互关系存在的信仰与人生目的实现的关系主要包括了：人生对自我、社会、自然之间相互关系存在的信仰对人生目的实现过程和实现结果的作用和影响，以及相应人生目的实现过程和实现结果对信仰者对自我、社会、自然之间相互关系存在信仰的作用和影响。

其中人生对自我、社会、自然之间相互关系存在的信仰对相应人生目的实现的作用和影响主要体现在：当相应人生的目的形成后，相应人生生命体就会围绕着自我人生目的的实现，针对不同的活动对象进行相应的心理和行为活动，若相应信仰是正确的，那么相应的信仰将有利于人生对相应活动对象及活动主体的不同存在及其相互关系存在进行正确地认识和了解，并有利于信仰者为了相应人生目的实现对其所进行的心理和行为活动的活动态度、活动方式、活动方法进行选择的正确性、全面性、可行性形成正面的作用和影响，并对相应人生目的的实现过

程及实现结果形成有利的作用和影响；相反，若信仰者对自我、社会、自然之间关系存在的信仰是错误的，那么相应错误的信仰不但会对相应心理和行为活动的活动主体及活动对象的认识和了解形成误导，而且还会对信仰者围绕人生目的实现所进行的心理和行为活动的活动态度、活动方式、活动方法选择的正确性、全面性和客观性形成负面的作用和影响，进而对相应人生目的实现的过程和实现的结果形成负面的作用和影响。

人生目的的实现情况对信仰者对自然、社会、自我之间相互关系存在的信仰的作用和影响主要体现在：若信仰者在相应的心理和行为活动过程中能够顺利地、快速地，并以较高质量实现相应的人生目的，那么人生目的的实现过程和实现结果就会有利于信仰者对自我、社会、自然之间相互关系存在的信仰变得更加稳定和完善。若信仰者的人生目的不能顺利的实现或难以实现，将会使信仰者对自我、社会、自然之间相互关系存在的信仰产生动摇、变化和改变。

除此之外，信仰者在实现相应人生目的的活动过程中也会对自然、社会、自我之间相互关系存在形成相应认识和了解，进而使相应人生对自然、社会、自我之间相互关系存在的信仰发生变化和改变。

以上我们从人生对自然存在的信仰与人生目的之间的关系、人生对社会存在的信仰与人生目的之间的关系、人生对自我存在的信仰与人生目的之间的关系以及人生对自我、社会、自然之间相互关系存在的信仰与人生目的之间的关系出发，对人生的信仰与人生目的之间的关系进行了相应的论述和说明，从中我们认识到：人生的信仰对人生目的的形成和实现都具有重要的作用和影响，同时人生目的的形成和实现的情况也会对人生的信仰产生相应的作用和影响。

例如：假若信仰者对自我、社会、自然之间相互关系存在的信仰中认为自然从属于社会，人类又从属于自然的话，那么相应人生目的的形成和实现就会立足于使自我、社会、自然三者之间能够和谐共处，并使三者处于和谐的共存状态；若人生对自我、社会、自然之间相互关系存在的信仰中认为自然从属于社会、社会从属于自我的话，那么信仰者在自我的存在、生存、活动过程中，将会视社会和自然为自我的私有财产，并将人生目的的实现定位在向自然和社会中摄取，而无视社会和自然环境的状况最终使自然、社会、自我之间处于恶性循环的状态。

 # 第六章　信仰与人生的命运

在前面的相关论述中我们多次提及：信仰与人生的命运之间具有紧密的关系存在。在"人生的命运"一文中，作者对人生的命运进行了论述和说明，并认为：人生的命运是人生运行轨迹、运行过程、运行结果的统一。它包括了人生的运行轨迹、运行过程、运行结果几个方面。我们认为，人生的命运是人生的自然属性、社会属性和自我属性在相互作用、相互影响、协调统一下，受到源于自我、源于社会、源于自然的作用和影响下形成的，并处于不停地运动、变化之中。

信仰与人生的命运之间有什么样的关系存在？而且它们之间的关系又是如何形成的？正是本文所关注的重点。下面我们就从信仰与人生的运行轨迹、信仰与人生的运行过程、信仰与人生的运行结果出发，对信仰与人生命运之间的关系进行相应的论述和说明。

一、信仰与人生的运行轨迹

人生的运行轨迹是指人生生命体从质变性产生直至质变性的死亡的人生过程中，人生生命体的存在、生存、活动所经历的路线、道路。它包括了人生生命体存在的运行轨迹、人生生命体生存的运行轨迹、人生生命体活动的运行轨迹几个方面。由于人生生命体都具有自然属性、社会属性和自我属性的属性存在，所以人生的运行轨迹也具有相应的自然属性、社会属性和自我属性的属性存在，而且我们还可以将人生的属性分为具有感知体验的属性和无感知体验的属性。在《人本、人性、人心》一书中，作者将人生生命体分成了生理层面生命体、心理层面

生命体和完整层面生命体三个层面，所以我们也可以将人生的运行轨迹分成人生生理层面生命体的运行轨迹、心理层面生命体的运行轨迹和完整层面生命体的运行轨迹，以上不同层面生命体的运行轨迹还包含了相应层面生命体存在的运行轨迹、生存的运行轨迹及活动的运行轨迹，而且不同层面生命体的运行轨迹也都具有相应的自然属性、社会属性和自我属性的存在。

由于信仰是通过人生生命体的心理活动和行为活动形成的，所以人生的信仰必然会对人生的心理活动和行为活动形成相应的作用和影响，进而对相应人生生命体存在的运行轨迹、生存的运行轨迹、活动的运行轨迹形成相应的作用和影响。其具体表现为：从主观上讲，人生的信仰不但会对信仰者的人生运行轨迹的规划、设定形成相应的作用和影响，同时也会对人生在运行过程中对运行轨迹的调整和修正产生相应的作用和影响。从客观上讲，由于人生在相应信仰所具有的倾向性和指导性的作用下，也会使人生运行轨迹具有相应的惯性存在。在前面的相关论述中，我们把信仰分成了对自然存在的信仰、对社会存在的信仰以及对自我存在的信仰。下面我们就从以上所述不同类别的信仰出发，对信仰与人生的运行轨迹之间的关系分别进行相应的论述和说明。

1、关于人生对自然存在的信仰与人生运行轨迹之间的关系

由于人生是自然存在的一部分，而且人生是以相对独立的方式在自然中进行存在、生存和活动的，这就决定了人生生命体运行轨迹的形成、保持、转化必然会受自然的作用和影响，并具有相应自然属性的存在。从相关论述中我们认识到：自然界中的一切能量体所具有的运动属性也是一切人生所具有的根本属性，而且运动、变化的属性也是人生运行轨迹的根本属性，也就是说，运动、变化是人生生命体的存在、生存、活动的运行轨迹所具有的根本属性，这也就意味着：人生的运行轨迹处于不停地运动、变化之中。人生运行轨迹的运动、变化属性，一方面是指人生的运行轨迹本身就是人生运行的产生、运行的过程和运行的结果所经历的路线、道路的统一；另一方面则是指人生的运行轨迹本身也处于不停的运动、变化之中。由于人生的运行活动有的是在无感知体验状态下的运行活动，而有的则是在感知体验状态下的运行活动。其中，人生在感知体验状态下的运行活动往往会有感知、认识和判断的形成。人生对自然存在信仰的形成也是人生在运行过程中，在针对自然进行相应的心理活动和行为活动基础上形成的，这也就决定了人生对自然存在的信仰与人生的运行轨迹之间具有紧密的关系存在。这些关系存

在包括了人生对自然存在的信仰对人生运行轨迹的作用和影响，以及人生运行轨迹对自然存在信仰的作用和影响。其中，人生对自然存在的信仰对人生运行轨迹的作用和影响主要体现在：一方面，人生对自然存在的信仰是人生按一定的运行轨迹进行运行的过程中，针对自然的不同存在，进行心理和行为活动形成的，是人生运行活动结果的体现，而且人生对自然存在信仰的形成又会对信仰者针对自然相关存在所进行的心理活动和行为活动产生相应的作用和影响，进而对人生生命体在自然中的存在、生存、活动的运行轨迹形成具有主观性和客观性的作用和影响；另一方面，人生对自我与自然之间关系存在的信仰不但会对信仰者对自我与自然之间关系存在的认识、了解和观念等方面形成作用和影响，也会对自我与自然之间关系进行活动的活动目的、活动价值取向、活动态度、活动方式、活动方法的正确性、全面性、可行性形成作用和影响，进而影响到人生生命体在自然中存在、生存、活动的运行轨迹和人生过程的运行轨迹。例如：人生在对自我与自然关系存在的信仰中，若信仰者对"自我与自然"关系存在的信仰认为"人生是自然的产物，并从属于自然"，那么相应的信仰就会对信仰者对自然存在的认识、理解及相关观念的正确性和全面性、客观性形成相应的作用和影响，并对信仰者针对自然进行心理活动和行为活动的活动目的、活动态度、活动方式、活动方法的正确性、全面性、可行性形成有利的作用和影响，进而对人生的运行轨迹形成有利于人生目的实现的作用和影响。而那些将自然的存在视为是属于人类的私有财产，并以此作为自我与自然关系存在的信仰的人来说，相应的信仰对人生运行轨迹的作用和影响与前者是不一样的。前者会使人生在自然中存在、生存、活动过程中，将会选择重视自然、尊重自然，并重视、认识、利用自然的属性存在、现象存在和关系存在为人生服务；而后者则会过多地从自身短期的需求和欲望出发，只重视如何从自然之中获取利益来满足自身的需求和欲望，结果使二者在自然中形成不一样的人生运行轨迹。

　　人生运行轨迹对自然存在信仰的作用和影响主要体现在：由于人生从质变性产生到质变性死亡的过程中，都是在自然中存在、生存及活动的，而且人生目的、目标的实现及人生的运行轨迹、运行过程、运行结果也离不开自然，人生的运行轨迹对人生运行过程及运行结果的作用和影响也是十分重要的。这也就决定了人生的运行轨迹的运动、变化也会使相应人生对自然存在及自我与自然之间关系存在的认识和理解及相关观念发生相应的运动、变化，进而使人生对自然存在的信仰发生相应的变化和改变。

2、人生对社会存在的信仰与人生运行轨迹之间的关系

人生对社会存在的信仰包括了人生对社会本质存在的信仰、人生对社会属性存在的信仰、人生对社会现象存在的信仰、人生对社会关系存在的信仰。

在前面的相关论述中我们认识到：人生的属性是自然属性、社会属性和自我属性的统一。其中，社会属性主要表现为：每个人生生命体都是自然界中人类生命体的产物，人生在自然共有属性基础上还具有人类共有的社会属性存在。由于人生在社会中一般都是以相对独立的方式存在、生存及活动的，这也就决定了人生必然与社会中的其他人生生命体之间具有相应的关系存在，虽然社会中的每个人都能够以相对独立的方式存在、生存及活动，都会受到相应社会环境的作用和影响，也会对社会环境产生作用和影响。在相互的作用和影响中，有的是对自身有利、对社会有害，有的是对自身有害、对社会有利，有的是对自身和社会均有利，有的则是对自身和社会均有害等多种形式存在。在相应时空条件下，人生不能脱离社会存在、生存及活动，而社会也离不开相应人生而存在、生存及活动。人生从属于社会，而不是社会从属于某个人。关于社会与人生之间的关系，作者已在第一篇第七章"社会与人生"一文中作了系统性的论述，在此就不重复了。

关于人生对社会存在的信仰与人生运行轨迹的关系，主要包括了人生对社会存在的信仰对人生运行轨迹的作用和影响以及人生的运行轨迹对社会存在信仰的作用和影响。其中，人生对社会存在的信仰对人生运行轨迹的作用和影响主要体现在：一方面，人生对社会存在信仰的形成是基于在人生运行过程中针对社会的存在进行心理活动和行为活动的过程中所形成的。人生对社会存在信仰的形成会对信仰者对社会存在所进行的心理活动和行为活动产生根本倾向性和指导性的作用和影响，并对人生在社会中的存在、生存及活动的人生目的、人生价值取向的形成产生相应的作用和影响，当相应的人生目的形成后，信仰者为了人生目的实现，针对相应的社会存在进行心理和行为活动时，信仰者对社会的信仰就会对信仰者对相应活动态度、活动方式、活动方法选择的正确性、全面性、可行性产生相应的作用和影响，进而对人生在社会中存在、生存、活动的运行轨迹进行主观性规划、设定的结果，以及客观作用的形成产生相应的作用和影响，进而对信仰者人生的运行轨迹产生主观性和客观性的作用和影响。

另一方面，当人生所生存的自然环境和社会环境的基本面确定之后，人生对社会存在的信仰与社会大众的信仰是否一致也会直接和间接地对人生的运行轨迹产生作用和影响，若二者一致，将会使人生在社会中存在、生存、活动与社会大

众之间处于易于沟通、理解和较为和谐、统一的状态，并对人生的运行轨迹产生有利的作用和影响，使人生在相应社会中的运行变得顺利；若不一致，则会使人生在社会中的运行轨迹受到大众的阻碍而变得较为曲折。例如：若人生对社会存在的信仰与社会大众的一致，那在信仰的作用和影响下，就会有助于人生对社会的不同存在，对自我与社会之间的关系的认识、了解与社会大众具有一致性，在这种情况下，当人生在社会中与社会大众共同存在、生存活动时，由于他们对社会的看法、观点容易在方向上形成一致，所以相应的社会环境就有利于相应人生在社会顺利的运行；相反，若人生与社会大众对社会存在的信仰不一致或相互矛盾时，在相应信仰的作用和影响下，相应人生在社会中存在、生存及活动时，就不容易与社会大众之间在对待社会问题形成一致的社会观念或因为产生冲突而使自身与社会大众之间格格不入，甚至产生冲突，使相应的人生在社会中的运行轨迹变得较为曲折，甚至处于不幸的状态。

人生在社会中的运行轨迹对人生对社会的信仰的作用和影响主要体现在：一方面，人生在社会中运行轨迹的顺利与否、运行结果是否满意等都将直接和间接地使相应人生对社会存在的认识、理解和观念发生变化和改变，并使相应人生对社会存在的信仰发生变化和改变；另一方面，人生运行轨迹在对人生在社会中的运行过程、运行结果产生作用和影响的同时，运行过程和运行结果的情况也会使人生对社会存在的认识、了解和观念发生运动、变化，进而使相应人生对社会存在的信仰发生变化和改变。

3、人生对自我存在的信仰与人生的运行轨迹之间的关系

人生对自我存在的信仰包括了人生对自我本质存在的信仰、对自我属性存在的信仰、对自我现象存在的信仰和对自我关系存在的信仰。根据人生对自我存在信仰的重要程度及其关注度的不同，我们将人生对自我本质存在的信仰称为人生对自我的终极信仰，将人生生命体存在、生存、活动目的的信仰称为对人生目的的信仰，将人生生命体存在、生存、活动的意义和价值的信仰称为对人生意义和价值的信仰等。

关于人生对自我存在的信仰与人生运行轨迹之间的关系包括了人生对自我存在的信仰对人生运行轨迹的作用和影响，以及人生运行轨迹对自我存在信仰的作用和影响。由于人生在具有自然属性、社会属性为共有属性的基础上，还具有自我的分别属性存在，所以自我属性又可以进一步分为：自我的生理属性和自我的

心理属性，以及自我完整人生生命体的属性。其中，有的属性属于无感知体验的自我属性，有的则属于具有感知体验的自我属性。对人生而言，由于人生生命体是人生存在、生存及活动的主体，这也就决定了人生生命体的存在、生存及其心理和行为活动都是以自我为中心进行存在、生存及活动的。这也就意味着，一方面，人生对自我存在信仰的形成也是在自我感知属性的作用和影响下形成的，另一方面，一般情况下，由于人生对自我存在的信仰的重要性要高于人生对社会存在信仰的重要性、对社会存在信仰的重要性要高于对自然存在的信仰的重要性，所以人生对自我存在的信仰对人生运行轨迹的作用和影响也将大于人生对社会存在信仰和人生对自然存在信仰的作用和影响。人生对自我存在的信仰对人生运行轨迹的作用和影响主要体现在：人生对自我存在的信仰对人生认识自我、了解自我，对自我人生目的和人生价值取向的形成，以及围绕人生目的实现所进行的心理活动和行为活动的活动态度、活动方式、活动方法的正确性、全面性和可行性产生相应的作用和影响，并对相应人生对自我人生的运行轨迹的主观设定和客观形成产生相应作用和影响，进而对人生的运行轨迹产生相应的作用和影响。这种影响主要表现为：若人生对自我存在的信仰是正确的，那么在信仰的作用和影响下，就会使信仰者的存在、生存及其活动的运行轨迹朝着有利于人生目的实现的方向发展；相反，若人生对自我存在的信仰是错误的，那么在信仰的作用和影响下，就会使人生的运行轨迹朝着不利于人生目的的实现的方向发展。

人生运行轨迹对人生对自我存在信仰的作用和影响主要体现在：一方面，人生生命体自身的存在、生存、活动的运行轨迹是否顺利将直接和间接地对相应人生对自我认识、理解的正确性、全面性产生相应的作用和影响，并使相应人生对自我存在的信仰发生相应的变化和改变；另一方面，由于随着人生运行轨迹的运动、变化，也会使相应人生的运行过程、运行结果发生变化和改变，并使相应人生对自我的认识、了解也会发生变化和改变，进而使人生对自我的认识、了解也会发生变化和改变，进而使人生对自我存在的信仰发生变化和改变。

二、信仰与人生的运行过程

人生的运行过程是指人生生命体从质变性产生至质变性死亡的过程中，人生生命体的存在、生存、活动在人生的运行轨迹进行运行活动时所经历的程序、步骤和时间的体现。它是人生生命体存在运行过程、生存运行过程和活动运行过程

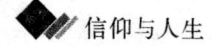

的统一。

在前面相关的论述和说明中,我们认识到:人生的运行轨迹是人生生命体所具有的自然属性、社会属性和自我属性的统一的状态下,在源于自我、源于社会、源于自然的作用和影响下形成的。从人生的运行过程所经历的程序和步骤来看,人生的运行过程是人生生命体的存在、生存及其活动按相应的运行轨迹进行运行活动时,运行活动的产生、运行活动的保持、运行活动的变化及运行活动的消亡阶段所经历的程序和步骤的统一,它包括了人生完整层面生命体从质变性产生到质变性死亡阶段所经历的程序和步骤的统一,以及人生心理层面生命体、生理层面生命体及其所具有的不同微观层面生命体的运行活动从产生到消亡阶段所经历的运行活动的程序和步骤的统一。从人生运行活动所经历的时间看,则是指人生不同层面生命体的存在、生存及活动的运行从产生到消亡阶段所经历的时间周期,是对人生生命体存在、生存、活动的运行从产生到消亡所经历的运动、变化速度的衡量。由于人生运行活动的形成、保持、转化至消亡的过程有的是在无感知的功能属性、运动属性和变化属性的相互作用、相互影响、协调统一下形成的,而有的则是在具有感知的功能属性、运动属性和变化属性相互作用、相互影响、协调统一的状态下形成的。从主观上讲,人生的运行过程中所经历的运行程序、运行步骤、运行时间都会受到人生所经历的心理活动和行为活动所形成的主观意向的作用和影响,进而对人生的运行过程产生相应的作用和影响。在前面相关论述中,我们认识到:信仰对人生的生理、心理和行为活动具有直接和间接的作用和影响,所以人生的信仰必然会对人生的运行过程形成相应的作用和影响,为了便于对信仰与人生运行过程之间的关系作进一步的论述和说明,下面我们就从人生对自然存在的信仰、人生对社会存在的信仰以及人生对自我存在的信仰出发,分别对信仰与人生运行过程之间的关系进行相应的论述和说明。

1、人生对自然存在的信仰与人生运行过程之间的关系

人生的运行过程是由人生生命体存在的运行过程、生存的运行过程和活动的运行过程统一而成的。

人生对自然存在的信仰与人生运行过程之间的关系包括了人生对自然存在的信仰对人生运行过程的作用和影响,以及人生运行过程对自然存在信仰的作用和影响。其中,人生对自然存在的信仰对人生运行过程的作用和影响主要体现在:人生对自然存在的信仰本身就是人生的一部分,是人生心理的现象存在,人生不同

层面人生生命体的存在、生存、活动的产生、保持、转化、消亡的运行所经历的程序、步骤和时间是不一致的，而且不同层面人生生命体存在、生存、活动的产生、保持、转化和消亡的过程是伴随着相应层面生命体的产生、保持、转化和消亡的发生而形成的。由于人生是自然的一部分，人生在自然中存在、生存、活动过程中无时不受到自然环境的作用和影响，与此同时，人生在自然中的存在、生存、活动也无时不对自然环境产生作用和影响，这也就决定了人生对自然存在的信仰对人生运行活动所经历的程序、步骤和时间形成主观性和客观性的作用和影响；除此之外，当相应人生生命体围绕着人生目的的实现进行活动时，相应信仰也会对信仰者对自然的认识、理解以及观念产生作用和影响，进而对人生对自身的运行程序、运行步骤和运行时间的规划、设定形成主观性的作用和影响。这类影响主要表现为：若人生对自然存在的信仰是正确的，那么相应的信仰就会有利于信仰者对自然存在进行正确的认识和了解，并有利于信仰者对人生目的和人生价值取向的形成，当相应人生为了实现人生目的进行心理和行为活动时，相应的信仰还会对相应活动运行程序、运行步骤和运行时间的规划、设定的正确性、全面性、可行性形成正面的作用和影响，反之则会形成负面的作用和影响。

人生的运行过程对人生对自然存在信仰的作用和影响主要体现在：人生在运行过程中所经历的程序、步骤和时间的情况会导致人生对自然存在的认识、理解、观念发生相应的变化和改变，并对自然存在的信仰产生作用和影响，进而使人生对自然存在的信仰发生变化和改变。

2、人生对社会存在的信仰与人生的运行过程之间的关系

由于人生的属性是自然属性、社会属性和自我属性的统一，人生对社会存在的信仰也是人生心理层面生命体的感知功能属性伴随感知能量体进行运动、变化的结果，人生对社会存在的信仰也具有自然属性、社会属性和自我属性的存在，所以人生运行所经历程序、步骤和时间也具有自然属性、社会属性和自我属性的存在。虽然人生在社会中都是以相对独立的方式进行存在、生存及活动，但是随时都会受到社会不同存在的作用和影响，人生在社会中存在、生存及活动过程中，对社会存在和对自我与社会之间关系存在的认识、了解及相关观念的形成必然会受到人生对社会存在信仰的作用和影响，进而对人生生命体的存在、生存及活动的运行所经历的程序、步骤和时间的规划、设定形成主观性和客观性的作用和影响。例如：若人生对社会存在信仰能够有利于人生正确地认识社会、了解社会、利用

社会为人生服务时，就会有利于信仰者对自身存在、生存、活动运行目的、运行程序、运行步骤和运行时间的规划、设定，有利于人生运行所经历的步骤和程序及时间的和谐统一，并使人生的运行结果朝着有利于人生目的实现的方向发展。相反，相应的信仰则会对人生认识自我、社会和人与社会之间的关系的存在进行认识、理解及相关观念产生误导，结果将使人生对自身运行所经历的程序、步骤和时间进行规划、设定的结果不利于人生目的的实现，也就是使人生的运行过程不利于人生目的的实现。

人生的运行过程对社会存在信仰的作用和影响主要体现在：人生运行过程中所经历的程序、步骤和时间的情况必然会使人生对社会不同存在及自我与社会之间关系存在的认识、理解及相关观念发生变化和改变，进而使相应人生对社会存在的信仰发生相应变化和改变。

3、人生对自我存在的信仰与人生运行过程之间的关系

由于人生生命体是人生运行的主体，所以人生对自我存在的信仰必然对人生生命体的存在、生存和活动的运行过程产生各种直接和间接的、主观和客观的作用和影响。由于人生生命体的存在、生存及活动本身就具有自然属性、社会属性和自我属性的存在，所以人生在运行轨迹上运行的过程中，人生生命体的存在、生存及活动的运行过程也必然遵循自然属性、社会属性和自我属性，并按相应程序、步骤和速度进行运行。

人生对自我存在的信仰对人生运行过程的作用和影响主要体现在：一方面，人生对自我存在的信仰必然会使信仰者对自身人生目的及价值取向的形成，以及围绕人生目的的实现对自我进行心理活动和行为活动时，对活动运行的程序和步骤及活动周期进行主观性的规划、设定产生相应的作用和影响，并对人生的实际运行过程产生相应的作用和影响。例如：在人生对自我存在信仰的作用和影响下，不同的活动目的及活动价值取向的形成就会对人生对活动态度、活动方式、活动方法的形成产生相应的作用和影响，并对相应人生生命体对相应活动的活动运行步骤、活动运行程序及活动运行时间的规划、设定形成主观性作用和影响。

另一方面，人生对自我存在的信仰对人生运行过程的作用和影响还体现在：在人生对自我的不同存在信仰的作用和影响下，对自我的人生目的、人生意义、人生的价值取向等的形成也会对人生的人生观的形成产生相应的作用和影响，并对相应人生生命体的存在、生存及活动形成倾向性，就忽视或放弃其他的活动，进

而对人生的运行过程形成主观性的作用和影响。

关于人生运行过程对自我存在信仰的作用和影响主要体现在：随着人生运行过程的变化和改变，必然会使相应人生生命体对自我的认识、了解及相关观念产生变化和改变，进而使人生对自我存在的信仰发生变化和改变。

三、信仰与人生的运行结果之间的关系

人生的运行结果是指人生生命体从质变性产生到质变性死亡过程中，按相应的运行轨迹，通过相应的运行步骤、运行程序、运行时间进行运行过程中，使人生生命体的存在、生存及其活动所形成的运动、变化的体现。它包括了人生生命体存在的运行结果、人生生命体生存的运行结果、人生生命体活动的运行结果。下面我们就从人生对自然、对社会、对自我的信仰出发，对信仰与人生运行结果之间的关系进行论述和说明。

1、人生对自然存在的信仰与人生运行结果之间的关系

人生对自然存在的信仰与人生运行结果之间的关系包括了人生对自然存在的信仰对人生运行结果的作用和影响以及人生运行结果对自然存在信仰的作用和影响。其中，人生对自然存在的信仰对人生运行结果的作用和影响主要体现在：一方面，人生对自然存在的信仰对人生的运行轨迹和运行过程所形成的作用和影响必然会导致人生生命体的存在、生存及活动的运行结果发生变化和改变；另一方面，人生对自然存在的信仰必然会对人生、人生目的、价值取向的形成以及围绕人生目的实现对自然所进行的心理和行为活动的活动态度、活动方式、活动方法选择的正确性、全面性及可行性产生相应的作用和影响，进而对相应人生生命体的存在、生存及活动的运行结果形成相应的作用和影响。

人生的运行结果对自然存在信仰的作用和影响主要体现在：随着人生运行结果的形成，也会使人生对自身的存在和对自然不同存在和自我与自然之间关系存在的认识、了解及相关观念发生变化和改变，进而使人生对自然存在的信仰发生变化和改变。

2、人生对社会存在的信仰与人生运行结果之间的关系

人生对社会存在的信仰与人生运行结果之间的关系主要包括人生对社会存在

的信仰对人生运行结果的作用和影响，以及人生的运行结果对社会存在信仰的作用和影响。其中，人生对社会存在的信仰对人生运行结果的作用和影响主要体现在：一方面，人生对社会存在的信仰会对人生在运行过程中针对相应的社会存在以及自我与社会之间的关系存在进行心理活动和行为活动时，对相应活动对象的认识和理解产生相应作用和影响，同时还会对人生目的及人生价值取向的形成和围绕人生目的的实现所进行的心理和行为活动的活动态度、活动方式、活动方法选择的正确性、全面性、客观性形成作用和影响，致使人生对自身的运行轨迹、运行程序步骤和时间的规划设定及运行过程产生主观性的作用和影响，进而对人生的运行结果产生相应的作用和影响。例如：在一定的社会环境中，在人生对社会存在信仰的作用和影响下，当相应的人生价值取向和人生目的形成之后，相应人生就会围绕着人生目的的实现选择不同的活动目标、活动态度、活动方式、活动方法进行社会活动时，由于对活动目标的规划设定及对活动态度、活动方式、活动方法选择的不同，会导致人生的运行轨迹、运行过程的不同，必然会导致人生的运行结果也不相同，有的运行结果有利于人生的存在、生存及活动目的实现，而有的却与之相反；另一方面，人生在对社会存在的信仰的不同往往是由于人生对自身的终极信仰及对人生目的、意义的信仰和对人生价值的信仰的不同，导致人生对社会存在、对自我与社会关系存在的认识、理解和观念的不同，从而使人生对自身在社会中的活动轨迹、活动过程所受到的主观性的作用和影响的不同，从而导致人生的运行结果不同。例如：由于人生对社会存在信仰的不同，会使人生在社会中的运行轨迹、运行过程中所受到的作用和影响的不同，从而导致人生在社会中的角色、地位、关系的不同，而人生在社会中的角色、地位和关系的不同，势必会导致人生的运行轨迹、运行过程、运行结果的不同。

  关于人生运行的结果对社会存在信仰的作用和影响主要体现在：随着人生运行结果的变化，不但会使人生的生理层面生命体的功能属性、运动属性、变化属性发生变化，还会使人生心理层面生命体对社会存在及自我与社会关系存在的认识、理解及相关观念发生改变，进而使人生对社会存在的信仰发生变化和改变。例如：随着人生生命体的生、老、病、死的发生，会使人生对社会存在及自我与社会关系存在的认识、理解及观念发生变化，进而使人生对社会存在的信仰发生变化和改变，有的变化和改变会使人生对社会存在的原有信仰更加坚定和完善，而有的则是使原有信仰发生改变和变化。

3、人生对自我存在的信仰与人生运行结果之间的关系

从本质上讲，人生生命体存在、生存及其活动的运行就是人生生命体中不同层面能量体和能量运行体系相互作用、相互影响、协调统一所形成的，而人生对自我人生目的和价值取向的形成情况，以及围绕人生目的实现进行心理和行为活动的活动态度、活动方式、方法的正确与否都会对人生生命体的存在、生存、活动的运行结果产生作用和影响，人生生命体的不同存在、生存及其活动的协调统一对自身作用和影响的结果就是人生的运行结果。

人生对自我存在的信仰与人生运行结果之间的关系包括了人生对自我存在的信仰对人生运行结果的作用和影响以及人生的运行结果对自我存在信仰的作用和影响。其中，人生对自我存在的信仰对人生运行结果的作用和影响主要体现在：一方面，人生对自我存在的信仰不但会对人生生命体存在、生存及其活动的目的和价值取向的形成产生作用和影响，同时还会对人生为了实现人生目的所进行的心理活动和行为活动的活动态度、活动方式、方法的正确性、全面性、可行性产生相应的作用和影响，并对人生的运行轨迹、运行过程形成各种直接和间接的影响，进而对人生的运行结果形成相应的作用和影响；另一方面主要体现在：在人生对自我信仰的作用和影响下，由于人生对自我的人生目的和价值取向的不同，致使相同的活动结果对人生心理所形成的价值取向也不相同。相同的目的、不同的价值取向所导致的人生运行结果也不相同，因为结果的好与坏是由人生心理活动的分别、判断而得出的。

关于人生运行结果对自我存在信仰的作用和影响主要体现在：人生不同的运行结果会导致人生对自我的人生目的、人生的意义、人生的价值取向等方面的观念都会有所不同，而且随着人生运行结果的运动变化也会促使人生对自我不同存在的认识和了解及相关观念发生运动、变化，进而使人生对自我存在的信仰发生变化和改变，若变化有利于人生目的的实现，那么人生的运行结果就会使人生对自我存在的原有信仰变得更加坚定、更加完善，否则会使人生对自我存在的原有的信仰受到怀疑，甚至形成颠覆性的变化和改变。

以上我们从信仰与人生运行轨迹之间的关系、信仰与人生运行过程之间的关系以及信仰与人生运行结果之间的关系出发，对信仰与人生命运之间的关系进行了论述和说明，从中我们认识到：信仰不但对人生生命体的运行轨迹、运行过程和运行结果会形成主观的和客观的作用和影响，同时人生的运行轨迹、运行过程和运行结果也会对人生对自然存在、对社会存在、对自我存在的信仰发生相应的

变化和改变，对人生而言，虽然人生命运从客观上讲主要是由自然、社会、自我的不同存在的性质及运行状态所决定，但是人生的信仰也能从主观上和客观上对人生的运行轨迹、运行过程、运行结果形成相应的作用和影响。信仰对人生命运的影响是全方位的影响，而且也是最直接、最有效的作用和影响。

参考资料：

单振文：《空间的层面——关于能量与空间的哲学思考》，中央编译出版社，2012年。

单振文：《人本 人性 人心》，中央编译出版社，2014年。

戴维·迈克乐：《社会心理学》，人民邮电出版社，2006年。

安东尼·吉登斯：《社会学》，北京大学出版社，2013年。

谢·亚·托卡列夫：《人类与宗教》，中央编译出版社，2009年。

谢·亚·托卡列夫：《世界宗教简史》，中央编译出版社，2011年。

释刚晓：《正理滴点论》，宗教文化出版社，2007年。

《瑜伽师地论》，玄奘法师译，宗教文化出版社，2009年。

百度百科　http://baike.baidu.com/

维基百科　http://zh.wikipedia.org

汉典　http://www.zdic.net/

信仰与人生 / 单振文著. ——北京：中央编译出版社，2015.9
ISBN 978-7-5117-2667-4

Ⅰ. ①信…
Ⅱ. ①单…
Ⅲ. ①人生观－通俗读物
Ⅳ. ①B821-49

中国版本图书馆 CIP 数据核字(2015)第 113425 号

信仰与人生

出 版 人：	刘明清
出版统筹：	董　巍
责任编辑：	曲建文
责任印制：	尹　珺
出版发行：	中央编译出版社
地　　址：	北京西城区车公庄大街乙 5 号鸿儒大厦 B 座（100044）
电　　话：	（010）52612345（总编室）　　（010）52612370（编辑室） （010）52612316（发行部）　　（010）52612315（网络销售） （010）52612346（馆配部）　　（010）66509618（读者服务部）
网　　址：	www.cctpbook.com
经　　销：	全国新华书店
印　　刷：	北京金瀑印刷有限责任公司
开　　本：	787 毫米×1092 毫米　1/16
字　　数：	464 千字
印　　张：	27.25
版　　次：	2015 年 9 月第 1 版第 1 次印刷
定　　价：	78.00 元

网　　址：	www.cctphome.com	邮　箱：	cctp@cctphome.com
新浪微博：	@中央编译出版社	微　信：	中央编译出版社(ID:cctphome)
淘宝网店：	编译出版社书店（http://shop108367160.taobao.com/）		

凡有印装质量问题，本社负责调换。电话：010-66509618